西安交通大學 本科“十二五”规划教材

基因工程学原理

（第3版）

马建岗 编著

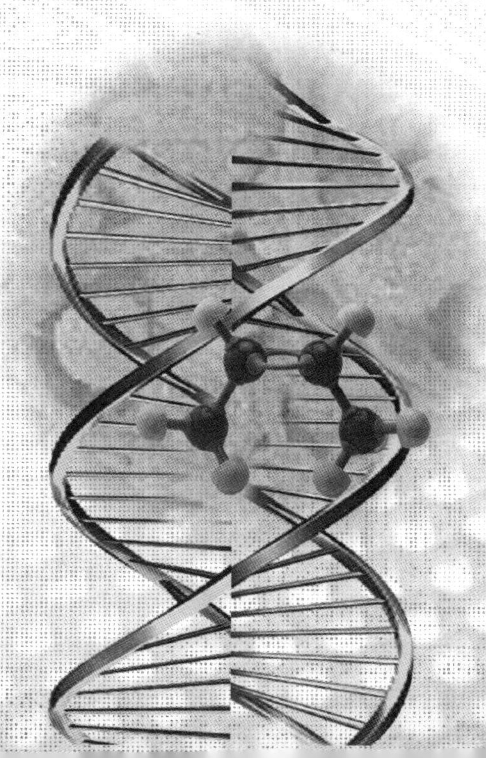

内容简介

本书较为全面、系统地阐述了基因工程的基本理论和基本概念，并力求反映该学科的最新进展。全书共14章，包括基因工程的基础理论，如生物大分子、基因工程的工具酶、目的基因的获得、基因扩增、基因的体外重组、基因的转移与重组体的检测、克隆基因的表达；基因工程在不同领域的应用，如酵母菌的基因工程、植物的基因工程、哺乳动物的基因工程、医药工业的基因工程、遗传检测与基因治疗；以及基因工程与社会伦理道德等有关问题。

本书可作为生物工程专业基因工程课程的教材，也可供相关学科各专业的教师、学生和科研工作者参考。

图书在版编目(CIP)数据

基因工程学原理/马建岗编著. —3版. —西安：西安交通大学出版社，2013.2(2015.3重印)
ISBN 978-7-5605-5036-7

Ⅰ.①基… Ⅱ.①马… Ⅲ.①基因工程 Ⅳ.①Q78

中国版本图书馆CIP数据核字(2013)第018513号

书　　名 基因工程学原理(第3版)
编　　著 马建岗
责任编辑 吴　杰

出版发行 西安交通大学出版社
(西安市兴庆南路10号　邮政编码710049)
网　　址 http://www.xjtupress.com
电　　话 (029)82668357　82667874(发行中心)
(029)82668315　82669096(总编办)
传　　真 (029)82668280
印　　刷 陕西奇彩印务有限责任公司

开　　本 727mm×960mm　1/16　**印张** 22.5　**字数** 400千字
版次印次 2013年2月第1版　2015年3月第2次印刷
书　　号 ISBN 978-7-5605-5036-7/Q·11
定　　价 36.00元

读者购书、书店添货、如发现印装质量问题，请与本社发行中心联系、调换。
订购热线：(029)82665248　(029)82665249
投稿热线：(029)82665546　(029)82668502
读者信箱：xjtumpress@163.com

第3版前言

时光荏苒，转眼间《基因工程学原理》第1版出版距今已十年有余。2007年第2版再版后，基因工程又有了长足的发展，为了紧跟本学科的最新进展，我们对第2版进行了修订。本次修订主要侧重以下三方面。

第一，补充了新的内容。在第2版14章基础上每章都有新的内容补充，如第5章增添了实时定量PCR；第6章增添了TA克隆；第14章添加了有关食品安全的内容。这些内容有的是近几年刚涌现出来的新技术(如TA克隆)，或者是近年广泛使用的热门技术(实时定量PCR)，还有的是人们关注的焦点(食品安全)，通过这些修订使本教材始终保持新颖性的特点。

第二，删减了过时或重复的内容。新陈代谢是自然界的普遍规律。基因工程中有的技术其原理并没有错，但由于费时或繁琐，近年来已被人们摒弃或基本不用，如有的重组体筛选方法。原版中考虑到有的学校基因工程课程只开设32学时，讲授到第8章止，所以内容上安排有真核基因表达的有关内容，而这些内容与其后各章有一定的重复。为了保持本教材的系统性，此次再版对此章节进行了删减。

第三，对各章节有关基因和表型的符号进行了订正。野生型基因、突变基因以及基因表达后的表型符号在学术界虽没有严格规定，但有一些约定俗成的表示方法。此次再版我们按照生物学符号编辑规范和一些基因工程经典著作对书中基因及其表型符号的表示方法一一进行了订正。

在本次再版过程中，杨水云、卢晓云、孔宇、邵晨、丁岩、张雅利、何会、王辉、成诚、王军、周波、樊帆等同仁在资料收集、文字打印、校对等方面提供了诸多帮助，在此深表谢意。

承蒙各高校和读者厚爱，本教材的第1版和第2版在十年间重印多次，发行数万册。笔者最大的快慰莫过于拥有更多的读者。因此，在《基因工程学原理》第3版将要出版发行之际，我要再次感谢选用本教材的高校和读者，你们的需要是我不断改进本教材的动力；同时感谢西安交通大学出版社，特别是本教材的编辑吴杰老师，是你(你们)的鼓励和辛勤工作，使本教材得以再次重版。

马建岗

2012年盛夏于西安交通大学

第 2 版前言

《基因工程学原理》第 1 版出版以来，承蒙各高等院校师生的厚爱，已重印数次，本人甚感欣慰。近年来基因工程又有了新的进展，同时本教材在这 5 年的使用过程中作者也注意收集了来自各方面的意见和建议，在西安交通大学教务处和出版社的大力支持下，终于完成了对第 1 版的修订工作。《基因工程学原理》第 2 版与第 1 版相比，主要进行了如下改动：

(1) 取消了第 3 章“DNA 的提取与纯化”，增添了新的第 3 章“基因工程的工具酶”、第 13 章“遗传检测与基因治疗”和第 14 章“基因工程与社会伦理道德”。

(2) 每章的卷首增加了“内容提要”，卷尾增加了“思考题”，以便学习者更容易掌握该章的内容，也更易于复习。同时将每章后的参考文献集中排列在书末。

(3) 对各章的内容作了必要的修订、补充和删减，使全书内容更加准确和系统。

值此第 2 版完成之际，作者对几年来使用本教材的教师、学生和其他读者，对所有关心、支持本教材的同事、朋友，对审阅、编辑和其他工作人员深表谢意。第 2 版修订章节的部分插图引自 *An Introduction of Genetic Engineering* 和 *Principles of Genetics*，谨向原书作者 Desmond S. T. Nicholl 和 D. P. Sunstad、M. J. Simmons 表示衷心的感谢。

马建岗

2007 年春于西安交通大学

第1版前言

20世纪70年代初诞生的基因工程,开创了人类按照自己的意愿在体外操纵生命过程的新纪元。在随后的30年间,基因工程的基本理论已日趋完善,而以此理论为指导的基因工程操作,也出现了令人振奋的成就。为了跟踪这一研究领域的最新进展,并将有关的研究成果及时介绍给勇于接受新事物的莘莘学子们,我们为本科生和研究生开设了基因工程学原理课程,并逐渐形成和完善了本课程的教材。

本书编写的具体分工为:马建岗编写第1章、第6章～第12章;王健编写第2章;林淑萍编写第3章;刘莉扬编写第4章;刘欣洁编写第5章。全书由马建岗统稿。

本课程理论授课时间为48学时。考虑到本课程的系统性,安排了生物大分子一章。由于学生对该章的内容在生物化学课程上已有所了解,可不作课堂讲解,留作阅读内容即可。此外,由于本教材未配专门的实验指导书,故有关章节(如DNA的提取与纯化、基因扩增)内容叙述较为详细,课堂讲授时可有所取舍。

赵文明教授、董兆麟教授审阅了全书,为本书的修改和定稿提出了不少宝贵的意见。西安交通大学教务处和出版社的同志在本教材出版过程中给予了热情的指导、帮助与支持,在此一并表示衷心的谢意。此外,本书的部分插图引自《Recombinant DNA》、《Molecular Cloning》和《基因工程原理》,在此向原书作者James D. Watson,Michael Gilman,Jan Witkowski,Mark Zoller;J. Sambrook,E. F. Fritsch,T. Maniatis和吴乃虎表示感谢。

由于基因工程的发展异常迅速,加之编写人员时间仓促,水平有限,缺点和错误在所难免,热忱欢迎使用本书的同学和同行专家指正,以便将来进一步完善。

马建岗

2001年7月于

西安交通大学

目　录

第1章　绪论

第2章　生物大分子——核酸与蛋白质

第 5 章 基因扩增

第 6 章 基因的体外重组

第 10 章 转基因植物

第 11 章 哺乳动物细胞的基因工程与转基因动物

第12章 基因工程与药物蛋白生产

第13章 基因诊断与基因治疗

第14章 基因工程与社会伦理道德

第1章

绪　论

内容提要：基因工程起源于20世纪70年代初，它是指将不同生物的基因在体外进行剪切、组合和拼接，使遗传物质重新组合，然后通过载体转入微生物、植物或动物细胞内，进行无性繁殖，或使所需要的基因在细胞中表达，产生出人类所需要的产物或组建成新的生物类型。基因工程在生物工程技术系统中占主导地位。基因工程与农业、工业、环境保护和医学等方面有密切的关系，对人类所面临的能源、粮食、人口、环境和疾病等日趋严重的社会问题正在并且将要发挥越来越大的作用，但同时基因工程的安全性也是人们深感忧虑的问题。

20世纪70年代初，在生命科学发展史上发生了一个伟大的事件，美国科学家S. Cohen第一次将两个不同的质粒加以拼接，组合成一个杂合质粒，并将其引入大肠杆菌体内表达。这种被称为基因转移或DNA重组的技术立即在学术界引起了很大的震动。很多科学家深刻认识到这一发现所包含的深层含义以及将会给生命科学带来的巨大变化，惊呼生命科学一个新时代的到来，并且预言21世纪将是生命科学的世纪。由于基因转移是将不同的生命元件按照类似于工程学的方法组装在一起，生产出人们所期待的生命物质，因此也被称为基因工程。基因工程的出现使人类跨进了按照自己的意愿创建新生物的伟大时代。虽然从它的诞生至今不足五十年，但这一学科却获得了突飞猛进的发展。本书将着重介绍基因工程学的基本原理以及它的一些应用。

1.1　基因与基因工程

1.1.1　基因的概念

人们对基因的认识经历了长时间的发展过程，而且随着生命科学的发展，基因的概念还在不断深化。

1866年，遗传学的始祖孟德尔(G. J. Mendel)在他的豌豆杂交实验论文中，将控制性状的遗传因素称为遗传因子，并且用大写字母代表显性性状，用小写字母表示隐性性状。虽然当时孟德尔对遗传的物质基础一无所知，但事实上他所讲的遗传因子已经形成了基因的雏形。时至今日，在遗传学的分析上我们还经常用这些字母来表示所分析的基因。

1909年，丹麦的遗传学家 W. L. Johanssen 首次提出用“gene”来代替孟德尔的遗传因子(我国著名遗传学家谈家桢先生首先将“gene”翻译为“基因”)，提出了基因型与表现型的区别，指出前者是一个生物的基因成分，后者是这一基因表现的性状。当时提出的基因概念仅仅是一代表遗传性状符号的改变，并未涉及遗传的物质概念。

1910年以后，美国遗传学家以果蝇为材料进行杂交实验，第一次把代表某一个性状的特定基因与某一特定染色体上的特定位置联系起来，发现了连锁交换定律。摩尔根(T. H. Morgan)提出了遗传粒子理论，认为基因是一粒一粒在染色体上呈直线排列的，且互不重叠，就像连在线上的佛珠一样。摩尔根理论的重要性在于基因已不再是一个抽象的符号，而是与染色体紧密相关的一个实体。

20世纪40年代初，物理学家和化学家把研究方向转移到对基因本质问题的探讨上。1944年，O. Avery 等首次证实遗传的物质基础是 DNA，把基因位于染色体上的理论进一步推进到基因位于 DNA 上。1953年，J. Watson 和 F. Crick 提出了 DNA 双螺旋结构模型，这时，人们接受了基因是具有一定遗传效应的 DNA 片段的概念。

1955年，S. Benzer 基于 T4 噬菌体的顺反互补试验，提出了顺反子的概念。过去人们认为基因是三合一体，即既是一个功能单位，也是一个突变单位和一个交换单位。S. Benzer 通过研究证实，一个基因内部的许多位点可以发生突变，并且可以在这些位点之间发生交换，说明一个基因并不是一个突变单位或一个交换单位。实际上顺反子要比突变单位或重组单位大得多。一个顺反子内部可以发生突变或重组，即包含着许多突变子和重组子。到此为止，已经从功能单位的意义上把顺反子和基因统一起来了，顺反子实际上成为基因的同义词。

20世纪60年代，法国遗传学家 F. Jacob 和 J. Monod 在研究细菌基因调控中证实：基因是可分的，功能上是有差别的，即既有决定合成某种蛋白质的结构基因，又有阻遏或激活结构基因转录和合成蛋白质的调节基因，还有其他无翻译产物的基因。操纵基因的发现修正了一个基因就有一条多肽，或决定一个蛋白质功能的结构单位的说法，同时也提出了顺反子代替基因概念的不确切性。

20世纪70年代以后，人们陆续发现了断裂基因、重叠基因、跳跃基因，对基因的认识更进一步深化。

科学家们在比较 DNA 序列与相应的 mRNA 序列以后发现：一个基因往往由几个互不相邻的段落组成；它的内部还包含一段或几段最终不相应出现在成熟 mRNA 中的片段，这些不相应出现在成熟 mRNA 中的片段称为内含子，而相应出现在成熟 mRNA 中的片段则称为外显子；有时一个基因可被几百个至几千个碱基所间隔，经过转录加工后在成熟的 mRNA 中这些碱基被除去。在珠蛋白基因、卵清蛋白基因、rDNA、tRNA 等的基因中均发现了这种间隔的片段。

1977 年，F. Sanger 在测定噬菌体 ΦX174 全部核苷酸序列时发现 D 基因中包含着基因 E。基因 E 的第一个密码子从基因 D 的中央一个密码子 TAT 的中间开始，因此，两个部分重叠的基因所编码的两个蛋白质大小不等，氨基酸的组成也不同。

可移动遗传因子(mobile genetic element)的发现动摇了基因是带有一定遗传信息的稳定结构的概念，使人们认识到也有跳跃的遗传因子。

综上所述，我们对基因的认识可以肯定以下几点：基因是实体，它的物质基础是 DNA(或 RNA)。基因是具有一定遗传效应的 DNA 分子中的特定核苷酸序列。基因是遗传信息传递和性状分化发育的依据。基因是可分的。根据基因的产物可将其分为编码蛋白质的基因(包括编码酶和结构蛋白的结构基因以及编码作用于结构基因的阻遏蛋白或激活蛋白的调节基因)，无翻译产物的基因(如转录成为 RNA 以后不再翻译成为蛋白质的转运核糖核酸 tRNA 基因和核糖体核酸 rRNA 基因)以及不转录的 DNA 区段(如启动区、操纵基因等)。概括说来，基因是一个含有特定遗传信息的核苷酸序列，它是遗传物质的最小功能单位。

1.1.2　基因工程的诞生与发展

基因工程是在生物化学、分子生物学和分子遗传学等学科的研究成果基础上逐步发展起来的。基因工程的诞生与发展大致可分为以下三个阶段。

1. 基因工程的准备阶段

理论上的准备：上述基因概念的确立及其发展，特别是 1944 年细菌转化研究，证明 DNA 是基因载体；1953 年 DNA 双螺旋模型的建立；1958 年至 1971 年先后确立了中心法则，破译了 64 种密码子，成功地揭示了遗传信息的流向和表达问题。这些研究成果为基因工程问世提供了理论上的准备。

技术上的准备：20 世纪 60 年代末至 70 年代初，限制性核酸内切酶和 DNA 连接酶等的发现使 DNA 分子进行体外切割和连接成为可能。1972 年首次构建了一个重组 DNA 分子，提出了体外重组的 DNA 分子是如何进入宿主细胞，并在其中进行复制和有效表达等问题。经研究发现，质粒分子(DNA)是承载外源 DNA 片段的理想载体,病毒、噬菌体的 DNA(或 RNA)也可改建成载体。至此,基因工程问世在技术上的准备已完成。

2. 基因工程问世

在理论上和技术上有了充分准备后,1973 年,S. Cohen 等人首次完成了重组质粒 DNA 对大肠杆菌的转化,同时又与他人合作,将非洲爪蟾含核糖体基因的 DNA 片段与质粒 pSC101 重组,转化大肠杆菌,转录出相应的 mRNA。此研究成果表明基因工程已正式问世,不仅宣告质粒分子可以作为基因克隆载体,能携带外源 DNA 导入宿主细胞,并且证实真核生物的基因可以转移到原核生物细胞中,并在其中实现功能表达。

3. 基因工程的迅速发展阶段

自基因工程问世后的二十年间是基因工程迅速发展的阶段。不仅发展了一系列新的基因工程操作技术,构建了多种供转化(或转导)原核生物和动物、植物细胞的载体,获得了大量转基因菌株,而且于 1980 年首次通过显微注射培育出世界上第一个转基因动物——转基因小鼠,1983 年采用农杆菌介导法培育出世界上第一例转基因植物——转基因烟草。基因工程基础研究的进展,推动了基因工程应用的迅速发展。用基因工程技术研制生产的贵重药物至今已上市的有 50 种左右,上百种药物正在进行临床试验,更多的药物处于前期实验室研究阶段。转基因植物的研究也有很大的进展,自从 1986 年首次批准转基因烟草进行田间试验以来,至 1994 年 11 月短短几年,全世界批准进行田间试验的转基因植物就有 1467 例。又过 4 年,至 1998 年 4 月已达 4387 项。转基因动物研究的发展虽不如转基因植物研究的发展那样快,但也获得了转生长激素基因鱼、转生长激素基因猪和抗猪瘟病转基因猪等。

如果说 20 世纪 80～90 年代是基因工程基础研究趋向成熟,应用研究初露锋芒的阶段,那么 21 世纪初将是基因工程应用研究的鼎盛时期,农、林、牧、渔、医的很多产品上都会打上基因工程的标记。

1.1.3 基因工程的研究内容

基因工程问世以来,研究人员始终十分重视基础研究,包括构建一系列克隆载体和相应的表达系统,建立不同物种的基因组文库和 cDNA 文库,开发新的工具酶,探索新的操作方法等,在各方面取得了丰硕的研究成果,使基因工程技术不断趋向成熟。

1. 基因工程克隆载体的研究

基因工程的发展是与克隆载体构建密切相关的，由于最早构建和发展了用于原核生物的克隆载体，所以以原核生物为对象的基因工程研究首先得以迅速发展。Ti质粒的发现以及成功构建了Ti质粒衍生的克隆载体后，植物基因工程研究随之迅速发展起来。动物病毒克隆载体的构建成功，使动物基因工程研究也有一定的进展。可以说构建克隆载体是基因工程技术路线中的核心环节。迄今为止已构建了数以千计的克隆载体。但是构建新的克隆载体仍是今后研究的重要内容之一。尤其是适用于高等动植物转基因的表达载体和定位整合载体还须大力发展。

2. 基因工程受体系统的研究

基因工程的受体与载体是一个系统的两个方面。前者是克隆载体的宿主，是外源目的基因表达的场所。受体可以是单个细胞，也可以是组织、器官、甚至是个体。用作基因工程的受体可分为两类，即原核生物和真核生物。

原核生物大肠杆菌是早期被采用的最好受体系统，应用技术成熟，几乎是现有一切克隆载体的宿主。以大肠杆菌为受体建立了一系列基因组文库和cDNA文库，以及大量转基因工程菌株，开发了一批已投入市场的基因工程产品。蓝细菌（蓝藻）是进行植物型光合作用的原核生物，兼具植物自养生长和原核生物遗传背景简单的特性，便于基因操作和利用光能进行无机培养。因此，近年来蓝细菌开始被用作廉价高效表达外源目的基因的受体系统。

酵母菌是十分简单的单细胞真核生物，具有与原核生物很多相似的性状。酵母菌营异养生长，便于工业化发酵；基因组相对较小，有的株系还含有质粒，便于基因操作。因此酵母菌是较早被用作基因工程受体的真核生物。有人把酵母菌同大肠杆菌一起看作是第一代基因工程受体系统。酵母菌不仅是外源基因（尤其是真核基因）表达的受体，建立了一系列工程菌株，而且成为当前建立人和高等动物、植物复杂基因组文库的受体系统。真核生物单细胞小球藻和衣藻也被用于研究外源基因表达的受体系统。

随着克隆载体的发展，迄今高等植物也已用作基因工程的受体，一般用其愈伤组织、细胞和原生质体，也用部分组织和器官。目前用作基因工程受体的植物有双子叶植物拟南芥、烟草、番茄、棉花等，单子叶植物水稻、玉米、小麦等，并已获得了相应的转基因植物。

动物鉴于体细胞再分化能力差，目前主要以生殖细胞或胚细胞作为基因工程受体，获得了转基因鼠、鱼、鸡等动物。动物体细胞也用作基因工程受体，获得了系列转基因细胞系，用作基础研究材料，或用来生产基因工程药物。随着克隆羊的问世,对动物体细胞作为基因工程受体的研究越来越被重视,将成为21世纪初重要研究课题之一。

人的体细胞同样可作为基因工程的受体,转基因细胞系用于疾病研究。近年来还有研究以异常生长的细胞作为受体,通过转基因使其回复正常生长状态(基因治疗)。

3. 目的基因的研究

基因是一种资源,而且是一种有限的战略性资源。因此开发基因资源已成为发达国家之间激烈竞争的焦点之一,谁拥有基因专利多,谁就在基因工程领域占主导地位。基因工程研究的基本任务是开发人们特殊需要的基因产物,这样的基因统称为目的基因。具有优良性状的基因理所当然是目的基因。而致病基因在特定情况下同样可作为目的基因,具有很大的开发价值。即使是那些今天尚不清楚功能的基因,随着研究的深入,也许以后将会成为具有很大开发价值的目的基因。

获得目的基因的途径很多,主要是通过构建基因组文库或cDNA文库,从中筛选出特殊需要的基因。近年来也广泛使用PCR技术直接从某生物基因组中扩增出需要的基因。对于较小的目的基因也可用人工化学合成。现在已获得的目的基因大致可分为三大类:第一类是与医药相关的基因;第二类是抗病虫害和恶劣生境的基因;第三类是编码具特殊营养价值的蛋白或多肽的基因。

近年来越来越重视基因组的研究工作,试图搞清楚某种生物基因组的全部基因,为全面开发各种基因奠定基础。据统计,至1998年完成基因组测序的生物有11种,如嗜血流感杆菌(1 830 137 bp, 1 743个基因),产甲烷球菌(1 664 976 bp, 1 682个基因),大肠杆菌K-12(4 639 221 bp, 4 288个基因),啤酒酵母(12×10^6 bp,5 882个基因),枯草杆菌(4.21×10^6 bp,4 100个基因)等。

早在20世纪80年代就有人对人类基因组产生了兴趣,提出人类基因组研究计划。从1990年开始,先后由美国、英国、日本、德国、法国等国实施"人类基因组计划",我国于1999年9月也获准参加这一国际性计划,在北京和上海分别成立了人类基因组研究中心,承担人类基因组1%的测序任务。这些国家聚集了一批科技人员,经过十年的辛勤工作,于2000年6月宣告人类基因组"工作框架图"已经绘制完毕。同时已破译了近万个基因。至1999年,美国对6500个人类基因提出了专利申请。一般认为人类基因组含有数万个基因,各司其职,控制着人的生长、发育、繁殖。一旦人类基因组全部被破译,就可了解人类几千种遗传性疾病的病因,为基因治疗提供可靠的依据,并且将保证人类的优生优育,提高人类的生活质量。

除"人类基因组计划"以外,我国还实施了"水稻基因组计划"。以稻米为主食的我国早在 1992 年 8 月正式宣布实施"水稻基因组计划",并且是目前国际"水稻基因组计划"的主要参加者。2001 年 10 月 12 日,中国科学院、国家计委、科技部联合召开新闻发布会,宣布具有国际领先水平的中国水稻基因组"工作框架图"和数据库在我国已经完成。这一成果标志着我国已成为继美国之后,世界上第二个能够独立完成大规模全基因组测序和组装分析能力的国家,表明我国在基因组学和生物信息学领域不仅掌握了世界一流的技术,而且具备了组织和实施大规模科研项目开发的能力。籼稻全基因组"工作框架图"的完成,将带动小麦、玉米等所有粮食作物的基础与应用研究。

此外,中国、美国合作的"家猪基因组计划"也已接近完成。

4. 基因工程工具酶的研究

基因工程工具酶指体外进行 DNA 合成、切割、修饰和连接等系列过程中所需要的酶,包括 DNA 聚合酶、限制性核酸内切酶、修饰酶和连接酶等。

限制性核酸内切酶用于有规律地切割 DNA,把提供的 DNA 原材料切割成具有特定末端的 DNA 片段。现已从不同生物中发现和分离出上千种限制性核酸内切酶,基本上可满足按不同目的切割各种 DNA 分子的需要。

耐热性限制性核酸内切酶和长识别序列稀切酶仍是当前研究的热门课题。

DNA 连接酶用于连接各种 DNA 片段,使不同基因重组。现在常用的 DNA 连接酶只有两种,即大肠杆菌 DNA 连接酶和 T4 DNA 连接酶,前者只能连接具有黏性末端的 DNA 片段;后者既能连接具有黏性末端的 DNA 片段,也能连接具有平齐末端的 DNA 片段。

DNA 聚合酶用于人工合成引物、DNA 小片段以及较小基因的 DNA 片段,还用于制备 DNA 探针。多种耐热性 DNA 聚合酶的发现使 PCR 技术迅速发展,给当今生命科学提供了先进的研究手段。

5. 基因工程新技术的研究

围绕外源基因导入受体细胞,发展了一系列用于不同类型受体细胞的 DNA 转化方法和病毒转导方法,特别是近年来研制的基因枪和电激仪克服了某些克隆载体应用的物种局限性,提高了外源 DNA 转化的效率。

围绕基因的检测方法,在放射性同位素标记探针的基础上,近年来又发展了非放射性标记 DNA 探针技术和荧光探针技术,如生物素标记 DNA 探针、地高辛标记 DNA 探针、荧光素标记 DNA 探针等。

PCR 技术的发展不仅大大提高了基因检测的灵敏度,而且为分离基因提供了快速简便的途径。PCR 技术自从 1985 年建立以来,发展很快,除一般采用的常规

PCR 技术外,还发展了多种特殊的 PCR 技术,如长片段 PCR 技术、反转录 PCR 技术、免疫 PCR 技术、嵌套引物 PCR 技术、反向 PCR 技术、标记 PCR 技术、复合 PCR 技术、不对称 PCR 技术、定量 PCR 技术、锚定 PCR 技术、重组 PCR 技术、加端 PCR 技术,等等。

凝胶电泳技术可以在凝胶板上把不同分子大小的 DNA 分子或 DNA 片段分开,但是只能分辨几万碱基的 DNA 分子或片段。脉冲电泳技术的问世,不仅能分开上百万碱基的 DNA 分子或片段,而且能够使完整的染色体彼此分开。

1.1.4 基因工程与生物工程的关系

生物工程亦称生物技术,是 20 世纪 70 年代初在分子生物学、细胞生物学和遗传学基础上发展起来的一个新兴领域。它主要包括以下 5 个方面。

(1)基因工程 对不同生物的遗传物质——基因,在体外进行剪切、组合和拼接,使遗传物质重新组合,然后通过载体(质粒、噬菌体或病毒等)转入微生物、植物或动物细胞内,进行无性繁殖,并使所需要的基因在细胞中表达,产生出人类所需要的产物或组建成新的生物类型。

(2)细胞工程 包括细胞融合、细胞大规模培养以及植物组织培养快速繁殖技术。细胞融合技术是指将两种不同种类的细胞,通过化学、生物学或物理学手段使之融合在一起,从而产生出兼备两个亲本遗传特性的新的细胞。细胞大规模培养技术是以工业化生产为目的,摆脱气候、产地、季节的限制,从大量培养的细胞中获得药物或其他有用物质。植物组织培养快速繁殖技术是利用植物细胞的全能性由扩增的细胞分化再生成植株,这样就有可能用细胞器官和组织的再生苗来代替种子实生苗,无限地扩大繁殖系数。

(3)酶工程 包括酶的生产应用、酶和细胞的固定化以及酶的分子修饰技术。酶是生物体内产生的具有催化作用的蛋白质。其催化效率超出化学催化千百倍,而且是在常温、常压下进行,专一地催化某一反应。所谓酶工程,就是在一定的生物反应器中,利用酶的催化作用将相应的原料转化成有用物质的技术。

(4)微生物发酵工程 包括菌种选育、菌体生产利用、代谢产物的生产利用以及微生物机能的利用技术。微生物发酵工程是利用微生物的特定性状,通过现代化工程技术,生产有用物质或直接应用于工业生产的一种技术体系。

(5)生化工程 包括生物反应器设计制造、传感器的研制以及产物的分离提取和精制技术。

以上 5 个方面的工程技术系统是相互依赖、相辅相成的,但在这些技术系统中,基因工程占主导地位。因为,只有用基因工程改造过的微生物和细胞,才能真正按照人们的意愿进行工程设计,产生出特定的生物工程产品。而微生物发酵工程又常常是基因工程的基础和必备条件。生化工程是其他生物工程技术转化为生产力时所必不可缺的重要环节。正是由这5个工程技术系统共同组成了现代生物工程学。从图1-1我们可以更清楚地理解它们之间的关系。

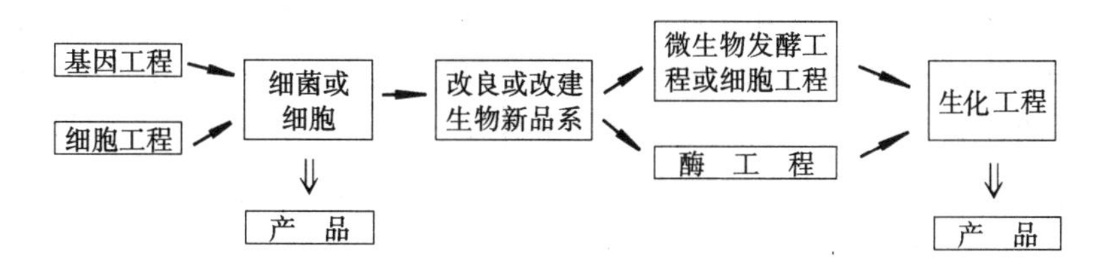

图1-1 基因工程与生物工程的关系

1.2 基因工程的操作和应用

1.2.1 基因工程的操作流程

一个完整的基因工程流程一般包括目的基因的获得、载体的制备、重组体的制备、基因的转移、基因的表达、基因工程产品的分离提纯等过程。

传统的基因工程操作是将真核生物细胞的基因在原核生物细胞内表达。这一过程包括真核细胞基因的分离、目的基因与载体分子在细胞外的重组、重组体分子转化原核细胞等环节(图1-2)。

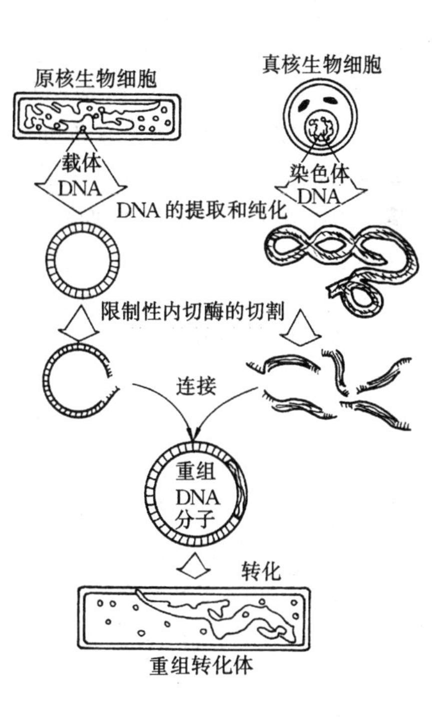

图1-2 典型的重组DNA实验

1.2.2 基因工程的应用

尽管基因工程出现后的一段时间内带给人们的是猜疑和恐惧,但它还是以迅猛的速度发展。实践表明,基因工程会给人类带来难以估量的经济效益和社会效益。特别是对人类所面临的能源、粮食、人口、环境和疾病等日趋严重的社会问题,基因工程正在并且将要发挥越来越大的作用。

1. 基因工程与农业

基因工程在农业中的应用主要包括提高植物光合作用效率、扩展植物的固氮能力、生产转基因植物和转基因动物等。

(1)光合作用　光合作用是指绿色植物将大气中的二氧化碳转化为碳水化合物,并向周围环境释放氧气的过程。这一过程是在叶绿体中进行的,叶绿体是绿色植物特有的细胞器,其功能与生存是受核基因组控制的。

绿色植物光合作用的产物约占植物干重的95%以上,它是地球上一切动物(包括大多数微生物)的生命源泉,同时也是人类社会的主要物质和能量的来源。然而,地球上的植物利用太阳能的效率相当低。据统计,农作物的产量还不到转变为生物量的太阳能的5%。因此,提高光合作用效率具有重要意义。应用基因工程技术,已经克隆了许多种参与光合作用的基因并分析了光对基因表达的调节作用。目前的工作主要有如下两个方面:一是深入研究在CO_2的固定反应中起关键作用的二磷酸核酮糖羧化酶(RuBisCo),以便提高其与CO_2的亲和力,以及取消或减少光呼吸的竞争反应。实验表明,通过交换RuBisCo亚基的基因,将不同来源的基因导入同一种植物,形成具有异源亚基的RuBisCo基因;或是采用定点突变技术,改变RuBisCo的活性,增加其同CO_2的亲和力;甚至用更为有效的突变基因,取代正常的RuBisCo基因等办法,将有可能提高植物对CO_2的固定效率。二是提高光能吸收及转化效率。实验表明,通过在不同植物之间交换光系统的组合,或是利用体外定点突变技术改变光系统的组分并实现优化组合,便有可能使其转能效率达到最佳的水平,从而提高光合作用的效率。

(2)固氮作用　固氮作用通常是指豆科植物(如蚕豆、豌豆和三叶草等)将空气中的氮(N_2)转变为氨(NH_3)的过程。它是通过与其共生的根瘤菌属(*Rhizobium*)细菌实现的。

大多数植物都需要大量的可溶性氮才能很好生长。虽然地球上每年由微生物固定的N_2的总量约200 Mt左右,但只有豆科植物能与根瘤菌共生固氮。如果禾谷类作物及其他非豆科植物都能够具有天然固氮的能力,或转变为根瘤菌的宿主,那么,在农业生产上将节省大量的化肥,具有重大意义。要使普通的非固氮植物的细胞从遗传上转变为具有固氮功能的特殊细胞,必须具备如下5个条件:①根瘤菌的全部*nif*基因都能在同一植物细胞中适当地表达;②固氮酶复合体能正确地加工和组装;③具有一个厌氧的环境;④提供足够的ATP;⑤提供NADPH。这是一项十分复杂而艰巨的工作。总的来说,目前主要有如下两种方法:一种是用带有*nif*基因的质粒转化植物细胞的叶绿体,从而有可能使用正常的原核信号进行表达,而不必将17个*nif*基因都置于植物细胞核基因组启动子的控制之下;另一种是把豆科植物的固氮基因转移到其他植物中,使其对固氮菌的感染产生相应的反应。到目前为止,已有许多植物的根瘤蛋白基因(nodulin gene)被克隆出来,而且还建立了一种三叶草(*Lotus corniculatus*)的根瘤形成模型。

(3)转基因植物　转基因植物是指将克隆到的一些编码特殊性状的基因,通过生物、物理和化学等方法,导入到受体植物细胞,然后进行组织培养而培育出再生植株。它是农业生物技术的主要内容,为农业育种提供了一条十分有用的途径。人们可以在一定范围内根据自己的意愿来改造植物的一些性状,从而获得高产、稳定、优质和抗逆性强的品种。自从20世纪80年代初首次从细菌中分离到一些分解抗生素的基因,并转移到植物细胞中获得第一株能在抗生素培养基上生长的植株以来,已有近百种转基因植物相继问世,这些植物有烟草、番茄、马铃薯、矮牵牛、胡萝卜、向日葵、油菜、苜蓿、亚麻、甜菜、棉花、芹菜、荷花、黄瓜、拟南芥、大白菜、大豆、水稻、玉米、莴苣、红豆以及稞麦,等等。

应用转基因植物技术,不但可以培育出抗病毒、抗真菌、抗虫害、抗逆性、抗镉或抗除草剂的植物,而且可以获得雄性不育植株或增加种子的营养价值,此外,还可以应用转基因植物技术使植物果实变硬便于储运,或改变花卉的颜色提高观赏价值,以及在转基因植物中生产一些医药上应用的多肽。

(4)转基因动物　转基因动物是指用实验方法导入的外源基因在染色体基因组内稳定整合并能遗传给后代的一类动物。自从20世纪80年代初美国首次将大鼠生长激素基因导入小白鼠受精卵的雄原核中,获得了个体比对照组大一倍的转基因"超级鼠"后,转基因昆虫、猪、鱼、兔、羊和牛等相继问世,不但为动物基因工程育种提供了新的途径,而且可以作为生物反应器生产各种有用的蛋白质,特别是医用活性肽。此外,还可以通过转基因技术培育抗病的转基因家畜,使其免遭传染病的危害。

(5)产生次生代谢产物　植物提供了全世界25%的药物资源,并产生出化学物质(如生物碱等)及生化物质(如各种必需氨基酸等)。应用基因工程技术,结合植物组织培养方法有可能对其编码的药物基因进行改造,以提高有效成分的合成效率并确保其生物活性,甚至可以生产出崭新性质的植物生化药物。

2. 基因工程与工业

基因工程在工业中的应用主要包括纤维素的开发利用、酿酒工业、食品工业、制药工业和新型蛋白质的生产等方面。

(1)纤维素的开发利用　纤维素是植物的主要组成部分。据估计,全世界的纤

维素资源总量约为 7×10^{11} t,而每年经绿色植物光合作用合成的纤维素又可高达 4×10^{10} t,因此,纤维素被认为是地球上数量最丰富的有机物质。从化学分子结构上看,纤维素是一种无水葡萄糖的线性多体分子,其重复单位叫纤维二糖。纤维素完全降解后的产物葡萄糖是食品、燃料和化学原料的重要来源。

由于纤维素通常是以不溶性的纤维成晶状排列形式存在的,再加上纤维素分子与其他多糖(如半纤维素和果胶等)结合在一起,而其外又包裹上木质素,致使消化酶分子难以接近,因此,纤维素是很难降解的。植物材料中纤维素的天然降解主要是由丝状真菌发酵引起的。现在已从细菌和丝状真菌中克隆出了各种纤维素分解酶的基因。如果通过基因工程方法,把这些基因导入酿酒酵母(*S. cerevisiae*),并使酿酒酵母具备分泌纤维素酶的能力,那么就有可能将纤维素降解成葡萄糖,再发酵成酒精,从而实现酒精生产流程一步化的新工艺。

(2)酿酒工业　酿酒酵母不仅是一种在酿酒工业中广泛使用的发酵微生物,而且是一种很有用的基因操作菌株之一。如果把面包酵母(*S. diastaticus*)基因组中编码淀粉 α-1,4-葡萄糖苷酶的 *DEX* 基因引入到酿酒酵母细胞,产生出一种新的酵母菌株,就可以克服酿酒酵母不能发酵糊精(含22%的碳水化合物)的缺点,生产出碳水化合物含量低、味道好的优质啤酒。如果把能够降解相对分子质量极高的分枝糊精(branched dextrins)的淀粉酶基因导入酿酒酵母,则可进一步改良啤酒的质量。还有,如果把木瓜蛋白酶基因引入酿酒酵母,则可保持啤酒的清澈度。此外,还可以应用体外突变技术主动改变这些酶的特性,使其稳定性增加。总之,在酿酒工业中,基因工程技术是大有可为的。

(3)食品工业　在食品工业中,干酪的生产离不开凝乳酶对乳蛋白-酪蛋白的切割。凝乳酶是从哺乳小牛的第四个胃中提取的,很不经济。现在已经将小牛的凝乳酶基因克隆出来,并在酿酒酵母中实现了表达,生产出高产量的、具有全部天然活性的凝乳酶,它能够使牛奶凝固。

干酪生产过程中的废物乳清含有4%~5%的乳糖、少量蛋白质、大量矿物质和维生素。其中的乳糖若被降解成葡萄糖和半乳糖,便能被酿酒酵母发酵,生产出酒精和单细胞蛋白。现已把克鲁维酵母乳酸菌(*Kluyveromyces lactis*)的 β-半乳糖苷酶基因和乳糖透性酶基因转移到酿酒酵母中,虽然仍需改进表达这两种酶的方法,但经过遗传变异后的酵母最终能够用乳清作底物生产出燃料酒精、饮用酒精和生物饮料,从而达到对底物综合利用的目的。

此外,近年来也开始利用基因工程技术提高酿酒过程废弃酵母的经济价值。其办法是将带有高度调节性能启动子的表达载体导入酿酒酵母,使其在发酵过程中关闭,而当废弃酵母重新悬浮在诱导培养基时开动起来,从而生产出需求量很大的蛋白质,例如凝乳酶和血清蛋白等。

(4)制药工业　传统的制药工业,要么依靠化学合成,要么从自然界中筛选药物产生菌,然后通过发酵分离提取获得,这两者都费时费力。应用基因工程技术,不但可以提高药物的产量,而且可以创造药物新品种。目前已商品化生产的基因工程药物有各种抗生素和多肽药物,多达百种以上。我国已能自行生产基因工程干扰素、红细胞生成素(EPO)、白介素和心钠素等。

(5)新型蛋白质的生产　利用基因工程技术,不仅能生产真核基因编码的蛋白质,而且还能够生产出新型的蛋白质。其最简单的途径是,利用定点突变技术重新设计酶分子的结构,以增加酶的稳定性,改变酶作用底物的稳定性,以及将有关联的酶构成一种多酶复合物,这对酶制剂工业生产显然具有相当重要的意义。

3. 基因工程与环境保护

基因工程在环境监测和净化领域的研究与应用中已经发挥了重大作用,预示着十分光明的前景。

(1)环境监测　已有报道,可应用基因探针检测出水中,特别是饮用水中的病毒。使用一个特定的核酸片段(DNA 或 RNA)作为探针,使之同被检测的病毒 DNA 互补的碱基结合,从而把病毒检测出来。这种方法的特点是快速灵敏。传统的方法检测一次需耗时数天或几周,准确性也差;而用探针只需不到一天,且能在 1 000 升水中检测出 10 个病毒来。现在已有用于检测 10 种病毒的不同探针。使探针同从环境中分离出来的细菌 DNA 杂交,从而可以确定某种有危害性细菌的存在。有人应用 DNA 探针在 400 个不同地方检测沙门氏杆菌获得成功,说明在鉴定带菌者及预防流行病方面可应用基因跟踪法。

(2)环境污染的净化　有报道称,把 4 种不同假单胞杆菌的质粒重组成一个“超级质粒”,由 OCT(降解辛烷、己烷、癸烷)、XYL(降解二甲苯和甲苯)、CAM(分解樟脑)和 NAH(降解萘)构建成一个质粒并送入细菌,获得了“超级菌”。这种“超级菌”能在原油中迅速繁殖,因为它代谢碳氮化合物的活性比任何一种含单个质粒的细菌都强大得多。这种“超级菌”能够在浮游过程中除去污染了水面的石油,几小时就可以降解 2/3 的烃类物质,而天然菌则需耗时一年以上才能达到同样的效果。把嗜油酸单胞杆菌的耐汞基因转移入腐臭假单胞杆菌中,该菌能把剧毒的汞化物吸收到细胞内,还原成金属汞,然后可通过气化的方法从菌体中回收金属汞,此法可用于净化汞污染。有报道称,用以下方法消除镉污染:把原在中国仓鼠中的屏蔽基因(即可将重金属离子排去的基因)植入一种十字花科植物——芜菁的体内,此种植物便可将土壤中的镉留在植物根部,阻止它到达植物的茎、叶、果实部位。这对保护人、畜的健康很有好处。关于净化农药 DDT 残留问题,可从抗 DDT

的害虫中分离出抗 DDT 基因,然后将此基因转移入细菌体内,将这种“超级菌”投入到土壤中可把农田中残留的 DDT 降解掉。

另外,科学家还培育出可降解氯化物溶剂、表面活性剂、硫化物和多氯联苯的新菌种。已发现一种细菌的突变株能够“吃”矿山产生的含氰废物。还开发出一种磷的浓缩(phostrip)技术,即利用微生物浓缩磷,可清除废水中 99.3%的磷。已分离出一种微生物能清除地下储罐溢出的原油。在加入营养物和空气后,在 6 个月内该微生物能把溢油分解成二氧化碳和水。污染土壤的生物降解法比填埋法可节省 75%的费用。运用基因工程的方法已构建了能分解煤炭中硫成分的微生物和能降解四氯联苯乙烷(TGE,它可引起癌症和肝病)的假单胞杆菌,该菌能产生一种酶,可使 TGE 分解成单盐离子和二氧化碳。

还有一些科学家通过基因重组构建新的生物杀虫剂以取代化学农药。现在已有多种生物杀虫剂进入了大田试验。

4. 基因工程与医学

基因工程在医学中的应用极其广泛,除上述利用转基因植物生产生化药物和基因工程多肽药物外,还可以利用基因工程技术生产疫苗并进行诊断和治疗疾病等。

(1)基因工程疫苗的研制与生产　以基因工程疫苗为主体的新型疫苗的研制是现代生物技术热点之一,其主要对象是:①不能或难以培养的病原体,如乙肝病毒(HBV)、丙肝病毒(HCV)、戊肝病毒(HEV)、EB 病毒(EBV)、巨细胞病毒(CMV)、人乳头瘤病毒(HPV)、麻风杆菌、疟原虫和血吸虫等;②有潜在致癌性或免疫病理作用的病原体,前者如Ⅰ型嗜人 T 淋巴细胞病毒(HTLV-Ⅰ)、人免疫缺陷病毒(HIV)、单疱疹病毒(HSV),后者如呼吸道合胞病毒(RSV)、登革热病毒(DGV),可能还有肾综合征出血热病毒(HFRSV);③常规疫苗效果差,如霍乱和痢疾疫苗,或疫苗反应大,如百日咳和伤寒等疫苗;④可大大节约成本、简化免疫程序的多价疫苗,如以痘苗病毒、腺病毒、卡介苗或沙门氏菌属为载体的多价活疫苗。此外,利用基因工程技术还可能为目前尚无有效疫苗的某些疾病(例如艾滋病)生产出有效的疫苗。目前已商品化生产的基因工程疫苗共达数十种。基因工程疫苗研制的新进展是双特异性抗体和多价卡介苗(BCG)。

(2)基因诊断　基因诊断是指在基因水平上对疾病的诊断。其主要特点是:特异性强、灵敏度高、简便和快速。应用 DNA 探针技术,可以对遗传病、传染病(包括艾滋病)、心血管疾病、癌症和职业病等进行基因诊断。此外,还发展出 DNA 指纹图分析法和限制性片段长度多态性(RFLP)基因连锁分析法等新技术,分别广泛应用于法医领域和基因定位与诊断等。

(3)基因治疗　基因治疗一般是指将正常的外源基因导入生物体靶细胞内,以弥补所缺失的基因,关闭或降低异常表达的基因,以达到治疗某种疾病的目的。当前,应用基因工程技术治疗的疾病有遗传病、恶性肿瘤、心血管疾病、血液病、糖尿病和传染病(包括艾滋病)等。基因治疗研究虽然已经取得很大进展,但总的来看,现在仍处于探索性阶段。

1.3　基因工程的安全性

基因工程在给人类社会带来福音的同时,它的安全性也是人们深度忧虑的问题。

1.3.1　基因工程的安全隐患

1973 年美国的公众第一次公开表示担心应用重组 DNA 技术可能会培养出具有潜在危险性的新型微生物,从而给人类带来难以预料的灾难。

1. 对环境的影响

重新组合一种在自然界尚未发现的生物性状有可能给现有的生态环境带来不良影响。

2. 新型病毒的出现

制造带有抗生素抗性基因或有产生病毒能力的基因的新型微生物有可能在人类或其他生物体内传播。

3. 癌症扩散

将肿瘤病毒或其他动物病毒的 DNA 引入细菌有可能扩大癌症的发生范围。

4. 人造生物扩散

新组成的重组 DNA 生物体的意外扩散可能会造成不同程度的潜在危险。

1974 年美国国立卫生研究院(NIH)考虑到重组 DNA 的潜在危险,提请 P. Berg博士组成一个重组 DNA 咨询委员会,并于 1976 年 6 月正式公布了《重组 DNA 研究的安全准则》。

1.3.2　重组 DNA 研究的安全措施

若同一地区只种植一种作物,造成抗性基因专一化,使得抗性基因所不能对付的病虫害暴发,从而造成农作物的减产。转基因作物的大规模商业种植可能会导致被转移基因在自然生态系统中的广泛流动,还可能波及到非目标生物,从而对生态环境产生不可逆转的严重破坏。此外,基因工程技术生物的推广将使数以千计的品种被淘汰,导致自然界一些食物链切断,生态平衡破坏。专家认为,经一二十年后,杂草、虫害和病菌适应了环境,使基因工程作物的抗性丧失,则这些特性有可能转给杂草、昆虫、病菌或某些动物,产生超级杂草、超级害虫、超级细菌和超级病毒,从而给人类及生态环境带来严重危害。

目前对转基因生物的控制措施有物理学方法和生物学方法。

1. 物理学方法

物理方法是通过各种严格的管理措施和物理屏障尽量使转基因生物不能从实验室逃逸进入到自然环境里去。这种措施只能用于控制在实验室里的转基因生物,而用于控制转基因微生物和通过花粉进行扩散的植物的效力实际上是非常有限的。当转基因动、植物必须置于开放的环境里生产时,物理控制的方法便不再有实际的意义。

2. 生物学方法

转基因生物控制的根本性措施还是生物学控制方法。即造成转基因生物与非转基因生物之间的生殖隔离。如利用三倍体不育的特性,使生产的转基因动物或植物成为三倍体,这样,转基因生物在进入到自然环境里后就不可能自行繁殖,因此也就不可能对生态系统造成长期的影响。也可以利用生理学原理,如激素诱导等方法使转基因生物不育等。

P1～P4是关于基因工程实验室物理安全防护上的装备规定。P1级实验室,为一般的装备良好的普通微生物实验室;P2级实验室是在P1级实验室的基础上,还需装备负压的安全操作柜;P3级实验室即全负压的实验室,同时还要装备安全操作柜;P4级实验室是目前安全防护措施级别最高的实验室,要求建设专用的实验大楼,周围与其他建筑物之间应留有一定距离的隔离带,细菌操作需带手套进行,以及使用其他必要的隔离装置,使研究者不会直接同细菌接触,等等。

在生物防护方面,EK1～EK3级是专门针对大肠杆菌菌株而规定的安全防护标准。它是依据大肠杆菌在自然环境中的存活率为前提制定的。EK1级的大肠杆菌菌株,在自然环境中一般都会死亡,而符合EK2～EK3级标准的大肠杆菌菌株,在自然环境中则无法存活。

第一个"安全"的大肠杆菌K12菌株,是在1976年由美国Alabama大学的R. Currisslll发展出来的。由于该菌株是在庆祝美国独立200周年(1776—1976)期间交付使用的,所以被命名为X1776菌株。能够防止它在实验室外传播的"安全"特性之一,是该菌株为一种营养缺陷突变体,它必须在有二氨基庚二酸和胸腺嘧啶核苷酸的培养基上才能生长。二氨基庚二酸是赖氨酸生物合成的一种中间产物，在人类的肠道中并不存在这种物质。因此，即便 X1776 菌株偶然被人吞食至肠道，也不可能存活下去。X1776 菌株安全特性之二，是它的细胞壁十分脆弱，在低浓度的盐离子环境中，甚至只有微量的去污剂的存在，都会造成细胞的破裂而致死。

根据 NIH 安全准则，在 DNA 重组实验中，除了使用“安全”的寄主细菌之外，还必须使用“安全”的质粒载体。这样的“安全”质粒的一个基本特征是，它应该失去自我迁移的能力。

1.3.3　转基因产品的消费安全性

用转基因生物生产的转基因食品和药品要进入市场必须进行消费安全性评价。消费安全性评价一般要考虑以下一些主要的方面：

- 导入的外源目的基因本身编码的产物是否安全，例如用某些细菌的杀虫基因所培育的转基因杀虫作物中，杀虫基因所编码的产物是否会对人类产生毒性作用等；
- 外源目标基因是否稳定，在新的生理条件下和基因环境里，导入的外源目的基因会不会产生对人体健康有害的突变；
- 使用的载体是否安全，载体本身是否会编码对人体有害的产物，例如用于人类的基因工程产品一般应避免使用病毒作为基因载体；
- 在使用了选择基因和报告基因的情况下，这些基因是否会产生有害的物质，例如用抗生素作为选择标记基因的转基因食品，是否会在食用后使人产生对抗生素的抗性；
- 外源基因导入后是否会诱导受体生物产生新的有害遗传性状或不利于健康的成分。

思考题

1. 基因、基因工程和生物工程的概念及其相互关系是什么？
2. 基因工程有哪些方面的应用？
3. 基因工程的安全措施有哪些？

第 2 章

生物大分子——核酸与蛋白质

内容提要:基因工程中的生物大分子包括 DNA、RNA 和蛋白质。DNA 是遗传信息的载体,mRNA 是遗传信息传递中的中介物,蛋白质是遗传信息表达的终产物。原核生物和真核生物在基因的结构上有很大的不同。基因表达实质上是 DNA 上承载的遗传信息通过 mRNA 的介导产生蛋白质的过程。

生命是物质进化到达一定阶段以后的产物,在此之前存在于地球上的矿物质并不能导致生命的出现,只有当核苷酸、脂肪酸、氨基酸、单糖等形成之后,生命的诞生才具备了条件。核酸(DNA 和 RNA)、蛋白质是机体的两类最基本的生物大分子。它们都属于信息分子,DNA 是遗传信息的原初载体,蛋白质是遗传信息的表现者,也就是 DNA 代表信息,蛋白质代表由此信息所规定的功能,两者相互依存。在 DNA 和 mRNA 之间,遗传信息的传递是通过碱基互补实现的;在 mRNA和多肽链之间,由 tRNA 作为中介使 mRNA 的核苷酸顺序转变为氨基酸顺序。

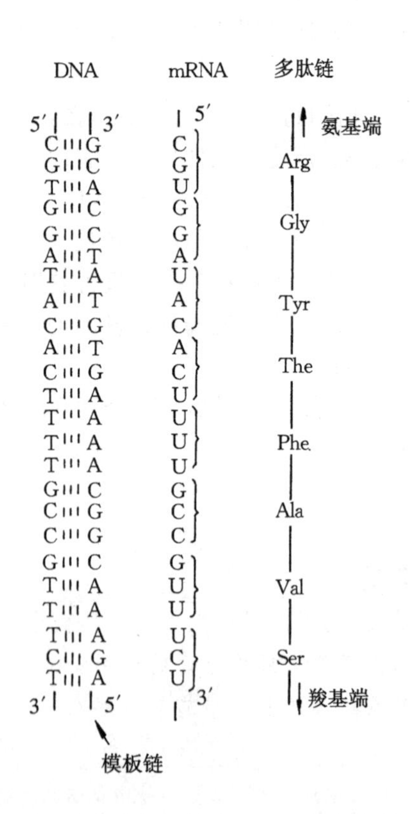

图 2-1 核苷酸和氨基酸顺序间的对应关系

DNA 由 4 种核苷酸(A、T、C、G)组成,核苷酸的排列顺序代表了核酸的语言。蛋白质则由 20 种基本 α-氨基酸组成。氨基酸的排列顺序代表了蛋白质的语言，两者存在着对应关系（图 2－1）。多肽链的氨基酸排列顺序并不能直接表现出功能，只有当多肽链折叠成特定的三维结构后才能表现出功能。但多肽链的氨基酸顺序包括了它折叠的全部信息。

2.1　核酸的结构与性质

人们经过长期的研究发现，遗传特性由一种称为基因的因子决定，而基因则线性地分布于染色体上，染色体是由核酸和蛋白质组成的。直到 1944 年，O. Avery 等的肺炎球菌的转化实验才证明了遗传物质是 DNA，而不是蛋白质。1952 年，A. Hershey和 M. Chase 的 T2 噬菌体对大肠杆菌的感染试验进一步证明了这一点。1953 年，J. Watson 和 F. Crick 提出了 DNA 双螺旋结构模型，它使许多遗传现象从分子水平上得到了充分和合理的解释，成为生物学发展中的一个里程碑。

2.1.1　核苷酸

核酸是一种线性多聚核苷酸，它的基本结构单位是核苷酸。核苷酸由三部分组成：戊糖、碱基和磷酸。在核苷酸分子中，戊糖和碱基缩合成糖苷酸键而形成核苷，核苷中的戊糖羟基被磷酸酯化，就形成核苷酸。核苷酸分为核糖核苷酸与脱氧核糖核苷酸两类，不同的核苷酸用碱基的第一个字来命名（表 2－1）。

表 2－1　核苷酸的组成和名称

核酸	核苷酸（缩写）	核　苷	碱　基
RNA	腺苷酸（A，AMP）	腺　苷	腺嘌呤
	鸟苷酸（G，GMP）	鸟　苷	鸟嘌呤
	胞苷酸（C，CMP）	胞　苷	胞嘧啶
	尿苷酸（U，UMP）	尿　苷	尿嘧啶
DNA	脱氧腺苷酸（A，dA，dAMP）	脱氧腺苷	腺嘌呤
	脱氧鸟苷酸（G，dG，dGMP）	脱氧鸟苷	鸟嘌呤
	脱氧胞苷酸（C，dC，dCMP）	脱氧胞苷	胞嘧啶
	脱氧胸苷酸（T，dT，dTMP）	脱氧胸苷	胸腺嘧啶

注：核苷酸现已成为包括核糖核苷酸和脱氧核糖核苷酸在内的类名，在核酸分子中，它们都以 A、G、T、C 表示；在游离状态下，脱氧核糖核苷酸则分别以 dA、dG、dT 和 dC 表示。

2.1.2　DNA的结构

DNA的结构可分为一级结构、二级结构和三级结构。

1. DNA的一级结构

DNA的一级结构是由数量庞大的4种脱氧核糖核苷酸(即:脱氧腺嘌呤核苷酸、脱氧鸟嘌呤核苷酸、脱氧胞嘧啶核苷酸和脱氧胸腺嘧啶核苷酸),通过3′,5′-磷酸二酯键连接起来的直线形或环形多聚体。由于脱氧核糖中C-2′上不含羟基,C-1又与碱基相连接,唯一可以形成的键是3′,5′-磷酸二酯键,所以DNA没有侧链。图2-2表示DNA多核苷酸链的一个小片段。多核苷酸的碱基可简化为图2-2的右方,也可缩写为pGpCpTpA和pGCTA。按规定,多核苷酸链以连接于5′磷酸开始,以脱氧核糖的3′羟基终止。

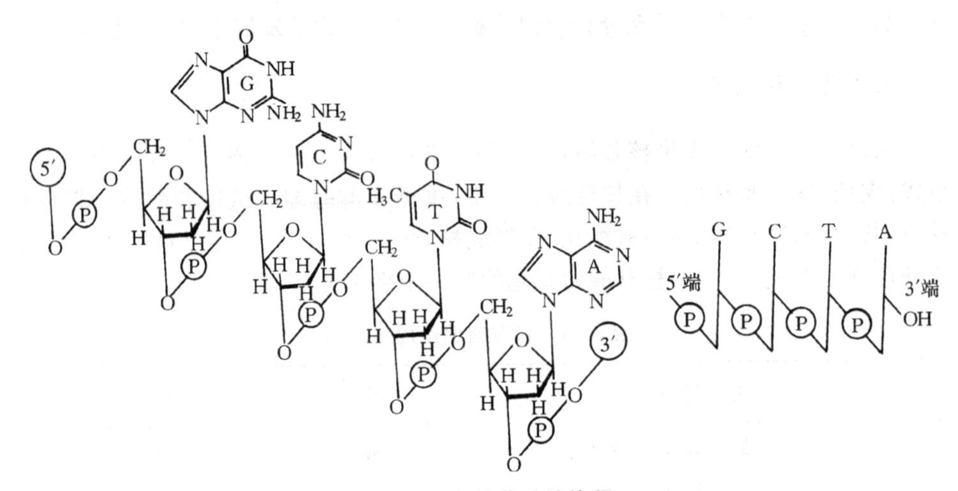

图2-2　多核苷酸链片段

2. DNA的双螺旋结构

J. Watson和F. Crick于1953年提出了DNA的双螺旋结构模型,后人的许多工作证明这个模型基本是正确的。其模型要点如下。

(1) DNA分子是由两条反向平行的多核苷酸链围绕同一个中心轴构成的双螺旋结构。多核苷酸链的方向取决于核酸间的磷酸二酯键的走向,习惯上以3′→5′为正向,两条链都是右手螺旋。链之间的螺旋形成凹槽,一条较深,一条较浅。

(2) 两条链的碱基层叠于螺旋内侧,碱基平面与纵轴相垂直,碱基之间堆积距离为0.34 nm。磷酸基与脱氧核糖在外侧,彼此通过3′,5′-磷酸二酯键相接,形成

DNA 的骨架。糖环平面与纵轴平行。双螺旋的平均直径为 2 nm，两个核苷酸之间夹角为 36°。因此沿中心轴每旋转一周有 10 个核苷酸。每一转的高度(即螺距)为 3.4 nm，如图 2－3 所示。

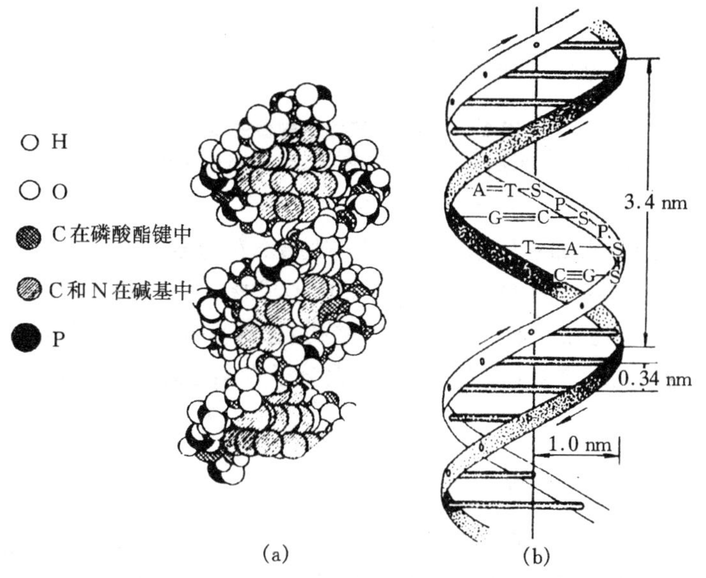

图 2－3　DNA 分子双螺旋结构模型及其图解

(a)DNA 分子双螺旋结构模型；(b)模型的图解

(3)两条核苷酸链依靠碱基之间形成的氢键相联系而结合在一起。一条链上的嘌呤碱基必须与另一条链上的嘧啶碱基相匹配，A 与 T 相结合，其间形成两个氢键；G 与 C 相结合，其间形成 3 个氢键，因此 G 与 C 之间连接更为稳定一些。

DNA 双螺旋结构是稳定的，这里起作用的主要有 3 种力量。第一种是互补碱基对之间的氢键；第二种是由于芳香族碱基的 π 电子之间相互作用而引起的碱基堆积力；第三种使 DNA 分子稳定的力是磷酸残基上的负电荷与介质中的阳离子之间形成离子键，与 DNA 结合的离子如 Na^+、K^+、Mg^{2+} 和 Mn^{2+} 在细胞内大量存在。

以上介绍的是 B 型 DNA 的结构，此外还有 A 型和 Z 型。这里不再一一介绍。

3. DNA 的三级结构

双链 DNA 多数以线形存在，某些病毒、线粒体、叶绿体及某些细菌中的 DNA 为双链环形。在细胞内，这些环形 DNA 可以进一步扭曲折叠成“超螺旋”的三级结构(图 2－4)。

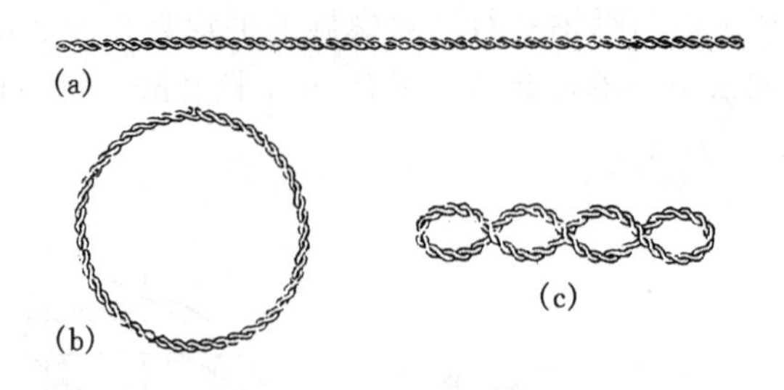

图 2-4　DNA 三级结构模式图

(a)直线型双螺旋结构;(b)开环型结构;(c)共价闭环超螺旋型结构

一些病毒的 DNA 和真核细胞染色质中的 DNA 是双螺旋线形分子。染色质 DNA 的结构复杂。双螺旋 DNA 先盘绕蛋白形成核粒(超螺旋),许多核粒(或称核小体)由 DNA 链连在一起构成念珠状结构,念珠状结构进一步盘绕构成更复杂、更高层次的结构。据估计,人的 DNA 大分子在染色质中反复折叠盘绕,其压缩约 8 000～10 000 倍。

2.1.3　RNA 的结构

RNA 也是无分支的线形多聚体核糖核苷酸,所含的 4 种基本碱基是:腺嘌呤、鸟嘌呤、胞嘧啶和尿嘧啶。RNA 的碱基组成不像 DNA 那样具有严格的 A＝T,G＝C的规律。RNA 的结构只有在局部构成双螺旋结构。动物、植物和微生物细胞内都含有 3 种主要 RNA,即核糖体 RNA(rRNA)、转运 RNA(tRNA)和信使 RNA(mRNA)。此外真核细胞中还有少量核内小 RNA(snRNA)。

1. tRNA

tRNA 是传递氨基酸的 RNA。所有的 tRNA,不论其来自动物、植物还是微生物,都具有下述结构上的共同点。

● 相对分子质量在 25 000 左右,由 70～90 个核苷酸组成,沉降系数在 4 S 左右。

● 碱基组成中有较多的稀有碱基。

● 3′末端都为…CpCpAOH,用来接受活化的氨基酸,此末端称为接受末端。

● 5′末端大多为 pG…,也有 pC…的。

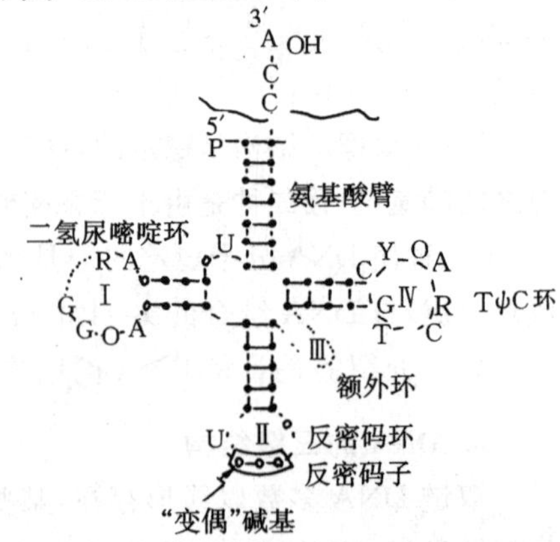

图 2-5　tRNA 三叶草形二级结构通式

● tRNA 的二级结构都呈三叶草形,

tRNA 二级结构如图 2－5。三叶草结构由氨基酸臂、二氢尿嘧啶环、反密码环、额外环和 TψC 环等 5 部分组成。

● tRNA 的三级结构的形状像一个倒写的 L 字母(图 2－6)。

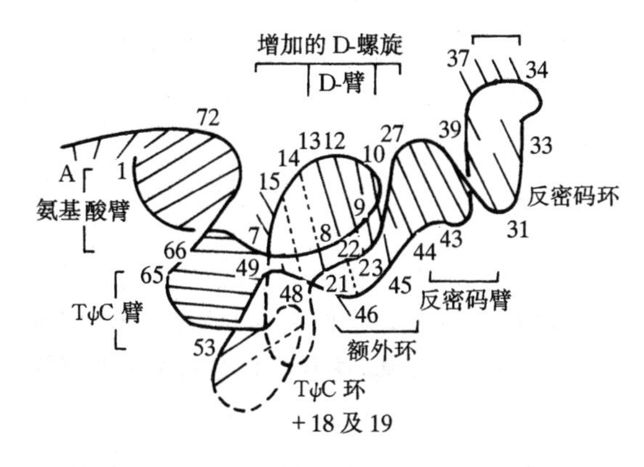

图 2－6　酵母苯丙氨酸 tRNA 的三级结构

2. mRNA

mRNA 在 DNA 和蛋白质之间起媒介的作用。即 mRNA 的功能在于把 DNA 模板链上的碱基序列转录为 RNA 分子上的碱基序列(mRNA),再从 mRNA 上的碱基序列通过合成蛋白质的机构获得氨基酸的序列。绝大多数真核细胞 mRNA 在 3′末端有一段长约 200 个残基转录后添加上去的多聚腺苷酸。原核生物的 mRNA 则一般无多聚腺苷酸。多聚腺苷酸的结构与 mRNA 从核转移至胞质的过程有关,也与 mRNA 的半衰期有关。新合成的 mRNA 的多聚腺苷酸较长,衰老的 mRNA 分子的多聚腺苷酸较短。真核细胞 5′末端为一特殊结构(又称帽状结构):

5′末端的鸟嘌呤 N^7 被甲基化,鸟嘌呤核苷酸与相邻的一个核苷酸相连,形成 5′,5′-磷酸二酯键,这种特殊的 5′末端有抗核酸酶水解的作用。一些病毒 RNA 也有类似的 5′末端。这种特殊结构可能与蛋白质生物合成过程中翻译的起始有关。

3. rRNA

rRNA(即核糖体 RNA)和具有各种功能的大量蛋白质组成合成蛋白质的场所——核糖体。核糖体 RNA 共分 3 种,原核生物的核糖体由 5S rRNA、16S rRNA 和 23S rRNA 所组成,分别含有 120、1 541 和 2 904 个核苷酸。rRNA 是稳定的分子,其前体比成熟的 rRNA 分子大。

2.1.4 核酸的性质

核酸的性质与其组成和结构密切相关。核酸的组成有嘌呤碱、嘧啶碱、磷酸、核糖和脱氧核糖。核酸结构特点为分子巨大,有共轭双键、氢键、苷键和磷酸二酯键,有烯醇式羟基、自由氨基和磷酸基,这些结构是核酸特性的基础。

1. DNA 变性

当温度升高时,核酸和蛋白质的三维结构都会受到破坏。使核酸有规律的螺旋型双链结构变成单链无规律的“线团”。从天然状态分子转变到分子变性状态分子,这一过程称为变性。将双链 DNA 或天然 DNA 加热时,两条链间的结合力受到破坏,两条链分离,因此变性 DNA 是单链的。在 pH 值大于 11.3 时,可以使 DNA 对碱水解很稳定,所以这是基因工程中对 DNA 变性常选用的一种方法。

虽然 DNA 比较稳定,但这是一种动态结构,它的双链区经常被打开变成单链的泡状。双链 DNA 部分的链区被打开的现象称为呼吸。呼吸现象可能是使特定的蛋白质能与 DNA 分子发生相互作用和“阅读”它的编码的信息。由于 GC 碱基对有三对氢键,AT 碱基对仅有两对氢键,所以在 DNA 分子的富含 AT 对的区域比富含 GC 对的区域更容易发生呼吸。

2. DNA 复性与杂交

DNA 变性后,双螺旋两条链分开,如果溶液迅速冷却,两条单链继续保持分开,如图2-7。但如果缓慢冷却,则两条链可能发生特异的重新组合而恢复成双螺旋,这一变性 DNA 恢复其原有结构和性质叫做复性或退火。重新形成的 DNA 称为复性 DNA。复性是基因工程中很有意义的特性。这可以用于显示不同生物间的遗传相关性,检测特定的 DNA,考察某些序列在特定生物体 DNA 中是否出现一次以上,确定特定碱基序列在 DNA 的位置等。

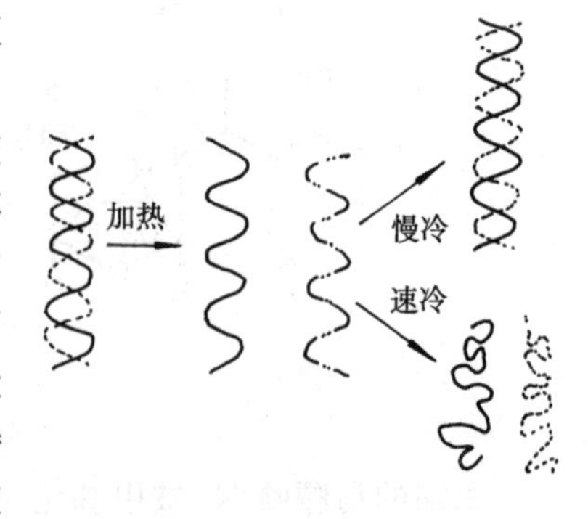

图 2-7 DNA 溶液变性及复性

发生复性必须有两个条件：①盐的浓度必须达到足以消除两条链中的磷酸基团的静电斥力，通常用 0.15～0.5 mol/L NaCl；②温度必须高到足以破坏其随机的链内氢键，但温度又不能太高，否则不能形成和维持稳定的配对。

不同来源的 DNA 形成复性 DNA 分子时称为杂交。杂交技术是研究核酸功能的重要手段。硝基纤维素滤膜与单链 DNA 结合得非常牢固，但它不会与双链 DNA 或 RNA 结合，这为测定杂交提供了重要的技术。其最重要的用途是检测 DNA 单链和 RNA 分子间的序列同源性，这可称为 DNA－RNA 杂交。这是检测从特定 DNA 分子上拷贝下来的 RNA 分子的选择方法。具体是将结合着单链 DNA 的滤膜放入含放射性的 RNA 溶液中，复性后洗涤滤膜，根据滤膜上存在的放射性 RNA 来检测杂交。RNA 变性及复性与 DNA 变性及复性的变化类似，但其变化程度不如 DNA 大，因为 RNA 中只有部分螺旋区。同蛋白质变性一样，核酸变性不涉及核苷酸间共价键的断裂，因而并不引起相对分子质量的降低。

2.1.5　核酸的定量和纯度测定

对于基因操作中的载体 DNA 和外源目的 DNA 片段，必须对其浓度、纯度、构型、相对分子质量大小等基本情况进行了解。有时 DNA 中含有酚类和多糖类物质会影响酶切和 PCR 的效果，尤其 DNA 浓度是一个非常关键的因素。例如，在对 DNA 进行限制性内切酶消化时，在给定时间内消化是否完全，取决于酶与 DNA 之间比率是否达到一定的阈值。消化是否完全是下步操作成功与否的关键。因此必须知道所用 DNA 样品的浓度，一般采用紫外光谱分析和 EB 荧光分析等方法，还可用水平式琼脂糖凝胶电泳法、聚丙烯酰胺凝胶电泳法和脉冲电泳法等。

1. 紫外光谱分析法

紫外光谱分析法的原理基于 DNA(或 RNA)分子在 260 nm 处有特异的紫外吸收峰且吸收强度与系统中 DNA 或 RNA 的浓度成正比。分子形状、双链与单链之间的转换也会导致吸收水平的改变，但是这种偏差可以用特定的公式来校正。此法的特点是准确、简便，但所需仪器较昂贵。

具体步骤是：①首先用 TE 或蒸馏水对待测 DNA 样品做 1∶20 或更高倍数的稀释；②用 TE 或蒸馏水作为空白，在波长为 260 nm 及 280 nm 处调节紫外分光光度计读数至零；③加入 DNA 稀释液于上述二波长处读取 OD 值。记录 OD 值，通过计算确定 DNA 浓度或纯度。公式如下：

对于 dsDNA：[dsDNA]＝50×OD_{260}×稀释倍数

对于 ssRNA 或 ssDNA：[ssRNA 或 ssDNA]＝40×OD_{260}×稀释倍数

以上浓度单位为 μg/mL。

由于测定 OD_{260} 时难以排除 RNA、染色体 DNA，以及 DNA 解链的增色效应的因素，因此测得的数据往往比实际浓度偏高。

衡量所提取 DNA 的纯度可用 OD_{260} 与 OD_{280} 的比值。OD_{260}/OD_{280} 对 DNA 而言其值大约为 1.8，高于 1.8 则可能有 RNA 污染，低于 1.8 则有蛋白质污染。当样品的 OD_{260}/OD_{280} 的比值<0.9 时，该样品可适当稀释，用 TE 饱和的酚、氯仿-异戊醇各抽一次，再用无水乙醇沉淀、抽干，TE 悬浮，再用紫外分光光度计测定。当 OD_{260}/OD_{280} 比值大于 2 时，则 RNA 浓度过高，要去除 RNA。

用紫外光谱分析法可以通过 OD_{260} 和 OD_{280} 测出 DNA 的浓度和纯度，但不能区分 DNA 的超螺旋、开环、线状三种构型，也不能区分染色体 DNA。由于样品槽大，所需样品量较多，适于测浓度较高的样品，特别是测定寡聚核苷酸的浓度。其他 DNA 多数选用琼脂糖凝胶电泳法进行鉴定。

2. EB 荧光分析法

EB（溴化乙锭）是一种荧光染料，它能插入 DNA 或 RNA 的碱基对平面之间而结合于其上。一旦 EB 结合在 DNA 分子上，它能在紫外光的激发下产生桔黄色荧光。由于结合于 DNA 分子之上的 EB 的量与 DNA 分子长度和数量成正比，则荧光强度可以表示 DNA 量的多少。这样将标准的 DNA 溶液按浓度由低到高分别与同样体积的 EB 溶液混匀在一块黑色的点样板上形成一个浓度梯度，然后将待测 DNA 也与同样体积的溴化乙锭混匀，将待测样品与标准品在紫外灯下发出的荧光强度进行比较，就能测出该样品总 DNA 浓度。这种方法的优点是简便易行、经济，并且与凝胶电泳相结合可以分析 DNA 样品是否完整等，缺点是准确性较低。操作步骤如下。

①取一块黑色的聚氟乙烯塑料板，或用保鲜膜包一黑纸（如果用透射光也可用塑料膜）。②用微量进样器各取 2 μL 的 5 μg/mL EB 依次点在聚氟乙烯塑料板上，第 1 排 6 点、第 2 排 6 点。为了便于比较，点与点之间距离尽量要近。③取标准 DNA 样品（浓度各为 20 μg/mL、15 μg/mL、10 μg/mL、5 μg/mL、2 μg/mL、1 μg/mL）各 2 μL 分别与第 1 排上的 EB 溶液混匀，此时第 1 排 6 个点的 DNA 浓度分别为：20 ng/μL、15 ng/μL、10 ng/μL、5 ng/μL、2 ng/μL、1 ng/μL。即第 1 排为标准样品，第 2 排为待测样品。④取待测的未知浓度的 DNA 样品 1 μL，加 3 μL TE（pH8.1）混匀，取其中的 2 μL 于聚氟乙烯上的第 2 排的第 1 个点内混匀，剩余的 2 μL 再加上 2 μL TE 混匀，再取其中的 2 μL 到板上第 2 排的各点内，依次稀释至第 5 点，最后 1 个点（第 2 排的第 6 个点）内 DNA 浓度为 0，即加等体积 TE。⑤将聚氟乙烯塑料板移到反射光紫外灯下，比较上述两排样品在紫外灯下的亮度，看看待测样品的哪一个稀释度与标准 DNA 的哪一个浓度接近，则该浓度乘以稀释倍数就是待测样品浓度。

此方法所需仪器设备与操作都很简单、省时，配制一套标准浓度的 DNA 样品与试剂存于－20℃，随时可进行测定比较。克服了紫外光谱分析法用量大的缺点，只需1 ng的用量，就可测出1 ng的DNA样品。适合于测定经过分离纯化后的DNA片段浓度，为DNA的重组连接提供浓度参数。

此方法的缺点是准确度差，对样品中含有的染色体DNA、RNA以及质粒DNA的三种构型无法区分，若待测样品不纯，测得的浓度比实际浓度肯定偏高。由于采用比较法，操作者的目测误差也影响准确性。如果DNA浓度大于20 ng/μL以上时浓度误差较大，因此需要样品稀释到合适的浓度进行比较。对于未知浓度的样品，可以先取1 μL加入1 μL TE缓冲液，再加2 μL EB混合，与标准样品比较后，若发现浓度高于20 ng/μL，再就此比较液进行稀释。

紫外灯对人的皮肤与眼睛有照射损伤，使用反射光紫外灯时，要避免灯直接照到皮肤与眼睛，观察时最好戴眼镜。EB是强诱变剂，且具有毒性，操作时要戴手套，废液要处理。

3. 水平式琼脂糖凝胶电泳法检测DNA

此方法是基因工程操作中最常规的实验方法，它简便易行，只需少量的DNA就能检测，其分辨效果比紫外光谱分析法和EB荧光分析法更好、更直接，检测DNA范围更广。其原理是溴化乙锭在紫外光照射下能发射荧光，当DNA样品在琼脂糖凝胶中电泳时，琼脂糖凝胶中的EB就插入DNA分子中形成荧光络合物，使DNA发射的荧光增强几十倍。而荧光的强度正比于DNA的含量，如将已知浓度的标准样品作琼脂糖凝胶电泳对照，就可比较出待测样品的浓度。若用薄层分析扫描仪检测，只需要5～10 ng DNA，就可以从照片上比较鉴别。如用肉眼观察，可检测到0.01～0.1 μg的DNA。

在凝胶电泳中，DNA分子的迁移速度与相对分子质量的对数值成反比关系。质粒DNA样品用单一切点的酶切后与已知相对分子质量大小的标准DNA片段进行电泳对照，观察其迁移距离，就可获知该样品的相对分子质量大小。凝胶电泳不仅可以分离不同相对分子质量的DNA，也可以鉴别相对分子质量相同但构型不同的DNA分子。在抽提质粒DNA过程中，由于各种因素的影响，使超螺旋(SC)的共价闭合环状结构的质粒DNA的一条链断裂，变成开环状(OC)分子，如果两条链发生断裂，就转变为线状(L)分子。这3种构型的分子有不同的迁移率。在一般情况下，超螺旋型分子迁移速度最快，其次为线状分子，最慢的为开环状分子。当提取到的质粒DNA样品中还有染色体DNA或RNA时，在琼脂糖凝胶电泳上也可以分别观察到电泳区带，由此可分析样品的纯度。

(1) 操作具体步骤　①选择合适的水平式电泳仪，调节电泳槽平面至水平，检查稳压电源与正负极的线路。②选择孔径大小适宜的点样梳，垂直架在电泳槽负极的一端，使点样梳底部离电泳槽水平面的距离为0.5～1.0 mm。③制备琼脂糖凝胶。④加入电泳缓冲液。⑤在待测的 DNA 样品中加 1/5 体积的溴酚蓝指示剂点样缓冲液,混匀后小心地进行点样。⑥开启电源开关,电泳时间依实验的具体要求而定。

(2) 操作注意事项 水平式琼脂糖凝胶电泳的操作并不复杂也不困难,但影响 DNA 分子在电泳中的迁移率的因素是多方面的,除了取决于 DNA 分子大小与构型外,还有琼脂糖凝胶的浓度、电压、缓冲液 pH 值和电泳时的温度等。为了精确测定 DNA 相对分子质量的大小,可以采用以下措施。

1) 每次测定时,要有已知相对分子质量的 DNA 片段作为标准,进行对照电泳。

2) 选择最合适的电泳条件。①电压:在低电压时,线状 DNA 片段的迁移速度与电压成正比,当电场强度(单位长度的电压)提高时,相对分子质量较大的 DNA 片段的迁移速度就不再与电压成正比,所以电压一般不超过每厘米 5 V。②缓冲液中的 pH 值和离子强度:电泳液都采用缓冲液,常用的电泳缓冲液有 TAE、TPE 和 TBE 3 种,以保证较稳定的 pH 值。pH 值的剧烈变化会影响 DNA 分子所带的电荷,因而也影响正常的电泳速度。在长时间的电泳过程中,在电泳槽两端的离子强度差异很大,因而要能相互沟通,保持离子强度的一致。琼脂糖凝胶电泳要求的电泳缓冲液容量较低,因此常用 TAE 缓冲液。TAE 缓冲容量较低,且较便宜,DNA 分子迁移速度较快,分辨效果好。电泳缓冲液作为一般的鉴定可以反复使用,但要注意补充水分,如果作为分离片段用,要换新鲜的缓冲液。③温度:温度对电泳的影响不太严格,一般在 0~30℃之间均可以。但是如果夏天的室温超过 37℃时,可将电泳槽放在冰库、冰柜或有空调的房间内。当琼脂糖凝胶浓度低于 0.5%或进行低熔点琼脂糖凝胶电泳时,电泳温度不宜太高,一般在低温室进行。

3) 提高分子筛效应,降低电荷效应。DNA 分子在电泳槽内从负极向正极移动是由 DNA 分子大小与所带电荷多少两者决定的。为了准确测定相对分子质量的大小,应当尽量减少电荷效应。在大孔径的琼脂糖凝胶中(即琼脂糖含量较低的凝胶中),凝胶对不同大小的 DNA 分子,其阻滞程度差异不大,而 DNA 分子的迁移率更多地依赖于分子的净电荷,因此对较小的 DNA 分子群得不到很好的分离效果。如果增加琼脂糖凝胶的浓度,可在一定的程度上降低电荷效应,使 DNA 分子迁移速度的差异主要由分子受凝胶阻滞程度的差异所决定。但是高浓度的琼脂糖凝胶电泳会花费很长时间,因此通常根据待测 DNA 的相对分子质量范围选择合适浓度的凝胶。当提取质粒 DNA 时,要检测某些弃去液中是否有残留的 DNA,可用较低浓度的琼脂糖凝胶,加大电压,可及时得到结果。如果是测定重组 DNA 的相对分子质量,那就要用较高浓度的琼脂糖凝胶,可用低电压,电泳过夜。

(3) 点样 点样量和点样操作与电泳关系密切。点样量中 DNA 浓度太高易产生拖尾与弥散现象，浓度太低则分辨率不高，影响结果。另一方面点样体积应适中，体积太大，使样品溢出，体积太小则分布不均匀，因此常常采用不同浓度的点样量，同时进行几个样品电泳。DNA点样量的多少与分子的酶切片段有关，此外，还与DNA的纯度与鉴别方法有关。一般来说，0.1 μg DNA的用量已足够肉眼观察。点样之前要将样品预先混合均匀，如果DNA浓度较大，只需吸1 μL样品，加水或电泳缓冲液把它稀释至10 μL以上，再加1/5体积溴酚蓝指示剂混合均匀后点样。点样量的体积大小都在15 μL左右，最高也不超过40 μL(制备电泳例外)。

(4) 染色　在水平式琼脂糖凝胶电泳中，目前国内外实验室使用溴化乙锭对DNA的染色一般有3种做法：①在制胶中与电泳缓冲液中同时加入0.5 μg/mL的溴化乙锭。②只在胶中加入0.5 μg/mL的溴化乙锭，而在电泳缓冲液中不加溴化乙锭。这就减少操作时双手受溴化乙锭污染的可能性，而且DNA区带也清晰可见。这是目前绝大多数实验室最常用的方法。但在电泳时，EB也同时会向负电极方向移动，速率与溴酚蓝一致，这样，当DNA样品迁移到胶的一半时，EB染色效果会下降。③在电泳结束以后，取出琼脂糖凝胶，放在含有0.5 μg/mL溴化乙锭电泳缓冲液(或dH_2O)中染色10～30分钟，如果天气寒冷，琼脂糖凝胶浓度高，凝胶板也可在37℃保温或轻微摇动染色，也有人加大溴化乙锭的剂量(1 μg/mL)或延长染色时间。一般来说，应按照实验的不同要求进行不同的染色，采用①与②可在实验过程中随时观察DNA的迁移情况，极为方便。方法①适合于分离和检测分子片段较多、DNA条带迁移距离差别较大、电泳时间较长的DNA电泳，因为溴化乙锭的迁移方向与DNA的迁移方向相反，从正极向负极移动，电泳时间长了，靠正极方向的胶上的EB浓度明显比靠负极端的低，而且靠负极端的DNA片段相对分子质量也较小，这样在紫外灯下观察易造成误差，如果缓冲液中有EB补充，就克服了这个问题。但由于缓冲液中有EB，所以操作更需小心谨慎，防止EB污染实验用具及台面，尤其经常要检查双手(虽已戴手套)是否被污染。方法②用得最多，适用于DNA片段少、电泳时间短的DNA电泳。方法③的优点是适合于更准确地测定DNA的相对分子质量。因为EB与DNA结合会使双链线状DNA的迁移速度下降，同时，EB与样品中存在的大量RNA的结合也会影响DNA凝胶的电泳行为。

溴酚蓝指示剂中50%的蔗糖是为了增加上样DNA溶液的密度，以确保DNA样品沉入点样孔内，溴酚蓝主要是起DNA电泳时前沿指示剂的作用。一般溴酚蓝的电泳迁移位置相当于300～400 bp双链线状DNA。因此可以根据溴酚蓝的迁移速率大致估计DNA片段的迁移速率。

凝胶中DNA的浓度计算与纯度分析比紫外光谱分析法和EB荧光分析法更直接、准确。各DNA、RNA带在电泳胶上相应的位置中分离得清清楚楚。样品在胶中如有 RNA、染色体 DNA、蛋白质(蛋白质与 DNA 结合,在点样孔内产生荧光亮点),可想办法进一步纯化,如果需要量少可以制备更大容量的琼脂糖凝胶,通过电泳分离,然后从胶中切割下来进行纯化。

(5)DNA 片段的浓度计算 用 λ*Hind*Ⅲ酶切 DNA 作为标准样品,总 DNA 为 48 502 bp,λDNA 用 *Hind*Ⅲ酶切后共有 8 个片段,依次为:23 130 bp、9 416 bp、6 557 bp、4 361 bp、2 322 bp、2 027 bp、564 bp、125 bp。λ*Hind*Ⅲ酶切 DNA 浓度为 0.35 μg/μL,上样体积为 3 μL。待测 DNA 样品有 pBR322 *Eco*RⅠ酶切片段,上样体积为 2 μL。电泳结果显示,pBR322 *Eco*RⅠ在紫外灯下条带的亮度与*Hind*Ⅲ的第四个片段大致相同。因此pBR322 *Eco*RⅠ的浓度通过下式计算:

$$\frac{48\ 502(\lambda\text{DNA 总 bp 数})}{1\ 050\times[3\ \mu\text{L(上样体积)}\times 350\ \text{ng}/\mu\text{L}(\lambda\text{DNA 上样浓度})]}=\frac{4\ 361(\text{pBR322 }Eco\text{RⅠ总 bp 数})}{2\mu\text{L}\times\text{pBR322 }Eco\text{RⅠ 的浓度}}$$

pBR322 *Eco*RⅠ酶切 DNA 的浓度=47.2 ng/μL。

2.2 蛋白质的结构和性质

蛋白质的结构可分为多个层次,即一级结构、二级结构、三级结构和四级结构。

2.2.1 蛋白质的一级结构

蛋白质的一级结构即多肽链的氨基酸顺序。多肽链是蛋白质结构的基础,它是由 α-氨基酸按一定的顺序通过肽键连接而成的。肽键是由一个氨基酸的 α-羧基与另一个氨基酸的 α-氨基间失水缩合而成的(图 2-8)。

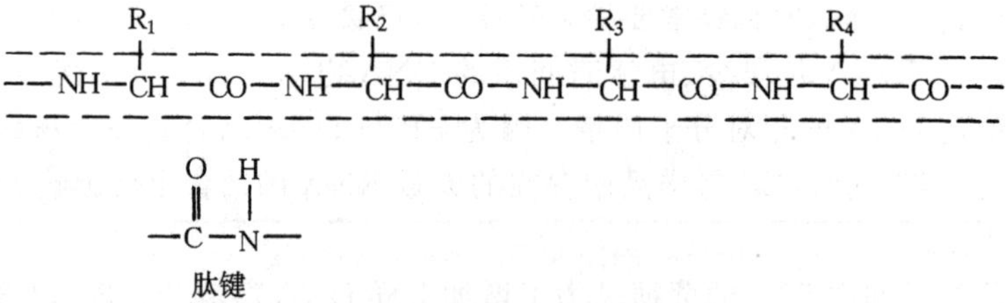

---NH—CH(R₁)—CO—NH—CH(R₂)—CO—NH—CH(R₃)—CO—NH—CH(R₄)—CO---

—C(=O)—N(H)— 肽键

图 2-8 多肽链和肽键

人体基本的蛋白质氨基酸有 20 种,由于 α-碳上连接基团的不同决定了它所组成的多肽链的构象和所能表现的功能不同(表 2-2)。

表 2-2　蛋白质氨基酸的侧链和符号

R的结构	R的性质	名 称	符 号	R的结构	R的件质	名 称	符 号
H—	位阻最小	甘氨酸	Gly,G	$H_3C—CH(HO)—$	极性	苏氨酸	Thr,T
CH_3—	非极性	丙氨酸	Ala,A	$HOOCCH_2$—	酸性	天冬氨酸	Asp,D
$(H_3C)_2CH$—	非极性	缬氨酸	Val,V	$HOOC(CH_2)_2$—	酸性	谷氨酸	Glu,E
$(H_3C)_2CHCH_2$—	非极性	亮氨酸	Leu,L	$H_2N—C(=O)—CH_2$—	极性	天冬酰胺	Asn,N
$CH_3CH_2CH(CH_3)$—	非极性	异亮氨酸	Ile,I	$H_2N—C(=O)—(CH_2)_2$—	极性	谷氨酰胺	Gln,Q
$H_2C(CH_2—)(CH_2—)$	非极性	脯氨酸	Pro,P	HS—CH_2—	弱酸性 形成二硫键	半胱氨酸	Cys,C
C_6H_5—CH_2—	非极性	苯丙氨酸	Phe,F	$CH_3S(CH_2)_2$—	甲基供体	甲硫氨酸	Met,M
HO—C_6H_4—CH_2—	弱酸性	酪氨酸	Tyr,Y	(五元环)—CH_2—	极性	组氨酸	His,H
(吲哚环,N—H)—CH_2—	非极性	色氨酸	Trp,W	$H_2N—(CH_2)_4$—	碱性	赖氨酸	Lys,K
HO—CH_2—	极性	丝氨酸	Ser,S	$H_2N—C(=H_2N^+)—NH(CH_2)_3$	碱性	精氨酸	Arg,R

注:氨基酸的符号有两种,一种由 3 个字母组成;另一种仅含 1 个字母。

2.2.2　蛋白质的二级结构

蛋白质的二级结构是指它的多肽链中有规则重复的构象。二级结构可涉及少至 3 个氨基酸残基或多至肽链中的大部分残基。氢键是稳定二级结构的主要作用力。蛋白质的二级结构有 α 螺旋、β 折叠和 β 转角三种基本类型。它们广泛存在于球状蛋白质内(图 2-9)。α 螺旋中每个残基(C_α)的成对二面角 Φ 和 ψ 各自取一数值,$\Phi=-60°$,$\psi=-45°\sim50°$。多肽主链成螺旋走向,螺旋的半径为 0.25 nm,每周螺旋含 3.6 个氨基酸残基,沿螺旋轴方向上升0.54 nm,每个残基绕轴旋转 100°,沿轴上升 0.15 nm。α 螺旋中,上下两圈主链的 >N—H 和 >C=O 间都形成了氢键;在螺旋内部存在范德华力,R 基则突出于螺旋的外侧。α 螺旋在动力学上是稳定的构象。β 折叠是蛋白质中第二种最常见的二级结构。两条或多条几乎完全

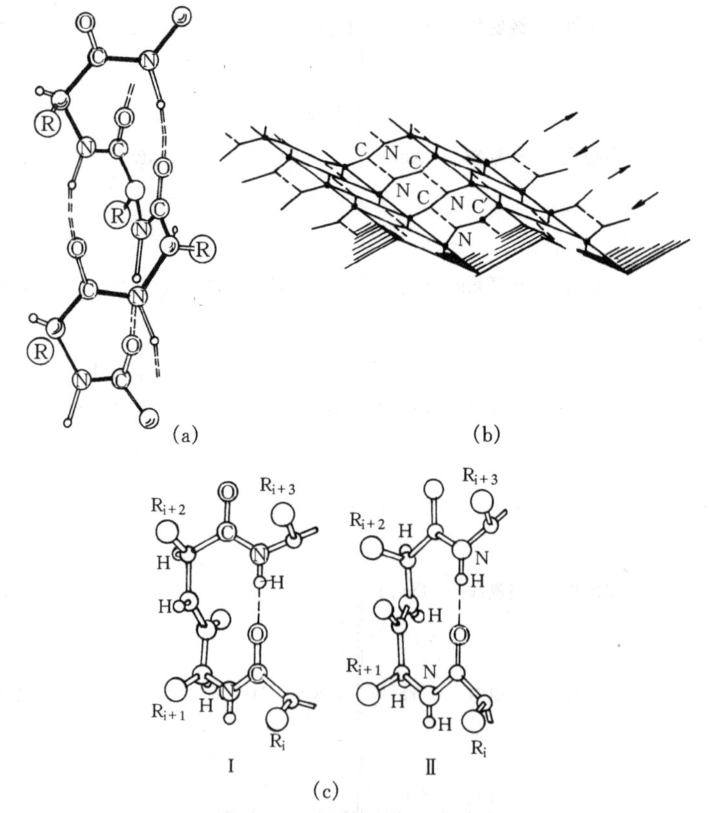

图 2-9 蛋白质的二级结构

(a)α 螺旋;(b)β 折叠;(c)β 转角

伸展的多肽链侧向聚集在一起,相邻肽链主链上的—NH 和 C=O 之间形成有规则的氢键,这样的多肽构象就是 β 折叠片。β 折叠有平行和反平行两种,其中以反平行较稳定。β 转角是一种位于多肽链折叠处的结构。β 转角含 4 个氨基酸残基,它为第一个氨基酸残基的 C=O 与第一个残基的 NH 之间的氢键所稳定。β 转角有Ⅰ型和Ⅱ型两种,它们的主要区别在于第二肽链的空间取向。

在许多球状蛋白质中，我们常可观察到一些二级结构的组合形式，即超二级结构，最常见的超二级结构有 $\alpha\alpha$、$\beta\alpha\beta$ 和 $\beta\beta\beta$ 三种图式(图 2－10)。

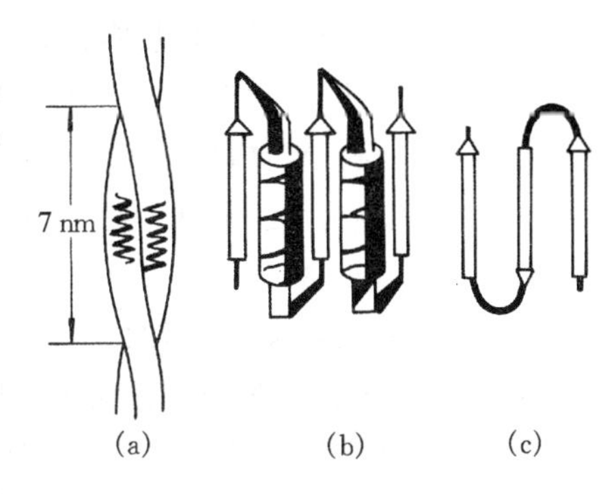

图 2－10　蛋白质的超二级结构

(a)$\alpha\alpha$；(b)$\beta\alpha\beta$；(c)$\beta\beta\beta$

2.2.3　蛋白质的三级结构

形成二级结构之后，多肽链还可进一步折叠成三维球状结构，它们具有独立的结构和功能，称为三级结构。有些较大蛋白质的多肽链会折叠成相对独立的结构域的三维结构。结构域是多肽链的一个部分，但已具有完整球状蛋白质的特征，从这一意义上来说它是自立的。它们可以通过有限的蛋白酶解从多肽链上切割下来而不改变其性质。有些蛋白质的结构域相似，有些则有明显差异。现在已经证明，结构域常对应于基因中各自的外显子(exon)。结构域的组合就形成了蛋白质的完整三级结构。

有些蛋白质仅含一条多肽链，为单体蛋白。有许多蛋白质含两个或两个以上的亚基，为寡聚蛋白，如血红蛋白由 4 个亚基组成，天冬氨酸转氨甲酰酶由 12 个亚基组成等。在这些蛋白中，亚基的空间关系与缔和称为四级结构。寡聚蛋白普遍存在于机体中。

2.2.4　蛋白质的性质

蛋白质的相对分子质量很大，在溶液中不稳定，因此通常用渗透压法、超离心法、凝胶过滤法、聚丙烯酰胺凝胶电泳法来测定其相对分子质量。

蛋白质是两性电解质，既能与酸作用也能与碱作用。其解离基团除肽链末端的 α-氨基和 α-羧基外，主要是肽链上氨基酸残基侧基上的氨基、羟基、咪唑基、胍基、酚基和巯基，在一定 pH 值下这些基团解离成带电基团而使蛋白质带电。各种蛋白质有特定的等电点。在等电点蛋白质以两性离子存在，总电荷为零，此时最不稳定，易聚集而沉淀析出。在一定的 pH 值溶液中，各种蛋白质所带电荷不同，在电场中移动的方向和速度也不同。据此可用电泳法把蛋白质混合液中各种蛋白质分开。

蛋白质的相对分子质量较大也决定了它是一种亲水胶体，在蛋白质外可以形成水化膜，相同颗粒的同电荷性使之不会聚集而沉淀。因此可以用盐析法来分离纯化蛋白质。蛋白质也如同一般胶体一样，当加入适当的试剂如盐类、有机溶剂、重金属盐及某些酸类时,可以使蛋白质产生沉淀。

天然蛋白质因受物理因素或化学因素的影响,其分子内部原有的高度规律结构会发生变化,致使蛋白质的理化性质和生物学性质都有所改变,但并不破坏一级结构,此种现象称为变性作用。能使蛋白质变性的因素很多,化学因素有强酸、强碱、尿素、胍、去污剂、苦味酸、浓乙醇等。物理因素有加热(70～100℃)、激烈搅拌、射线、超声波等。不同蛋白质对这些因素的敏感程度也不同。蛋白质变性首先表现为失去生物活性,如酶失去催化能力;同时理化性质也改变了,如溶解度降低等。变性蛋白质的一级结构没有被破坏,破坏的只是二、三级结构,因此蛋白质的组成和相对分子质量是不变的。在不太激烈的条件下,变性是可逆的;但条件激烈就成为不可逆反应。

2.3　基因的组织

基因是遗传信息的基本单位。在基因的结构中除编码特定蛋白质的密码子序列外,还有一些与此基因相关的重要调节序列(图 2-11)。一个结构基因需要一个转录起始位点(T_C)和转录终止位点(t_C),结合 RNA 聚合酶,并通过此位点的区域称为启动子(P)。从转录起始位点至转录终止位点所包含的区域称为转录单位,此区域的 DNA 序列会拷贝成 RNA 序列。转录单位内包含翻译的起始位点(T_L)和终止位点(t_L)。在上游调节区和下游调节区也可能含有其他控制基因表达的序列,如增强子和上游调节区的操纵基因。

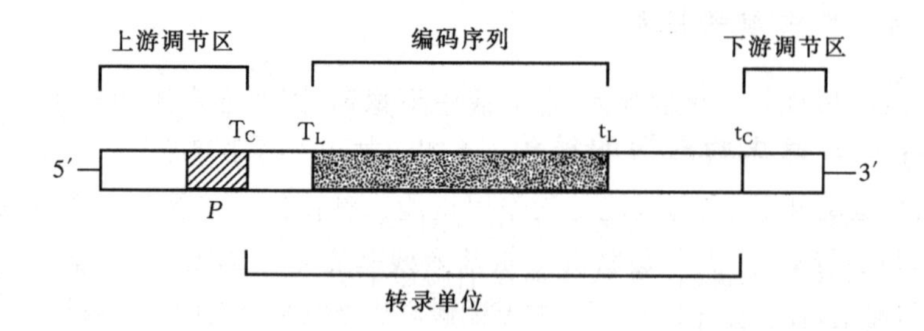

图 2-11　基因的组织 *

P:启动子;T_C:转录起始位点;T_L:翻译起始位点;
t_L:翻译终止位点;t_C:转录终止位点

* Nicholl D S T. An introduction to genetic engineering[M]. 2nd ed. Cambridge: Cambridge University Press, 2002:18.

2.3.1　原核生物基因的结构

原核细胞(如细菌)的基因通常组织在一起,形成操纵子结构。一个操纵子包含一组同一代谢途径中相关的酶的基因。这些基因受一个启动子和调节区的控制。*lac* 操纵子模型(图 2－12)是这方面的典型代表。在 *lac* 操纵子内含有 3 个结构基因,即 *lacz*、*lacy*、*laca*,上游调节区包含启动子(P)和操纵基因(O)。操纵子外还有一个阻遏基因,它编码的阻遏蛋白可结合到操纵基因上,通过阻碍 RNA 聚合酶与启动子的结合达到对 *lac* 操纵子的负控制。

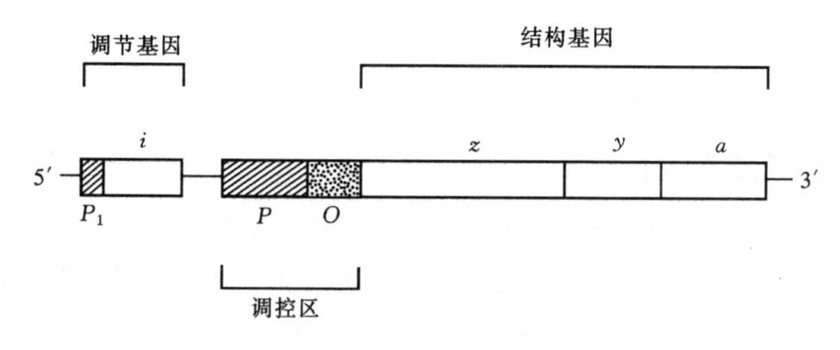

图 2－12　*lac* 操纵子 *

P_1、P:启动子;O:操纵基因;i:阻遏基因;z、y、a:结构基因

原核细胞的结构基因成组排列意味着一个操纵子所转录出的 mRNA 为多个蛋白的 mRNA,这种 mRNA 结构称为多顺反子 mRNA。因此,细菌的遗传信息大多是通过多顺反子 mRNA 表达的。这种系统是灵活、有效的,可使细菌快速适应外界环境条件的转变。

2.3.2　真核生物基因的结构

真核细胞的主要特点是细胞核有膜包围,在核内 DNA 以染色体的形式存在。因此,转录在细胞核内进行,而翻译则在细胞质中完成。因而真核细胞基因的结构与功能远比原核细胞复杂。

真核细胞基因最令人吃惊的发现是 1977 年关于基因中内含子的存在。它表明真核细胞基因中含有成熟 mRNA 中不出现的间隔序列,而组成 mRNA 的序列称作外显子。在很多情形下内含子的数量和总长度都超过了外显子,如在鸡的卵

* Nicholl D S T. An introduction to genetic engineering[M]. 2nd ed. Cambridge: Cambridge University Press, 2002:19.

清蛋白基因中 7 个内含子占据整个基因组序列的 75%。一些人类基因的内含子和外显子分布列于表 2-3 中。表中显示人类基因的大小差异巨大,最小的基因只不过几百个碱基对长,而位于 X 染色体上的肌强直性营养障碍蛋白基因的长度达 2 400 kb,所拥有的 79 个外显子仅占整个基因长度的 0.6%。

表 2-3 一些人类基因的大小和结构

基因	基因大小(kb)	外显子数目	外显子占整个基因比例(%)
胰岛素	1.4	3	33
β-球蛋白	1.6	3	38
血清白蛋白	18	14	12
凝血因子Ⅷ	186	26	3
CFTR	230	27	2.4
肌强直性营养障碍蛋白	2400	79	0.6

真核生物基因内含子的存在对基因表达有重要影响,即 mRNA 在翻译之前内含子必须去除。这一过程在细胞核内进行。此外,核内修饰包括 5′端加帽和 3′端加尾也必须完成。这是 RNA 加工的重要组成部分,只有完全加工的 mRNA 才能够运送到细胞质中进行翻译。图 2-13 显示了哺乳动物 β-球蛋白基因的结构及其加工过程。

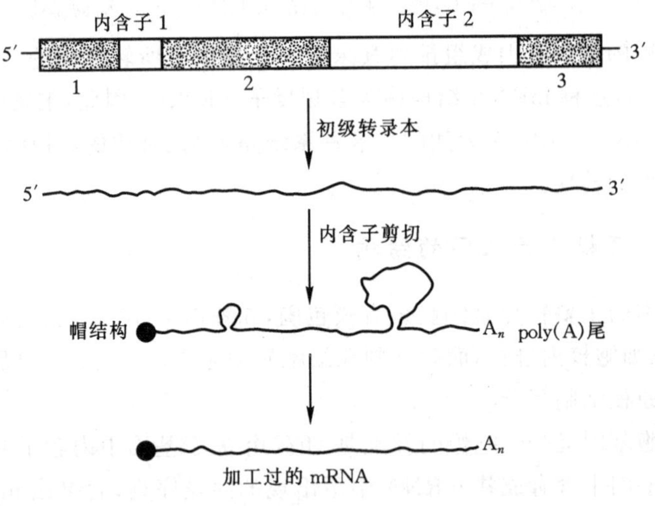

图 2-13 哺乳动物 β-球蛋白基因的结构和表达 *

* Nicholl D S T. An introduction to genetic engineering[M]. 2nd ed. Cambridge: Cambridge University Press, 2002:20.

2.4　大分子间的信息传导

1954 年 F. Crick 提出了遗传信息传递的规律，即中心法则：

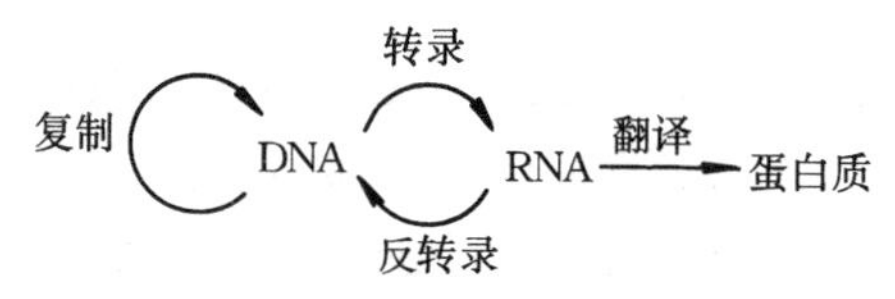

DNA 是合成 RNA 的模板，RNA 又是合成蛋白质的模板，DNA 通过自我复制而保持遗传信息的连续性。后来还发现在逆转录酶的存在下，某些病毒可以 RNA 为模板合成单链 DNA（ssDNA），然后以这条单链 DNA 为模板合成互补 DNA，此过程称为反转录。

2.4.1　DNA 的复制

细胞传代时，DNA 作为遗传物质必须忠实地复制才能使子细胞含有相同的遗传信息，从而保持物种的稳定。DNA 的双链结构对于维持这类物质的稳定性和复制的准确性都十分重要。

实验证明，DNA 是按半保留方式复制的。DNA 在复制过程中首先碱基间氢键断裂并使双链解螺旋分开，然后两条链各作为模板在其上合成新的互补链，结果由一条链可以形成互补的两条链。这样所形成的两个 DNA 分子与原来的 DNA 分子的碱基顺序完全一样，在此过程中，每个子代分子的一条链来自亲代 DNA，另一条链则是新合成的，这种复制方式称为半保留复制。

DNA 复制时，脱氧核苷酸进行聚合作用，A 跟 T 配对，C 跟 G 配对。细菌细胞每秒钟约有 500 个 dNTP 发生作用，哺乳动物细胞每秒钟约有 50 个 dNTP 发生作用。复制的准确性及快速是由于复制过程的进行有其特定的方式，有多种酶及复制因子参与反应。

原核生物的复制起点常位于染色体中的特定的部位，即只有一个起始点。真核生物是在几个特定部位上进行复制，所以有几个起始点。酵母的基因组与所有的真核基因组相同，具有多个复制起点。

DNA 的复制过程十分复杂。首先是在多种酶及蛋白质因子参与下 DNA 超螺旋的松弛及双螺旋的解链。解链酶在复制叉的行进过程中连续地解开 DNA 的双链。一般而言，解链酶是与后随链的合成模板结合，并沿着模板的 5′→3′方向随着复制叉而移动。复制过程中前导链的复制是连续的，但后随链的复制是不连续的,首先需合成一段 RNA 引物,进入引发过程,然后再进入 DNA 链的合成。引发过程也是在复制的起始点进行的。DNA 链的延长是在 DNA 聚合酶的作用下,以 4 种三磷酸脱氧核苷(dNTP)进行聚合作用。

2.4.2　遗传信息的转录

一般说来,DNA 分子当中所储存的蛋白质遗传信息必须转变成信使 RNA(mRNA)分子,才能到达蛋白质合成的工厂即核糖体,然后,蛋白质合成酶系才能把 mRNA 所带来的信息翻译成蛋白质。在合成蛋白质过程中,还需要有能携带氨基酸的 tRNA 和构成核糖体的 rRNA。这三类 RNA 都必须以 DNA 为模板,在依赖于 DNA 的 RNA 聚合酶催化下合成,包括 RNA 链的起始、延伸和终止等环节,此一系列过程就叫转录,即 RNA 的合成。

转录过程有两个重要方面:一是 RNA 合成的酶学过程;二是 RNA 合成的起始和终止及其调控。前者人们在 20 世纪 50 年代就开始了研究,了解也比较清楚;而后者的研究主要涉及 DNA 分子上的特定序列,在最近二十几年才开展,但由于 DNA 重组技术和序列分析技术的有效应用,也取得了不少进展。根据新的命名法,现把不作模板的 DNA 链称为有义链,又称编码链;把作模板的链称为反义链或模板链,这是因为非模板链的核苷酸序列与转录出来的 RNA 序列一致。

1. RNA 聚合酶

细菌 RNA 聚合酶有一个复杂的结构,由 6 个亚基($\alpha_2\beta\beta'\sigma\omega$)组成。没有 σ 亚基的酶($\alpha_2\beta\beta'\omega$)叫核心酶,核心酶只能使已开始合成的 RNA 链延长,但不具备合成 RNA 的能力,必须加入 σ 亚基才能表现出全部聚合酶的活性。因此 σ 亚基本身无催化功能,其作用为识别 DNA 分子上的起始信号。体外实验证明,缺乏 σ 的核心酶只会偶然性地启动 RNA 的合成,但这是错误启动的结果。当 RNA 链只被核心酶合成时,则会随机地在一个基因的两条链上启动。当有 σ 时,就会选择正确的位点,全酶能专一地与一个“启动序列”结合,此序列就是启动子。大肠杆菌 RNA 聚合酶各亚基大小与功能见表 2－4。真核细胞中的 RNA 聚合酶可能有Ⅰ、Ⅱ、Ⅲ三类。各类酶相对分子质量大致为 50 万左右,其具体功能和分布见表 2－5。线粒体和叶绿体也有依赖于 DNA 的 RNA 聚合酶存在。所有这些酶均有类似 σ 的起始因子。

表 2－4　大肠杆菌 RNA 聚合酶各亚基大小与功能

亚　基	相对分子质量	数　量	功　能
β'	165 000	1	与模板 DNA 结合
β	155 000	1	起始和催化部位

续表 2-4

亚　基	相对分子质量	数　　量	功　　能
σ	95 000	1	起始作用
α	39 000	2	未知
ω	9 000	1	未知
ρ	3 000 000	不确定	终止因子

表 2-5　真核细胞 RNA 聚合酶

RNA 聚合酶	功　　能	在细胞内分布
Ⅰ	与合成 rRNA 有关	核仁
Ⅱ	与合成 mRNA 有关	核质
Ⅲ	与合成 tRNA 及 5S RNA 有关	核质

2. 启动子

启动子是基因中一段能结合 RNA 聚合酶的 DNA 序列，它能与 RNA 聚合酶结合，由此开始转录。

真核生物有 3 种 RNA 聚合酶，每种酶都有自己的启动子。RNA 聚合酶Ⅰ转录 rRNA，其启动子可分为近启动子和远启动子两部分。近启动子决定转录起始的精确位置；远启动子则影响转录的频率。RNA 聚合酶Ⅰ具有明显的种族特异性。RNA 聚合酶Ⅱ是多部位结构，主要有 4 个部位。其一为帽子位点，即转录起始点，其碱基大多为 A，两侧各有若干个嘧啶核苷酸。其二为 TATA 框，其起点位置是一段富含 AT 的保守序列，即 3′-TA TA AA T-5′。其三为 CAAT 框，其共有序列为 GGCAATCT，虽然名为 CAAT 框，但其中的 GG 的重要性并不亚于 CAAT 部分。其四为增强子，它可刺激与之相连的同源或异源启动子的转录水平提高上千倍。增强子可以在转录起始位点上游或离启动子相距很远的位置上起作用。基因工程中常引入真核表达载体的启动子和增强子元件。聚合酶Ⅱ的启动子在转录起始位点的下游，称之为内部启动子。RNA 聚合酶Ⅲ能转录 5S RNA 基因、tRNA 基因、部分 snRNA 基因和腺病毒的 VA 基因等。

原核生物只有一种 RNA 聚合酶，也有对应的启动子。研究发现，启动子的一部分富含 AT 而缺失 GC，这种结构有利于 DNA 的双股链解开，从而有利于 RNA 聚合酶的挤入和转录起始作用。各启动子的效率不一样，在一些序列上转录得好一些,另一些较差。转录好的启动子可以使 RNA 合成从开始到终止重复得快一些。细胞中的启动子在启动速度上可划分为不同的等级,有的是十分钟或十几分钟启动一次,有的 1～2 秒内启动一次。在此基本限速步骤的基础上,基因表达的速度就确定了。

某些调节蛋白可以对启动子进行激活和阻遏作用,从而在不同的生长环境中根据情况来改变转录的节奏。这些调节蛋白在启动子附近,或在启动子内部,同时一个蛋白质可以是一个启动子的阻遏物,也可能是另一个启动子的激活剂。上游 DNA 序列可增强启动子的活性,如在启动子位点上游 50～150 个核苷酸之间的自然序列在合成核糖体 RNA 时,能增强启动子的活性。另外,上游序列在某些时候可以作为一些激活剂的结合部位,直接激活 RNA 聚合酶。某一特定的上游序列可以影响启动子的 DNA 结构。有时启动子上游序列还可以与一个拓扑异构酶结合,此酶可诱导 DNA 形成有利的超螺旋状态,以利 RNA 的合成。上游序列还可以使 RNA 聚合酶更好地接近 DNA 的启动区或使 DNA 与蛋白质结合固定在细胞结构上。

3. RNA 的酶促合成

在 DNA 指导下 RNA 的合成,即遗传信息的转录过程,可分为 4 个步骤:①酶与 DNA 模板的结合;②转录的开始;③链的延伸;④链的终止。

(1)酶与 DNA 模板的结合　RNA 聚合酶与启动子结合,并局部打开 DNA 双螺旋,酶与启动子形成复合物,沿一定方向移动,并使链打开,以进行转录。σ 因子则促进 RNA 聚合酶对启动子的辨别并使之结合能力增强。

(2)转录的起始　当 RNA 聚合酶进入合成的起始点后,遇到起始信号而开始转录,即按照模板顺序选择第一个和第二个核苷三磷酸使两核苷酸之间形成磷酸二酯键,同时释放焦磷酸。σ 亚基对于合成的起点是必要的。转录开始之后 σ 亚基从全酶中解离出来,与另一核心酶结合,开始另一转录过程。在 RNA 延长的反应中并不需要 σ 亚基。RNA 合成不需要引物,新合成的第一个底物通常是 GTP 或 ATP。因为在新合成的 RNA 链的 5′末端通常为 pppA 或 pppG。

(3)链的延伸　当酶使 RNA 链延伸时,RNA 聚合酶解开 DNA 链,使模板暴露出来。RNA 链开始的部分是一个 RNA - DNA 杂交区,其长度约为 12 个碱基,当 RNA 链离开模板后,两条 DNA 又重新复链成为双螺旋(图 2 - 14)。酶在 DNA 分子上以一定速度滑行,同时根据互补转录 DNA 链的核苷酸排列顺序选择相应的核苷三磷酸底物,并通过亲核反应使 RNA 链不断延长。RNA 链的合成方向是 5′→3′,由于 DNA 链与合成的 RNA 链具反平行的关系,所以 RNA 聚合酶是沿着 DNA 模板链的 3′→5′方向移动。在 RNA 合成的延伸和终止时,Nus A因子可以

替代 σ 因子起作用，因而 σ 因子在此过程不需要。

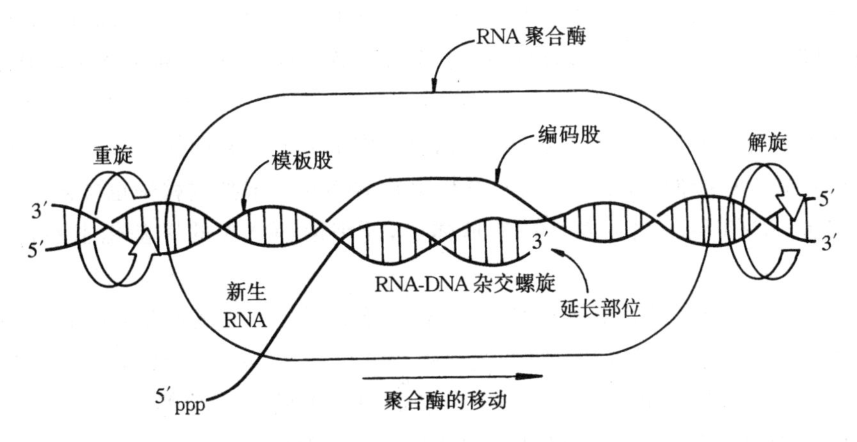

图 2－14　RNA 延伸的图解

(4)链的终止　DNA 分子具有终止转录的核苷酸顺序信号，一般称之为终止子。在终止点上，RNA 聚合酶停止使核苷酸聚合成 RNA，mRNA 和 RNA 聚合酶从 DNA 模板上脱离下来，使 DNA 在另外的启动子上重新开始转录。在某些位点上，终止需要 ρ 因子，ρ 是一种参与转录终止过程的蛋白质因子，它的存在与否对合成 RNA 链的长短影响甚大。大肠杆菌 ρ 因子是一种中性蛋白质，相对分子质量约 20 万，由 4 个相同亚基所组成。ρ 因子能辨别 DNA 上特殊的终止位点(ρ 位点)，使 mRNA 从 DNA 上脱离，而 RNA 聚合酶则不脱离，从而达到 RNA 与聚合酶的分离。

4. 转录后 RNA 的加工

由 RNA 聚合酶合成的 RNA 链需经一系列的断裂和化学改造才能转化为成熟的 mRNA、rRNA 和 tRNA，以上过程称为 RNA 的成熟或称转录后加工过程。

在原核生物中，转录和翻译是同时进行的。随着 mRNA 开始在 DNA 上合成，核蛋白体即附着在它们之上，所以 mRNA 并无特殊的转录后加工过程。

真核细胞中已有核结构的分化，转录和翻译在时间上和空间上是分开的：在核内形成各种 RNA，而后 RNA 穿过核膜进入细胞质中，并在细胞质中进行蛋白质合成。细胞质的 mRNA 是由核内不均一 RNA(hnRNA)转变而来的。由 hnRNA 转变成 mRNA 需经过一系列复杂的加工步骤，包括：①在 RNA 链的特异部位断裂，除去非结构信息部分；②在 mRNA 的 3′末端上连接多聚腺苷酸片段，长约150～250个核苷酸；③在 mRNA 的 5′末端形成帽子结构；④在拼接酶作用下将含有插入顺序的转录物中的插入部分切除。

在各类细菌细胞中,核糖体 RNA 有三类前体,分别由 16S、23S 以及5S rRNA 的特异顺序编码。此三类前体比成熟的 rRNA 略大些,它们经断裂和甲基化后即转变为成熟的 rRNA。真核细胞的核糖体比原核细胞的核糖体要大。哺乳动物细胞的核糖体含 4 种不同 RNA,在转录过程中,它们先形成共同的 45S 大分子前体,然后再断裂成相应的 rRNA。同样,真核生物 rRNA 在成熟过程中也可被甲基化。真核细胞 rRNA 甲基化主要是在核糖体上,而细菌 rRNA 的甲基化主要是在碱基上。

tRNA 前体要变成成熟的 tRNA 分子需经下面几方面的改造:①在 RNA 链的 5′端头部和 3′端尾部切去一定的核苷酸片段;②修饰核苷;③tRNA 分子的 3′末端接上胞苷酸胞苷酸腺苷酸(CCA)。所有的 tRNA 的 3′末端都具有 CCA 顺序,此结构对于 tRNA 接受并转移氨基酸的功能是必要的。真核细胞的 tRNA 前体由 RNA 聚合酶Ⅲ所合成,它在核内初步甲基化后即转移到细胞质中,并在那里进一步加工成为成熟的分子。

2.4.3 RNA 的翻译

蛋白质是生命活动的重要物质基础,要不断地进行代谢和更新。细胞内每个蛋白质分子的生物合成都受细胞内 DNA 的指导,但是 DNA 并非是蛋白质合成的直接模板。它是经转录作用把遗传信息传递到信使 RNA 的结构上,然后再经翻译作用将遗传信息从信使 RNA 传递到蛋白质结构中去,使合成的产物具有一定的正确无误的结构。遗传信息的传递过程中包含了如何将 DNA 分子中的碱基顺序转变为多肽链中的氨基酸顺序的信息传递问题。还包括了蛋白质生物合成的实际过程:即合成的起始;将氨基酸按一定的顺序连接;肽链的终止;完整的肽链从合成装置上的释放;肽链的折叠以及新合成肽的修饰等等被称之为翻译的问题。这里主要讨论 RNA 的翻译问题。

1. 遗传密码

mRNA 是合成蛋白质的模板,即核酸分子中核苷酸序列以密码方式控制着蛋白质分子中氨基酸排列顺序。mRNA 由 4 种核苷酸组成,而蛋白质是由 20 种氨基酸组成的,20 种氨基酸在肽链上的排列顺序如何由 4 种核苷酸构成的 mRNA 决定,此即为遗传密码所要解决的问题。经过实验研究证明了三联体密码子,即 3 个核苷酸代表一种氨基酸(表 2-6)。

表 2-6　氨基酸的三联体密码子

第一个核苷酸	第二个核苷酸				第三个核苷酸
	U	C	A	G	
U	苯丙(Phe) UUU	丝(Ser) UCU	酪(Tyr) UAU	半胱(Cys) UGU	U
	苯丙(Phe) UUC	丝(Ser) UCC	酪(Tyr) UAC	半胱(Cys) UGC	C
	亮(Leu) UUA	丝(Ser) UCA	终止 UAA	终止 UGA	A
	亮(Leu) UUG	丝(Ser) UCG	终止 UAG	色(Trp) UGG	G
C	亮(Leu) CUU	脯(Pro) CCU	组(His) CAU	精(Arg) CGU	U
	亮(Leu) CUC	脯(Pro) CCC	组(His) CAC	精(Arg) CGC	C
	亮(Leu) CUA	脯(Pro) CCA	谷氨酰胺(Gln) CAA	精(Arg) CGA	A
	亮(Leu) CUG	脯(Pro) CCG	谷氨酰胺(Gln) CAG	精(Arg) CGG	G
A	异亮(Ile) AUU	苏(Thr) ACU	天冬酰胺(Asn) AAU	丝(Ser) AGU	U
	异亮(Ile) AUC	苏(Thr) ACC	天冬酰胺(Asn) AAC	丝(Ser) AGC	C
	异亮(Ile) AUA	苏(Thr) ACA	赖(Lys) AAA	精(Arg) AGA	A
	甲硫(Met) AUG	苏(Thr) ACG	赖(Lys) AAG	精(Arg) AGG	G
G	缬(Val) GUU	丙(Ala) GCU	天冬(Asp) GAU	甘(Gly) GGU	U
	缬(Val) GUC	丙(Ala) GCC	天冬(Asp) GAC	甘(Gly) GGC	C
	缬(Val) GUA	丙(Ala) GCA	谷(Glu) GAA	甘(Gly) GGA	A
	缬(Val) GUG	丙(Ala) GCG	谷(Glu) GAG	甘(Gly) GGG	G

遗传密码无标点符号，因此要正确阅读密码，必须从一个正确的起点开始，此后连续不断地一个密码子挨着一个密码子往下读，直到碰到终止信号。如果在核苷酸序列中插入一个碱基或删去一个碱基，就会使这一点以后的读码发生错误，此为移码。由于4种核苷酸可以代表64种氨基酸，因此大多数氨基酸都可以具有好几组密码子。如UCU、UCC、UCA、UCG、AGU和AGC均是丝氨酸的密码子，此称为密码的简并性。密码子中的第三位碱基是具有较小的专一性密码子，简并性也往往只涉及第三位碱基。现已证明密码子的专一性主要由头两个碱基决定，而第三个碱基就显得不那么重要。64组密码子中，有3组不编码任何氨基酸，而是肽链终止密码子：UAG、UAA、UGA。最常用的终止密码子是UAA。AUG则既是甲硫氨酸的密码子，又是肽链起始密码子。而且密码子不论是在病毒、原核生物还是在真核生物都具有通用性。

2. 蛋白质的合成

DNA的遗传信息，首先由RNA聚合酶转录到mRNA上，然后，mRNA和核糖体结合并成为合成蛋白质的直接模板，同时各种氨基酸和特有的tRNA结合并转运到核糖体上，在此形成肽键并释放出各种tRNA。此时，各tRNA所具有的特有的反密码子就和mRNA的密码对接，则mRNA上的碱基排列就转为氨基酸的排列顺序,后一过程称为翻译过程。

在整个翻译过程中,需要两个酶:一个催化氨基酸的活化,即形成氨基酰-tRNA,称为氨基酰- tRNA 合成酶;另一个催化肽链的形成,称为氨基酰- tRNA 转肽酶。

(1)氨基酸的激活　氨基酸不能直接与模板相结合,氨基酸在被转运到模板之前必须与接合体相连接,这个接合体就是 tRNA。氨基酸与 tRNA 连接形成氨基酰-tRNA就是氨基酸的激活,它是在细胞质中进行的。每一种氨基酸以共价键连接于一种专一的 tRNA,此过程需消耗 ATP,形成的氨酰键是一个高能键,使生成的复合物被激活。在激活反应中,氨基酰- tRNA 合成酶起催化作用。其催化总反应式为:

$$\mathrm{AA} + \mathrm{tRNA} + \mathrm{ATP} \xrightarrow{\text{氨基酰- tRNA 合成酶}} \mathrm{AA\text{-}tRNA} + \mathrm{AMP} + \mathrm{PPi}$$

此反应是不可逆的。氨基酰- tRNA 合成酶具有严格的专一性,这保证了转运过程的正确性。

(2)肽链合成的起始　对于原核生物,起始氨基酸及起始 tRNA 已清楚,大肠杆菌及其他原核细胞中几乎所有蛋白质合成都起始自甲硫氨酸,以 *N* -甲酰甲硫氨酰- tRNA(fMet-tRNA)的形式作为肽链合成的起始物。蛋白质合成的起始要生成核糖体 · mRNA · tRNA 三元复合物。复合物必须在起始因子帮助下才能完成。目前已知原核生物起始因子有 3 种,即 IF-1、IF-2、IF-3。先形成 mRNA -30S - IF-3 复合物,然后在 IF-1 及 IF-2 的参与下,mRNA - 30S - IF-3 进一步与 fMet - tRNA 和 GTP 结合形成复合物。此复合物再与 50S 亚基相结合,形成一个有生物功能的 70S 起始复合物。同时 GTP 水解成 GDP 和 P、IF-1、IF-2 释放出来,此时 *N* -甲酰甲硫氨酰- tRNA 占据了核糖体上的肽酰位点(P 位点),空着的氨基酰- tRNA 位点(A 点)准备接受下一个氨酰 tRNA,如图 2 - 15 所示。

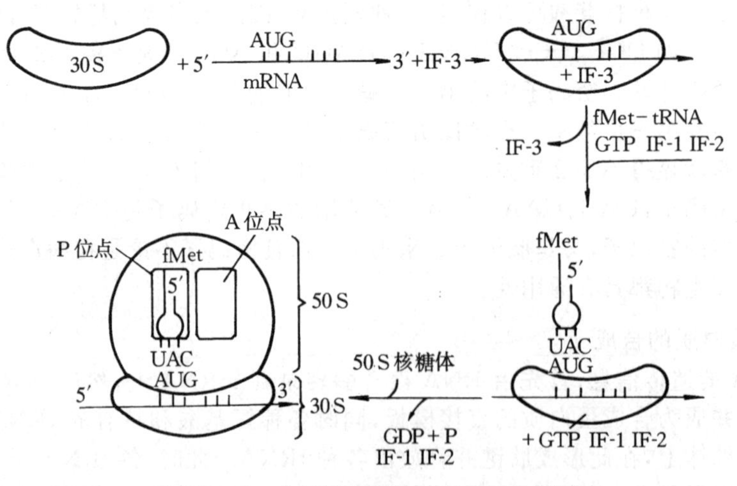

图 2 - 15　大肠杆菌起始复合物形成步骤

真核生物 80S 起始复合物的形成与大肠杆菌的类似。先是形成 40S 起始复合物，然后在 cIF5 的作用下，60S 亚基和 40S 亚基相结合从而形成一个有功能的 80S 起始复合物。

(3)肽链的延伸　肽链的延伸分三步进行：①一个新进入的氨基酰- tRNA 结合到 70S 核糖体的 A 位点上。新进入的氨基酰- tRNA 上的反密码子必须与处于 A 位点的 mRNA 上的密码子相符合。这一步还需 GTP 和延伸因子 EF-Tu(相对分子质量 19 000)、延伸因子 EF-Ts(相对分子质量为 40 000)的作用。EF-Tu 因子先与 GTP 结合，再与氨基酰- tRNA 结合形成一复合物，此复合物与肽链合成起始复合物 mRNA 核糖体-fMet-tRNA 相结合并释放出 EF-Tu-GDP，EF-Tu-GDP 再与 EF-Ts-GTP 反应，重新形成 EF-Tu-GTP，参与氨基酰- tRNA 的结合。除了 fMet-tRNA 外，所有的氨基酰- tRNA 必须与 EF-Tu-GTP 反应后才能进入 70S 核糖体的 A 位点上。②肽键的形成。新进入到 A 位点上氨基酰- tRNA 上的氨基与 P 位点上的肽酰- tRNA 上的羧基之间形成一个新的肽键，催化肽键形成的酶叫肽酰转移酶。大约 6 个蛋白和 23S rRNA 对此酶的活性是必需的。另外，6 个蛋白和 5S rRNA 也起很大作用。肽酰转移酶是把 2 个氨基酰- tRNA 定于调准的位置，使之形成肽键，见图 2 - 16。③移位。移位是指核糖体沿 mRNA 5′→3′做

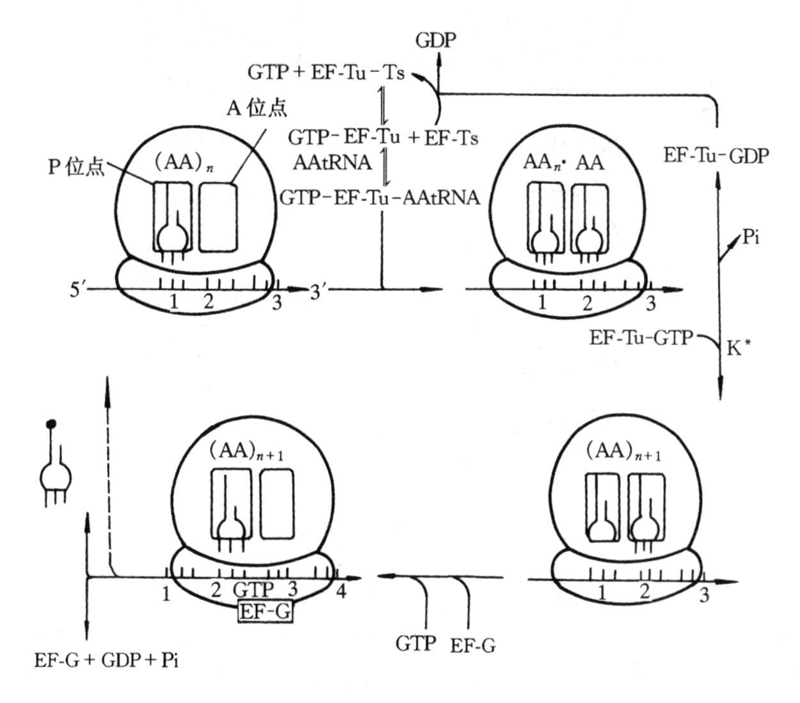

图 2 - 16　肽链的延伸

相对的移动。肽键形成后,核糖体处于前移状态。占领P位的是去酰化tRNA,A位为肽酰-tRNA。移位的结果是原来在A位点上的肽酰tRNA又回到P位点,而原来在P位点上的去酰化tRNA离开核糖体。移位过程需要延伸因子EF-G和GTP参加。在核糖体存在下,EF-G使GTP水解,故EF-G是一个依赖于核糖体的GTP酶。随着GTP水解,导致EF-G的释放。因此,除起始需1个GTP外,以后在肽链伸长过程中,每加上1个氨基酸就需水解2个GTP分子。此外还需要K^+离子和Mg^{2+}离子参与。真核生物中的EF-2相当于原核细胞中的EF-G。

当mRNA分子的起始区域正确结合上一个核糖体后,在蛋白质合成中它总是以5′末端向3′末端的方向移动。由于mRNA从DNA转录也是由5′→3′进行的,所以在细胞内当mRNA的合成还没有完成时就可以进行翻译了。肽链的延伸是从N端到C端。肽链延伸的速度很快,一个大肠杆菌核糖体每秒钟可以使肽链延伸20个氨基酸残基。

(4)多肽链合成的终止　蛋白质合成终止的详细过程如图2-17所示。蛋白

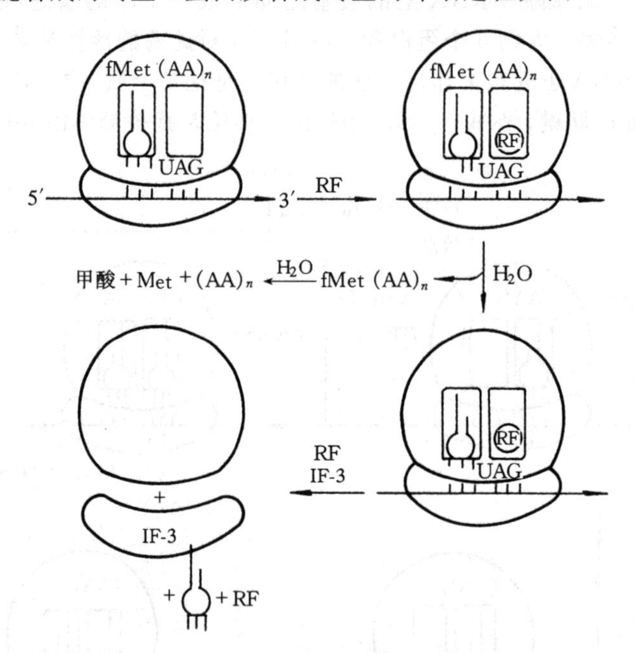

图2-17　肽链合成终止阶段

质合成的终止需要两个条件:一个是应存在能特异地提出多肽链延伸应予停止的信号;另一个是有能解读链终止信号的蛋白质释放因子(RF)。mRNA上肽合成终止密码子为UAA、UAG、UGA。这一步需要3种辅助蛋白因子即RF_1、RF_2、RF_3。RF_1用以识别密码子UAA和UAG;RF_2则帮助识别UAA、UAG;RF_3能

协助肽链的释放，而不具有识别终止密码子的能力。RF_1 或 RF_2 还有使 P 位点上的肽酰转移酶活性改变成水解活性，从而使 P 位上的肽基转移到水中。一旦tRNA从 70S 核糖体上脱落，该核糖体就立即离开 mRNA，并解离成 50S 和 30S 亚基，以重新投入另一条肽链的合成。IF-3 与 30S 亚基结合，以防 50S 和 30S 亚基的聚合。

与 RNA 一样，蛋白质肽链合成后也要经过若干加工处理才能使合成的蛋白质具有生物活性，如 N-甲酰甲硫氨酸的切除，二硫键的形成，氨基酸的修饰等。有时某些肽链合成后经特殊的酶水解切除一段肽链后才能显出生物活性。如胰岛素就是胰岛素原在胰蛋白酶及羧肽酶 B 的作用下切去一段肽链，由一条链成为两条肽链，从而显示出生物活性的。

思考题

1. 根据遗传的中心法则，描述基因表达的途径。
2. 核酸的定性、定量测定有哪些方法？
3. 原核生物和真核生物基因的结构有哪些异同？
4. 掌握下列基本概念：DNA 复制、转录、翻译、DNA 变性、DNA 复性。

第 3 章

基因工程的工具酶

内容提要:基因工程操作离不开各种工具酶。这些酶可分为三类,即限制性核酸内切酶、DNA 修饰酶和 DNA 连接酶。限制性核酸内切酶可将 DNA 从特异性识别序列切断,DNA 修饰酶可对 DNA 进行聚合、裂解或进行末端修饰,而 DNA 连接酶可完成不同来源 DNA 片段的重组。

基因工程操作中需在体外将不同来源的 DNA 加以切割和拼接,有时还需对这些 DNA 分子加以修饰。这些过程是通过不同的酶来完成的。本章介绍基因工程操作中的工具酶。

3.1 限制性核酸内切酶

限制性核酸内切酶是一类能够识别双链 DNA 分子中的某种特定核苷酸序列,并由此切割 DNA 双链结构的核酸内切酶。它们主要是从原核生物中分离纯化出来的。到目前为止,已分离出可识别 230 种不同 DNA 序列的Ⅱ型核酸内切酶达 2 300 种以上。在限制性核酸内切酶的作用下,侵入细菌的"外源"DNA 分子便会被切割成不同大小的片段,而细菌自己固有的 DNA 碱基甲基化,在此修饰酶的保护下,则可免受限制酶的降解。由于限制酶的发现与应用而导致体外重组 DNA 技术的发展,使人们有可能对真核染色体的结构、组织、表达及进化等问题进行深入的研究。因此,有人赞叹核酸内切酶是大自然赐给基因工程学家的一件了不起的礼物。

3.1.1 寄主的限制和修饰现象

大多数细菌对于噬菌体的感染都存在着一些功能性障碍。到目前为止,尚未发现有任何一种既可感染假单胞杆菌(*Pseudomonas*)又可感染大肠杆菌的噬菌体,而且非寄主细菌的 RNA 聚合酶不能识别"外源"噬菌体的启动子序列。即使噬菌体的吸附和转录能够顺利进行,也仍然存在着另一种功能障碍,即所谓的寄主控制的限制(restriction)和修饰(modification)现象,简称 R/M 体系。细菌的R/M 体系同免疫体系类似,它能辨别自己的 DNA 和外来的 DNA,并使后者降解。

20 世纪 60 年代后期,W. Arber 等人对噬菌体 λ 在大肠杆菌不同菌株上的平板培养效应进行研究时，首先发现了限制性核酸内切酶。他们观察到一种限制现象：先在 *E. coli* B 上繁殖 λ，然后制备 λ 的原种制剂，再将此原种分别放到铺满 *E. coli* B和 *E. coli* K 的两类平面培养基上，前者会出现许多噬菌斑，而后者却不出现或者仅出现极少噬菌斑。如果以成斑率(efficiency of plating)计算，前者为 1，后者仅为 4×10^{-4}。同样，如果在 *E. coli* K 上繁殖 λ，同样作如上处理，最后在 *E. coli* B的平板培养基上仅会出现极少或不出现噬菌斑，而在 *E. coli* K 的平面培养基上会达到 1 的成斑率。这说明生长在细菌特殊菌株上的噬菌体，侵染原菌株的能力远远高于侵染另一株不同菌株的能力。后来发现导致这种现象的原因是由于菌株体内限制和修饰系统的存在(图 3-1)。

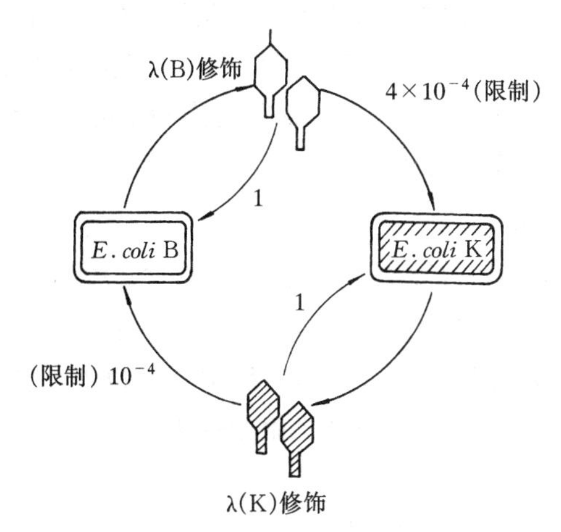

图 3-1　*E. coli* K 和 *E. coli* B 的限制和修饰系统

限制和修饰系统中的限制作用即指一定类型的细菌可以通过限制酶的作用，破坏入侵的噬菌体 DNA，导致噬菌体的寄主幅度受到限制；而寄主本身的 DNA，由于在合成后通过甲基化酶的作用得以甲基化，使 DNA 得以修饰，从而免遭自身限制性酶的破坏，这就是限制和修饰系统中修饰的含义。噬菌体由原来寄主转到第二寄主上(如将长期 *E. coli* B 平面培养基上的噬菌体转到 *E. coli* K 的平面培养基上)，一旦个别噬菌体幸存下来，它们所繁殖的后代在第二寄主中将不再受到限制，这是因为噬菌体 DNA 是在第二寄主的甲基化酶存在的情况下复制的，因此 DNA 在合成后能够按照第二寄主 DNA 的甲基化方式得到修饰。

寄主的限制与修饰有两方面的作用，一是保护自身的 DNA 不受限制；二是破坏外源 DNA 使之迅速降解。根据限制-修饰现象发现的限制性核酸内切酶，现已成为重组 DNA 技术的重要工具酶。

3.1.2 限制性核酸内切酶的类型

目前已鉴定出 3 种不同类型的限制性核酸内切酶,即Ⅰ型酶、Ⅱ型酶和Ⅲ型酶。现将这 3 种类型酶分述如下。

1. 第一类限制性内切酶

上述寄主的限制和修饰系统中所包含的内切酶已定名为第一类限制性内切酶。这类酶的结构都是多聚体蛋白质,具有切割 DNA 的功能。它们作用时需 ATP、Mg^{2+} 和 S-腺苷蛋氨酸(SAM)的存在。这种酶切割 DNA 的方式是,先与双链 DNA 上未加修饰的识别序列相互作用,然后沿着 DNA 分子移动,在行进相当于 1 000~5 000 个核苷酸的距离后,此酶仅在似乎随机的位置上切割一股单链 DNA,造成大约 75 个核苷酸的切口。由于这类酶不能专门切割 DNA 的某种特殊位点,因此在基因工程中用处不大。

2. 第二类限制性内切酶

首先发现Ⅱ型酶的科学家是 H. O. Smith 和 K. W. Wilcox。他们从流感嗜血菌 Rd 菌株中分离出来的这种酶被公认为是典型的Ⅱ型限制性核酸内切酶。与第一类限制性内切酶的不同之处是,这类酶能在特殊位点切割 DNA,产生具有黏性末端或其他形式的 DNA 片段。第二类限制性内切酶已成为基因工程操作中最基本的工具酶。

(1) 切割位点　1970 年由 H. O. Smith 和 K. W. Wilcox 发现的第一个Ⅱ型限制性核酸内切酶称作*Hind*Ⅱ,它能将 DNA 从识别位点处切开,形成具有平齐末端(blunt end)的两段 DNA(图 3-2)。与此相反,*Eco*RⅠ能在识别位点处将 DNA 切割成两条各含 4 个单链碱基的黏性末端(sticky or cohesive end)(图 3-3)。所谓黏性末端,是指含有几个核苷酸单链的末端,可通过这种末端的碱基互补,使不同的 DNA 片段发生退火。一些常见的Ⅱ型酶的识别序列和切割位点如表3-1所示。

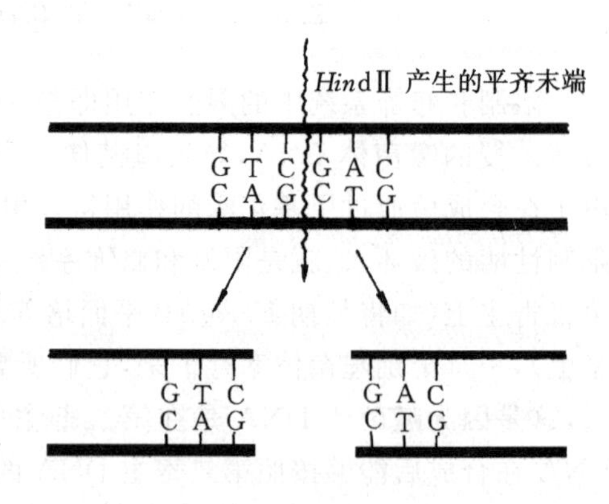

图 3-2　限制性酶 *Hind*Ⅱ 对 DNA 的切割

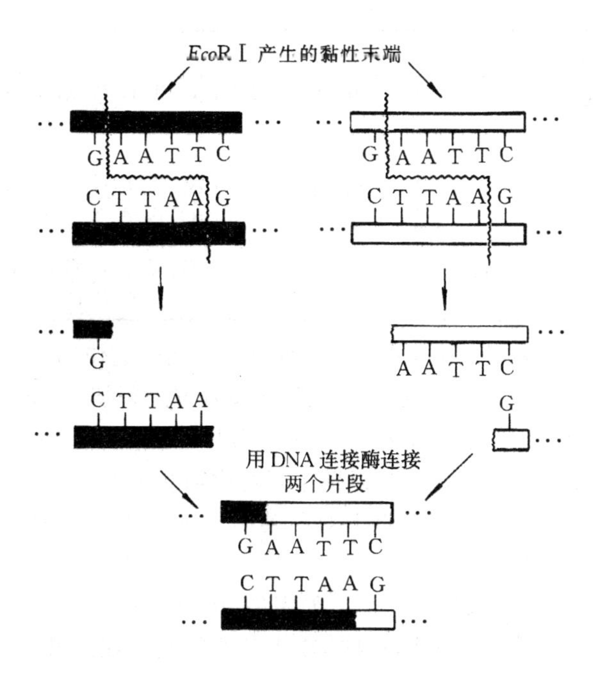

图 3-3　限制性酶*EcoR* Ⅰ 对 DNA 的切割及两段 DNA 黏性末端的连接

表 3-1　一些限制性核酸内切酶及其切割序列

微　生　物	酶的缩写	序　列
Haemophilus aegytius	*Hae* Ⅲ	5′…G G | C C…3′ 3′…C C | G G…5′
Thermus aquaticus	*Taq* Ⅰ	5′…T | C G A…3′ 3′…A G C | T…5′
Haemophilus haemolyticus	*Hha* Ⅰ	5′…G C G | C…3′ 3′…C | G C G…5′
Desulfovibrio desulfuricans	*Dde* Ⅰ	5′…C | T N A G…3′ 3′…G A N T | C…5′
Escherichia coli	*EcoR* Ⅴ	5′…G A T | A T C…3′ 3′…C T A | T A G…5′
	EcoR Ⅰ	5′…G | A A T T C…3′ 3′…C T T A A | G…5′

续表 3-1

微 生 物	酶的缩写	序 列
Providencia stuarti	*Pst* Ⅰ	5′…C T G C A|G…3′ 3′…G A|C G T C…5′
Microcoleus species	*Mst* Ⅱ	5′…C C|T N A G G…3′ 3′…G G A N T|C C…5′
Nocardia otitidis-caviarum	*Not* Ⅰ	5′…G C|G G C C G C…3′ 3′…C G C C G|G C G…5′

(2)黏性末端的意义　通过Ⅱ型限制性核酸内切酶的作用,可产生两种不同的黏性末端。一种是在识别序列对称轴的左方和右方进行切割,即在 5′→3′链上对称轴的左方切开和 3′→5′链上对称轴的右方切开,形成带有凸出的 5′磷酸基团的黏性末端,如*Eco*RⅠ。另一种是在识别序列对称轴的两边进行切割,即在5′→3′链上对称轴的右方切开和在 3′→5′链上对称轴的左方切开,形成带有凸出的 3′羟基基团的黏性末端,如*Pst*Ⅰ。

图 3-4 说明了黏性末端的意义。如用*Eco*RⅠ切割 DNA,使其产生 4 个核苷酸的单链,而且都以 5′末端告终,这些 DNA 片段能在 5′端靠碱基配对将单链重叠成双链,促使不同的 DNA 分子相连,或使一个 DNA 片段首尾相连而自身环化。

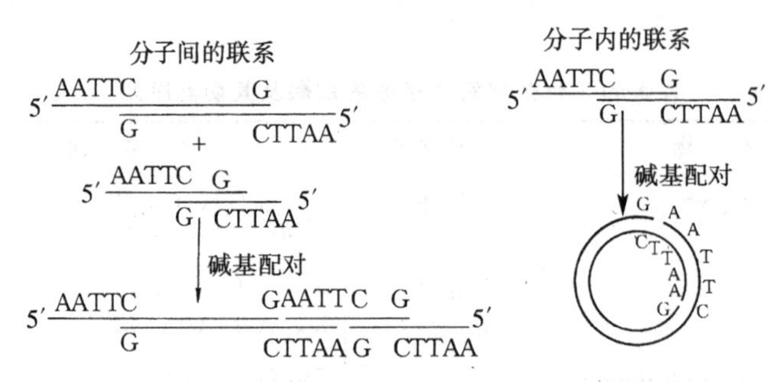

图 3-4　由 *Eco*RⅠ消化的 DNA 黏性末端

在处理 DNA 片段时,不同酶消化所产生的 DNA 末端往往可以起到很大作用。例如凸出的 5′磷酸基团比凸出的 3′磷酸基团易于通过 DNA 激酶和[γ-^{32}P] ATP 进行同位素标记;而凸出的 3′羟基基团却是末端转移酶的理想作用底物,在酶的作用下,很容易使 DNA 片段在 3′端带上多核苷酸尾,利用互补的同聚物(homopolymer)尾,可使两种 DNA 片段退火(图 3-5)。

当带有黏性末端的 DNA 片段上含有凹陷的 3′羟基基团时,可用 DNA 多聚酶Ⅰ使黏性末端变为平齐末端,因为黏性末端的单链部分可作为模板,核苷酸将在

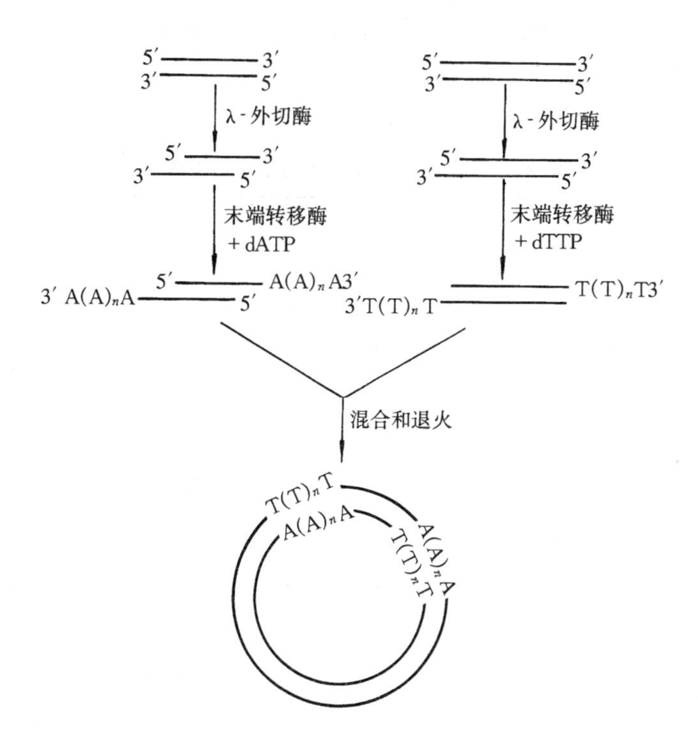

图 3-5　利用小牛胸腺末端脱氧核苷酸转移酶在不同的 DNA 分子上添加互补同聚物尾并发生退火的过程

3′羟基处逐渐往上加；相反，如果 DNA 片段来自于*Pst* Ⅰ 酶解的产物，它将带有凸出的 3′末端。在 4 种脱氧核苷三磷酸(dNTP)存在的情况下，T4 DNA 聚合酶能从凸出的 3′端开始，去除未配对的单链部分，保证完好的双链部分不受损伤，从而使黏性末端变为平齐末端。

(3)同裂酶与同尾酶　有一些来源不同的限制酶识别的是同样的核苷酸靶序列，这类酶称为同裂酶(isoschizomers)。同裂酶产生同样的切割，形成同样的末端。如 *Hin*dⅢ 和 *Hsu* Ⅰ 就是同裂酶，它们识别 DNA 的相同位置，切割后产生的末端是一样的。另外还存在一种称为不完全的同裂酶，即几种酶可识别相同的 DNA 序列，但是在序列中切割位置却不同，如 *Xma* Ⅰ 和 *Sma* Ⅰ 就是如此(表 3-2)。还有一种情况是，两种限制性酶识别相同序列，但是能否切割却取决于识别序列中一定碱基的甲基化与否。例如 *Msp* Ⅰ 识别和切割 CCGG 序列，*Hpa* Ⅱ 同样识别和切割这一序列，但是后者只有在胞嘧啶甲基化酶还没有使内部胞嘧啶甲基化的情况下才能切割这一序列。现已发现许多动物(包括脊椎动物和棘皮动物)基因组 DNA 中的 90%以上的甲基都是在序列 CG 处以 5 -甲基胞嘧啶的形式出现。这种甲基化的胞嘧啶有许多是发生在 *Msp* Ⅰ 酶的靶序列内,所以通过比较 *Hpa* Ⅰ 和 *Msp* Ⅰ 的 DNA 消化产物就可以检测出它们的存在。

表 3 - 2　几种限制性内切酶及其识别序列

四核苷酸		五核苷酸		六核苷酸	
Alu Ⅰ	AG↓CT	*Eco*RⅡ	↓CC$\frac{A}{T}$GG	*Ava* Ⅰ	C↓YCGUG
*Hae*Ⅲ	GG↓CC	*Hin*fⅠ	G↓ANTC	*Bam*HⅠ	G↓GATCC
Hha Ⅰ	GCG↓C			*Bgl* Ⅱ	A↓GATCT
Hpa Ⅱ	C↓CGG			*Bal* Ⅰ	TGG↓CCA
Mbo Ⅰ	↓GATC			*Eco*RⅠ	G↓AATTC
Taq Ⅰ	T↓CGA	*Hph* Ⅰ	GGTGA(N)$_8$↓	*Hind*Ⅲ	A↓AGCTT
		Mbo Ⅱ	GAAGA(N)$_8$↓	*Hpa* Ⅰ	GTT↓AAC
				Pst Ⅰ	CTGCA↓G
				Xma Ⅰ	C↓CCGGG
				Sma Ⅰ	CCC↓GGG
Dpn Ⅰ	GA↓TC			*Hae* Ⅱ	UGCGC↓Y
	(需要修饰)			*Hinc* Ⅱ	GTY↓UAC

注:表中 U 为任意一种嘌呤,Y 为任意一种嘧啶。

同尾酶(isocaudamer)是与同裂酶对应的一类限制酶,它们虽然来源各异,识别的靶序列也各不相同,但都产生出相同的黏性末端。常用的限制酶 *Bam*HⅠ、*Bcl* Ⅰ、*Bgl* Ⅱ、*Sau*3AⅠ 和 *Xho* Ⅱ 就是一组同尾酶,它们切割 DNA 之后都形成由 GATC 4 个核苷酸组成的黏性末端。显而易见,由同尾酶产生的 DNA 片段,是能够通过其黏性末端之间的互补作用而彼此连接起来的,因此在基因工程操作中很有用处。由一对同尾酶分别产生的黏性末端共价结合形成的位点,特称之为"杂种位点"(hybrid site)。但这类杂种位点形成之后一般不能再被原来的任何一种同尾酶所识别(表 3 - 3)。不过也有例外情况,如由 *Sau*3AⅠ 和 *Bam*HⅠ 同尾酶形成的杂种位点,对 *Sau*3AⅠ 仍然是敏感的,但已不再是 *Bam*HⅠ 的靶位点。表 3 - 4 列出了 8 组产生同样黏性末端的同尾酶。

表3-3　产生GATC单链末端的一组同尾酶及其限制片段组合形成的杂种位点

限制酶	识别位点[①]	同尾酶的组合	杂种识别位点[②]	杂种位点的敏感性[③]
*Bam*HⅠ	G↓GATCC	*Bam*HⅠ,*Bcl*Ⅰ	GGATCA,TGATCC	*Sau*3AⅠ
*Bcl*Ⅰ	T↓GATCA	*Bam*HⅠ,*Bcl*Ⅱ	GGATCT,AGATCC	*Sau*3AⅠ,*Xbo*Ⅱ
*Bgl*Ⅱ	A↓GATCT	*Bam*HⅠ,*Sau*3AⅠ	GGATCN,NGATCC	*Sau*3AⅠ,*Xho*Ⅱ(5%),*Bam*HⅠ(25%)
*Sau*3AⅠ	↓GATC	*Bam*HⅠ,*Xho*Ⅱ	GGATCY,UGATCC	*Sau*3AⅠ,*Xho*Ⅱ,*Bam*HⅠ(50%)
*Xho*Ⅱ	U↓GATCY	*Bcl*Ⅰ,*Bgl*Ⅱ	TGATCT,AGATCA	*Sau*3AⅠ
		*Bcl*Ⅰ,*Sau*3AⅠ	TGATCN,NGATCA	*Sau*3AⅠ,*Bcl*Ⅰ(25%)
		*Bcl*Ⅰ,*Xho*Ⅱ	TGATCY,UGATCA	*Sau*3AⅠ
		*Bgl*Ⅱ,*Sau*3AⅠ	AGATCN,NGATCT	*Sau*3AⅠ,*Xho*Ⅱ(50%),*Bgl*Ⅱ(25%)
		*Bgl*Ⅱ,*Xho*Ⅱ	AGATCY,UGATCT	*Sau*3AⅠ,*Xho*Ⅱ,*Bgl*Ⅱ(50%)
		*Sau*3AⅠ,*Xho*Ⅱ	NGATCY,UGATCN	*Sau*3AⅠ,*Xho*Ⅱ(50%), *Bam*HⅠ(12.5%),*Bgl*Ⅱ(12.5%)

①U和Y分别代表嘌呤和嘧啶。由这样的限制酶切割形成的片段具有5′磷酸基因和3′羟基基团。②N代表任何一种核苷酸。③百分比表示2种杂种位点被切割的概率。

表3-4　产生同样黏性末端的同尾酶

组　别	同尾酶	识别序列	组　别	同尾酶	识别序列
Ⅰ	*Sau*3AⅠ	↓GATC		*Cla*Ⅰ	AT↓CGAT
	*Bam*HⅠ	G↓GATCC		*Nar*Ⅰ	GG↓CGCC
	*Bcl*Ⅰ	T↓GATCA	Ⅳ	*Sal*Ⅰ	G↓TCGAC
	*Bgl*Ⅱ	A↓GATCT		*Xho*Ⅰ	C↓TCGAG
	*Xho*Ⅱ	U↓GATCY	Ⅴ	*Nsp*Ⅰ	UCATG↓Y
Ⅱ	*Bss*HⅡ	G↓CGCGC		*Sph*Ⅰ	GCATG↓C
	*Mlu*Ⅰ	A↓CGCGT	Ⅵ	*Hgi*AⅠ	GTGCA↓C(*)
Ⅲ	*Taq*Ⅰ	T↓CGA		*pst*Ⅰ	CTGCA↓G
	*Hpa*Ⅱ	C↓CGG	Ⅶ	*Bde*Ⅰ	GGCGC↓C
	*Sci*NⅠ	G↓CGC		*Hae*Ⅱ	UGCGC↓Y
	*Acc*Ⅰ	GT↓CGAC(*)	Ⅷ	*Cfr*Ⅰ	Y↓GGCYU
	*Acy*Ⅰ	GU↓CGYC		*Xma*Ⅲ	C↓GGCCG
	*Asu*Ⅱ	TT↓CGAA			

注:①限制酶识别序列是5′→3′方向;②箭头表示确切的切割位点;③U表示嘌呤(A或G),Y表示嘧啶(C或T);④*号表示此酶可以在别的位点切割形成不同序列的黏性末端。

(4)酶的星号活性　值得注意的是,迄今发表的第二类限制性内切酶的识别序列都是在一定消化条件下测出的。当条件改变时,酶的专一性可能会降低,以至同一种酶可识别和切割更多的位点。如 *Eco*RⅠ通常只能识别 GAATTC,但在低盐(<50 mmol/L)、高 pH 值(>8)和甘油存在的情况下,产生了活性改变的 *Eco*RⅠ*,称为*Eco*RⅠ的星号活性。通常除了中间四聚体的 T 不能变为 A 或 A 不能变为 T 以外,识别序列的 6 个碱基位置上仅在一处与原来序列不同的任何一种碱基的替代,*Eco*RⅠ* 照样能识别此序列,如 GAATTA、AAATTC 和 GAGTTC 等。因而,*Eco*RⅠ* 的识别序列在 DNA 出现的频率要比*Eco*RⅠ识别序列出现的频率高 15 倍。除了*Eco*RⅠ* 以外,还发现*Bam*HⅠ也有类似情况,用*Bam*HⅠ* 表示这种活性变化的酶。从上述例子看出,只有在相当特殊的反应条件下,酶的活性才与发表的结果相符,pH 值或离子状况的改变直接影响酶的活性。为了得到一种限制性内切酶的最适反应速度和理想的消化专一性,必须坚持应用推荐的反应条件。

3. 第三类限制性内切酶

某些限制性内切酶如 *Mbo*Ⅱ有独特的识别方式和切割办法,它识别 GAAGA 序列,但不存在二分体式的对称。它能在 DNA 的每条链上从识别序列的一侧开始测量一定距离(分别为 8 个和 7 个核苷酸)后进行切割:

5′- GAAGANNNNNNNN↓-3′
3′- CTTCTNNNNNNN↑ -5′

产生仅一个碱基凸出的 3′末端。这类酶称为第三类限制性内切酶,它们在基因工程操作中的作用也不大。

3.1.3 限制性核酸内切酶的命名

由于发现的限制性核酸内切酶越来越多,所以需要有一个统一的命名规则。H. O. Smith 和 D. Nathans 于 1973 年提议的命名系统已被广大学者所接受。他们提议的命名原则包括以下几点:

(1) 用细菌属名的第一个字母和种名的头两个字母,组成三个字母的略语表示寄主菌的物种名称。例如大肠杆菌(*Escherichia coli*)用 *Eco* 表示,流感嗜血菌(*Haemophilus influenzae*)用 *Hin* 表示。

(2) 用一个写在右下方的标注字母代表菌株或型,例如 Eco_{k}。如果限制与修饰体系在遗传上是由病毒或质粒引起的,则在缩写的寄主菌的种名右下方附加一个下标字母,表示此染色体外成分,例如 Eco_{p1}、Eco_{R1}。

(3) 如果一个特殊的寄主菌株具有几个不同的限制与修饰体系,则用罗马数字表示。因此,流感嗜血菌 Rd 菌株的几个限制与修饰体系分别表示为 Hin_{d}Ⅰ、Hin_{d}Ⅱ、Hin_{d}Ⅲ,等等。

(4) 所有的限制酶，除了总的名称核酸内切酶R外，还带有系统的名称，例如核酸内切酶R. Hin_dⅢ。同样地，修饰酶则在它的系统名称前加上甲基化酶M的名称。因此，相应于核酸内切酶R. Hin_dⅢ的流感嗜血菌Rd菌株的修饰酶，命名为甲基化酶M. Hin_dⅢ。

由于以上命名规则比较繁琐，所以在实际应用上这个命名体系已经作了进一步的简化：①由于下标字母在排版上很不方便，所以现在通行的是把所有略语字母写成一行。②在上下文已经交待得十分清楚只涉及限制酶的地方，核酸内切酶的名称R便被省去。本节各表中所列的一些限制性核酸内切酶采用的就是这样的系统。

3.1.4　影响限制性核酸内切酶活性的因素

1. DNA的纯度

限制性核酸内切酶消化DNA底物的反应效率在很大程度上是取决于所使用的DNA本身的纯度。DNA制剂中的其他杂质，如蛋白质、酚、氯仿、酒精、乙二胺四乙酸(EDTA)、十二烷基硫酸钠(SDS)以及高浓度的盐离子等，都有可能抑制限制性核酸内切酶的活性。应用微量碱抽提法制备的DNA制剂常常都含有这类杂质。

为了提高限制性核酸内切酶对低纯度DNA制剂的反应效率，一般采用以下3种方法：

- 增加限制性核酸内切酶的用量，平均每微克底物DNA可高达10单位甚至更多些；
- 扩大酶催化反应的体积，以使潜在的抑制因素被相应地稀释；
- 延长酶催化反应的保温时间。

在有些DNA制剂中，尤其是用碱抽提法制备的DNA制剂，会含有少量的DNase的污染。由于DNase的活性需要Mg^{2+}的存在，而在DNA的储存缓冲液中含有二价金属离子螯合剂EDTA，因此在这种制剂中的DNA仍是稳定的。然而在加入了限制性核酸内切酶缓冲液之后，DNA则会被DNase迅速地降解。要避免发生这种状况，唯一的办法就是使用高纯度的DNA。

在反应混合物中加入适量的聚阳离子亚精胺(polycation spermidine)(一般终浓度为1～2.5 mmol/L)，有利于限制性核酸内切酶对DNA的消化作用。但鉴于在4℃下亚精胺会促使DNA沉淀，所以务必在反应混合物于适当的温度下保温数分钟之后方可加入。

2. DNA的甲基化程度

限制性核酸内切酶是原核生物限制-修饰体系的组成部分，因此识别序列中特定核苷酸的甲基化作用便会强烈地影响酶的活性。通常从大肠杆菌寄主细胞中分离出来的质粒DNA都混有两种作用于特定核苷酸序列的甲基化酶，一种是dam

甲基化酶,催化GATC序列中的腺嘌呤残基甲基化;另一种是dcm甲基化酶,催化CCA/TGG序列中内部的胞嘧啶残基甲基化。因此,从正常的大肠杆菌菌株中分离出来的质粒DNA只能被限制性核酸内切酶局部消化,甚至完全不被消化,是属于对甲基化作用敏感的一类。为了避免产生这样的问题,在基因工程操作中通常使用丧失了甲基化酶的大肠杆菌菌株制备质粒DNA。

哺乳动物的DNA有时也会带有5-甲基胞嘧啶残基,而且通常是在鸟嘌呤核苷残基的5′侧。因此不同位点之间的甲基化程度是互不相同的,且与DNA来源的细胞类型有密切的关系。可以根据各种同裂酶所具有的不同的甲基化的敏感性对真核基因组DNA的甲基化作用模式进行研究。例如,当CCGG序列中内部胞嘧啶残基被甲基化之后,*Msp*Ⅰ仍会将它切割,而*Hpa*Ⅱ(正常情况下能切割CCGG序列)对此类的甲基化作用则十分敏感。

限制性核酸内切酶不能够切割甲基化的核苷酸序列,这种特性在有些情况下具有特殊的用途。例如,当甲基化酶的识别序列同某些限制酶的识别序列相邻时,就会抑制限制酶在这些位点发生切割作用,这样便改变了限制酶识别序列的特异性。另一方面,若要使用合成的衔接物修饰DNA片段的末端,一个重要的处理是必须在被酶切之前,通过甲基化作用将内部的限制酶识别位点保护起来。

3. 酶切反应的温度

DNA消化反应的温度是影响限制性核酸内切酶活性的另一重要因素。不同的限制性核酸内切酶具有不同的最适反应温度,而且彼此之间有相当大的变动范围。大多数限制性核酸内切酶的标准反应温度是37℃,但也有许多例外的情况,它们要求37℃以外的其他反应温度(表3-5)。还有些限制性核酸内切酶的标准反应温度低于标准的37℃,例如*Sma*Ⅰ的反应温度是25℃,*Apa*Ⅰ的反应温度是30℃。消化反应的温度低于或高于最适温度都会影响限制性核酸内切酶的活性,甚至导致酶的完全失活。

表3-5　部分限制性核酸内切酶的最适反应温度

酶	反应温度(℃)	酶	反应温度(℃)
*Apa*Ⅰ	30	*Mae*Ⅰ	45
*Apy*Ⅰ	30	*Mae*Ⅱ	50
*Ban*Ⅰ	50	*Mae*Ⅲ	55
*Bcl*Ⅰ	50	*Sma*Ⅰ	25
*Bst*EⅡ	60	*Taq*Ⅰ	65

注:本表没有包括最适反应温度为37℃的限制性核酸内切酶。

4. DNA的分子结构

DNA分子的不同构型对限制性核酸内切酶的活性也有很大的影响。某些限制性核酸内切酶切割超螺旋的质粒 DNA 所需要的酶量要比消化线性的 DNA 高出许多倍，最高的可达 20 倍。此外，还有一些限制性核酸内切酶切割位于 DNA 不同部位的限制位点，其效率亦有明显的差异。据推测，这很可能是由于侧翼序列的核苷酸成分的差别造成的。大体说来，一种限制性核酸内切酶对其不同识别位点的切割速率的差异最多不会相差 10 倍。尽管这样的范围在通常的标准下是无关紧要的，然而当涉及到局部酶切消化时，则是必须考虑的重要参数。DNA 分子中某些特定的限制位点，只有当其他的限制位点也同时被广泛切割的条件下，才能被有关的限制性核酸内切酶所消化。少数的一些限制性核酸内切酶，如 *Nar* Ⅰ、*Nae* Ⅰ、*Sac* Ⅱ 以及 *Xma* Ⅲ 等，对不同部位的限制位点的切割活性会有很大的差异，其中有些位点是很难被切割的。

5. 限制性核酸内切酶的缓冲液

限制性核酸内切酶的标准缓冲液的组分包括氯化镁、氯化钠或氯化钾、Tris-HCl、β-巯基乙醇或二硫苏糖醇(DTT)以及牛血清白蛋白(BSA)等。酶活性的正常发挥是绝对地需要 2 价阳离子，通常是 Mg^{2+}。不正确的 NaCl 或 Mg^{2+} 浓度，不仅会降低限制酶的活性，而且还可能导致识别序列特异性的改变。缓冲液 Tris-HCl 的作用在于，使反应混合物的 pH 值恒定在酶活性所要求的最佳数值的范围之内。对绝大多数限制酶来说，在 pH=7.4 的条件下，其功能最佳。巯基试剂对于保护某些限制性核酸内切酶的稳定性是有用的，而且还可保护其免于失活。但它同样也可能有利于潜在污染杂质的稳定性。有一部分限制性核酸内切酶对于钠离子或钾离子浓度变化反应十分敏感，而另一部分限制性核酸内切酶则可适应较大的离子强度的变化幅度。

在“非最适的”反应条件下(包括高浓度的限制性核酸内切酶、高浓度的甘油、低离子强度、用 Mn^{2+} 取代 Mg^{2+} 以及高 pH 值等)，有些限制性核酸内切酶识别序列的特异性会发生改变，导致从识别序列以外的其他位点切割 DNA 分子。有的限制性核酸内切酶在缓冲液成分的影响下会产生所谓的星号活性。由于前面有关内容对此已有涉及，这里不再赘述。

3.1.5　限制性核酸内切酶对 DNA 的消化作用

1. 限制性核酸内切酶与靶 DNA 识别序列的结合模式

1986 年，J. A. McClarin 等人应用 X 射线晶体学技术对限制酶-DNA 复合物的分子结构的研究表明，Ⅱ型酶是以同型二聚体形式与靶 DNA 序列发生作用的。在此研究的基础上，目前已弄清了许多限制性核酸内切酶同其识别序列之间相互作用的精巧的分子细节。以 *Eco*R Ⅰ 为例，它是以同型二聚体上的 6 个氨基酸(其中每个亚基各占 1 个 Glu 残基和 2 个 Agr 残基)同识别序列上的嘌呤残基之间形成 12 个氢键的形式结合到靶 DNA 识别序列上,并从此发生链的切割反应。

2. 限制性核酸内切酶对 DNA 分子的部分消化

从理论上讲,如果一条 DNA 分子上的 4 种核苷酸的含量是相等的,而且其排列顺序也完全是随机的,那么识别序列为 6 个核苷酸碱基的限制性核酸内切酶(如 *Bam*H Ⅰ)将平均每隔 $4^6=4\ 096$ bp切割一次 DNA 分子;而识别序列为 4 个核苷酸的限制性核酸内切酶(如*Sau*3A Ⅰ)将平均每隔 $4^4=256$ bp 切割一次 DNA 分子。如果一种限制性核酸内切酶对 DNA 分子的切割反应达到了这样的片段化水平,称之为完全的酶切消化作用(complete digestion)。

然而,由于 DNA 上的 4 种核苷酸碱基的组成并不是等量的,而且其顺序排列也不是随机的,因此实际上限制性核酸内切酶对 DNA 分子的消化作用的频率要低于完全消化的频率。例如,λ 噬菌体 DNA 的相对分子质量约为 49 kb,按理对识别序列为 6 个核苷酸碱基的限制性核酸内切酶应具有 12 个切割位点,可事实上 *Bgl* Ⅱ只有 6 个切割位点,*Bam*H Ⅰ有 5 个切割位点,*Sal* Ⅰ有 2 个切割位点,其 GC 含量也小于 50%。

根据上述分析和实际经验,即便是限制性核酸内切酶对 DNA 的消化不十分完全,也可获得平均相对分子质量大小有所增加的限制片段产物。此类不完全的限制酶消化反应,通常叫做部分酶切消化(partial digestion)。在进行部分消化的反应条件下,任何 DNA 分子中都只有有限数量的一部分限制位点被限制酶所切割。在实验中,通过缩短酶切消化反应的保温时间或降低反应的温度(如从 37℃ 改为 4℃)以约束酶的活性,都可以达到部分消化的目的。

3. 限制性核酸内切酶对真核基因组 DNA 的消化作用

一旦一种靶 DNA 分子被某种限制性核酸内切酶消化之后,如果其相对分子质量比较小,研究者就可能通过琼脂糖凝胶电泳或高效液相色谱(highperformance liquid chromatography,HPLC)将目的基因片段分离出来,做进一步的克隆扩增和其他研究。但真核生物的基因组,特别是哺乳动物或高等植物的基因组,一般大小都可达 10^9 bp 左右,经限制性核酸内切酶消化之后,常要产生出数量高达 $10^5\sim10^6$ 种不同大小的 DNA 限制片段。因此,要应用琼脂糖凝胶电泳或 HPLC 分离其中某一特定 DNA 片段,实际上往往是行不通的,它需要通过建立相应的基因文库的办法才能达到分离的目的。

3.1.6 限制性核酸内切酶反应的终止

消化 DNA 样品后,常常需要在进一步处理 DNA 前钝化酶的活性。钝化大多数限制性核酸内切酶可以采用在 65℃ 条件下温浴 5 分钟的办法。某些酶如 *Bam*H Ⅰ和 *Hae* Ⅲ受热不易钝化,必须采用其他手段。通常可在电泳前往样品中加终止反应物，其中含有一种钝化酶的变性剂，如 SDS 或尿素。虽然这类物质钝化限制性酶极为有效，但如果要将这类物质从 DNA 中去除，却极为困难。为了应用这类物质而又不至于影响下面的反应程序，可以用下述的方法重新提纯 DNA：用等体积的酚-氯仿去除蛋白质，提取 DNA。在 DNA 中残留的酚将会抑制进一步的酶促反应，必须去除。可将样品用乙醚处理，并经冷乙醇沉淀或在 0.2 mol/L NaCl 存在的情况下，用异丙醇进行沉淀即可达到去除残余酚的目的。离心以后，DNA 沉淀可用 70%酒精洗一次，以去除残留的盐分，再将 DNA 干燥后重新悬浮在缓冲液中，这时样品中无蛋白质成分，容易接受下一步的酶处理。

3.2　DNA 修饰酶

基因工程操作中除过必不可少的限制性核酸内切酶和连接酶外，其他工具酶可统称为 DNA 修饰酶，包括降解、合成和改造 DNA 分子的一些酶。

3.2.1　核酸酶

核酸酶是通过裂解连接核苷酸的磷酸二酯键而降解核酸的一类酶。核酸酶包括内切核酸酶和外切核酸酶。除过 3.1 中讲到的限制性核酸内切酶外，基因工程中经常用到的核酸酶还包括 *Bal*31、外切核酸酶Ⅲ、DNA 酶Ⅰ和 S_1 核酸酶。图 3－6是这 4 种酶的作用模式。

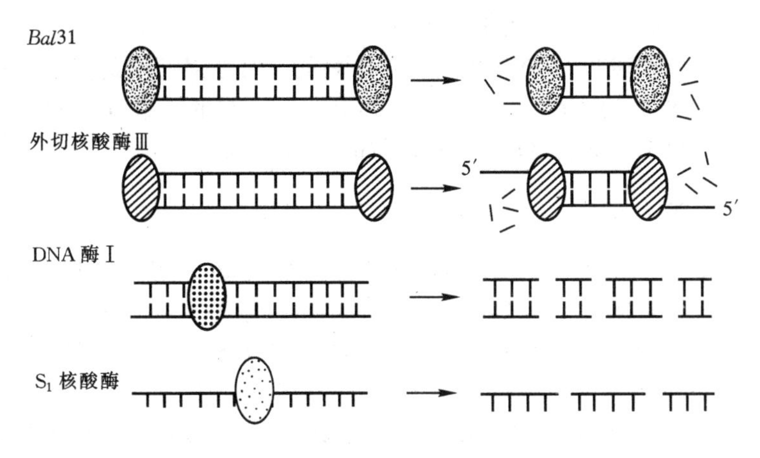

图 3－6　四种核酸酶对 DNA 的降解 *

* Nicholl D S T. An introduction to genetic engineering[M]. 2nd ed. Cambridge: Cambridge University Press. 2002:50.

核酸酶 *Bal*31 是一种复合酶,它最初的活性为快速的 3′外切核酸酶,随后附之慢速的内切核酸酶活性。高浓度的 *Bal*31 可同时作用于 DNA 分子的两端,使 DNA 分子变短。

外切核酸酶Ⅲ为 3′外切核酸酶,因而可产生 5′端突出的 DNA 分子。

DNA 酶Ⅰ既可作用于单链 DNA 分子,也可作用于双链 DNA 分子,可在随机位点切割 DNA。

S_1 核酸酶为特异性作用于单链 RNA 或 DNA 的内切酶,在基因工程中有重要的应用。

基因工程操作中有时还用到另一种核酸酶——核糖核酸酶 H(Rnase H),它能特异性地降解 DNA - RNA 杂交分子中 RNA 链,不水解单链或双链 DNA 和 RNA 分子中的磷酸二酯键。核糖核酸酶 H 最初是从小牛胸腺中发现而被分离的,现在已知其广泛存在于哺乳动物细胞、酵母、原核生物及病毒颗粒中。所有类型细胞均含有不止一种核糖核酸酶 H。

核糖核酸酶 H 在许多反转录病毒中与反转录酶有关,在病毒基因组进入 DNA 转录的不同阶段执行重要的功能。在真细菌中,核糖核酸酶 H 在 Okazaki 片段去除 RNA 引物、转录子进入 DNA 聚合酶Ⅰ启动 DNA 合成所用引物的转录过程,以及在去除 R -环为大肠杆菌染色体复制起点提供不规则 DNA 合成的条件性启始位点时发挥重要作用。在真核细胞中,核糖核酸酶 H 也可能执行类似的功能。

已有研究表明核糖核酸酶 H 可明显增加反义寡脱氧核糖核酸对基因表达的抑制。这些寡核苷酸和 mRNA 中的特定序列的杂合子对此酶的降解敏感。核糖核酸酶 H 在体外起动对在 Colicin E1(pColE1)型质粒的原始部位(Ori)的复制是必需的。此酶似乎也抑制启动非 Ori 部位的 DNA 合成。

3.2.2 聚合酶

聚合酶是一类能够合成 DNA 或 RNA 分子的酶,在基因工程中有着广泛的应用。聚合酶根据它所依赖的模板不同,可分为依赖于 DNA 的 DNA 聚合酶、依赖于 DNA 的 RNA 聚合酶和依赖于 RNA 的 DNA 聚合酶 3 种。所有的聚合酶合成 DNA 的方向均为从 5′端向 3′端,DNA 聚合酶合成 DNA 时需要有 3′端自由羟基以形成磷酸二酯键。这意味着合成 DNA 时一小段具有自由羟基的引物是必需的。

DNA 聚合酶Ⅰ(DNA polⅠ)除具有聚合酶功能外,还具有 5′→3′外切核酸酶活性和 3′→5′外切核酸酶活性。它可催化 DNA 双链分子中一条链的取代反应(图 3 - 7),在此过程中它的 5′→3′外切核酸酶活性可在聚合酶合成新链时将非模板链降解。DNA 聚合酶Ⅰ的主要功能之一是 DNA 标记过程中的切口平移。反应过程中若提供[α-^{32}P]dNTP,新合成的单链上将标记有^{32}P同位素。

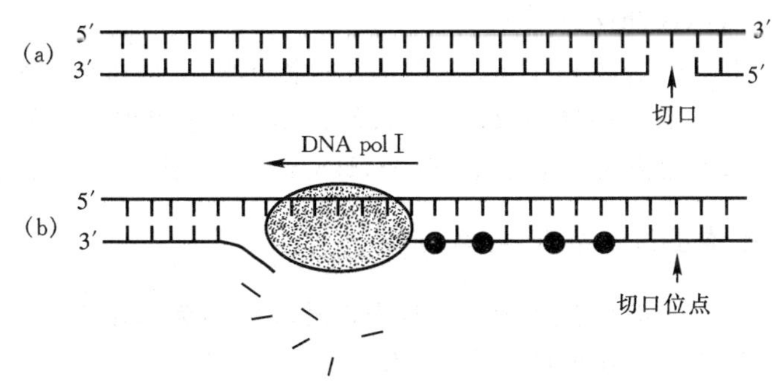

图 3-7　通过切口平移标记 DNA①

(a) DNaseⅠ产生的单链切口;(b)DNA 聚合酶Ⅰ合成另一条单链

若将 DNA 聚合酶Ⅰ用芽孢枯草杆菌素处理,所得到的酶的大片段称为 Klenow fragment。Klenow fragment 保留了 DNA 聚合酶Ⅰ中的 5′→3′DNA 聚合酶活性和 3′→5′外切核酸酶活性,但失去了 5′→3′外切核酸酶活性。Klenow fragment 可用于单链 DNA 的合成(图 3-8)。

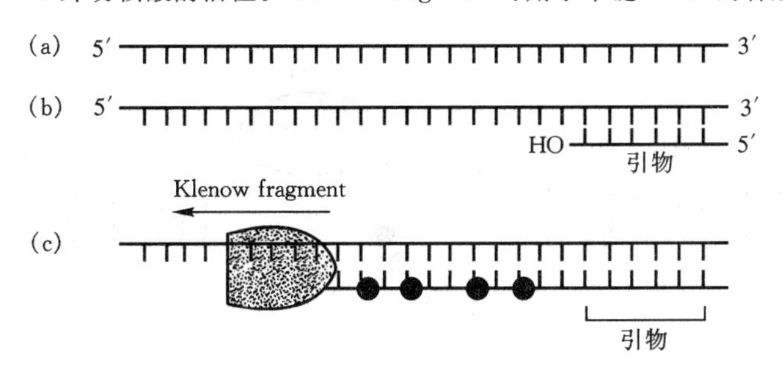

图 3-8　利用 Klenow fragment 通过引物延伸标记 DNA②

(a) DNA 变性产生的单链 DNA 分子;

(b) 寡聚核苷酸引物与单链 DNA 分子形成的带有 3′羟基的短双链结构;

(c) Klenow fragment 合成有[α-^{32}P]dNTP 掺入的另一条单链

由于失去了 5′→3′外切核酸酶活性,Klenow fragment 在合成新链过程中不能降解双链 DNA 分子中的非模板链。但在有引物存在的前提下,它可用于 DNA

---

① Nicholl D S T. An introduction to genetic engineering[M]. 2nd ed. Cambridge: Cambridge University Press, 2002:32.

② Nicholl D S T. An introduction to genetic engineering[M]. 2nd ed. Cambridge: Cambridge University Press, 2002:32.

单链的同位素标记。Klenow fragment 还可用于重组 DNA 分子中单链 DNA 的合成和双脱氧法 DNA 测序。

反转录酶(RTase)为依赖于 RNA 的 DNA 聚合酶,因而可以 RNA 为模板产生 DNA 分子。它没有外切核酸酶活性。反转录酶虽然也可作用于 DNA 模板,但主要用于以 mRNA 为模板产生互补 DNA(cDNA),以用于 cDNA 的克隆。

3.2.3 修饰DNA分子末端的酶

碱性磷酸酶、多核苷酸激酶(PNK)和末端转移酶均为作用于 DNA 分子末端的酶,在基因工程的不同方面有着重要的作用。

(1) 碱性磷酸酶和多核苷酸激酶　根据来源不同碱性磷酸酶可分为细菌碱性磷酸酶(BAP)和小牛肠道碱性磷酸酶(CIP)两种。碱性磷酸酶可除去 DNA 分子中 3′端的磷酸基团,产生 5′羟基。它用于防止克隆过程中 DNA 分子所不期望的连接,也用于通过多核苷酸激酶进行 5′端放射性标记之前的去磷酸分子(图3-9)。与此相反,核苷酸激酶可在 DNA 分子的 5′端添加磷酸基团,可用于 DNA 分子的 5′端标记。

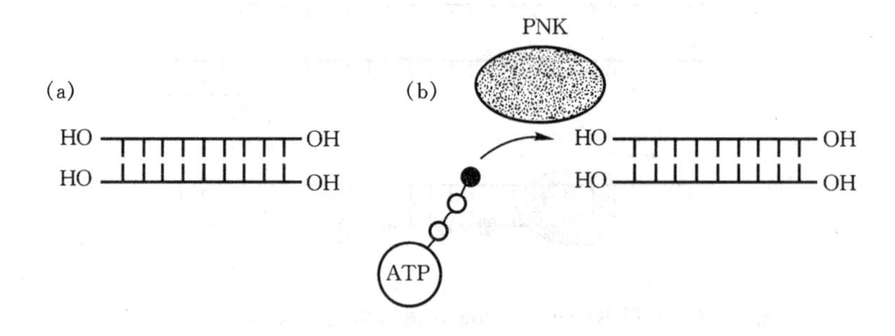

图 3-9　利用 PNK 进行 DNA 末端标记 *

(a)碱性磷酸酶除去 5′磷酸产生 5′羟基;

(b)PNK 使 ATP 上的末端[γ-^{32}P]转移到 DNA 分子的 5′末端

(2) 末端转移酶　末端转移酶能使 DNA 分子的 3′末端重复添加某种单核苷酸。尽管末端转移酶也可在平齐末端的 3′端添加单核苷酸分子,但它对 3′端突出的 DNA 分子作用效果最佳。末端转移酶的主要用途是在构建重组体分子时进行

* Nicholl D S T. An introduction to genetic engineering[M]. 2nd ed. Cambridge: Cambridge University Press, 2002:31.

DNA 分子的同聚物加尾(图 3－10)。

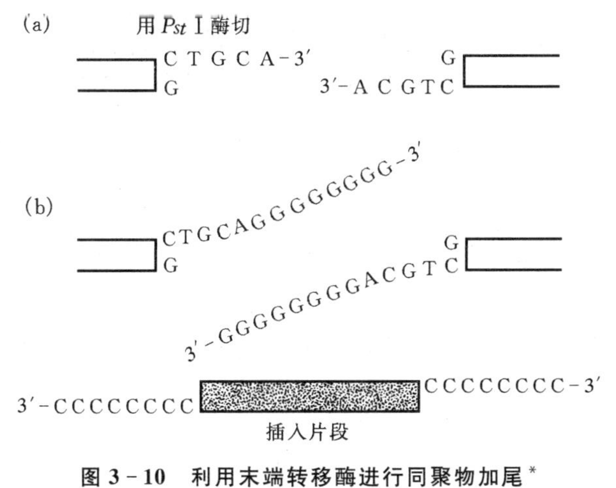

图 3－10　利用末端转移酶进行同聚物加尾 *

(a) 用 *Pst* Ⅰ 切割载体分子产生 3′端突出末端；

(b) 末端转移酶在载体和插入分子 3′端分别形成 dG 和 dC 残基

3.3　DNA 连接酶

重组 DNA 分子的构建是通过 DNA 连接酶在体内或体外作用而完成的。这种酶催化 DNA 上裂口两侧(相邻)核苷酸裸露的 3′羟基和 5′磷酸之间形成共价结合的磷酸二酯键,使原来断开的 DNA 裂口重新连接起来。由于 DNA 连接酶具有修复单链或双链的能力,因此它在 DNA 重组、DNA 复制和 DNA 损伤后的修复中起着关键作用。特别是 T4 DNA 连接酶具有连接平齐末端或黏性末端 DNA 片段的能力,这使它成为重组 DNA 技术中极为有价值的工具。

3.3.1　大肠杆菌和 T4 噬菌体的 DNA 连接酶

DNA 连接酶已从许多原核生物和真核生物及其病毒中提取成功。所有这些酶都具有图 3－11 中催化断裂 DNA 连接的功能。大肠杆菌 DNA 连接酶是一种相对分子质量为 74 000 的蛋白质,利用这种酶起催化反应时,需要 NAD^+(烟酰胺腺嘌呤二核苷酸)作为辅助因子,辅助因子裂开后先形成酶-腺苷酸(AMP)复合

---

* Nicholl D S T. An introduction to genetic engineering[M]. 2nd ed. Cambridge: Cambridge University Press, 2002:97.

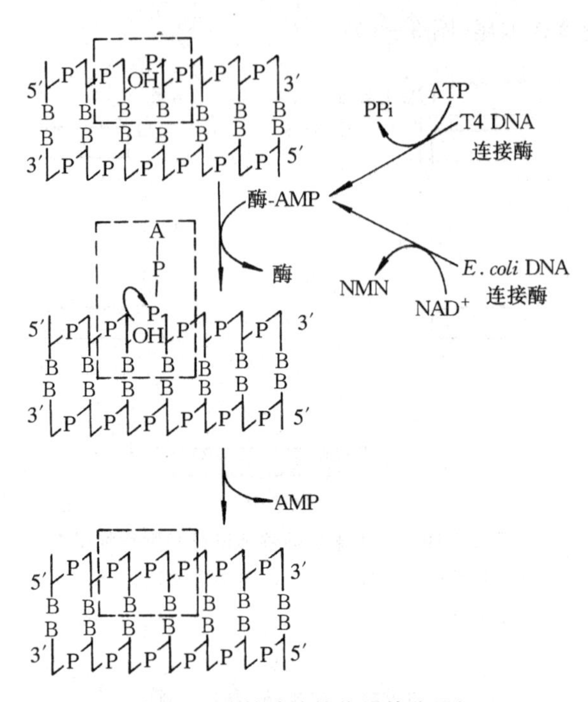

图 3-11 DNA 连接酶连接作用的分子机理

物,并释放出 NMN(烟酰胺单核苷酸),然后复合物结合到裂口上,在裂口处形成共价的磷酸二酯键,并释放出 AMP(图 3-11)。酶-AMP 复合物同具有 3′羟基和 5′磷酸基团的缺口结合,AMP 同磷酸基团反应,并使其同 3′羟基基团接触,产生出一个新的磷酸二酯键,从而使缺口封闭。

T4 噬菌体 DNA 连接酶作用时需要 ATP 作为辅助因子,其功能是在本身放出双磷酸后与酶结合成酶-腺苷酸(AMP)复合物,然后此复合物结合到裂口上,在裂口处形成磷酸二酯键,并释放出 AMP。

在上述两种情况下,其共同之处在于都是先产生酶-腺苷酸复合物,然后这种复合物结合到 DNA 的裂口上,在那里腺嘌呤核苷酰基与裂口处的 5′磷酸发生反应,产生 Ad-P-P-DNA 的结构,最终导致 DNA 的修复。

T4 噬菌体由其基因 30 编码它本身的 DNA 连接酶,相对分子质量约为 60 000,需要 ATP 作为能量来源。与来自大肠杆菌的 DNA 连接酶仅能连接黏性末端不同,T4 DNA 连接酶既能连接黏性末端,又能连接平齐末端(图 3-12)。这种酶虽然最初来自受 T4 噬菌体侵染的大肠杆菌细胞,但现在 T4 DNA 连接酶的提纯已明显简化,主要通过构建一种溶源性的大肠杆菌株系,在这种株系的染色体

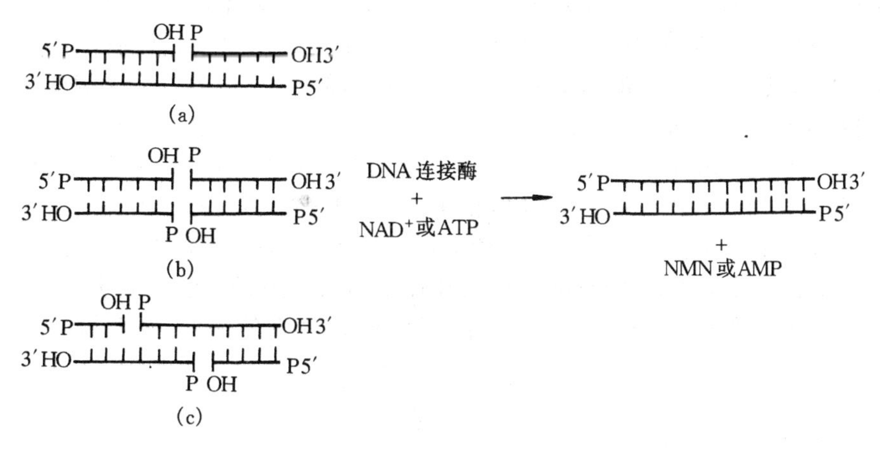

图 3－12 DNA 连接酶分别对平齐末端 DNA 以及黏性末端 DNA 的连接作用

NAD^+:烟酰胺腺嘌呤二核苷酸；ATP:腺苷三磷酸；

NMN:烟酰胺单核苷酸；AMP:腺苷一磷酸

上包含着一个重组的 λ DNA 噬菌体，其上含有 T4 DNA 连接酶基因。这种株系在限制温度(42℃)下生长，可以产生大量的 T4 DNA 连接酶。由于在温度诱导的细胞中存在着大量的酶，因此纯化过程较为容易。目前的纯化手段可以快速而又简便地获得大量具有高度专一活性的酶。

3.3.2 影响连接反应的因素

连接反应是一个取决于几个参数的过程，包括温度、离子浓度、DNA 末端的特性(黏性末端或平齐末端)、DNA 末端的相对浓度、DNA 片段的浓度和相对分子质量等。当考虑带有黏性末端的 DNA 片段时，会发现末端的单链部分仅包含有少数核苷酸(如*Eco*RⅠ、*Hin*dⅢ、*Pst*Ⅰ处理的黏性末端)。对于受*Eco*RⅠ内切酶处理产生的四核苷酸 AATT 而言，黏性末端退火的温度是 5℃。虽然 Tm 值将随着黏性末端的长度和碱基成分而变化，但是大多数由限制性内切酶产生的黏性末端的 Tm 值在 15℃以下。为了使连接最佳化，反应条件应处于允许末端退火的条件下。然而保持 DNA 连接酶活性的最适温度却是 37℃，在 5℃以下，活性将大为减小。因此黏性末端连接的最适温度是黏性末端的 Tm 值和 DNA 连接酶作用的最适温度的折中。如在黏性末端连接反应中，经常采用的一种反应温度是 12.5℃。

除温度外，为了提高连接反应的效率，产生较多的重组体，还可采用下列方法：①使外源 DNA 片段的浓度比载体 DNA 浓度高 10～20 倍，这样可以增加不同分子之间的接触机会，减少载体自身连接现象；②用碱性磷酸酶(alkaline phosphatase)预先处理质粒载体。碱性磷酸酶可以去除开环质粒的5′磷酸,使其转换成5′羟基。DNA连接酶需要5′磷酸存在才能发挥功能。虽然黏性末端本身能够退火,但并不能封闭裂口,只有通过连接酶的作用,才能完全连接,形成闭环。图3-13表明了碱性磷酸酶的作用。内切酶切后的开环载体经过处理后,就不再会自身连接形成环状单体或直线的多聚体。当用相同内切酶处理的第二种DNA片段加入到这种由碱性磷酸酶处理过的载体的溶液中时,黏性末端将退火。由目标序列提供的5′磷酸可作为DNA连接酶的底物,因此在含有目标序列末端的5′磷酸的两个裂口能得到封闭,而含有目标序列的3′羟基的两个裂口依然存在。这样的重组DNA分子可用于转化细菌细胞。转化以后,裂口将在寄主体内得到修复,产生有活性的重组质粒。

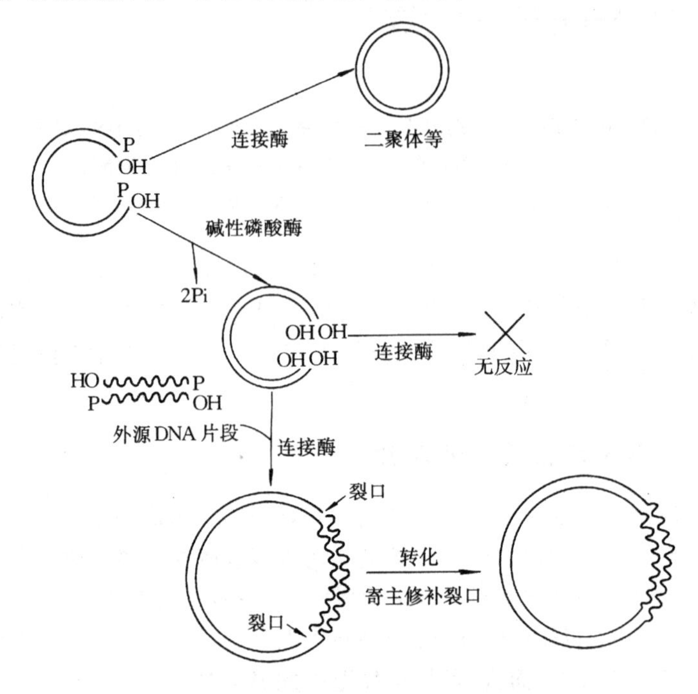

图3-13　用碱性磷酸酶防止载体自我连接

思考题

1. 限制性核酸内切酶分为几类?各类的作用特点是什么?
2. DNA聚合酶、核酸酶和末端修饰酶对DNA作用的机制有什么不同?
3. DNA连接酶与DNA聚合酶形成磷酸二酯键的方式有何差异?DNA连接酶对平齐末端和黏性末端的连接效率为何不一样?
4. 试比较大肠杆菌DNA连接酶与T4 DNA连接酶的异同点。

第4章 目的基因的获得

内容提要：获得目的基因是基因工程的第一步。获得目的基因主要有四种途径，即从基因组DNA中获得目的基因，从基因组文库中筛选目的基因，化学法合成目的基因和通过PCR获得目的基因。在基因工程操作中，可根据不同情况选用合适的获得目的基因的方式。

基因工程主要是通过人工的方法分离、改造、扩增并表达生物的特定基因，从而深入开展核酸遗传研究或者获取有价值的基因产物。通常将那些已被或者准备要被分离、改造、扩增或表达的特定基因或DNA片段称为目的基因。

要从数以万计的核苷酸序列中挑选出非常小的所感兴趣的目的基因是基因工程中的第一个难题。欲想获得某个目的基因，必须对其有所了解，然后根据目的基因的性质制订分离的方案。

随着生物化学、分子遗传学和分子生物学技术的发展，包括基因工程技术本身的进步，如今已有很多基因被分离出来。目前主要应用化学合成法、目的基因的直接分离法和逆转录法来分离、获得目的基因。虽然随着DNA合成仪的问世和发展及DNA序列分析更加快速、准确，人工合成寡核苷酸用作分子杂交的探针、序列分析的引物及各种用途的接头等在基因工程中显示出巨大的优势，但人工合成目的基因仍有很大局限性，目的基因的制备主要还是通过构建基因组DNA文库和cDNA文库。PCR技术的问世及其在基因工程中广泛应用，已经大大地简化了构建和筛选cDNA文库的工作，不仅如此，利用PCR扩增反应还可以从少量已获得的目的基因制备其大量的拷贝，避免培养和DNA纯化等操作中可能产生的失误，这一方法将在第5章做详细的介绍。此外，新发展起来的转座子标签法(transposon tagging)、mRNA差异显示法(mRNA differential display)及限制性片段长度多态性(RFLP)探针等技术也已在分子克隆工作中展现出广阔的前景。可以相信，随着时间的推移，将有更多行之有效的方法不断涌现，目的基因的制备将更加快速、准确。

4.1 从基因组 DNA 中获得目的基因

获得目的基因的途径之一是从细胞中直接提取 DNA 或 RNA,然后通过基因组 DNA 的限制性酶切或 RNA 的反转录获得目的基因。获得基因组 DNA 或 mRNA 的基本过程有三步,一是裂解细胞,使核酸分子释放出来,二是从其他细胞成分中分离核酸分子,三是纯化所获得的核酸分子。

4.1.1 碱抽提法提取质粒 DNA

碱变性抽提法又称碱抽提法或碱裂解法,是一种用得最广泛的制备质粒 DNA 的方法,是当今分子生物学研究中的常规做法。碱变性抽提法是基于染色体 DNA 与质粒 DNA 的变性与复性的差异而达到分离目的。在 pH 值高达 12.6 的碱性条件下,染色体 DNA 的氢键断裂,双螺旋结构解开而变性,质粒 DNA 的大部分氢键也断裂,但超螺旋共价闭合环状的两条互补链不会完全分离。当以 pH4.8 的 NaAc 高盐缓冲液调节其 pH 值至中性时,变性的质粒 DNA 又恢复原来的构型,保存在溶液中,染色体 DNA 不能复性而形成缠连的网状结构。通过离心,染色体 DNA 与不稳定的大分子 RNA、蛋白质-SDS 复合物等一起沉淀下来而被除去。

碱变性抽提质粒 DNA,除了菌体培养、质粒扩增和收集菌体外,其提取过程大体分为三个步骤:①从染色体 DNA 中分离质粒 DNA。这是提取过程中最关键的操作步骤。②去除质粒 DNA 中的 RNA。③进一步纯化质粒 DNA,去除蛋白质等杂质。从第一天下午开始接种到第三天中午扩增质粒,第三天下午进行提取,全过程共四五天,但是在第一天和第二天的实验内容较少,可安排清洗器皿、配制试剂与培养基、进行灭菌等工作。具体操作可参阅有关书籍。

1. 碱抽提法所用各类试剂的生化作用

提取过程中所用的材料有 LB 培养基、葡萄糖/Tris/EDTA 溶液(50 mmol/L 葡萄糖;25 mmol/L Tris · Cl,pH8.0;10 mmol/L EDTA)、TE 缓冲液、3 mol/L 乙酸钠溶液、NaOH-SDS 溶液、溶菌酶液、异丙醇、100%乙醇和 70%乙醇等。下面介绍各试剂的生化作用。

(1) 溶菌酶　溶菌液中的溶菌酶是糖苷水解酶,能水解菌体细胞壁的主要化学成分肽聚糖中的$\beta-1,4$ 糖苷键,因而具有溶菌作用。当溶液中 pH 值小于 8 时,溶菌酶作用受到抑制。溶菌液中的葡萄糖用来增加溶液的黏度,维持渗透压,防止 DNA 受机械剪切力作用而降解。而 EDTA 可以螯合 Mg^{2+} 和 Ca^{2+} 等金属离子,抑制脱氧核糖核酸酶对 DNA 的降解作用(DNase 作用时需要一定的金属离子作辅基)。同时,EDTA 的存在有利于溶菌酶的作用,因为溶菌酶的反应要求有较低的离子强度的环境。

(2) NaOH-SDS 液　核酸在 pH5～9 的溶液中是稳定的。但当 pH＞12 或 pH＜3 时,就会引起双链之间氢键的解离而变性。在 NaOH-SDS 液中的 NaOH 浓度为 0.2 mol/L,加抽提液时,该系统的 pH 值就高达 12.6,因而促使染色体 DNA 与质粒 DNA 的变性。SDS 是离子型表面活性剂,它可以溶解细胞膜上的脂质与蛋白,因而溶解膜蛋白而破坏细胞膜、解聚细胞中的核蛋白,还能与蛋白质结合成为 $R_1—O—SO_3^-\cdots R_2$—蛋白质的复合物,使蛋白质变性而沉淀下来。但是 SDS 能抑制核糖核酸酶的作用,所以在以后的提取过程中,必须把它去除干净,防止它影响 RNase 的活性。

(3) NaAc　NaAc 的水溶液呈碱性,为了调节 pH 值至 4.8,必须加入大量的冰醋酸。所以该液实际上是 NaAc-HAc 的缓冲液。用 pH4.8 的 NaAc 溶液是为了把 pH12.6 的抽提液调节至中性,使变性的质粒 DNA 能够复性,并能稳定存在。而高盐的 3 mol/L NaAc 有利于变性的大分子染色体 DNA、RNA 以及 SDS-蛋白复合物的凝聚而沉淀之。染色体 DNA 因为中和了 NaAc 上的电荷,减少相斥力而互相聚合,钠盐与 RNA、SDS-蛋白复合物作用后,能形成溶解度较小的钠盐形式复合物,使沉淀更完全。

(4) 乙醇　用无水乙醇沉淀 DNA 是实验中最常用的沉淀 DNA 的方法。乙醇的优点是可以任意比例与水相混溶,乙醇与核酸不会起任何化学反应,对 DNA 很安全,因此是理想的沉淀剂。DNA 溶液是 DNA 以水合状态稳定存在的,当加入乙醇时,乙醇会夺去 DNA 周围的水分子,使 DNA 失水而易于聚合。一般实验中,是加 2 倍体积的无水乙醇与 DNA 相混合,其乙醇的最终含量占 67%左右。因而也可改用 95%乙醇来替代无水乙醇(因为无水乙醇的价格远远高于 95%乙醇)。但是加 95%的乙醇使总体积增大,而 DNA 在溶液中有一定程度的溶解,因而 DNA 损失也增大,尤其用多次乙醇沉淀时,就会影响收得率。折中的做法是初次沉淀 DNA 时可用 95%乙醇代替无水乙醇,最后的沉淀步骤要使用无水乙醇。也可以用 0.6 倍体积的异丙醇选择性沉淀 DNA。在用乙醇沉淀 DNA 时,还要加入 NaAc 或 NaCl 至最终浓度达 0.1～0.25 mol/L。在 pH 值为 8 左右的 DNA 溶液中,DNA 分子是带负电荷的,加一定浓度的 NaAc 或 NaCl,使 Na^+ 中和 DNA 分子上的负电荷,减少 DNA 分子之间的同性电荷相斥力,易于互相聚合而形成 DNA 钠盐沉淀,当加入的盐溶液浓度太低时,只有部分 DNA 形成 DNA 钠盐而聚合,这样就造成 DNA 沉淀不完全,当加入的盐溶液浓度太高时,其效果也不好。在沉淀的 DNA 中,由于过多的盐杂质存在,影响 DNA 的酶切等反应,必须进行洗涤或重沉淀。

(5) SDS、KAc　加入核糖核酸酶降解核糖核酸后,还要用 SDS 与 KAc 来处理。因为加进去的RNase本身是一种蛋白质,为了纯化DNA,必须去除之,加SDS可使它们成为SDS-蛋白质复合物沉淀,再加KAc使这些复合物转变为溶解度更小的钾盐形式的SDS-蛋白质复合物,使沉淀更加完全。也可用饱和酚、氯仿抽提再沉淀,去除RNase。在溶液中,有人以KAc代替NaAc,也可以收到较好效果。

(6) TE缓冲液　在基因操作实验中,选择缓冲液的主要原则是考虑DNA的稳定性及缓冲液成分不产生干扰作用。磷酸盐缓冲系统(pKa=7.2)和硼酸系统(pKa=9.24)等虽然也都符合细胞内环境的生理范围(pH),可作DNA的保存液,但在转化实验时,磷酸根离子将与Ca^{2+}产生$Ca_3(PO_4)_2$沉淀。在DNA反应时,不同的酶对辅助因子的种类及数量要求不同,有的要求高离子浓度,有的则要求低盐浓度。采用Tris-HCl(pKa=8.0)的缓冲系统,由于缓冲液是Tris H^+/Tris,不存在金属离子的干扰作用,故在提取或保存DNA时,大都采用Tris-HCl系统,而TE缓冲液中的EDTA更能稳定DNA的活性。

(7) 酚-氯仿　酚与氯仿是非极性分子,水是极性分子,当蛋白水溶液与酚或氯仿混合时,蛋白质分子之间的水分子就被酚或氯仿挤去,使蛋白质失去水合状态而变性。经过离心,变性蛋白质的密度比水的密度大,因而与水相分离,沉淀在水相下面,从而与溶解在水相中的DNA分开。而酚与氯仿有机溶剂比重更大,保留在最下层。作为表面变性剂的酚与氯仿,在去除蛋白质的作用中各有利弊:酚的变性作用大,但酚与水相有一定程度的互溶,大约10%~15%的水溶解在酚相中,因而损失了这部分水相中的DNA;而氯仿的变性作用不如酚效果好,但氯仿与水不相混溶,不会带走DNA。所以在抽提过程中,混合使用酚与氯仿效果最好。经酚第一次抽提后的水相中有残留的酚,由于酚与氯仿是互溶的,可用氯仿第二次变性蛋白质,此时一起将酚带走。

(8) 异戊醇　在抽提DNA时,为了混合均匀,必须剧烈振荡容器数次,这时在混合液内易产生气泡,气泡会阻止分子相互间的充分作用。加入异戊醇能降低分子表面张力,所以能减少抽提过程中泡沫的产生。一般采用氯仿与异戊醇之比为24∶1。也可采用酚、氯仿与异戊醇之比为25∶24∶1(不必先配制,可在临用前以一份酚加一份24∶1的氯仿与异戊醇即成)。同时异戊醇有助于分相,使离心后的上层水相、中层变性蛋白相以及下层有机溶剂相维持稳定。

(9) 饱和酚　因为酚与水有一定的互溶,苯酚用水饱和的目的是使其在抽提DNA过程中,不致吸收样品中含有DNA的水分,减少DNA的损失。用Tris调节pH值为8是因为DNA在此条件下比较稳定。在中性或碱性条件下(pH5~7),RNA比DNA更容易游离到水相,所以可获得RNA含量较少的DNA样品。保存在冰箱中的酚,容易被空气氧化而变成粉红色,这样的酚容易降解DNA,一般不可以使用。为了防止酚的氧化,可加入巯基乙醇和8-羟基喹啉至终浓度为

0.1%。8-羟基喹啉是带有淡黄色的固体粉末，不仅能抗氧化，并在一定程度上能抑制 DNase 的活性，它是金属离子的弱螯合剂。用 Tris pH8.0 水溶液饱和后的酚最好分装在棕色小试剂瓶里，上面盖一层 Tris 水溶液或 TE 缓冲液隔绝空气，以装满盖紧盖子为宜，如有可能，可充氮气，防止与空气接触而被氧化。平时保存在 4℃或－20℃冰箱中。使用时，打开盖子吸取后迅速加盖，这样可使酚不变质，可用数月。

2. 碱抽提法抽提质粒 DNA 过程中应注意的问题

在提取 DNA 的过程中还需注意一些操作细节。

(1) 碱抽提法成功的标志是把染色体 DNA、蛋白质与 RNA 去除干净，获得一定收得率的质粒 DNA。去掉染色体 DNA 最为重要，也较困难，因为在全部提取过程中，只有一次机会去除染色体 DNA，其关键步骤是加入 NaOH－SDS 溶液与 3 mol/L NaAc(pH＝4.8)溶液时控制好变性与复性操作时机，既要使试剂与染色体 DNA 充分作用使之变性，又要使染色体 DNA 不断裂成小片段，且能与质粒 DNA 相分离。这就要求试剂与溶菌液充分摇匀，摇动时用力适当，一般来说当溶菌液加入时可用力振荡几次，因为此时细菌还没有与溶菌酶完全作用，染色体 DNA 尚未释放，不必担心其分子断裂，加 SDS 以后，则要注意不能过分用力振荡，但又必须让它反应充分，这是一对矛盾，要处理适当。

(2) 当加 NaOH－SDS 溶液 5 分钟后，没有看到溶液变黏稠时，不能进行下一步实验。要检查所用的试剂是否正确，质量是否符合实验要求(对 SDS 的质量要求较高，有报道曾用未经重结晶的分析纯的 SDS，实验没有成功，后来改用进口的 Sigma 产品，质粒 DNA 的收得率较高)，待找出原因补救后才可继续做下去，不然，提取到最后，将得不到质粒 DNA 或收得率极低。

(3) 在提取时使用的试剂，除了要用重蒸水配外，所用器皿必须严格清洗，最后要用重蒸水冲洗 3 次，凡可以进行灭菌的试剂与用具都要进行高压蒸气灭菌，防止其他杂质或酚对 DNA 的降解。对 Eppendorf 管子、Tip 或非玻璃离心管等只能湿热灭菌，然后放置在 50℃温箱中烘干使用(不要放在烘箱中烘干，由于烘箱温度不稳定，经常发生塑料制品融化事故)。

(4) 加乙醇沉淀 DNA 时，要把离心管加盖颠倒摇动 4～5 次，注意观察水相与乙醇之间没有分层现象之后才可以放入冰箱中去沉淀 DNA。

(5) 乙醇沉淀 DNA 离心后，要把离心管内壁的上清液抽干或自然挥发，不然，用 TE 缓冲液溶解 DNA 时，既困难又不完全。在用真空泵抽真空时，气流太强易使 DNA 飞溅而损失，所以在装有 DNA 的管口常用 Parafilm 包装于管口或覆盖一层薄纸，在纸上打若干个小洞。另外，抽真空时间也不要太长，防止 DNA 成粉末状而遭损失。

(6) 最后一次沉淀 DNA 用的离心管应是干净、灭过菌，最好是经过硅化的管子(极少量的 TE 缓冲液不会因吸附在壁上不能完全收集而损失质粒 DNA)。

碱变性抽提效果良好,既经济且收得率较高。提取到的质粒 DNA 可用于酶切、连接与转化。但该法如操作不慎会影响纯度,且步骤复杂,费时较多。对于相对分子质量较大、拷贝较少的质粒 DNA,由于 DNA 片段大易于损伤断裂,因此可选用氯化铯密度梯度离心法抽提 DNA。

4.1.2 层析法获得细胞总 RNA

为了从 mRNA 中得到 cDNA,可用 oligo(dT)纤维素对细胞总 mRNA 进行纯化。图 4-1 说明了这一操作的具体步骤。(a) 将获得的 RNA 溶液倒入 oligo(dT)纤维素层析柱,柱中纤维素珠上的 poly(T)在高盐缓冲液中可结合 mRNA 上的 poly(A)。(b)用高盐缓冲液洗去没有与 poly(T)结合的 RNA 残基。(c)用低盐缓冲液洗脱与 poly(T)结合的完整的mRNA分子。(d)通过乙醇沉淀和离心收集洗脱液中的 mRNA 分子。

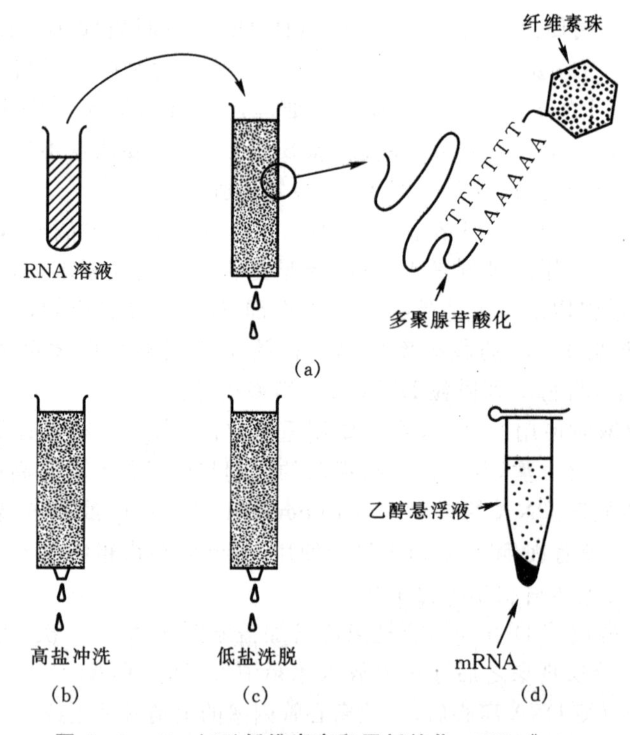

图 4-1 oligo(dT)纤维素亲和层析纯化 mRNA*

* Nicholl D S T. An introduction to genetic engineering[M]. 2nd ed. Cambridge: Cambridge University Press, 2002:28.

4.2　从基因文库中筛选目的基因

从基因组文库中筛选目的基因必须事先构建基因组文库。首先，用适当的方法将某一种生物细胞的整个基因组 DNA 切割成大小合适的片段，并将这些片段与适当的载体进行体外重组；再将重组 DNA 引入到相应的宿主细胞中繁殖和扩增，从而形成含有重组 DNA 分子的群体。从理论上讲，这些重组子应包含有整个基因组 DNA 序列，即包含了某种生物细胞的全部基因，因此，称之为基因组文库(genomic library)或基因文库(gene library)。但从概率原则来看，只有当此文库中重组子总数达到某一值时，才能包含基因组中所有基因，才可称之为完整基因组文库。构成完整基因组文库所需要重组子的数目主要取决于基因组的大小和目的基因片段的大小两个参数。重组子的数目可用如下公式计算

$$N = \ln(1-P)/\ln(1-f)$$

式中：N 为所需的重组子的数目；f 为单个重组体中插入片段平均大小与基因组 DNA 总量之比；P 为选出某一基因的概率(通常期望为 99%)。对于某一特定的基因组，构成其 DNA 文库所需的重组子的数目在很大程度上与构建文库所用的载体的容量紧密相关。构建高等植物基因组 DNA 文库时，通常采用 λ 噬菌体载体和粘粒载体，因为它们具有更大的克隆容量(约为 24 kb 和 40 kb)，可使构成完整基因组 DNA 文库所需的重组子数目大大减少，从而减轻了克隆和筛选大量重组子所需的工作。

4.2.1　基因组文库的构建

如图 4-2 所示，基因组文库的构建一般包括下列基本步骤：①细胞染色体大分子 DNA 的提取和大片段的制备；②载体 DNA 的制备；③载体与外源大片段连接；④体外包装及基因组 DNA 文库的扩增；⑤重组 DNA 的筛选和鉴定。

1. 染色体 DNA 20 kb 片段的制备

细胞经过组织破碎和裂解后用苯酚抽提，透析，用 RNase(无 DNase)除去 RNA，再用苯酚-氯仿抽提，透析后得到相对分子质量较大的 DNA。测定 DNA 浓度和分子的大小，DNA 应在 20 kb 之上。接着制备 20 kb 的随机片段，一般都用识别序列为 4 bp 并产生黏性末端的限制性内切酶做部分水解，如 *Mbo* Ⅰ 和 *Sau*3A 等。摸索酶的水解条件，以获得大量约 20 kb 的 DNA 片段。用低熔点琼脂糖凝胶电泳或蔗糖梯度离心分离该大小的片段。

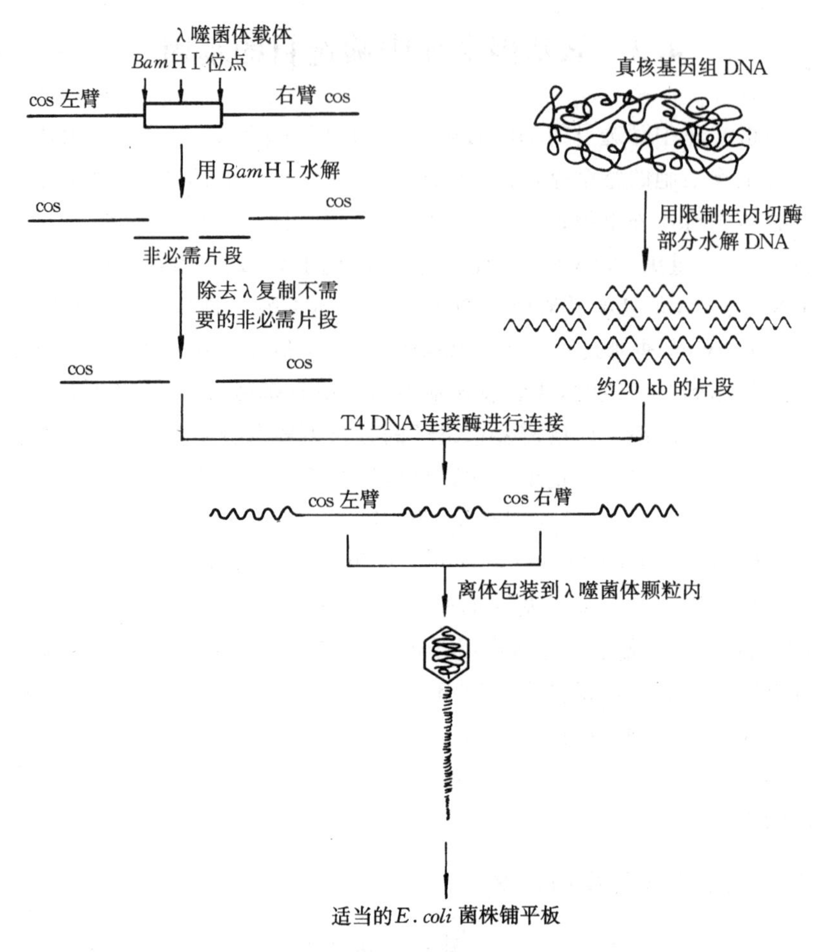

图4-2 真核基因组基因文库构建的概况

2. λ载体双臂DNA的制备

构建基因组文库要求使用取代型的λ载体,为了能容纳约20 kb的外源DNA,要除去λ基因组中央的非必需的区段,这一过程称为"双臂的制备"。根据λ载体切点的要求,用过量的限制性内切酶完全水解λDNA,然后用蔗糖梯度离心或用0.5%低熔点琼脂糖凝胶电泳分离双臂DNA。

3. 载体DNA与外源DNA片段的连接

λ载体两臂DNA与外源DNA之间的连接一般采用两种方式:①黏性末端连接,λ载体与外源DNA两端具有相同的黏性末端。例如,λ载体DNA以*Bam*HⅠ

酶水解除去非必需区段，而基因组 DNA 用 4 bp 识别序列的 *Mbo* Ⅰ或*Sau* 3A进行部分的酶解，得到 20 kb 左右的片段。两者以相同的黏性末端进行连接。②人工接头法，例如用*Eco*RⅠ接头进行连接。外源 20 kb DNA 片段经过 Klenow 片段补平，用*Eco*RⅠ甲基化酶修饰保护，两端与*Eco*RⅠ人工接头进行齐头连接，再用*Eco*RⅠ完全水解，使两端人工接头完全暴露出*Eco*RⅠ黏性末端。这样可以与 λ 载体两臂之间的*Eco*RⅠ位点进行置换连接。

外源片段与 λ 载体双臂的连接需要考虑两个因素：一是两者的分子数量比，按理论上计算，最适反应的分子数量比应为 2∶1∶2(左臂∶外源片段∶右臂)，但实际情况中有的片段会缺少一个黏性末端，使连接的有效浓度比计算的少，所以进行预先测试是需要的；二是连接反应混合物中 DNA 绝对浓度很重要，其浓度需达到足够的高度，以保证形成串联体和串联体分子间的连接，减少 DNA 分子自身成环连接。

4. 用于基因文库构建的载体

目前，构建基因组 DNA 文库最常采用的 λ 噬菌体是大容量(约 24 kb)的新型载体，如 λEMBL 系列、λ2001、λDASH 和 Charon38～40 等。这些载体可以克隆相对较大的外源 DNA 片段，使分离某一特定的真核基因组区段时所需构建和筛选的重组克隆相对减少。而且更重要的是，在分离相应于基因组 DNA 特定区域的一组重叠克隆所需要的多轮筛选中，累计可以节省大量的时间和精力。此外，这些载体还有下述优点：①载体双臂的 DNA 全序列均已确定，或可由已阐明的野生型 λ 噬菌体 DNA 序列推出；②携带有易于筛选的遗传标记；③像 λEMBL 和 λ2001 等载体因携带 SPi^- 遗传标记，在构建基因文库时无需纯化双臂；④易于从重组噬菌体中回收插入的外源片段。

但是，在大肠杆菌克隆系统中，λ 载体的容量上限为 24 kb，cosmid 的上限为 50 kb，这样的容量对构建哺乳动物、高等植物染色体基因的要求还是过小。近年来发展了酵母菌人工染色体(YAC)，它可以容纳 1 Mbp 甚至更大的 DNA 片段。能以克隆形式保存染色体基因组复杂 DNA 的大部分或全部。

5. 体外包装与基因组 DNA 文库的扩增

所谓的体外包装，就是在试管中完成噬菌体在寄主体内组装的全部过程，这是因为重组 DNA 转染受体菌的效率低，而经体外包装形成完整的噬菌体粒子后，其感染受体菌的转导效率增加，约提高 100～1 000 倍。重组 DNA 在受体菌中大量增殖的结果是在平板上形成大量的噬菌斑，每个噬菌斑就是一个克隆，这些克隆就构成了某种生物的基因组 DNA 文库。

一旦基因文库构建完毕,就可利用噬菌斑原位杂交技术从大量的噬菌斑中筛选出带有目的基因的重组克隆。

4.2.2 cDNA文库的构建

利用纯化的总mRNA在逆转录酶作用下合成互补的DNA即cDNA,再按上述构建基因文库的类似方法对cDNA进行克隆,由此获得的克隆总称为cDNA文库。在制备cDNA探针或在细菌中表达高等生物(如高等植物)的基因时,cDNA克隆是必需的。这是因为在真核生物的基因组中含有大量的间隔序列(又称内含子,intron),而原核生物,如大肠杆菌尚未发现有类似的序列存在,故大肠杆菌不能够从真核基因的初级转录本上移去间隔序列,而成熟的真核mRNA分子内的间隔序列已在拼接过程中被删除掉了,因此,使用mRNA为模板反转录的cDNA为真核生物在原核生物细胞内表达提供了基础。此外,由于cDNA文库也要比基因组文库小,这在基因的克隆和筛选方面具有很大的优势,正因为如此,构建cDNA文库,并用适当的方法从中筛选目的基因,已成为从真核生物细胞中分离纯化目的基因的常规方法。

构建cDNA文库通常包括:①mRNA的提取及其完整性的确定;②cDNA的合成和克隆;③目的cDNA的鉴定等步骤。

1. mRNA的提取及其完整性的确定

在植物的各类组织中分布着多种RNA,但其中mRNA的含量很低(占总RNA的1%～5%),而且分子大小和核苷酸序列各不相同,相差悬殊。每种特异mRNA的含量则更少。但在某些高度分化的组织细胞的特定时期,某些特异mRNA的丰度较高。如植物种子在成熟过程中,胚乳细胞或子叶细胞中富含种子储藏蛋白mRNA,因此,可以选择这类细胞提取相应的mRNA。由于上述原因,在提取mRNA之前,选择、确定含特异mRNA最丰富的细胞或组织是很有意义的。比如可以使用免疫沉淀法,提取来自不同细胞系或不同组织的mRNA,测定它们在无细胞系中合成目的蛋白的含量,从中选择含特异mRNA最多的材料。

(1)总RNA的提取　从细胞中提取RNA与提取DNA的方法基本相同,但是,由于RNA酶不易失活,故在分离RNA时有效地抑制RNase的活性特别重要,为获得高纯度的真核mRNA通常使用RNA酶抑制剂,如硅藻土(macaloid)、氧钒核糖核苷复合物等。

RNA的提取程序一般包括:①沉淀细胞;②裂解细胞(一般使用SDS和NP40等去垢剂);③离心除去细胞残渣,上清液以酚-氯仿(或SDS)抽提除去蛋白,取水相,用95%冷乙醇沉淀RNA,即可得到总RNA。对于富含RNA酶的组织或细胞质与细胞核不易分开的组织，可采用破碎细胞和灭活 RNA 酶同步进行的方法。用强烈变性剂如盐酸胍或硫氰酸胍溶液处理细胞，使核糖体解裂释放出 RNA，然后经 CsCl 梯度离心或乙醇沉淀获得总 RNA。

(2)mRNA 的分离　与 rRNA 和 tRNA 不同的是，高等生物细胞的绝大部分 mRNA 在其 3′端均有一个多聚腺苷酸(poly(A)尾)，尾的长度一般足以吸附于寡聚脱氧胸苷酸(oligo(dT))-纤维素上，因此，可以用亲和层析法从总 RNA 样品中分离 mRNA，由此得到的 mRNA 分子的总体实际上编码细胞内所有的多肽。

最常用的 oligo(dT)亲和层柱在含 0.5 mol/L NaCl 缓冲液平衡时，可以 oligo(dT)吸附 mRNA 的 poly(A)尾，而其他没有 poly(A)尾的 RNA 自柱中流出。然后用不含 NaCl 的缓冲液将有 poly(A)尾的 mRNA 洗脱下来。经此纯化的 mRNA，可用作构建 cDNA 文库时的 mRNA 模板。

(3)mRNA 的纯化　在典型的哺乳动物细胞中含有 10 000～30 000 种不同的 mRNA 序列。在特定的 mRNA 分子集群中，并非所有序列均含有相同的数量。例如，编码像珠蛋白、免疫球蛋白和卵清蛋白的 mRNA，占特定类型的分化细胞总 mRNA 的 50%～90%，属高丰度 mRNA。而相当数量(约 11 000 种)的 mRNA 的含量在细胞总 mRNA 中少于 0.5%，属低丰度 mRNA 或稀有 mRNA。

对于高丰度的 mRNA 来讲，其所对应的 cDNA 克隆很容易通过核酸杂交加以鉴定，从cDNA文库中分离出来，因此，在合成和克隆双链 cDNA 之前不需要进一步纯化和富集。但分离低丰度 mRNA 的 cDNA 则有两个困难：①必须构建足够大的 cDNA 文库，才能确保目的 cDNA 克隆的出现达到期望的概率(通常为 0.99)；②鉴定和分离目的克隆。目前，解决这两个困难的方法主要是富集用于 cDNA 克隆的特异 mRNA。方法有如下两种：

1) 按照大小对总 mRNA 进行分级　这是富集特异 mRNA 序列最简单实用的方法。方法主要有两种：一是通过琼脂糖凝胶电泳分离；二是用蔗糖密度梯度离心法进行分级。

2) 多聚核糖体的免疫学纯化法　这是利用抗体来纯化合成目的多肽的多聚核糖体的方法。由于多聚核糖体上还停留着大量的新生肽，这些新生肽能与完整蛋白的抗体发生抗原抗体反应，因此可以利用抗体选择性地分离特异多肽结合的多聚核糖体。

(4)mRNA 完整性的确定　mRNA 是 cDNA 合成的模板，mRNA 结构上的完整性是合成和克隆全长 cDNA 的基础。因此，在合成和克隆 cDNA 之前需要检查 mRNA 的完整性，具体方法有 3 种：①直接检测 mRNA 分子的大小；②测定 mRNA的转译能力；③检测总 mRNA 指导合成 cDNA 第一链长分子的能力。

获得了适用的 mRNA 样品,便可以进行 cDNA 合成和克隆等一系列操作,在此之前,需要特别提出的仍是 RNA 酶的污染问题,应保证实验所用器皿、试剂和溶液完全无菌,操作过程始终戴手套以杜绝各种 RNase 的污染。

2. cDNA 的合成与克隆

(1)cDNA 第一链的合成　所有 cDNA 第一链的合成方法都要用依赖于 RNA 的 DNA 聚合酶(反转录酶)来催化反应(图 4-3)。与其他 DNA 聚合酶一样,反转录酶必须用引物来起始 DNA 的合成。cDNA 第一链合成最常用的引物是与真核细胞 mRNA 分子 3′端 poly(A)互补的 12~18 个核苷酸的 oligo(dT)。但是在某些克隆程序中,cDNA 第一链的合成是与质粒共价结合的一段 oligo(dT)来引导的。cDNA 的合成效率取决于 mRNA 模板的完整性、酶的作用条件、RNA 酶的污染程度和操作技巧等。因此,提高模板的有效性,改善酶的作用条件,消除 RNase 的污染和减少操作过程中的损失是提高 cDNA 合成效率的有效手段。为减少 RNase 的污染,通常在反应体系中加入 RNase 抑制剂,如 RNA 酶的蛋白抑制剂等。有些 mRNA 分子中存在着某些阻碍逆转录酶沿 mRNA 链移动的二级结构,可能导致不完整转录,为了合成全长的 cDNA 第一链,可在合成反应前用氢氧化甲基汞处理,使 mRNA 变性。

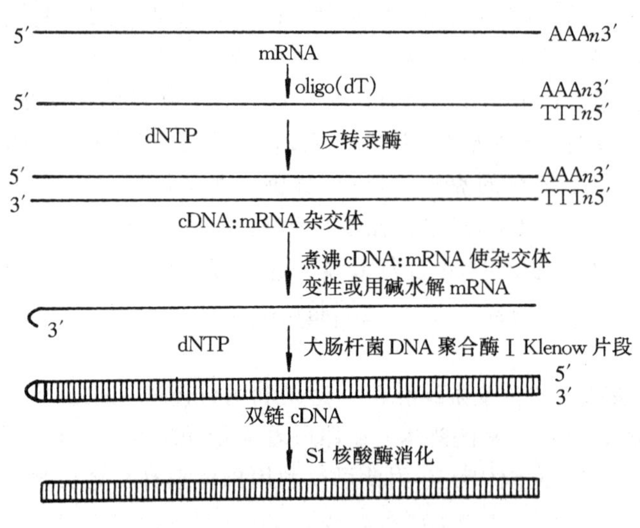

图 4-3　利用 oligo(dT)引导的 cDNA 第一链的合成及自身引导的 cDNA 第二链的合成

(2)双链 cDNA 的合成　合成第二条链可以用 DNA 聚合酶Ⅰ Klenow 片段。利用单链cDNA 3′端形成发夹结构的能力,作为第二链合成的引物。反应条件根据所用的聚合酶要求而定。最初用 DNA 聚合酶 Ⅰ 合成第二条 cDNA 的方法现在被广泛使用，在 pH6.9 和 15℃下反应，可以最大限度地降低短片段的产生。制备 cDNA 的关键是摸索酶促合成的最佳条件。双链合成时第一、第二条链是共价连接的，其间形成一个茎环结构，用 S_1 核酸酶可以切除茎环而产生双链 cDNA 基因，并用 Klenow 片段把两端补平。除了传统方法之外，双链 cDNA 还可以用其他方法合成，如引物-接头法等。

(3)cDNA 基因与载体的重组　合成的 cDNA 与载体 DNA 进行连接一般有 3 种方法。

1) 借助于末端转移酶的 3′羟基端合成均聚物的能力，双链 cDNA 和线性化载体 DNA 的 3′羟基端分别加上均聚核苷酸链。例如，cDNA 的两个 3′羟基端加上 poly(dC)，载体 DNA 的 3′羟基端加 poly(dG)，两者退火就可以形成环状分子。

2) 双链 cDNA 和线性化载体 DNA 分别用 Klenow 片段进行末端补平，然后用 T4 DNA 连接酶进行齐头连接，形成重组分子。

3) 通过黏性末端连接。如果双链 cDNA 的两端有适宜的限制性内切酶切点，经酶切后插入到载体 DNA 的切点内，形成重组分子。但一般情况下很少有这样的匹配关系，因此用不同的人工接头连接在双链 cDNA 两端的平头末端上，用两种限制性内切酶水解，两端暴露出不同的黏性末端，插入到载体 DNA 适当位点内。

(4)转化　受体菌株 *E. coli* 经氯化钙处理后成为感受态，以较高的效率接受外来 DNA 进入细胞内。重组的载体 DNA 分子在一定条件下转化大肠杆菌，形成携带质粒的菌株。当不同重组的 DNA 含有不同的 cDNA 基因时，整个转化子含有来自 mRNA 群体的各种 cDNA 基因，这样的转化子群体构成该 mRNA 全部遗传信息的 cDNA 基因文库。

(5)特定 cDNA 的克隆　获得特定 cDNA 克隆可以有以下几种方法。

1) 从某组织总 mRNA 为模板得到的 cDNA 基因文库中分离特定的 cDNA 克隆，关键在于筛选有用的 DNA 探针，或抗体蛋白作为探针寻找相应的特异性 cDNA克隆。

2) 从该蛋白质已知序列推知 C 末端 5～6 个氨基酸的相应 DNA 序列，合成一组寡聚脱氧核苷酸片段作为引物。在总 mRNA 中这组引物只与该蛋白质的 mRNA 形成碱基配对，以此引物进行逆转录酶反应，得到特异性 cDNA。

3) 用逆转录 PCR 技术可以得到特定cDNA，其操作过程参见图 4-4。

4) 杂交选择法筛选特定 mRNA。用化学合成的或相关基因片段作探针(例如为了得到人的生长激素基因，可用小鼠生长激素基因片段作探针)，结合到硝基纤维素膜上，以固相膜与总 mRNA 杂交，筛选出与之相结合的单一 mRNA，经逆转录后可获得特异性 cDNA 克隆。

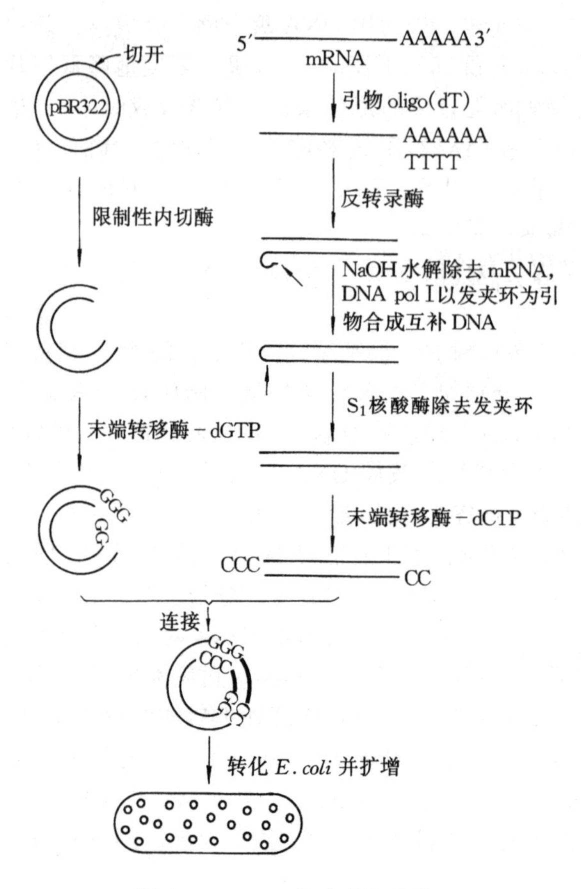

图 4-4　cDNA 的合成和克隆

5) 用差异杂交法和递减杂交法可以获得极为稀少的 mRNA 及其克隆,用这些方法构建的 cDNA 基因文库对组织特异性和发育特异性的基因具有浓缩作用,可以很高的频率从这些基因中筛选特定的cDNA克隆,如图 4-5 所示。

3. 目的 cDNA 克隆的鉴定

用于从 cDNA 文库中筛选和鉴定目的 cDNA 的方法主要有核酸杂交、免疫学杂交检测和 cDNA 的同胞选择 3 种。

● 核酸杂交　核酸杂交是从 cDNA 文库中筛选目的克隆最常用、最可靠的方法。它可以同时迅速地分析数目极大的克隆,而不要求目的克隆包含全长的cDNA片段或 cDNA 克隆在宿主细胞中表达。

● 免疫学杂交检测　在无法获得合适的探针进行核酸杂交反应的情况下,免

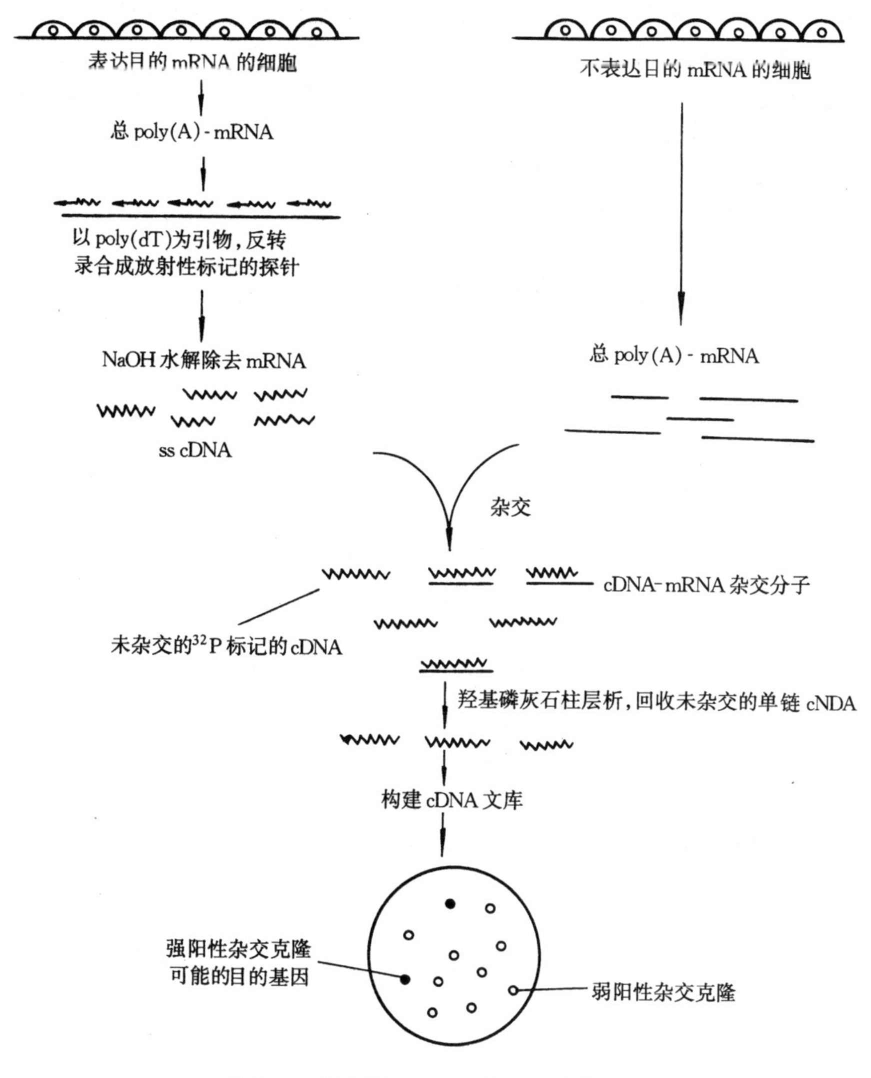

图 4-5　制备递减 cDNA 基因文库的原理

疫学检测方法是筛选重组体的重要途径。通过检测重组克隆所表达的基因产物筛选目的克隆。

● cDNA 的同胞选择　在某些情况下，抗体和核酸探针均不可得，这时最后值得一试的方法是 cDNA 的同胞选择。在这种方法中将 cDNA 文库先分成若干个各含 10～100 个克隆的易于处理的亚 cDNA 文库。由于每个亚库的复杂度较低，故可使用对整个 cDNA 文库相对不太灵敏的方法。当鉴定出阳性库后，再将其分成越来越小的库进一步进行检查,如此重复直至分离到目的 cDNA 克隆,用于cDNA同胞选择的筛选方法有二:一是杂交体选择,即通过杂交释放翻译法测定目的cDNA的翻译产物;二是通过测定目的 cDNA 所合成的生物活性分子来筛选cDNA文库,这种方法通常适用于没有其他方法,而蛋白质产物又很小(通常可能不具有抗原性),有相当的把握确信 cDNA 文库能够包含其全长克隆时。例如,曾用体外试验鉴定在哺乳动物细胞中表达的人集落刺激因子和人白细胞介素Ⅲ淋巴因子的 cDNA 克隆。

4.3　化学法合成目的基因

4.3.1　磷酸二酯法

磷酸二酯法的基本原理是,将两个分别在 5′或 3′末端带有适当保护基的脱氧单核苷酸连接起来,形成一个带有磷酸二酯键的脱氧二核苷酸。DNA 合成所采用的原料是脱氧核苷酸或脱氧单核苷酸,它们都是多功能团的化合物。因此,为了保证合成反应能够定向地进行,以获得特定序列和形成 3′,5′-磷酸二酯键,必须将不参加反应的基团用适当的保护基团选择性地保护起来。保护反应的具体方法是将一个大的保护基团,如芳基磺酰氯($ArSO_2Cl$)或碳化双环已基亚胺(DCC)加到脱氧核苷酸的 5′或 3′的羟基上。这样,具 5′保护的单核苷酸,便能够通过它的 3′羟基同另一个具有 3′保护的单核苷酸的 5′磷酸之间定向地形成一个二酯键,从而使它们缩合成两端均被保护的二核苷酸分子,如图4－6所示。实验中使用的各种不同的保护基团,有些可以通过酸处理移去,有的则可以用碱处理移去。所以,不论是 5′保护基团,还是 3′保护基团,都能够用适当的方法消除掉。一端脱保护的二核苷酸分子,如带 5′保护基因的二核苷酸分子,又能够同另一个带 3′保护基因的单核苷酸进行第二次缩合反应,形成一个三核苷酸分子。这样从缩合反应开始,到保护基团的消除,再进行新一轮缩合反应。如此反复进行多次,直到获得所需长度的寡聚脱氧核苷酸为止。

4.3.2　亚磷酸三酯法

目前化学合成寡核苷酸大多数是在合成仪上自动进行的,DNA 自动合成仪采用的是固相磷酸二酯法和亚磷酸三酯法,由于亚磷酸三酯法具有反应速度快、合成效率高和副反应极少等优点,已经在自动合成仪中被广泛使用。

亚磷酸三酯法的原理是将所要合成的寡聚核苷酸链的 3′末端先以 3′羟基与一个不溶性载体,如多孔玻璃珠(CPG)连接,然后依次从 3′→5′的方向将核苷酸单体加上去,所使用的核苷酸单体的活性官能团都是经过保护的,其中 5′羟基用

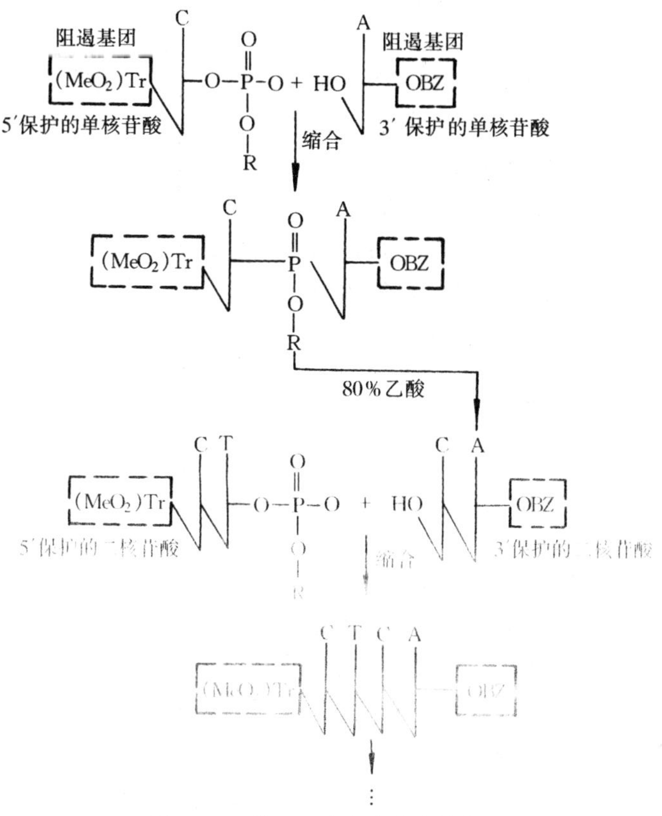

图 4－6　磷酸二酯法合成寡核苷酸

4,4－二对甲氧基三苯甲基(DMT)保护,3′端的二异丙基亚磷酸酰上的磷酸的羟基用甲基或 β-氰乙基保护,具体的合成和延伸过程如图4－7所示。

(1)脱二苯甲基保护基　加入 $ZnBr_2$ 或三氯乙酸,脱去 4,4－二对甲氧基三苯甲基,释放出与载体相连的寡聚核苷酸单体 1 上的 5′羟基。

(2)缩合反应　在弱酸——四唑的存在下,新加入带保护基的核苷酸单体 2 与单体 1 发生缩合反应,形成 3′,5′-磷酸二酯键,其中,磷为 3 价,即形成了亚磷酸三酯中间产物。

(3)盖帽反应　加入乙酸酐,使极少数尚未参加缩合反应的核苷酸单体 1 中的 5′羟基乙酰化,从而达到封闭的作用,终止其以后参加缩合反应的可能性,以减少发生合成错误的机会。

(4)氧化反应　形成的 3′→5′磷酸二酯键由于磷为 3 价,即亚磷酸酯,不稳定,能被酸或碱解离。加入 I_2 将其氧化,使之转化为磷酸三酯,其中磷为 5 价。

如此经过多次循环,直到合成出具有所需序列长度的寡核苷酸后,再用浓氢氧化铵将 DNA 片段与固相断开,使 DNA 洗脱下来,最后除去氢氧化铵,在真空中抽干,样品即可溶于适量的水中进行分析。由于合成反应不可能都是完全达到终点,因此所获得的 DNA 片段长短不一,可以用聚丙烯酰胺凝胶电泳进行纯化,收集相对分子质量最大的部分进行序列分析即可。

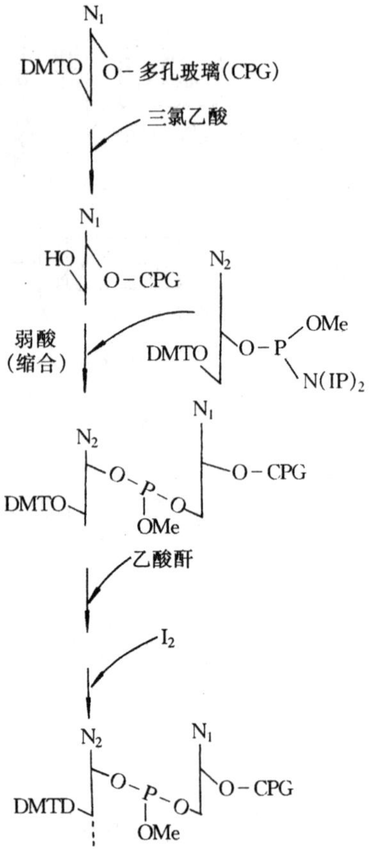

图 4-7　亚磷酸三酯法合成寡聚核苷酸

N_1:单核苷酸 1; N_2:单核苷酸 2

4.3.3　寡核苷酸的连接

目前,化学合成寡核苷酸片段的能力一般局限于 150～200 bp,因此,需要将寡核苷酸适当连接组装成完整的基因,以满足绝大多数超过这个范围的基因。常用的基因组装方法主要有以下两种:第一种方法(图 4-8(a))是先将寡核苷酸激活,带上必要的 5′磷酸,然后与相应的互补寡核苷酸片段退火,形成带有黏性末端的双链寡核苷酸片段,再用 T4 DNA 连接酶将它们彼此连接成一个完整的基因或基因的一个大片段。第二种方法(图 4-8(b))是将两条具有互补 3′末端的长的寡核苷酸片段彼此退火,所产生的单链 DNA 作为模板在大肠杆菌 DNA 聚合酶 Klenow 片段作用下合成出相应的互补链,所形成的双链 DNA 片段可经处理插入适当的载体上。

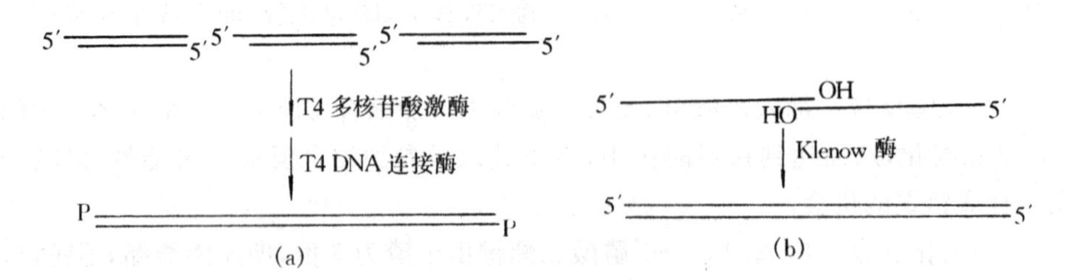

图 4-8　寡核苷酸片段连接法

4.4　通过 PCR 获得目的基因

PCR 技术的快速发展使人们有可能在体外快速获得足量的目的基因。由于 PCR 技术包含的内容较多，本书将在第 5 章基因扩增中进行较详细的叙述。

思考题

1. 获得目的基因共有哪些途径？选择每种途径各应注意什么问题？
2. 若获得的目的基因为真核基因，要使该基因在原核细胞中表达，可选择哪些途径？

第 5 章

基因扩增

内容提要：聚合酶链式反应(PCR)是体外扩增 DNA 最方便、最有效的途径。一个 PCR 循环包括 DNA 模板变性、引物与模板退火、引物延伸三个步骤。PCR 反应实质上是 DNA 变性、退火、延伸循环的过程。PCR 反应在基因工程中有广泛的应用。

在现代分子遗传学或基因工程中使用的基因扩增(gene amplification)这一概念在不同的场合有不同的含义，概括起来有如下 5 个方面的内容。

第一，在体外应用聚合酶链式反应(polymerase chain reaction，PCR)技术和合成的寡核苷酸引物，导致特定基因的拷贝数发生快速大量的扩增。

第二，通过体外 DNA 重组，将目的基因插入到高拷贝数的质粒载体分子上并转化到适当的寄主细胞，于是在细胞内随着载体分子的大量复制，目的基因的拷贝数也得到了有效的扩增。

第三，在有些外界环境因子的胁迫下，真核生物的有关细胞被诱发产生适应性反应，从而导致相应的保卫基因(protective gene)产生明显的扩增。这种情况既可发生在染色体分子上，也可发生在染色体分子外。例如，使用高剂量的药物甲氨蝶呤，便可导致二氢叶酸还原酶(DHFR)基因得到明显的扩增，因为这些基因的编码产物是甲氨蝶呤的作用靶子。

第四，程序基因扩增(programmed gene amplification)有时也会被真核生物细胞用来作为在特定的发育阶段合成高水平基因产物的一种手段。例如，在非洲爪蟾(*Xenopus laevis*)卵子形成过程中的 rRNA 基因的扩增情况。

第五，在生物的进化过程中发生的基因加倍与扩增，结果使相关的基因在基因组上聚集成簇(clusters)。

以上所列的 5 种不同类型的基因扩增，除了第一种以外，其余的 4 种都是在天然状态下于细胞内发生的生理生化变化，唯有 PCR 技术才是人类自己发明的在试管中模拟发生于细胞内的 DNA 复制过程。在本章中，主要讨论与本书主题有关的 PCR 技术的主要内容，包括反应原理、反应条件及此技术的发展。

聚合酶链式反应，即 PCR 技术，是美国 PE-Cetus 公司人类遗传研究室的科学家 K. B. Mullis 于 1985 年发明的一种在体外快速扩增特定基因或 DNA 序列的方法，故又称为基因的体外扩增法。它可以在试管中建立反应，经数小时之后，就能将极微量的目的基因或某一特定的 DNA 片段扩增数十万倍，乃至千百万倍，而无需通过繁琐费时的基因克隆程序，便可获得足够数量的精确的 DNA 拷贝，所以有人亦称其为无细胞分子克隆法。这种技术操作简单，容易掌握，结果也较为可靠，为基因的分析与研究提供了一种强有力的手段。它是现代分子生物学研究中的一项富有革新性的创举，对整个生命科学的研究与发展都有着深远的影响。现代 PCR 技术不仅可以用来扩增与分离目的基因，而且在临床医疗诊断、胎儿性别鉴定、癌症治疗的监控、基因突变与检测、分子进化研究以及法医学等诸多领域都有着重要的用途。因此，在该技术问世不久，即被在科技界享有盛誉的美国 *Science* 杂志评为 1989 年度十大科技新闻之一。

5.1　PCR 技术

5.1.1　PCR 技术的发明

PCR 技术是在核酸研究的基础上发展起来的。早在 1869 年瑞士的年轻医生 J. F. Miescher 就开始对核酸进行研究，至今已有一百多年的历史。自 1930 年正式提出 DNA 和 RNA 两种核酸概念后，人们对核酸的化学组成、结构及其功能进行了更为深入的研究，特别是 1953 年 J. Watson 和 F. Crick 根据 X 射线衍射图形及各种化学分析数据提出的 DNA 双螺旋结构及其 Crick 半保留复制模型，是生物科学史上的一个飞跃，这使得对基因在体外克隆、表达、调控等方面的研究取得了长足的进展，并由此拉开了基因工程的序幕。20 世纪 70 年代以来，人们采用两种思路尝试建立基因的无性繁殖体系。一是重组 DNA 技术，它是从基因文库中分离出单个的目的基因，将其拼接到载体中构建成重组 DNA，因载体是具有独立复制能力的质粒或噬菌体，当重组 DNA 引入细菌细胞后，经多次复制便可得到足够数量的 DNA 克隆片段。DNA 的连接酶和限制性内切酶的发现为重组 DNA 技术和基因克隆铺平了道路，重组 DNA 技术现已成为最为常用的基因克隆技术。另一种思路是由 H. G. Khorana 等在 1971 年提出的，其观点是：在体外经 DNA 变性，与适当引物杂交，再用 DNA 聚合酶延伸引物并不断重复该过程便可克隆 tRNA 基因。这种核酸体外扩增的设想由于当时不能合成寡核苷酸的引物和很难进行 DNA 测序而渐渐为人们所疏忽。利用 H. G. Komberg 在 1958 年发现并分离的 DNA 聚合酶（这是第一个可在试管中合成 DNA 的酶），美国 PE-Cetus 公司人类遗传研究室的科学家 K. B. Mullis 在 1985 年发明了具有划时代意义的聚合酶链反应,使H. G. Khorana的这一设想终于付诸实现。

PCR 的原理类似于 DNA 的体内复制,只是在试管中给 DNA 的体外合成提供一种合适的条件——模板 DNA、寡核苷酸引物、DNA 聚合酶、Mg^{2+}、合适的缓冲体系和 DNA 变性、复性及延伸的温度与时间等。1986 年 PE-Cetus 公司发明并提纯了耐热 DNA 聚合酶,1987 年推出了 PCR 自动化热循环仪,1988 年首先获得了基因工程方法生产的耐热 DNA 聚合酶。由于上述工作成就,1989 年,PE-Cetus 公司获得 PCR 方法、天然 Taq 酶及重组 Taq 酶三项专利。PCR 被评为美国 *Science* 所设的 1989 年世界重大科技成就。

最初,K. B. Mullis 是以大肠杆菌聚合酶Ⅰ Klenow 片段完成 β-珠蛋白的 PCR,并于 1987 年获得专利,1985 年 R. K. Saiki 首先利用 PCR 技术进行镰形细胞贫血的产前诊断,1986 年 H. A. Erlich 分离并纯化了适用于 PCR 的 Taq DNA 热稳定性聚合酶,1988 年 R. K. Saiki 也开始用 Taq 酶进行 PCR,随着第一台 PCR 热循环仪的推出,使该技术的自动化成为现实。

PCR 技术能快速特异地扩增所希望的目的基因或 DNA 片段,并能很容易地使微微克(pg)水平的起始物达到微克(μg)水平的量。PCR 现已发展成为生命科学实验室获取某一目的 DNA 片段的常规技术,并被应用于各个领域,它极大地推动了分子生物学及其相关学科的研究进展。由于 K. B. Mullis 的杰出贡献,这位年轻的科学家获得了 1993 年度诺贝尔化学奖。

5.1.2 PCR 技术的原理

PCR 技术快速敏感、简单易行,其原理并不复杂,与细胞内发生的 DNA 复制过程十分类似。首先是双链 DNA 分子在临近沸点的温度下加热时便会分离成两条单链的 DNA 分子,然后 DNA 聚合酶以单链 DNA 为模板并利用反应混合物中的 4 种脱氧核苷三磷酸(dNTP)合成新生的 DNA 互补链。此外,DNA 聚合酶同样需要有一小段双链 DNA 来启动“引导”新链的合成。因此,新合成的 DNA 链的起点,事实上是由加入在反应混合物中的一对寡核苷酸引物在模板 DNA 链两端的退火位点决定的。

在为每一条链均提供一段寡核苷酸引物的情况下,两条单链 DNA 都可作为合成新生互补链的模板。由于在 PCR 反应中所选用的一对引物是按照与扩增区段两端序列彼此互补的原则设计的,因此每一条新生链的合成都是从引物的退火结合位点开始,并沿着相反链延伸。这样,在每一条新合成的 DNA 链上都具有新的引物结合位点。然后反应混合物经再次加热使新、旧两条链分开,并进入下一轮的反应循环,即引物杂交、DNA 合成和链的分离。PCR 反应的最后结果是,经 n 次循环之后,反应混合物中所含有的双链 DNA 分子数,即两条引物结合位点之间的 DNA 区段的拷贝数，理论上的最高值应是 2^n。

PCR 的反应原理及扩增指数见图5－1、图 5－2 及表 5－1。

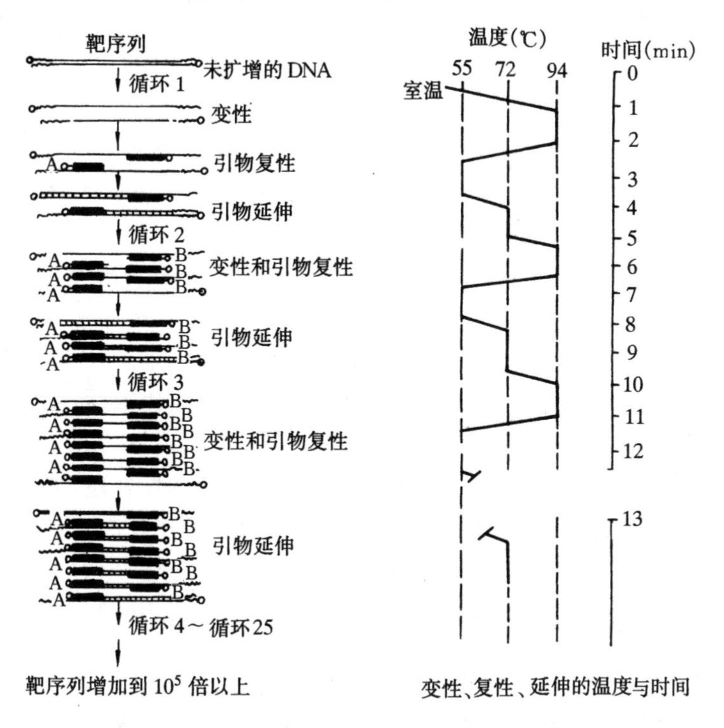

图 5－1　PCR 反应基本原理

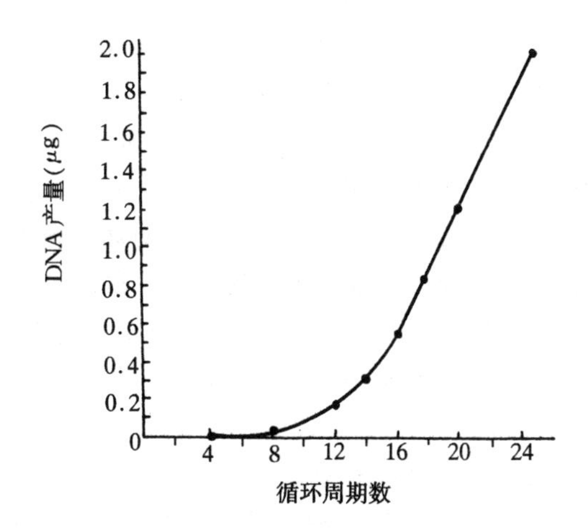

图 5－2　扩增产物增长曲线

表 5-1　DNA片段的PCR扩增

循环次数(*n*)	双链靶分子数扩增倍数(*Y*)	循环次数(*n*)	双链靶分子数扩增倍数(*Y*)
1	0	17	32 768
2	0	18	65 536
3	2	19	131 072
4	4	20	262 144
5	8	21	524 288
6	16	22	1 048 576
7	32	23	2 097 152
8	64	24	4 194 304
9	128	25	8 388 608
10	256	26	16 777 216
11	512	27	33 554 432
12	1 024	28	67 108 864
13	2 048	29	134 217 728
14	4 096	30	268 435 456
15	8 192	31	536 870 912
16	16 384	32	1 073 741 824

注:扩增倍数(Y)可用公式$Y=(1+X)^{n-2}$表示。式中X为扩增效率,n为循环次数。由于在第三次扩增时,特异性靶序列增加了1倍,所以用此公式计算扩增产物时应取$n\geqslant 3$。

5.1.3　PCR技术的特点

(1)特异性强　自1988年R. K. Saiki等从温泉水中分离到的水生嗜热杆菌中提出耐热Taq DNA聚合酶以来,在热变性处理时酶不被消化,不必在每次循环扩增中再加入新酶,可在较高温度下连续反应,显著提高了PCR反应产物的特异性。序列分析证明其扩增的DNA序列与原模板DNA一致,在PCR扩增过程中,单核苷酸的错误掺入程度很低,其错配率一般只有约万分之一,足可以供特异性分析。

(2)敏感性高　从理论上讲PCR可以按2^n指数扩增DNA 10亿倍以上,实际应用已能将被认为是不可检出极微量的靶DNA成百万倍以上地扩增到足够检测分析量的DNA。能从100万个细胞中检出一个靶细胞,或对诸如患者敏感部位只含一个感染细胞的标本或仅含0.01 pg的感染细胞的特异性片段样品均可检测出。

(3)快速　整个PCR操作过程需3～4 h即可完成。一般标本处理约30～60 min,PCR扩增2 h,加上产物分析,可在4 h内完成全部试验。对检测标本纯度要求低,不用分离病毒,DNA粗制品及总RNA均可作为反应起始物。可直接应用于临床标本(如血液、尿液、分泌物、脱落细胞、粪便、组织法粗制的DNA提取物)的扩增检测,省去费时繁琐的提纯过程,扩增产物用一般的琼脂糖凝胶电泳分析即可。

(4)简便　扩增产物可直接供作序列分析和分子克隆,摆脱了繁琐的基因分析方法。可直接从总RNA或染色体DNA中或部分DNA已降解的样品中分离目的基因,省去常规方法中须先进行克隆后再做序列分析的模式。已固定的和包埋的组织或切片亦可用于检测。

(5)可扩增RNA或cDNA 先按通常方法用寡核苷酸引物和逆转录酶将mRNA转录成主链cDNA,再将得到的单链cDNA进行PCR扩增。即使mRNA转录片段只有100 ng cDNA中的0.01%,也能经PCR扩增出1 μg有242碱基对长度的特异性片段。有些外显子分散在一段很长的DNA中,难于将整段DNA大分子扩增和做序列分析。若以mRNA作为模板,则可将外显子集中,用PCR一次便完成对外显子的扩增并进行序列分析。

(6)对起始材料质量要求低 由于PCR技术具有灵敏度高和特异性强的优点,故仅含极微量(pg、ng)目的DNA、DNA粗制品或者总RNA,都可用以作起始材料来获得较多的目的产物。已部分降解了的DNA材料也可通过PCR多次循环反应最终得到所需要的全长DNA片段。

(7)具有一定程度单核苷酸错误掺入 Taq DNA聚合酶缺少3′→5′核酸外切酶活性,因而不能纠正反应中发生的核苷酸错误掺入。与大肠杆菌聚合酶Ⅰ Klenow片段相比较,用Taq DNA聚合酶的反应发生错误掺入相对多些。由于发生错误的程度还要受反应条件的影响,所以对于仅由该酶引发的错误很难精确估计。据估计,每9 000个核苷酸掺入中发生一次错误,而每合成41 000个核苷酸可能导致一次框码移位。但是,这种错误并不意味着PCR产物一定会发生序列改变。有人发现,错误掺入的碱基有终止链延伸的作用倾向,这就使得发生了的错误不会再扩大。

5.2 聚合酶链式反应的最适条件

5.2.1 Taq DNA聚合酶

在早期进行的PCR反应中,使用的是大肠杆菌DNA聚合酶Ⅰ的大片段,即Klenow片段,也曾有人用噬菌体T4 DNA聚合酶。这两种酶的共同弱点是对热不稳定,DNA合成反应只能在37℃进行。PCR时每一循环的解链温度都在90℃以上,故在每两个循环之间要加入新的DNA聚合酶,使得整个实验过程很繁琐和昂贵。同时在37℃,引物与DNA模板之间会发生非特异结合,最终导致很多非特异性DNA片段的扩增。如图5-3所示:(a)起始的双链DNA分子;(b)寡核苷酸引物退火到同靶序列略有差异的错误序列位置;(c)DNA聚合酶利用错配的引物合成互补链;(d)第一次错配产生的DNA链的5′端掺入了第一引物;(e)第二引物同此种非期望的 DNA 链错配形成双链的 DNA 分子。其中的一条链的 5′端掺入了第二引物,3′端则具有同第一引物互补的序列;(f)这条链现在便成为了随后扩增循环的精确的模板;结果导致非靶序列的有效扩增,降低了 PCR 的特异性;(g)扩增出来的非靶 DNA 片段。

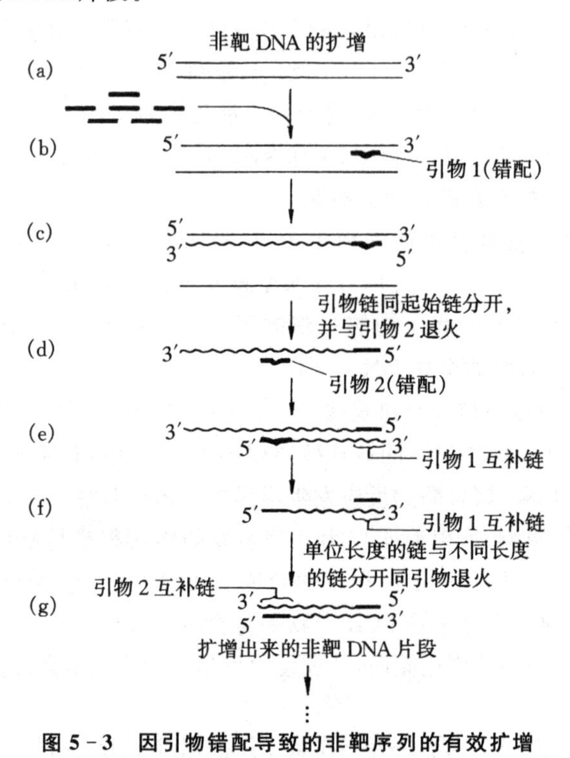

图 5-3 因引物错配导致的非靶序列的有效扩增

1988 年,R. K. Saiki 等人成功地将热稳定的 Taq DNA 聚合酶应用于 PCR 扩增,提高了反应的特异性和敏感性,是 PCR 技术走向实用化的一次突破性的进展。Taq DNA 聚合酶最初是由 H. A. Erlish 于 1986 年从一种生活在 75℃的温泉中的细菌,即栖热水生菌(*Thermus aquaticus*)中分离纯化出来的。在补加有 4 种脱氧核苷三磷酸(dATP、dGTP、dCTP、dTTP)的反应体系中,Taq DNA 聚合酶能以高温度性的靶 DNA 分离出来的单链 DNA 为模板,从分别结合在扩增区段两端的引物为起点,按 5′→3′的方向合成新生互补链 DNA。这种 DNA 聚合酶具有耐高温的特性,其最适的活性温度是 72℃,连续保温 30 min 仍具有相当的活性,而且在比较宽的温度范围内都保持着催化 DNA 合成的能力,一次加酶即可满足 PCR 反应全过程的需求。因此,Taq DNA 聚合酶的开发利用有力地促进了 PCR 操作过程自动化的实现。

1. Taq DNA 聚合酶的热稳定性及最适延伸温度

相对分子质量为 94 000 的 Taq DNA 聚合酶的酶活性较高，大约为 200 000 U/mg，在合成 DNA 时有一个较高的最适温度 75℃～80℃，转换数 Kcat 接近 150 nt/(s · 酶分子)。这种活性有明显的温度依赖性。Taq DNA 聚合酶虽然在 90℃ 以上合成 DNA 的能力有限，但高温时仍比较稳定。有人试验证明在 92.5℃、95℃ 和 97.5℃时，PCR 混合物中的 Taq DNA 聚合酶分别经130 min、40 min 和 5～6 min 后，仍可保持 50%左右的活性，其半衰期较长。所以，在一个 PCR 预备试验中，每次循环时上限温度为 95℃(试管内)处理 20 s，则循环 50 次后 Taq DNA 聚合酶仍可保持 65%的活性，能够保证实验的需要。

Taq DNA 聚合酶具有很高的加工合成特性，其最适延伸温度在 75℃～80℃ 时，dNTP 的掺入速度为 35～100 nt/(s · 酶分子)，最长延伸长度 7.6 kb，如对 M13 上的富含 GC 的 30－mer 引物，该酶在 70℃ 的延伸率高于 60 nt/(s · 酶分子)，在 55℃ 仍有较高的延伸活性，22℃ 和 37℃ 时延伸速度分别为 0.25 和 1.5 nt/(s · 酶分子)。由此可见，在低温下，Taq DNA 聚合酶的表现活性明显降低，因而，导致此酶在模板链分子内局部二级结构区域的延伸能力受损或前进速率常数与解离常数的比值发生改变。在很高的温度(90℃以上)时，很少有 DNA 合成。在体外条件下，DNA 在较高温度时的合成速度受到引物或引物链与模板链的双链结构稳定性的限制。温度对 Taq DNA 聚合酶活性的影响见表 5－2 和图 5－4。

表 5－2　Taq DNA 聚合酶的催化效率

温度/℃	nt/(s · 酶分子)	温度/℃	nt/(s · 酶分子)
＞90℃	0	55	24
75℃～80℃	150	37	1.5
70℃	60	22	0.25

由于 Taq DNA 聚合酶的最适延伸温度高达 75℃～80℃，故退火和延伸反应温度均可提高，限制了非特异性扩增产物的出现，提高了 PCR 的特异性。

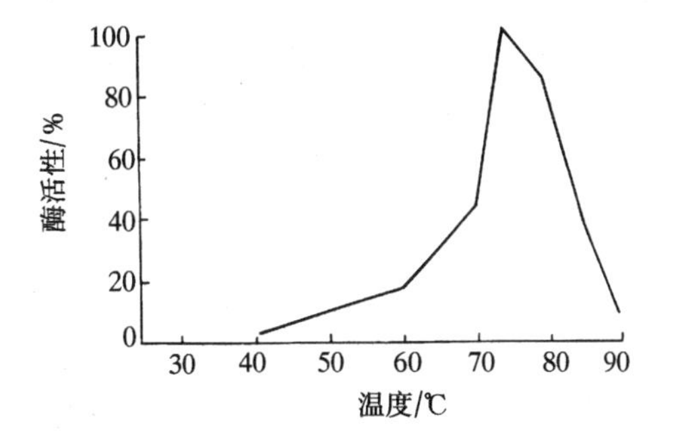

图 5－4　温度对 Taq DNA 聚合酶活性的影响

2. Taq DNA 聚合酶的功能

Taq DNA 聚合酶的氨基酸顺序，特别是氨基酸的前 1/3 区域，与大肠杆菌聚合酶Ⅰ非常相似,因而它也属于一种多功能酶。

(1)具有5′→3′聚合作用　即以DNA为模板,以结合在特定DNA模板上的引物为出发点,将4种脱氧核苷酸以Watson-Crick配对的方式按5′→3′方向沿模板顺序合成新的DNA链。

(2)具有5′→3′核酸外切酶活力　Taq DNA聚合酶具有依赖于DNA合成作用的、链置换的5′→3′核酸外切酶活性,无论单链DNA还是退火到M13模板上,5′端^{32}P标记的寡核苷酸均不降解,另外,如果模板上有一段退火的3′磷酸化的阻断物会被逐个切换而不会阻止来自上游引物链的延伸,即它并不抑制在3′羟基末端的上游引物的掺入。

与大肠杆菌DNA聚合酶相比,Taq DNA聚合酶的应用的确使PCR的特异性和敏感性都有了明显的提高。然而就像所有其他生化过程一样,DNA复制也不可能是一种绝对精确的过程。在偶然的情况下,DNA聚合酶也会将错误的核苷酸加入到DNA的生长链。在天然复制的DNA分子中,这种错误掺入的概率是每10^9个核苷酸中有一个。在细胞内DNA复制之所以能达到如此精确的地步,是因为它存在着一种校正机理,能从DNA链上移去错配的碱基对。在体外使用的Taq DNA聚合酶已经失去了这种3′→5′方向的校正活性,因此在典型的一次PCR反应中Taq DNA聚合酶造成的核苷酸错误掺入的概率大约是每2×10^4个核苷酸中有一个。这对于大批量的PCR产物分析而言,并不会构成什么严重问题,因为具同样错误掺入核苷酸的DNA分子仅占全部合成的DNA分子群体的极小部分。然而,如果PCR扩增的DNA片段是用于分子克隆,那么核苷酸的错误掺入是值得重视的事情。每一个克隆都来自单一的扩增分子,如果此种分子含有一个或数个错误掺入的核苷酸,那么在该克隆中所有克隆DNA都将带来同样的"突变"。所以对于扩增用于克隆的DNA,十分重要的是要检测克隆产物的DNA序列,以便弄清在PCR反应过程中可以发生的任何突变。当然,通过克隆测序以及与一系列独立扩增的DNA分子进行比较,便能够评估出PCR扩增产物的精确性。现在已经发现另一种扩增反应精确性有所提高的热稳定的DNA聚合酶,这将有助于克服核苷酸错误掺入问题。

3. 激活剂与抑制剂

Taq DNA聚合酶对金属离子的性质和浓度较敏感,特别是镁离子。在一个10 min的标准试验中,用活化程度极低的鲑鱼精DNA作模板,4种脱氧核苷酸dNTP的总浓度为0.7～0.8 mmol/L时,2.0 mmol/L的$MgCl_2$能最大程度地激活Taq DNA聚合酶的活性。浓度再升高时,Mg^{2+}对酶的活性便表现出一定的抑制作用，如 10 mmol/L $MgCl_2$ 对酶的活性可抑制 40%～50%，由于脱氧核苷三磷酸可结合 Mg^{2+}，因此作为激活剂 Mg^{2+} 的精确浓度便主要取决于 dNTP 的浓度。

KCl 作为激活剂的表现最适浓度为 50 mmol/L，它能使 Taq DNA 聚合酶的合成速度提高 50%～60%，但高于此浓度亦表现出抑制作用，当 KCl 浓度为 75 mmol/L 或大于 200 mmol/L 时，在 DNA 序列反应中未观察到有活性。

另外，50 mmol/L 氯化铵、乙酸铵或氯化钠对聚合酶活性分别有轻度的抑制作用、无影响或轻度的刺激作用(25%～30%)。低浓度尿素、DMSO、DMF 或甲酰胺对 Taq DNA 聚合酶的掺入活性无影响。10% DMSO(曾用于 Klenow 介导的 PCR)在 70℃时对 Taq DNA 聚合酶合成 DNA 活性的抑制率为 50%，原因可能是 DMSO 影响引物的 Tm 值。在一个特殊的“变性”或“上限温度”时，Taq DNA 聚合酶的热活性图谱和产物链分离的程度也可能受 DMSO 影响。而 10%的乙醇不能抑制 Taq DNA 聚合酶的活性。1.0 mol/L 的尿素能激活该酶的活性。

此外，低浓度的 SDS 的抑制作用可被高浓度的某种非离子表面活性剂消除。据试验证明：在 DNA 和 Mg^{2+} 存在下(无 dNTP)，经 37℃ 反应 40 min，0.5% Tween-20/NP40 可立即消除 0.01% SDS 的抑制作用，0.1% Tween-20/NP40 可完全消除 0.01% SDS 的抑制作用。

4. 其他耐热 DNA 聚合酶

(1)Tth DNA 聚合酶　该酶从嗜热栖热菌中分离获得，它对抑制 Taq DNA 聚合酶的血液成分有较强的抗性，在高温和 $MnCl_2$ 存在下，能有效地逆转录 RNA 成 cDNA，当螯合 Mn^{2+}，增加 Mg^{2+} 后，则可提高该酶的 DNA 聚合活性，可使 cDNA合成和扩增只用同一个酶催化完成。

(2)VENT DNA 聚合酶　该酶是从 *Litoralis* 栖热球菌中分离获得，特点是能耐受 100℃高温，并具有 3′→5′外切酶活性，耐高温能使该酶用于特殊的试验，而 3′→5′外切酶活性则可降低错配碱基的掺入率。但还需进一步研究该酶的 3′→5′外切酶活性能否降解单链分子(如引物和引物复性前单链靶分子)，若能降解，则 PCR 可能还会出现新的问题，另外，该酶不能用于 SA-PCR，因它可除去错配的碱基。

(3)Sac DNA 聚合酶　该酶是从酸热浴硫化裂片菌中分离获得，相对分子质量为 100 000，最适延伸温度为 70℃，4℃以下极不稳定，Mg^{2+} 谱为 2～8 mmol/L，与 Taq DNA 聚合酶一样无3′→5′外切酶活性，可用于 DNA 测序反应。此外，该酶还可用于定点突变、基因融合等。

(4)FD 酶　FD 酶是复旦大学遗传所从嗜热杆菌中分离纯化的一种耐热 DNA 聚合酶，复旦大学已成功地克隆了该多聚酶的基因并且获得了重组的 FD

酶,其酶学性质、PCR反应条件均与Taq DNA聚合酶相近,其基因顺序也与Taq DNA聚合酶的基因有相当同源性。

几种耐热DNA聚合酶的比较见表5-3。

表5-3　几种耐热DNA聚合酶的比较

	Taq	Tth	VENT	Sac
必需金属离子	Mg^{2+}	Mg^{2+}	Mg^{2+}	Mg^{2+}
相对分子质量	96			100
3′→5′外切酶活性	−	−	+	−
5′→3′外切酶活性	+	+	+	+
逆转录活性	+(Mn^{2+})	+(Mn^{2+})	UD	UD
耐受100℃	−	−	+	−

UD:表示未定。

在DNA的高温合成过程中,Taq DNA聚合酶和其他热稳定DNA聚合酶的酶促特性、生化和结构特性及其辅助蛋白的复制识别的特性等,都有待于作更深一步的研究,只有全面了解了这些特性,才能提高PCR合成产物的产量,提高其特异性,并增强检测微量靶DNA的敏感性。

5.2.2　引物

引物为互补于单链DNA片段的一小段寡聚核苷酸。

1. 对引物本身的要求

引物是两条人工合成的与模板DNA互补的寡核苷酸链。它的序列是根据所希望扩增的DNA片段而设计的,通常在此DNA片段两端,各合成一条。引物互补于所需扩增DNA片段的两端,使DNA片段的扩增只限于引物之间的部位。

一般引物长15～30 bp,且与单链DNA模板的3′端互补。PCR扩增时所使用的引物长度在各个实验中有所不同,引物短的6～12 bp,长的可达到35 bp。究竟采用多少个碱基的引物才合适呢?从理论上计算:若引物长度为19 bp,$4^{19}=2.75\times10^{11}$,这表示要与这19 bp的排列顺序完全相同时需要的基因组DNA片段的最小长度,而人的基因组长度为3×10^{9} bp,上述理论计算值已大大超过了人的基因组长度,说明用19 bp长度的引物已经足够了。在基因组中要找到与引物完全相同的序列的可能性已经很小，故一般用 20 bp 的引物。有的引物很短，有的则很长，主要是根据研究者的研究目的不同而设计的。6～12 bp 的引物，是属于随机引物，在基因组中与引物完全相同的序列可能有多个，因而用其作 PCR 扩增时可以产生多个扩增片段，此类引物在生物的分类学上用得较多。

PCR 扩增时，是从引物的 3′端开始按照 5′→3′的方向延伸。因此，引物 3′端的碱基必须与模板的碱基互补，才能有效地延伸；相反，对其 5′端的碱基要求就较低。有时候可以在引物的 5′端加上特殊的序列。例如，可以加上限制性内切酶识别序列，扩增后的产物，可以用限制性内切酶切，酶切后的产物可直接与载体重组，进行基因工程的研究；也可以在 5′端带上 RNA 聚合酶启动子序列，扩增产物能被 RNA 聚合酶转录，研究转录的产物；也可以在引物的近 5′端某个碱基位置引入一个错配碱基，按照模板链的序列延伸以后得到点突变的序列，进行基因功能的研究；更有在引物的 5′端加上放射标记物或生物素标记物，PCR 的产物可用作探针，用于核酸的检测。

引物的碱基组成一般为 G+C 占 50%～60%，应尽量避免数个嘌呤或嘧啶的连续排列。一对引物之间不能有 2 个以上的碱基互补，特别是 3′端，引物之间的碱基互补会形成引物二聚体，引物本身应避免有回文序列。

引物与模板退火的温度和所需的时间取决于引物的碱基组成、长度和溶液中引物的浓度。合适的退火温度是低于引物本身的实际变性温度(Tm)5℃。20 bp 左右长度的 DNA 片段的 Tm＝(G＋C)×4℃＋(A＋T)×2℃。退火温度通常在 55～72℃下进行，在标准的引物浓度(0.2 μmol/L)下，几秒内即可完成退火。提高退火温度可提高引物与模板结合的特异性。特别在最初几次循环中采用严谨的退火温度，有助于 PCR 特异性扩增。如果引物中(G+C)的含量小于 50%，退火温度应低于 55℃。

100 μL 的 PCR 反应液中，引物的绝对量为 10～100 pmol。PCR 反应液中 2 个引物浓度不等时，其浓度比为 50∶1，称为不对称 PCR。

2. 简并引物

在许多场合都要使用的简并引物实际上是一类由多种寡核苷酸组成的混合物，彼此之间仅有一个或数个核苷酸的差异。若 PCR 扩增引物的核苷酸组成顺序是根据氨基酸顺序推测而来，就需合成简并引物。简并引物同样也可以用来检测一个已知的基因家族中的新成员，或是用来检测种间的同源基因。简并引物的设计见图 5-5。

使用简并引物的 PCR 反应，其最适条件往往是凭经验确定的，尤其是要注意所选定的变性温度，以避免引物与模板之间发生错配。有的学者建议，使用热起始法(hotstart method)能够有效地克服错配现象。热起始法要求将反应混合物先加热到 72℃,然后才加入 Taq DNA 聚合酶。经过这样的处理,增加了 PCR 扩增产物的特异性,所得到的靶 DNA 片段在 EB 琼脂糖凝胶电泳中可以容易地观察到,而且背景中的非靶序列的条带全消失了。

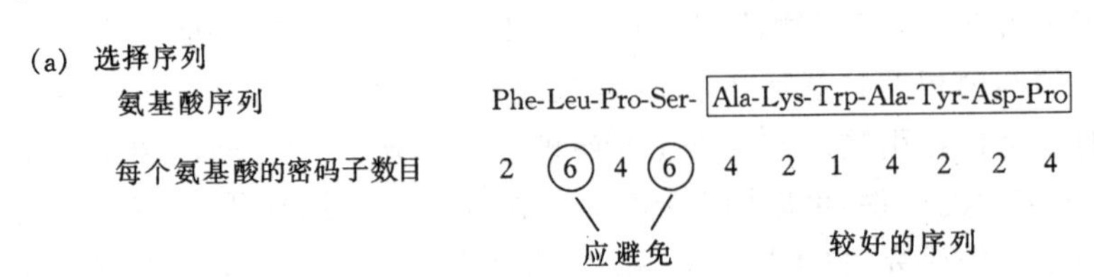

(b) 混合引物的合成

```
Ala Lys Trp Ala Tyr Asp Pro
GCAAAATGGGCATACGACCC
   G   G        G   T   T
   C            C
   T            T
```

引物可能的数目 $4\times2\times1\times4\times2\times2\times1=128$

(c) 用次黄嘌呤核苷作为简并碱基

```
Ala Lys Trp Ala Tyr Asp Pro
GCIAAATGGGCITACGACCC
       G            T   T
```

引物可能的数目 $1\times2\times1\times1\times2\times2\times1=8$

图 5-5 简并引物的设计 *

3. 嵌套引物

为了尽可能减少非靶序列的扩增,现已经发展出一种嵌套引物(nested primers)的策略(见图 5-6)。其具体的操作程序是,利用第一轮 PCR 扩增产物作为第二轮 PCR 扩增的起始材料,同时除使用第一轮的一对特异引物之外,另加一至两个与模板 DNA 结合位点是处在头两个引物之间的新引物。在第二轮扩增产物中,含有能够与这一组多引物杂交的错误扩增的可能性是极低的,所以应用嵌套引物技术能够使靶 DNA 序列得到有效的选择性扩增。

---

* Nicholl D S T. An introduction to genetic engineering[M]. 2nd ed. Cambridge: Cambridge University Press, 2002:122.

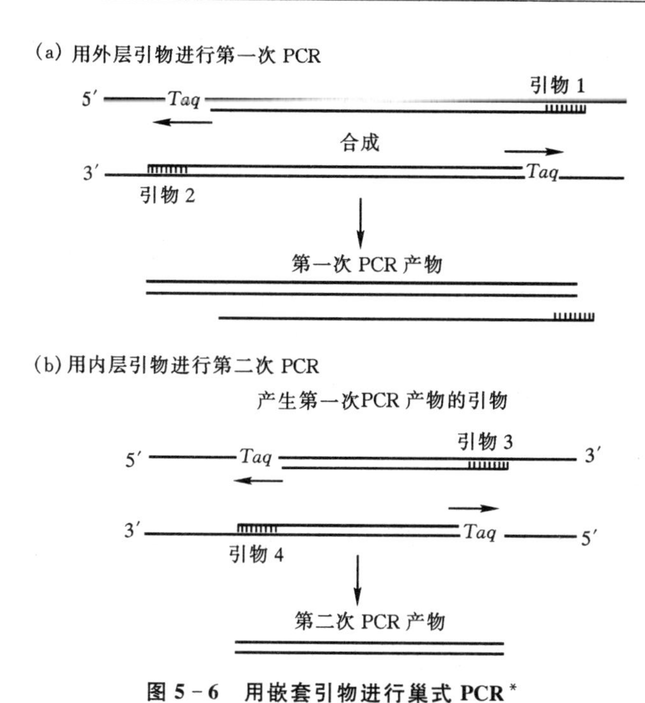

图 5-6　用嵌套引物进行巢式 PCR*

5.2.3　模板

模板影响 PCR 效果主要有两方面因素。

(1)模板的纯度　一般来说 PCR 对模板纯度的要求不是很高,模板不需要达到超纯。对于来源于组织细胞的模板 DNA,只要先溶细胞,经蛋白酶消化去除蛋白质,再用酚、氯仿抽提,经乙醇沉淀的模板即可应用。某些扩增实验中甚至可以直接将溶细胞液煮沸加热,用蛋白质变性后的 DNA 溶液作模板。但在 DNA 溶液中,不能有影响扩增反应的物质存在,例如蛋白酶、核酸酶、结合 DNA 的蛋白质等;另一类是尿素、十二烷基硫酸钠、卟啉类物质等;还有一类是二价金属离子的络合剂(如 EDTA)等,会与 Mg^{2+} 络合,影响 Taq DNA 聚合酶的活性。上述物质的存在会影响扩增效果,甚至使扩增失败。

(2)模板 DNA 的量　一般对于单拷贝的哺乳动物基因组模板来说,100 μL 的反应体系中有 100 ng 的模板已足够。有时,加入的模板太多会令扩增失败。这时

* Nicholl D S T. An introduction to genetic engineering[M]. 2nd ed. Cambridge: Cambridge University Press, 2002:126.

如果将模板稀释后再加入反应体系中往往能获得成功。

5.2.4 dNTP

dNTP 是 dATP、dCTP、dGTP、dTTP 的总称,dNTP 储存液必须为 pH7.0 左右,其浓度一般为 2 mmol/L,分装后置−20℃环境下保存。典型的 PCR 扩增体系中,dNTP 的终浓度为 20～200 μmol/L。理论上,100 μL 反应液中 dNTP 的浓度为 20 μmol/L 时,足以合成 12.5 μg DNA 或合成 10 pmol 400 bp 的 DNA 片段。dNTP 会络合溶液中的 Mg^{2+},而且大于 200 μmol/L 的 dNTP 会增加 Taq DNA 聚合酶的错配率。如果 dNTP 的浓度达到1 mmol/L时,则会抑制 Taq DNA 聚合酶的活性。

5.2.5 Mg^{2+} 浓度

Taq DNA 聚合酶在合成新 DNA 链时,要求有游离的 Mg^{2+},因而在 PCR 系统中确定 Mg^{2+} 的最适浓度是必要的。Mg^{2+} 浓度太低会无 PCR 产物,太高又会导致非特异的产物产生,故常需根据各自的实验预先试验,以确定该实验的最佳 Mg^{2+} 浓度,保证 DNA 聚合酶具有良好的活性。

通常情况下,要求反应体系中有 0.5～2.5 mmol/L 的游离 Mg^{2+}。反应内容物中,dNTP 能与 Mg^{2+} 结合,所含 EDTA 会与 Mg^{2+} 络合,高浓度的 DNA 也有干扰作用,都会影响 Mg^{2+} 的有效浓度。

5.2.6 PCR 系统中的其他成分

PCR 反应缓冲液通常用 10 mmol/L Tris-HCl(pH8.3,20℃),它是两性离子缓冲剂。此外,还有 50 mmol/L 的 KCl,它有利于引物与模板退火。高于 50 mmol/L 的 KCl,或50 mmol/L 的 NaCl 对 Taq DNA 聚合酶有抑制作用。

明胶或血清白蛋白(100 μg/mL)及非离子去污剂,如 Tween 20 等,对 Taq DNA 聚合酶起稳定作用。

5.2.7 PCR 的热循环计划

在标准反应中,将标本加热至 90～95℃,使 DNA 双链变性,再快速冷却至 40～60℃使引物退火并结合到互补靶序列上,然后升温至 70～75℃,在 Taq DNA 聚合酶的作用下掺入单核苷酸使引物沿模板延伸。每步时间从反应达到要求温度后计算,见图 5-7。PCR 反应的每一个温度循环周期都是由 DNA 变性、引物退火和反应延伸 3 个步骤组成的。图中设定的反应参数是 94℃变性 1 min,60℃退火 1 min,72℃延伸 1.5 min。如此周而复始,重复进行,直至扩增产物的数量满足实验需求为止。

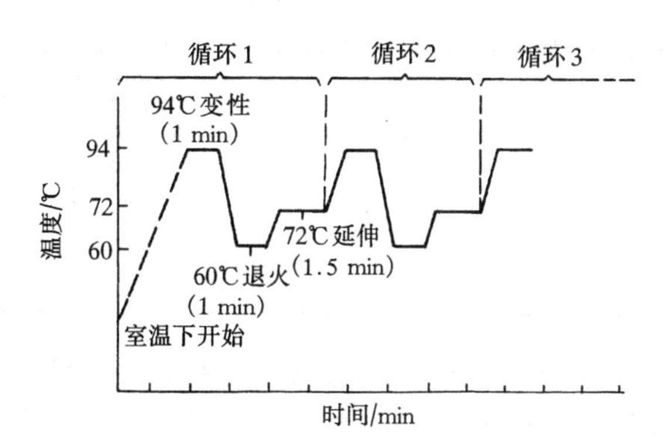

图5-7 PCR反应的温度循环周期

(1)变性温度与时间 使靶基因模板和PCR产物完全变性是PCR成败的关键。DNA在其链分解温度(strand separation temperature,Tss)时的变性只需几秒钟,但反应管内达到Tss还需一定时间,变性温度太高会影响酶活性。通常情况下94℃~95℃变性1 min就足以使模板DNA完全变性,更高的温度可能更为有效(尤其是富含G+C的靶基因),若低于94℃,则需延长变性时间。为提高起始模板的变性效果,保存酶活性,常常在加入Taq DNA聚合酶之前先以97℃变性7~10 min,再按94℃的变性温度进入循环方式,这对PCR的成功有益处。

(2)复性温度与时间 复性温度决定着PCR的特异性。引物复性所需的温度与时间取决于引物的碱基组成、长度和浓度。合适的复性温度应低于扩增引物在PCR条件下真实Tm值的5℃,引物越短(12~15 bp),复性温度越低(40℃~45℃)。一般来说,若降低复性温度(37℃)可提高扩增产量,但引物与模板间错配现象会增多,导致非特异性扩增上升;若提高复性温度(56℃~70℃)虽扩增反应的特异性增加,但扩增效率下降。理想的方法是:设置一系列对照反应,以确定扩增反应的最适复性温度。

(3)延伸温度与时间 Taq DNA聚合酶虽能在较宽的温度范围内催化DNA的合成,但不合适的温度仍可对扩增产物的特异性、产量造成影响。引物延伸温度一般为72℃(较复性温度高10℃左右),延伸时间视目标DNA片段长短和浓度而定。在最适温度下,核苷酸的掺入率为35~100 nt/s,这也取决于缓冲体系、pH值、盐浓度和DNA模板的性质等,延伸1 min对长达2 kb的扩增片段是足够的,延伸时间过长会导致非特异扩增带的出现,但在循环的最后一步延伸时,为使反应完全,提高产量,可将延伸时间延长4~10 min。

(4)循环数 循环数决定着扩增程度,常规PCR一般为25~40周期,在其他参数均已优化的条件下,最适循环数取决于靶序列的初始浓度,其相应关系参照表 5-4。

表 5-4 模板 DNA 分子数与达到足量产物的热循环次数

模板 DNA 分子数	需要热循环次数
3.0×10^5	25～30
1.5×10^4	30～35
1.0×10^3	35～40
50	40～45

循环次数太少,得不到一定的产物量;循环次数太多时,扩增反应的后期,产物积累的指数率下降甚至不再有正确的产物生成,正常的反应几乎停止,呈现平台效应。

造成出现平台效应的因素有:①反应试剂(dNTP 或酶)稳定性的改变;②终产物(如焦磷酸)的抑制效应;③产物浓度超过 10^{-5} 时可产生重复退火,于是会降低引物延伸速率或 DNA 聚合酶的活性;④高浓度产物 DNA 双链的解链不完全。出现平台效应时的一种严重后果是:由于错误引导,在开始时浓度不高的非特异产物会继续扩增,使结果的分析复杂化。

5.3 聚合酶链式反应技术的应用

PCR 技术问世以来,以其简便、快速、灵敏、特异性好等优点受到分子生物学界的普遍重视,广泛应用于基因工程、临床检验、癌基因研究、环境的生物监测以及生物进化过程中的核酸水平的研究等许多领域,发展十分迅速。

5.3.1 基因克隆

在 PCR 技术发明之前,有关核酸研究所涉及的许多制备及分析过程都是既费力又费时的工作。例如,为了将一种突变基因同其已经作了详细研究鉴定的野生型基因进行比较,首先就必须构建突变体的基因组文库,然后应用有关探针进行杂交筛选等一系列繁琐的步骤,才有可能分离到所需的克隆。只有在这种情况下,才能够对突变基因作核苷酸序列的结构测定并与野生型进行比较分析。然而应用 PCR 技术便能够在体外快速地分离到突变基因。其主要步骤是根据预先测定的野生型基因的核苷酸序列资料,设计并合成出一对适用的寡核苷酸引物,用来从基因组 DNA 中直接扩增出大量的突变基因 DNA 产物,以供核苷酸序列测定使用。

另一方面也可以根据需要在引物的 5′端加上一段特殊的额外序列。按设计要求,在第一次杂交时,引物中的这段额外序列因无互补性是不能参与杂交作用的,而只是其 3′端的部分序列退火到了模板 DNA 的相应部位,在随后的反应过程中,此 5′端的额外序列才掺入到了扩增的 DNA 片段上。由于这种加在引物 5′端的额外序列可以根据实验者的特定需求而精心设计,因此在实际的研究工作中具有很大的应用价值,提供了很多的灵活性。例如,如图 5-8 所示,就是通过在引物的 5′端增加额外序列的办法,在扩增 DNA 片段的两端分别引入了 *Hin*dⅢ位点和 *Eco*RⅠ位点。同时为了确保这两个位点能成为核酸限制内切酶的良好作用底物,在设计引物时又特意在 6 个核苷酸的识别序列的 5′端另加上了 4 个保护性的核苷酸(GCGC 和 GGCC)。由于这两个限制位点的掺入,经 PCR 扩增的靶 DNA 片段便可方便地克隆到所选用的载体分子上,供作进一步的扩增与研究使用,因此,它是基因克隆的一种有效方法。

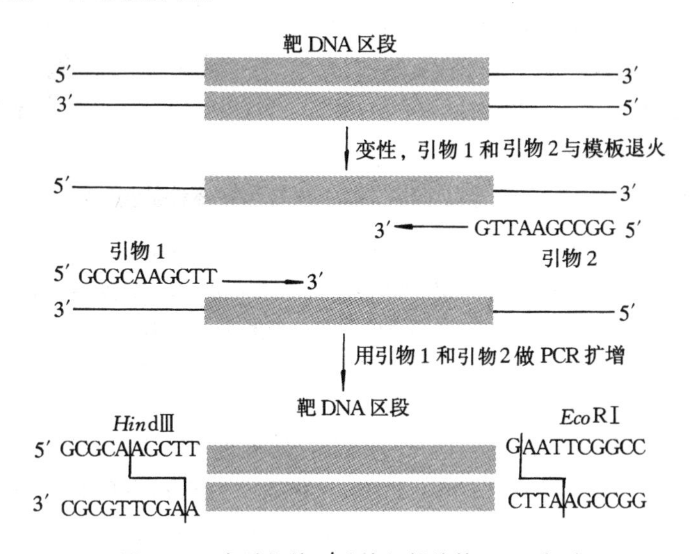

图 5-8　在引物的 5′端掺入额外的 DNA 序列

有人按照同样的道理将 T7 噬菌体的启动区掺入到扩增 DNA 片段的末端,从而使 DNA 片段在体外就可利用噬菌体的 RNA 聚合酶进行转录,而无需通过复杂的克隆过程。此外,应用这一原理还可用来构建编码嵌合蛋白质的重组基因。

5.3.2　反向 PCR 与染色体步移

常规 PCR 的一个局限性是它需要设计一对界定在靶 DNA 区段两端的扩增引物,因此它只能扩增两引物之间的 DNA 区段。然而有时我们也希望扩增位于靶 DNA 区段之外的两侧未知的 DNA 序列。这就需要应用反向 PCR(reverse PCR)技术,它能够有效地满足此种需要,而且对于染色体步移(chromosome walking)也有实际的用途。

反向 PCR 的基本操作程序如图 5－9 所示。(a)用一种在靶序列上没有切点的核酸内切限制酶消化相对分子质量较大的 DNA;(b)产生的大小不同的线性 DNA 片段群体,其中具靶 DNA 区段的 DNA 分子长度不超过 2～3 kb,经连接后重新环化成环状分子;(c)按靶序列设计的一对向外引物与靶序列 5′端的互补序列退火结合,其延伸方向如箭头所指;(d)经 PCR 扩增产生的主要是线性双链 DNA 分子,它是由左侧序列和右侧序列首尾连接而成,其接点是(a)中所用的限制酶的识别位点。

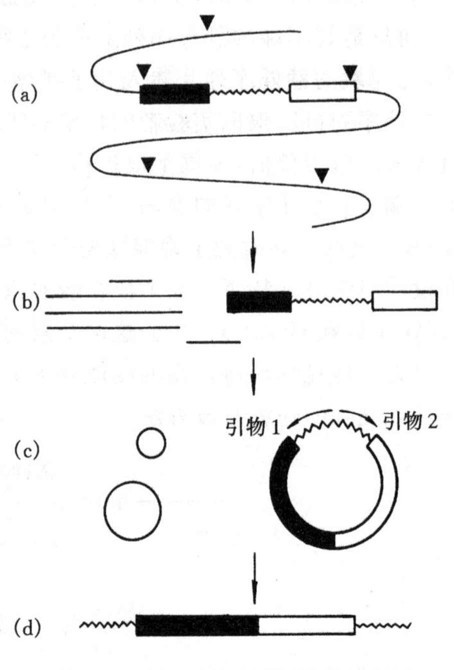

图 5－9 反向 PCR 的基本操作程序

〰〰:靶 DNA 区段;▼:限制位点;

■:包围靶 DNA 区段的左侧序列;

□:包围靶 DNA 区段的右侧序列

重复进行反向 PCR 便可用来作染色体步移。但是能被反向 PCR 扩增的 DNA 长度是有限的,因此它只能沿染色体分子作较短的步移。

V. Shyamala 等人则建立了只知一个引物序列的另一种 PCR 方法,称为单特异引物 PCR (single-specific-primer PCR)。根据一侧已知序列的区段设计基因特异的引物,而另一侧未知序列的引物则根据所用载体序列来设计。将待扩增的 DNA 片段的未知端连接到载体上就可以成为 PCR 扩增的模板。这一方法与反向 PCR 的区别是一次 PCR 只能扩增已知碱基序列区段的上游或下游区段,而不能像反向 PCR 那样可同时扩增上游和下游的序列。利用单特异引物 PCR 在 3 天内可以完成限制性内切酶消化、连接至载体上和 PCR 扩增产物的序列分析。该法省略了繁重的基因重组、克隆、菌落筛选和细胞培养工作。已证实在缺乏任何限制性内切酶切点资料时用这一方法仍可以进行染色体步移。

5.3.3 不对称 PCR 与 DNA 序列测定

PCR 可提供足够量的特异 DNA 作序列分析,省去了以往必须克隆后再作序列分析的过程。由于 PCR 扩增的是双链 DNA 的两条链，而 DNA 序列分析只需其中一条链即可，因此有人设计了不对称 PCR(asymmetric PCR)用于产生单链 DNA。这种方法除了使用的两种引物浓度相差 100 倍以外，其他方面与标准的 PCR 并没有什么本质的区别。这两种引物当中，低浓度的叫限制引物，一般为 0.5～1.0 pmol。在限制引物被用完之前，PCR 扩增的产物当中主要的是双链的 DNA，且以指数方式上升，大约经过 25 个循环之后，反应混合物中剩下的高浓度的引物继续退火引导合成新链 DNA(图 5-10)。在所用的两条引物中，浓度受限制的只及高浓度的 1%(或 2%)。经过 PCR 循环直到限制引物耗尽之前，扩增的产物是双链靶 DNA 序列(双链 PCR 片段)。而后，反应混合物中的另一种高浓度的引物则利用限制引物所合成的 DNA 链作模板，继续引导 DNA 合成。这些模板链继续再循环，结果到反应终结时，由高浓度的引物合成的 DNA 要比由限制引物合成的 DNA 多得多，而且仍保持单链状态。此时的 PCR 扩增产物则只有双链 DNA 中的某一条链，以线性而非指数方式增加。不对称 PCR 简化了细菌培养及 DNA 分离纯化法步骤，可直接用单菌落或噬菌斑扩增单链模板 DNA，因而比双链 DNA 更适用于 Sanger 法测序。

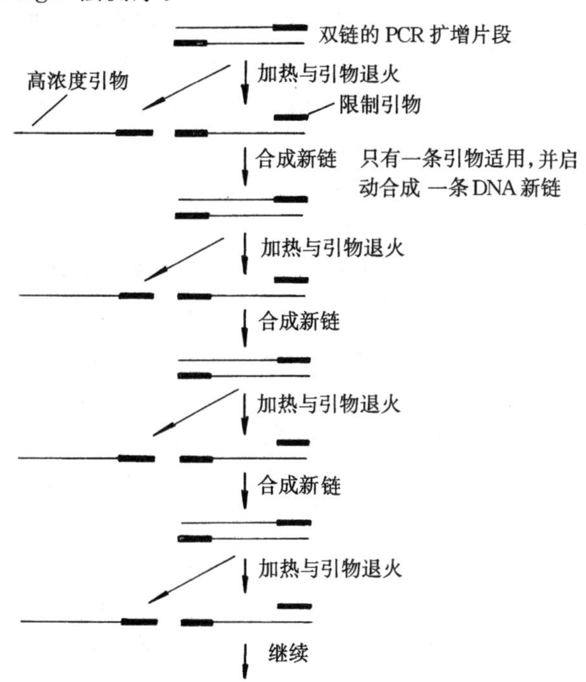

图 5-10　用不对称 PCR 技术合成供序列测定用的单链 DNA

5.3.4 RT-PCR与RNA分析

一些病毒只具有RNA,称RNA病毒,反转录病毒就是典型的一类。其余大部分生物中,DNA是遗传信息的载体,RNA是基因表达的初期产物,其中mRNA一般半衰期很短。检测RNA一般采用特殊的扩增技术。先将RNA反转录成cDNA,接着以cDNA为模板进行PCR扩增,这一技术称为反转录-PCR(reverse transcription-PCR,RT-PCR)。

反转录反应和PCR过程用同一种PCR缓冲液对扩增无负效应,但用于扩增长的DNA片段时必须谨慎。合成cDNA第一条链时,引物可用随机六聚核苷酸,或下游引物,或poly(dT),其中以六聚核苷酸的随机引物效果最好。RNA用量,通常1 μg细胞总RNA已足够,哺乳动物每个细胞可含有约10 pg RNA。因此,1 μg RNA中的靶序列可能代表来自超过100 000个细胞。对同源细胞群进行分析时,无需特别提纯poly(A)-RNA。实际上人们可检测到来自1～1 000个细胞中的特异mRNA。

分析真核mRNA时,引物应选自不同的外显子区段。基因组织结构未明时,引物可设计跨越目的基因5′端下游300～400 bp的位置。在此区域,脊椎动物一个外显子很少超过300 bp,因此,所选择的引物对将跨越不同的外显子。

研究对象若是细菌mRNA、RNA病毒、病毒整合的RNA转录产物等时,则RNA标本必须经DNA酶充分消化才能获得有意义的PCR产物,否则只要有微量的基因组DNA污染,就会得到假阳性信号。

由于RT-PCR的敏感性,使得它可用来研究低表达活性基因的mRNA生理变化动态。而这类基因往往又是人们感兴趣的重要基因。PCR定量法所依据的原理是,假定其反应产物的数量是与反应混合物中起始的模板mRNA或DNA成正比的。因此,进行琼脂糖凝胶电泳中样品条带的强度比较便能够确定两种PCR反应产物之间的数量关系(图5-11)。(a)显示琼脂糖凝胶电泳条带的强度,表示在PCR起始反应混合物中的模板分子的数量。(b)表示含有等量mRNA和数量递增的DNA之样品的PCR扩增反应。DNA片段中所含有的基因转录成相应的mRNA,供扩增的全长的基因片段中有一个间隔子序列。因此,DNA片段的PCR产物要比mRNA的长些。在电泳道2中,RNA和DNA的条带强度相同,这表明此PCR产物含有基本上等量的靶序列之DNA和mRNA的cDNA拷贝。通过与一系列已知数量的DNA之PCR扩增条带强度的比较分析,亦可估算出在起始样品中mRNA的实际数量。如果是在同样试管中应用同样的引物进行RT-PCR扩增,那么这种估算的结果则是十分精确的。当然,这种mRNA定量测定法的一个

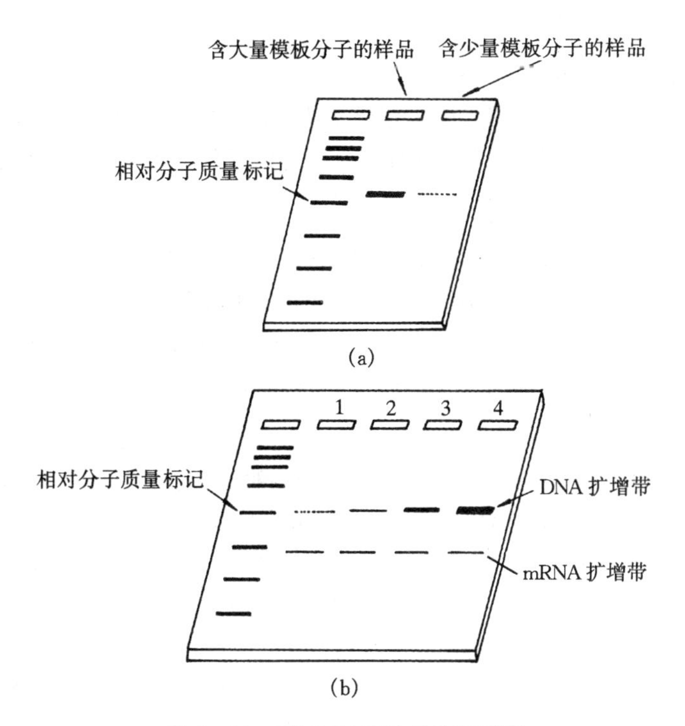

图 5-11　RT-PCR 产物的定量测定

重要前提是,所测定的 mRNA 分子必须来自一种具有一个或数个间隔的基因。这样,所扩增的 DNA 样品的片段才会比 mRNA 扩增产物片段长,因此经过琼脂糖凝胶电泳后,两者才会分离在不同的位置上。

5.3.5　实时定量 PCR 与基因表达分析

实时定量 PCR 技术于 1996 年由美国 Applied Biosystems 公司推出,由于该技术不仅实现了 PCR 从定性到定量的飞跃,而且与常规 PCR 相比,它具有特异性更强、能有效解决 PCR 污染问题、自动化程度高等特点,目前已得到广泛应用。

所谓实时定量 PCR 技术,是指在 PCR 反应体系中加入荧光基团,利用荧光信号积累实时监测整个 PCR 进程,最后通过标准曲线对未知模板进行定量分析的方法。

1. Ct 值的定义

在荧光定量 PCR 技术中有一个很重要的概念——Ct 值。C 代表循环数(cycle),t 代表域值(threshold),Ct 值的含义是:每个反应管内的荧光信号到达设定的域值时所经历的循环数。

2. 荧光域值的设定

以PCR反应的前15个循环的荧光信号作为荧光本底信号,荧光域值(threshold)的缺省设置是3～15个循环的荧光信号的标准偏差的10倍。

3. Ct值与起始模板的关系

研究表明,每个模板的Ct值与该模板的起始拷贝数的对数存在线性关系,起始拷贝数越多,Ct值越小。利用已知起始拷贝数的标准品可作出标准曲线,其中横坐标代表起始拷贝数的对数,纵坐标代表Ct值。因此,只要获得未知样品的Ct值,即可从标准曲线上计算出该样品的起始拷贝数。

4. 荧光基团

荧光定量PCR所使用的荧光基团可分为两种:荧光探针和荧光染料。

(1)荧光探针　PCR扩增时在加入一对引物的同时加入一个特异性的荧光探针,该探针为一寡核苷酸,两端分别标记一个报告荧光基团和一个淬灭荧光基团。探针完整时,报告基团发射的荧光信号被淬灭基团吸收;PCR扩增时,Taq酶的5′—3′外切酶活性将探针酶切降解,使报告荧光基团和淬灭荧光基团分离,从而荧光监测系统可接收到荧光信号,即每扩增一条DNA链,就有一个荧光分子形成,实现了荧光信号的累积与PCR产物形成完全同步。

(2)荧光染料　在PCR反应体系中往往加入过量SYBR荧光染料。SYBR荧光染料特异性地掺入DNA双链后发射荧光信号,而不掺入链中的SYBR染料分子不会发射任何荧光信号,从而保证荧光信号的增加与PCR产物的增加完全同步。

实时定量PCR技术有效地解决了传统定量只能终点检测的局限,实现了每一轮循环均检测一次荧光信号的强度,并记录在电脑软件之中,通过对每个样品Ct值的计算,根据标准曲线获得定量结果。

综上所述,利用标准曲线的实时荧光定量PCR是迄今为止定量最准确、重现性最好的定量方法,已得到全世界的公认,其广泛用于基因表达研究、转基因研究,药物疗效考核、病原体检测等诸多领域。

思考题

1. PCR反应的原理是什么?它与细胞内DNA的复制有何异同?
2. PCR技术主要有哪些方面的应用?
3. 如何实现PCR产物的直接克隆?

第 6 章

基因的体外重组

内容提要:外源基因片段与载体分子在体外的连接称为基因的体外重组,这是基因工程的核心环节。载体可分为质粒载体、噬菌体载体、粘粒载体和人工染色体载体,它们因基因工程的目的和克隆容量的大小不同而有不同的应用。依赖于 DNA 连接酶,可将不同来源的目的基因片段与相应的载体分子相连,完成基因的体外重组。

获得目的基因之后,下一步要做的工作就是要将目的基因与克隆载体在体外加以重组,然后再将重组的载体转化入大肠杆菌或其他细胞内。本章着重讨论与基因体外重组有关的克隆策略、克隆载体、DNA 体外连接等问题。

6.1 基因克隆策略

基因克隆涉及四个主要步骤,一是获得目的 DNA 片段,二是将此 DNA 片段在体外与载体重组,三是将重组后的载体引入受体细胞增殖(图 6-1),最后需从细胞中选择出扩增后的目的基因片段。

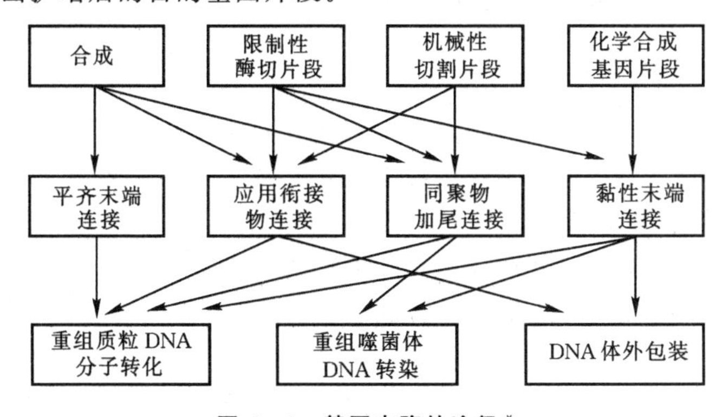

图 6-1 基因克隆的途径 *

* Nicholl D S T. An introduction to genetic engineering[M]. 2nd ed. Cambridge: Cambridge University Press, 2002:88.

6.2　克隆载体

基因克隆的重要环节是把一个外源基因导入生物细胞，并使它得到扩增。然而一个外源 DNA 片段是很难进入受体细胞的，即使进入细胞一般也不能进行复制和功能的表达。这是因为所得到的外源 DNA 片段一般不带有复制子系统，也不具备在新的受体细胞中进行功能表达的调控系统，这样，进行基因克隆是极为困难的。然而，在基因工程操作中，常常把外源 DNA 片段利用运载工具送入生物细胞。我们把携带外源基因进入受体细胞的这种工具叫做载体(vector)。

载体的本质是 DNA。经过人工构建的载体，不但能与外源基因相连，导入受体细胞，而且还能利用本身的调控系统使外源基因在新的细胞中复制。目前，对将外源基因运送到原核生物细胞的载体研究得较多，对运送到植物和动物细胞中去的载体的研究也取得了很大的进展。本节以原核细胞载体为主，讨论它们的结构、功能以及构建过程。

在基因工程中所用的载体主要有 5 类：①质粒(plasmid)，主要指人工构建的质粒；②噬菌体 λ 的衍生物；③柯斯质粒(cosmid)；④单链 DNA 噬菌体 M13；⑤动物病毒。

各类型载体的来源不同，在大小、结构和复制等方面的特性差别很大，但作为基因工程的载体，以下三方面是它们共有的特性和基本要求：①在宿主细胞中能独立自主地复制，即本身是复制子；②容易从宿主细胞中分离纯化；③载体 DNA 分子中有一段不影响它们扩增的非必需区域，插在其中的外源基因可以像载体的正常组分一样进行复制和扩增。

各类载体具有自己独特的生物学特性，可以根据基因工程的需要，有目的地选择合适的载体。以下分别介绍常用的基因工程载体。

6.2.1　质粒载体

质粒作为一种裸露的、比病毒更简单的、有自主复制能力的 DNA 分子，是处于生命与非生命的分界线上。对它们的研究在理论上和实践上，尤其是在生命起源的研究中，都具有重要的意义。但作为基因工程中的质粒，是以天然质粒为基础，加以人工的改造和组建，使之成为外源基因的合适载体。

6.2.1.1　质粒的一般生物学特性

质粒是染色体以外能够自主复制的双链闭合环状 DNA 分子，它广泛存在于细菌细胞中。在霉菌、蓝藻、酵母，甚至在真菌的线粒体中都发现有质粒分子的存在。目前对细菌质粒的研究较为深入，在基因工程中，多使用大肠杆菌质粒为载体。

1. 质粒 DNA

质粒分子的大小为 1～200 kb，不同质粒的相对分子质量差异显著，小质粒约

为 10^6，仅能编码 2～3 种中等大小的蛋白质分子；而最大的质粒相对分子质量可达 10^8 以上。质粒与病毒不同，它是裸露的 DNA 分子，没有外壳蛋白，在基因组中，也没有溶菌酶基因。质粒可以"友好"地借居在宿主细胞中，也只有在宿主细胞中，质粒才能完成自己的复制，同时将其编码的一些非染色体控制的遗传性状进行表达，赋予宿主细胞一些额外的特性，包括抗性特征、代谢特征、修饰寄主生活方式的因子以及其他方面的特征等。其中对抗生素的抗性是质粒最重要的编码特性之一。此外，由质粒 DNA 编码的基因还包括芳香族化合物降解基因、糖酵解基因、产生肠毒素基因、重金属抗性基因、产生细菌素的基因、产生硫化氢的基因以及寄主控制的限制-修饰系统的基因等十余种。

绝大多数质粒 DNA 是双链环形(图 6-2)，它具有 3 种不同的构型：当其两条多核苷酸链均保持着完整的环形结构时，称之为共价闭合环形 DNA(cccDNA)，这样的 DNA 通常呈现超螺旋的 SC 构型；如果两条多核苷酸链中只有一条保持着完整的环形结构，另一条链出现有一至数个缺口时，称之为开环 DNA(ocDNA)，此即 OC 构型；若质粒 DNA 经过适当的限制性核酸内切酶切割之后，发生双链断裂而形成线性分子(lDNA)，通称 L 构型。在琼脂糖凝胶电泳中，不同构型的同一种质粒 DNA 尽管相对分子质量相同，仍具有不同的电泳迁移率，如图 6-3 所示。由于琼脂糖中加有嵌入型染料溴化乙锭，因此，在紫外线照射下 DNA 电泳条带呈橘黄色。(a)道中的 cccDNA 走在凝胶的最前沿，ocDNA 则位于凝胶的最后边；(b)道中的 lDNA 是经限制性核酸内切酶切割质粒之后产生的，它在凝胶中的位置介于 ocDNA 和 scDNA 之间。

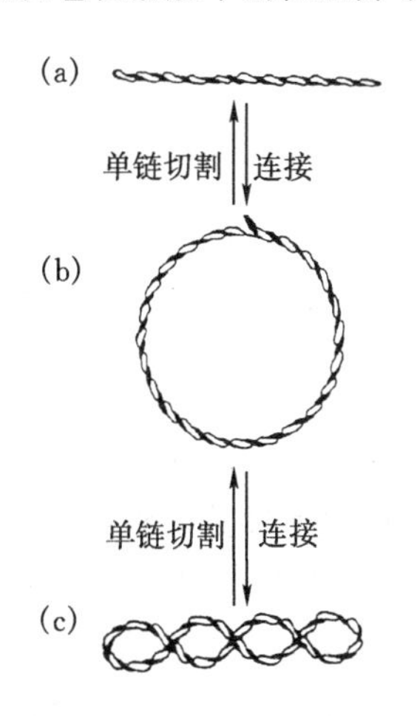

图 6-2　质粒 DNA 的分子构型

(a)松弛线性的 L 构型；(b)松弛开环的 OC 构型；(c)超螺旋的 SC 构型

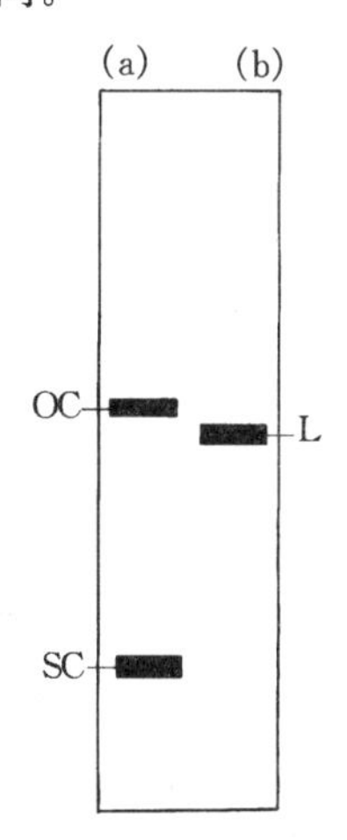

图 6-3　质粒 DNA 琼脂糖凝胶电泳模式图

2. 质粒的类型

在大肠杆菌中已找到许多类型的质粒,其中对 F 质粒、R 质粒和 Col 质粒研究得较为清楚。由于这些质粒的存在,寄主细胞获得了各自不同的性状特征。

(1)F 质粒又叫 F 因子或性质粒(sex plasmid)。F 质粒可以使寄主染色体上的基因随其一道转移到原先不存在该质粒的受体细胞中。

(2)R 质粒亦称抗药性因子,它编码一种或数种抗生素抗性基因。此种抗性通常能转移到缺乏该质粒的受体细胞,使受体细胞也获得同样的抗生素抗性能力。

(3)Col 质粒编码控制大肠杆菌素合成的基因,即所谓产生大肠杆菌素因子。大肠杆菌素是一种毒性蛋白,它可以使不带 Col 质粒的亲缘关系密切的细菌菌株致死。

根据质粒 DNA 中是否含有接合转移基因,可以分成两大类群,即接合型质粒(conjugative plasmid)和非接合型质粒(non-conjugative plasmid)。接合型质粒又称自我转移型质粒,这类质粒除含有自我复制基因外,还带有一套控制细菌配对和质粒接合转移的基因,如 F 质粒、部分 R 质粒和部分 Col 质粒。非接合型质粒亦称非自我转移型质粒,此类质粒能够自我复制,但不含转移基因,因此这类质粒不能从一个细胞自我转移到另一个细胞。从基因工程的安全角度讲,非接合型质粒更适合用作克隆载体。表 6-1 列出了几种主要的质粒类型。

表 6-1　几种主要的质粒类型

按接合转移功能分类	主 要 基 因	按抗性记号分类
非接合型质粒	自主复制基因、产生大肠杆菌素基因	Col 质粒
	自主复制基因、抗生素抗性基因	R 质粒(R 因子)
接合型质粒	自主复制基因、转移基因、细菌染色体区段	F 质粒(F 因子)
	自主复制基因、转移基因、大肠杆菌素基因	Col 质粒
	自主复制基因、转移基因、抗生素抗性基因	R 质粒(R 因子)
	自主复制基因、转移基因、大肠杆菌素基因	Ent 质粒

3. 质粒 DNA 的复制类型

一种质粒在一个细胞中存在的数目称为质粒的拷贝数。根据宿主细胞所含拷贝数的多少,可把质粒分成两种不同的复制型。一种是低拷贝数的质粒,称"严紧型"复制控制的质粒(stringent plasmid),此类质粒每个宿主细胞仅含 1～3 份拷贝。另一类是高拷贝数的"松弛型"复制控制的质粒(relaxed plasmid),这类质粒在每个宿主细胞可达 10～60 份拷贝。

一种质粒究竟是属于严紧型还是松弛型并不是绝对的,这往往与宿主的状况有关。同一质粒在不同的宿主细胞中可能具有不同的复制型,这说明质粒的复制不仅受自身的制约，同时还受到宿主的控制。

在一般情况下，质粒的接合转移能力与复制型及分子大小间有一定的相关性。接合型质粒相对分子质量较大，拷贝数少，一般属严紧型质粒。而非接合型质粒相对分子质量较小，拷贝数多，属松弛型质粒。

4. 质粒的不亲和性

在没有选择压力的情况下，两种亲缘关系密切的不同质粒不能在同一宿主细胞中稳定地共存，这一现象称为质粒的不亲和性(plasmid incompatibility)，也称质粒的不相容性。例如ColE1派生质粒间互不相容。也就是说，这些亲缘关系较近的不同质粒进入同一细胞后，必定有一种质粒在细胞的增殖过程中被逐渐排斥(稀释)掉。

彼此不相容的质粒属于同一个不亲和群(incompatibility group)。而彼此能够共存的亲和质粒，则属于不同的不亲和群。现已鉴别出大肠杆菌质粒有 25 个以上的不亲和群，它们之间是相容的，而同一个不亲和群内的质粒是不相容的。

6.2.1.2　质粒载体的选择

以上讨论的都是天然质粒。天然质粒虽然在理论上和遗传学等方面作出了贡献，但它们很难直接作为基因工程的载体。质粒载体绝大多数是以天然质粒为基础，加以人工改造和组建的，所形成的实用载体可根据不同的实验要求加以选择。

1. 理想质粒载体应具备的条件

作为理想的质粒载体，应具备以下几个条件：①能自主复制，即本身是复制子；②具有一种或多种单一的限制性核酸内切酶位点，且在此位点上插入外源基因片段不致影响本身的复制功能；③在基因组中有 1～2 个选择性标记，为寄主细胞提供易于检测的表型特征；④相对分子质量要小，多拷贝，易于操作。一些常用的大肠杆菌质粒载体列于表 6－2。

表 6－2　若干种常用的大肠杆菌质粒载体

质粒	复制子	大小(kb)	选择表型	基因插入失活克隆位点	其他克隆位点
pSC101	严紧	9.1	Tet^r	*Hind*Ⅲ，*Bam*HⅠ，*Sal*Ⅰ	*Eco*RⅠ
ColE1	松弛	6.36	$ColE1^{Imm}$	*Eco*RⅠ，*Sam*Ⅰ	
pCR1	ColE1	11.4	$ColE1^{Imm}$，Kan^r	*Hind*Ⅲ	*Eco*RⅠ
pAT153	pMB1	3.7	Amp^r，Tet^r	*Bam*HⅠ，*Eco*RV，*Nru*Ⅰ，*pst*Ⅰ，*Pvu*Ⅰ，*Sal*Ⅰ，*Sca*Ⅰ，*Sph*Ⅰ，*Xma*Ⅲ，*Xmn*Ⅰ	*Ava*Ⅰ，*Cla*Ⅰ，*Eco*RⅠ，*HgiE*Ⅱ，*Hind*Ⅲ
pMB9	pMB1，ColE1	5.3	$ColE1^{Imm}$，Tet^r	*Hind*Ⅲ，*Bam*HⅠ，*Sal*Ⅰ	*Eco*RⅠ，*Hpa*Ⅰ，*Sam*Ⅰ

续表 6-2

质粒	复制子	大小(kb)	选择表型	基因插入失活克隆位点	其他克隆位点
pBR322	pMB1	4.4	Amp^r,Tet^r	*BamH*I,*EcoR*V,*Nru*I,*pst*I,*Pvu*I,*Sal*I,*Sca*I,*Sph*I,*Xma*I	*Aat*II,*Ava*I,*Bal*I,*Cla*I,*EcoR*I,*Hind*III,*Nde*I,*Pvu*II,*Tth*111I
pBR324	pMB1	9.1	Amp^r,Tet^r,ColE1^{Imm}	*BamH*I,*EcoR*I,*Sal*I,*Sma*I	*Hind*III
pBR325	pMB1	6.1	Amp^r,Cml^r,Tet^r	*Bal*I,*BamH*I,*EcoR*I,*EcoR*V *Nco*I,*Nru*I,*pst*I,*Pvu*I,*Pvu*II *Sal*I,*Sph*I,*Xma*I,*Xmn*I	*Aat*II,*Asu*II,*Ava*I *Cla*I,*HgiE*II *Hind*III,*Tth*111 I
pBR327	pMB1	3.3	Amp^r,Tet^r	*BamH*I,*EcoR*V,*Nru*I,*pst*I,*Pvu*I,*Sal*I,*Sca*I,*Sph*I,*Xma*III *Xmn*I	*Ava*I,*Cla*I,*EcoR*I *HgiE* II,*Hind*III
pACYC177	p15A	3.9	Amp^r,Kan^r	*Hind*II,*Hind*III,*Nru*I,*pst*I,*Sma*I,*Xho*I	*BamH*I
pACYC184	p15A	4.0	Cml^r,Tet^r	*BamH* I,*EcoR* I,*Sal* I	*Hind*III
pKC7	pMB1	5.9	Amp^r,Kan^r	*pst* I	*Ava* I,*BamH* I,*Bgl* II,*EcoR* I,*Hind*III,*Pvu* II,*Sal* I
pMK16	ColE1	4.5	ColE1^{Imm},Kan^r,Tet^r	*BamH* I,*Sal* I,*Sam* I,*Xho* I	*EcoR* I
pMK20	ColE1	4.1	ColE1^{Imm},Kan^r	*Hind*III,*Sma*I,*Xho*I	*EcoR* I,*pst* I
pDF41	F′lac	12.8	Trp$^+$		*BamH*I, *EcoR*I, *Hind*III,*Sal*I
pDF42	F′lac ColE1	17.3	Trp^r,ColE1^{Imm} Tet^r,Kan^r		*BamH* I,*Hind*III,*Sal* I
pMK2004	pMB1	5.2	Amp^r,Kan^r,Tet^r	*BamH*I,*pst*I,*Sal*I,*Sma*I,*Xho*I	*EcoR* I

2. 质粒载体的选择标记

质粒载体的选择性标记包括新陈代谢特性、对大肠杆菌素 E1 的免疫性以及抗生素抗性等多种。但应该说绝大多数的质粒载体都是使用抗生素抗性标记,而且主要集中在四环素抗性、氨苄青霉素抗性、链霉素抗性以及卡那霉素抗性等少数几种抗生素抗性标记上。这一方面是由于许多质粒本身就是带有抗生素抗性基因的抗药性 R 因子；另一方面则是因为抗生素抗性标记具有便于操作和易于选择等优点。基因克隆操作中常用的几种抗生素的作用方式及抗性机理列于表6－3。

表 6－3　若干抗生素的作用方式及其抗性机理

抗生素名称	作　用　方　式	抗　性　机　理
氨苄青霉素(Amp)	这是一种青霉素的衍生物，它通过干扰细菌胞壁合成之末端反应而杀死生长的细菌	氨苄青霉素抗性基因(*bla* 或 *amp*^{r})编码的一种周质酶，即 β-内酰胺酶，可特异地切割氨苄青霉素的 β-内酰胺环，从而使之失去杀菌的效力
氯霉素(Cml)	这是一种抑菌剂，它通过与核糖体 50S 亚基的结合作用干扰细胞蛋白质的合成，并阻止肽键的形成	是氯霉素抗性基因(*cat* 或 *cml*^{r})编码的乙酰转移酶，可特异地使氯霉素乙酰化而失活
卡那霉素(Kan)	这是一种杀菌剂，它通过与 70S 核糖体的结合作用导致 mRNA 发生错读(misreading)	是卡那霉素的抗性基因(*kan* 或 *kan*^{r})编码的氨基糖苷磷酸转移酶，可对卡那霉素进行修饰，从而阻止其与核糖体之间发生相互作用
链霉素(Sm)	这是一种杀菌剂，它通过与核糖体的 30S 亚基的结合作用导致 mRNA 发生错译	是链霉素抗性基因(*str* 或 *str*^{r})编码的一种特异性酶，可对链霉素进行修饰，从而抑制其与核糖体 30S 亚基的结合
四环素(Tet)	这是一种抑菌剂，它通过与核糖体 30S 亚基之间的结合作用阻止细菌蛋白质的合成	是四环素抗性基因(*tet* 或 *tet*^{r})编码的一种特异性的蛋白质，可对细菌的膜结构进行修饰，从而阻止四环素通过细胞膜从培养基中转运到细胞内

3. 不同载体类型的选用

在基因工程中，有些载体可作外源基因的表达等特殊用途，但一般的克隆实验可按载体的性质不同区分为数种不同的类型。这样可根据具体的实验要求选用适当的质粒载体。

若 DNA 重组实验中克隆的目的是要获得大量高纯度的 DNA 片段，可选用具有高拷贝数的质粒载体，如 ColE1、pMB1、pMB9 等松弛型复制子质粒。这些质粒具有较高的拷贝数,并且在细菌培养中加入氯霉素等蛋白质合成抑制剂,可使拷贝数增加到 1 000～3 000 个/细胞,这样有利于得到大量的外源 DNA 片段。

有些外源基因用高拷贝数质粒载体克隆后,其产物含量过高,会干扰寄主细胞的新陈代谢活动。对于这样的克隆基因,则最好选用由严紧型复制子 pSC101 派生来的质粒载体,如 pLG338、pLG339、pHS415 等。这些质粒的拷贝数在每个细胞中只有几个,可在低水平的基因剂量下增殖克隆的外源 DNA 片段。

有些低拷贝数的质粒是温度敏感型的,在不同的温度下,拷贝数有显著的变化。例如 pOU71 质粒,在低于 37℃培养的条件下,每个细胞平均只有一个拷贝的质粒 DNA,当温度上升到 42℃时,其拷贝数可增加到 100 个以上。这样可利用温度的控制,来获取大量的外源基因片段。

绝大多数外源 DNA 片段不具备可供选择的标记。为此,与其重组的载体所含的选择标记是极为重要的。若把外源 DNA 片段插入到载体的选择标记基因中而使此基因失活,丧失其原有的表型特征,这种方法叫插入失活。大多数质粒载体都具有插入失活的克隆位点,插入失活型是常用且好用的质粒载体。

6.2.1.3　常用的大肠杆菌质粒载体

1. pSC101 质粒载体

pSC101 是一种严紧型复制控制的低拷贝数的大肠杆菌质粒载体(图 6－4),平均每个寄主细胞中仅有 1～2 个拷贝。其分子大小为 9.09 kb,即相当于 5.8×10^6,编码有一个四环素抗性基因(tet^r)。该质粒对于 *Eco*RⅠ、*Hind*Ⅲ、*Bam*HⅠ、*Sal*Ⅰ、*Xho*Ⅰ、*Pvu*Ⅱ等限制性核酸内切酶具有单一切割位点。其中在 *Hind*Ⅲ、*Bam*HⅠ和 *Sal*Ⅰ等 3 个位点克隆外源 DNA 都会导致 tet^r 基因失活。

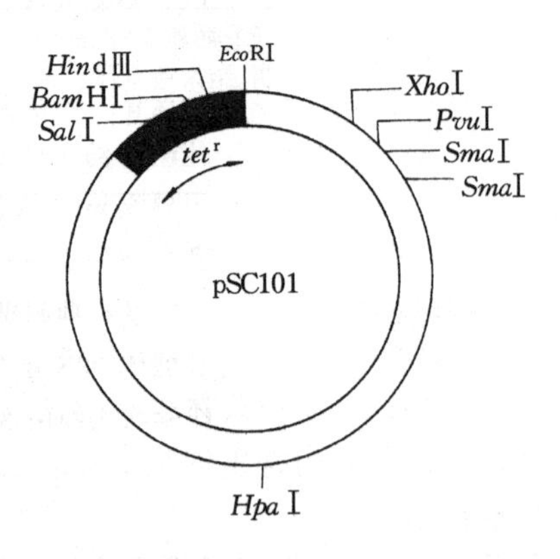

图 6－4　大肠杆菌 pSC101 质粒载体形体图

pSC101 质粒载体是第一个成功地用于克隆质粒 DNA 的大肠杆菌质粒载体。在 1973 年进行的这类克隆实验,是将带有非洲爪蟾核糖体基因的 *Eco*RⅠ DNA片段连接到 pSC101 复制子上(图6－5)。

作为 DNA 克隆载体,pSC101 质粒不仅具有可插入外源 DNA 的 *Eco*RⅠ单克隆位点的优越性,而且还具有四环素抗性的选择标记。更令人满意的是,在 *Eco*RⅠ位点插 DNA 不影响这两方面的功能,因此它被选用为第一个真核基因的克隆载

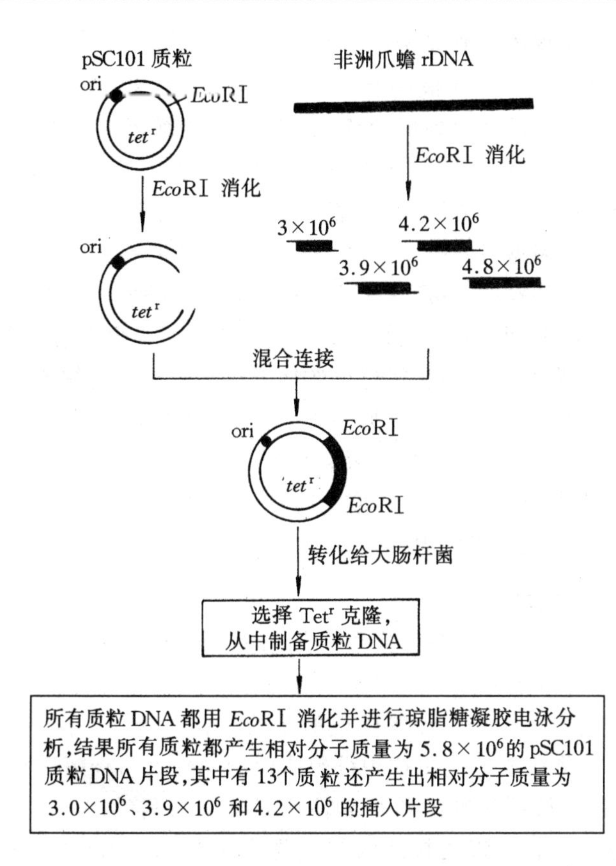

图 6－5　应用 pSC101 质粒作载体在大肠杆菌细胞中克隆非洲爪蟾的基因

体。但是这个质粒载体也有明显的缺点，它是一种严紧型复制控制的低拷贝质粒，从带有该质粒的寄主细胞中提取 pSC101 DNA，其产量就要比通常使用的其他质粒低得多。

2. ColE1 质粒载体

ColE1 质粒是属于大肠杆菌 Col 类质粒中的一种，能产生大肠杆菌素，属天然质粒。ColE1 质粒大小为 6.3 kb，相对分子质量为 4.2×10^6，有 ColE1 的单一酶切位点和松弛型复制子。在含有 ColE1 质粒的细菌培养物中加入氯霉素以抑制蛋白质的合成，宿主染色体 DNA 的复制便被抑制，细胞的生长也随之停止，而质粒 DNA 仍可继续进行数小时的复制，最后每个宿主细胞所累积的 ColE1 质粒的拷贝数可达 1 000～3 000 个，此时质粒 DNA 大约可占细胞总 DNA 的 50%左右。

这种质粒 DNA 的扩增作用在基因工程中是很重要的。

ColE1 质粒的基因组除了编码有大肠杆菌素 E1 基因外,为了其自身存活的需要,还编码有使宿主细胞对大肠杆菌素 E1 免疫性的基因。如果在 ColE1 质粒的 *Eco*RⅠ 点上插入外源 DNA 片段,由于这一位点正好处于大肠杆菌素 E1 的基因编码区,导致了此基因的插入失活,但不影响大肠杆菌素 E1 免疫基因的表达,照样表现出 E1 免疫性的表型(Imm E1),这样对大肠杆菌素的免疫特征可作为一种选择标记。若在 ColE1 质粒的*Eco*RⅠ位点插入外源 DNA 序列,则宿主细胞不能合成大肠杆菌素 E1(ColE1$^-$),而具有免疫性(Imm E1$^+$)表型的为含有重组质粒的细胞。

类似以大肠杆菌素免疫为选择标记的体系存在着较大的缺陷。因为利用这类免疫性的选择在操作上很不方便。另一方面,在细菌群体中能以相当高的频率自发产生出抗大肠杆菌素的突变细胞,故需特别小心使用。然而 ColE1 的重要性并不在于直接用它作为载体,而在于以它为母体构建新质粒,特别是它的松弛型复制子几乎是所有人工质粒的组成单元。

3. pBR322 质粒载体

为改进转化子筛选技术,有必要用人工的方法构建一种既带有多种抗药性选择标记,又具有相对分子质量小、高拷贝、外源 DNA 插入不影响复制功能、有多种限制性核酸内切酶单一切割位点等优点的新的质粒载体。目前,在基因克隆中广泛使用的 pBR322 质粒就是按照这种设想构建的一种大肠杆菌质粒载体。

pBR322 质粒是按照标准的质粒载体命名法则命名的。“p”表示它是一种质粒;而“BR”则是分别取自该质粒的两位主要构建者 F. Bolivar 和 R. L. Rodriguez 姓氏的头一个字母,“322”系指实验室编号,以与其他质粒载体如 pBR325、pBR327、pBR328 等相区别。当然,“BR”恰好与“细菌抗药性” (bacterial resistance)两个词的第一个字母等同,所以有不少人认为 pBR322 中的“pBR”是“细菌抗药性质粒”的英文缩写。这显然是一种容易使人信以为真的猜想,而事实上只是一种有趣的巧合。

(1) pBR322 质粒的构建 pBR322 质粒的亲本之一是 pMB1 质粒。当初之所以对这种质粒感兴趣,是因为它的相对分子质量较小,分子长度仅为 8.3 kb,并携带着决定对氨苄青霉素抗性的基因,以及控制*Eco*RⅠ 限制-修饰体系的基因,而且同另一种天然质粒 ColE1 又十分相似。

pBR322 质粒上的氨苄青霉素抗性基因(amp^r)是取自于 pSF2124 质粒。关于它的来源可追溯到 1963 年,那时在英国的伦敦从沙门氏菌中分离出一种叫做 R7268 的质粒,这个质粒后来又被重新命名为 R1 质粒,它带有一个 amp^r 基因。R1 的一个变异体 R1drd19 带有 5 种抗药性基因:amp^r、cml^r、str^r、sul^r、kan^r。位于 R1drd19 质粒上的易位子 Tn3,编码有对氨苄青霉素抗性的 β-内酰胺酶基因。在一次独立进行的实验中，将 R1drd19 质粒与 ColE1 质粒共培养在同样的细菌细胞中，结果在这两个质粒之间发生了体内易位作用，易位子 Tn3 便从 R1drd19 质粒易位到 ColE1 质粒，由此产生的新质粒 pSF2124 也是 pBR322 质粒的亲本之一，它同时带有控制大肠杆菌素 E1 合成的基因和氨苄青霉素抗性基因，对*Bam*HⅠ和*Eco*RⅠ两种限制性酶都只有一个识别位点，而且在这两个位点上插入外源 DNA 都不会影响氨苄青霉素抗性的活性。

在 pBR322 的构建过程中（图6-6）的一个重要目标是缩小基因组的体积，这就需要从质粒 DNA 上移去一些对基因克隆载体无关紧要的 DNA 片段，同时也伴随着消除掉对 DNA 克隆无用的限制酶识别位点。得到了其基因组体积变小的质粒之后，还要设法使质粒内存在的易位子统统失去功能。易位子的转移（即易位）经常伴随着发生缺失作用。这种缺失可以从易位子内部开始一直延伸到它外部两边的侧翼序列。在克隆载体内发生任何这类事件都是十分讨厌的。因为易位作用的结果有可能导致选择标记的丧失，甚至也可能导致克隆 DNA 片段的丧失或重排。同样，DNA 片段从一个复制子转移到另一个复制子的现象也是不希望发生的，因为这有可能为潜在的危险性基因从实验室内部逃逸到周围环境提供一条途径。但围绕在易位子两侧的重复序列内部的缺失，则会使这种序列失去易位能力。

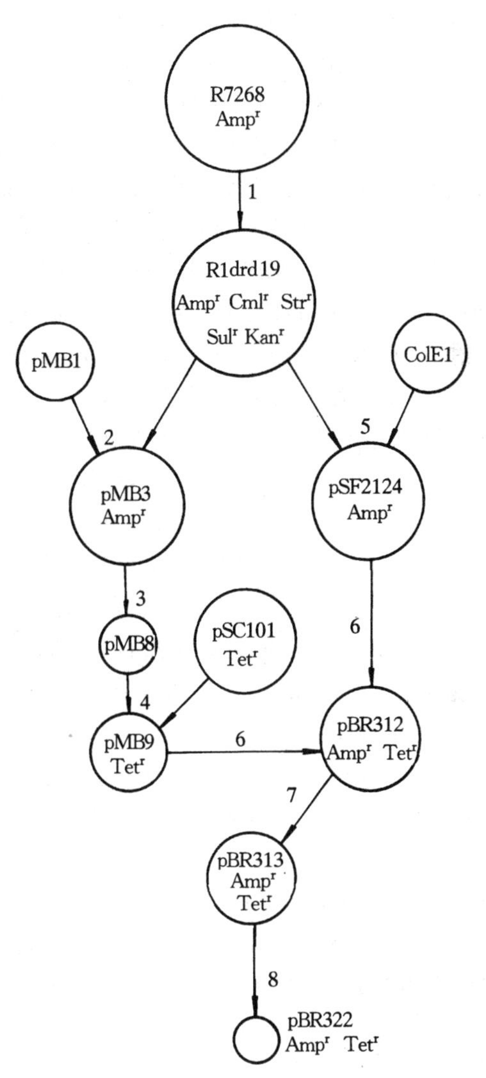

图 6-6　pBR322 质粒载体的构建过程

Amp^r：氨苄青霉素抗性；Cml^r：氯霉素抗性；Str^r：链霉素抗性；Sul^r：磺胺抗性；Kan^r：卡那霉素抗性；Tet^r：四环素抗性

现在普遍使用的大多数质粒载体的复制子都是来源于 pMB1 质粒。构建 pBR322 的第一步是在体内将 R1drd19 质粒的易位子 Tn3 易位到 pMB1 质粒上,形成大小为 13.3 kb 的质粒 pMB3。这种体积对作为克隆载体来说仍然是大了一些。为了缩小 pMB3 质粒的体积,又要保留它的复制起点、选择标记以及对大肠杆菌素 E1 的免疫性,可在*Eco*RⅠ* 活性条件下消化 pMB3 质粒,由这种切割所产生的*Eco*RⅠ AATT 黏性末端能够重新连接起来形成环状分子。然后把这些分子导入大肠杆菌,其中只有具有质粒复制起点的分子才能成功地转化大肠杆菌细胞。这样便可能挑选到失去了*Eco*RⅠ* 片段的重组体。其中的重组体之一命名为 pMB8 质粒,分子大小为 2.6 kb,它仅带有对大肠杆菌素 E1 免疫性基因及*Eco*RⅠ单一识别位点,但失去了对氨苄青霉素的抗性。然后设法将带有抗药性的 DNA 片段导入 pMB8 质粒。在*Eco*RⅠ* 活性条件下切割 pSC101 质粒,后同已经加入*Eco*RⅠ的 pMB8 DNA 连接,结果便首次实现了将来自 pSC101 质粒的含四环素抗性基因(tet^r)的 DNA 片段导入 pMB8 质粒。在这样的实验中分离出了一个 5.3 kb 的重组质粒 pMB9,它获得了 ColE1 质粒的复制特性,并含有对大肠杆菌素 E1 免疫性基因和四环素抗性基因(tet^r),又具有*Eco*RⅠ限制酶的单一识别位点,因此已被广泛地用作基因克隆载体。

pMB9 质粒还具有 *Hind*Ⅲ、*Bam*HⅠ和 *Sal*Ⅰ等 3 种限制酶的单一切点,不过在这 3 个位点插入外源 DNA 都会导致 Tet^r 标记的失活,而对大肠杆菌素 E1 的免疫性又不是一种特别好的选择标记。为了能够利用位于四环素抗性基因中的这 3 个单一识别位点来克隆外源的 DNA,同时又能利用有抗生素抗性的强选择性标记,人们便设法将氨苄青霉素抗性基因(amp^r)导入 pMB9 质粒。其办法是将 pMB9 和 pSF2124 两种质粒共培养在同一种细菌细胞中,使 Tn3 易位子从 pSF2124 质粒易位到 pMB9 质粒。易位的结果形成了既抗氨苄青霉素(Amp^r),又抗四环素(Tet^r)的双重抗性的重组质粒 pBR312,其分子大小为 10.2 kb。由于 Tn3 易位子也有一个*Bam*HⅠ限制酶的识别位点,因此形成的这种双重抗药性的 pBR312 质粒就不再具有*Bam*HⅠ单一识别位点的结构。为了除去这个多余的位于 Tn3 易位子上的*Bam*HⅠ识别位点,将 pBR312 质粒作*Eco*RⅠ* 消化,然后将消化的片段再连接起来,于是产生出一个分子大小为 8.8 kb 的质粒 pBR313。这个质粒只剩下一个*Bam*HⅠ识别位点,它位于 tet^r 基因中。外源的 DNA 插入这个*Bam*HⅠ位点或 *Hind*Ⅲ及 *Sal*Ⅰ位点,都会造成 tet^r 基因失活,而 amp^r 基因仍然保留着功能活性。由于易位子 Tn3 上的*Bam*HⅠ位点的序列片段已经缺失,所以 amp^r 基因就不再能够易位到别的附加体上。

构建 pBR322 质粒的最后阶段,是从 pBR313 质粒上除去两个*pst*Ⅰ位点,形成 Amp^sTet^r 表型的质粒 pBR318;同时将 pBR313 质粒的 *Eco*RⅡ片段去掉,形成具

$Amp^r Tet^s$ 表型的质粒 pBR320。然后将这两个都来源于 pBR313 的派生质粒的酶切消化片段在体外重组，便产生了相对分子质量进一步缩小的 pBR322 质粒(图 6-7)。

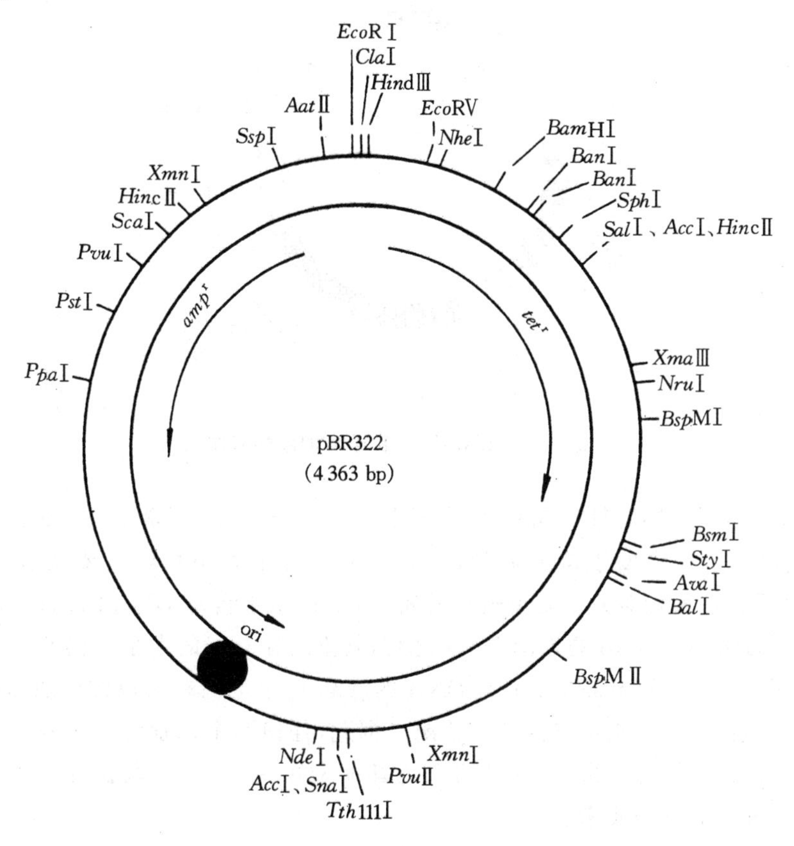

图 6-7 pBR322 质粒载体的形体图

(2) pBR322 质粒的优点　从上面关于 pBR322 质粒的构建过程可以看出，它是由 3 个不同来源的部分组成：第一部分来源于 pSF2124 质粒易位子 Tn3 的氨苄青霉素抗性基因(amp^r)；第二部分来源于 pSC101 质粒的四环素抗性基因(tet^r)；第三部分则来源于 ColE1 的派生质粒 pMB1 的 DNA 复制起点(ori)，如图 6-8 所示。

pBR322 质粒载体的第一个优点是具有较小的相对分子质量。为了方便起见，大家规定 pBR322 质粒 DNA 分子核苷酸的计数从*Eco*RⅠ识别位点开始，并公认该识别序列 GAATTC 中的第一个 T 为核苷酸 1(图 6-8)，然后沿着从 tet^r 基

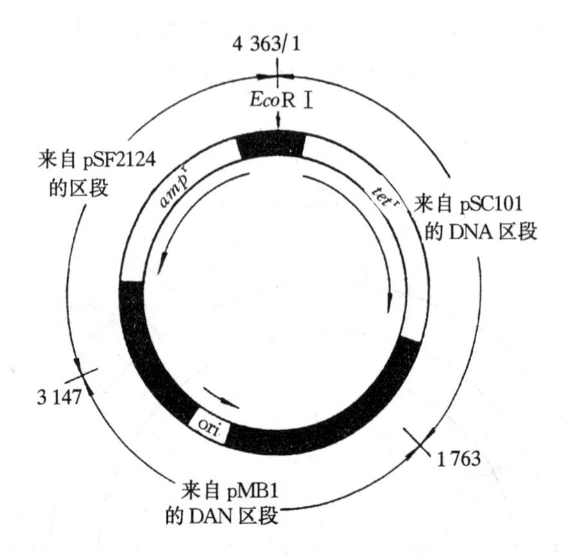

图 6-8　pBR322 质粒载体的结构来源

因到 *amp*r 基因按顺时针方向计数,总共长度为4 363 bp。经验表明,为了避免在 DNA 的纯化过程中发生链的断裂,克隆载体的分子大小最好不要超过 10 kb。pBR322 质粒这种相对分子质量较小的特点,不仅易于自身 DNA 的纯化,而且即便克隆一段大小达 6 kb 的外源 DNA 之后,其重组体分子的大小也仍然在符合要求的范围之内。根据 pBR322 质粒 DNA 的碱基序列结构图,可以详尽地标出有关限制性核酸内切酶识别位点的分布情况。据此,任何两个识别位点之间的距离长度都可以准确地计算出来,这样便可以为其他未知的 DNA 片段长度的测定提供相应的标准相对分子质量。

pBR322 质粒的第二个优点是具有两种可供利用的抗生素抗性选择标记。现在已知共有 24 种限制性核酸内切酶对 pBR322 分子有单一性切割位点,其中有 7 种酶,即 *Eco*RⅤ、*Nhe*Ⅰ、*Bam*HⅠ、*Sph*Ⅰ、*Sal*Ⅰ、*Xma*Ⅰ和 *Nru*Ⅰ,它们的识别位点是位于四环素抗性基因内部,另外有 *Cla*Ⅰ和 *Hind*Ⅲ的识别位点是存在于这个基因的启动区内,在这 9 个位点上插入外源 DNA 片段都会导致 *tet*r 基因的失活。还有 3 种限制酶(*Sca*Ⅰ、*Pvu*Ⅰ、*pst*Ⅰ)在氨苄青霉素抗性基因(*amp*r)内具有单一识别位点,在此位点插入外源 DNA 则会导致 *amp*r 基因的失活(图 6-9)。

pBR322 质粒载体的第三个优点是具有较高的拷贝数,而且经过氯霉素扩增之后每个细胞中可累积 1 000～3 000 个拷贝,这就为重组 DNA 的制备提供了极大的方便。

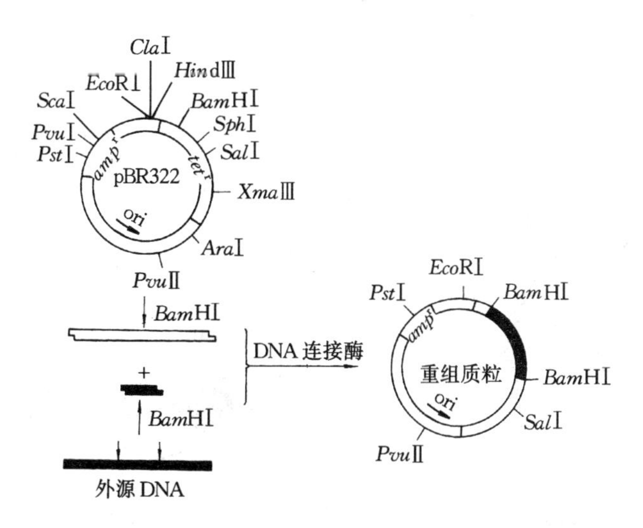

图 6－9　pBR322 质粒载体 *tet*ʳ 基因的插入失活效应

(3) pBR322 质粒载体的改良　为了使 pBR322 质粒更具安全性，同时也更加实用，人们对 pBR322 质粒进行了不断的改良，得到了许多 pBR322 的衍生质粒，它们各有特点，在基因工程操作中具有各自不同的实用价值。下面介绍两种 pBR322 的衍生质粒。

● pAT153 质粒　用 *Hae*Ⅱ消化 pBR322，使其缺失 *Hae*Ⅱ的 B 和 G 片段，进而形成 3.6 kb 的小质粒。pAT153 的酶切位点和抗性标记与 pBR322 质粒相同，其重要特点是缺失了迁移蛋白基因(mob)的作用位点 bom，因而不管有何种质粒的参与都不会发生迁移作用，比 pBR322 质粒具有更高的安全防护保障。同时，pAT153 在宿主细胞中的拷贝数大约比亲本质粒 pBR322 高出 1.53 倍。pAT153 的结构见图 6－10。

● pBR325 质粒　在 pBR322 质粒中，基因工程中最常用的限制酶*Eco*RⅠ位点不具备插入失活效应，这是 pBR322 质粒的一个缺点。为此将大肠杆菌转导噬菌体 PICm 的*Hae*Ⅱ片段(该片段具有*Eco*RⅠ单一切点的 *cml*ʳ 基因)插入 pBR322，得到一个长度为 6.0 kb 的新质粒 pBR325。该质粒携带有三个抗性基因(*tet*ʳ、*amp*ʳ、*cml*ʳ)，并都具有插入失活的单一酶切位点，其结构见图 6－11。pBR325 质粒对如下几种核酸内切限制酶具有单切割位点：*Eco*RⅠ(0/5 995)、*Hind*Ⅲ(1 248)、*Bam*HⅠ(1 594)、*Sal*Ⅰ(1 869)、*pst*Ⅰ(4 831)。箭头指示抗生素抗性基因的转录方向。

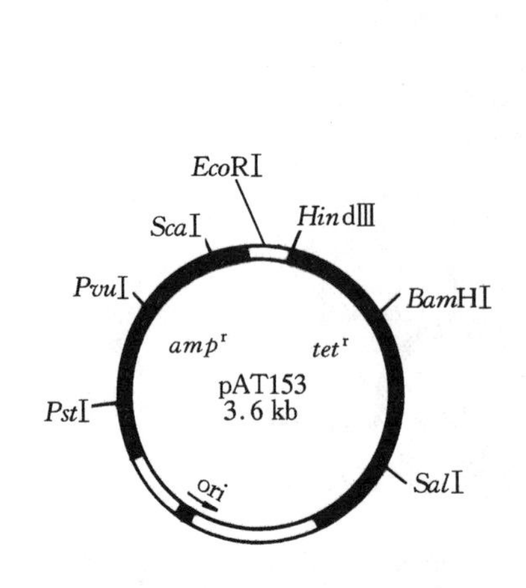

图 6-10　质粒 pAT153 的结构

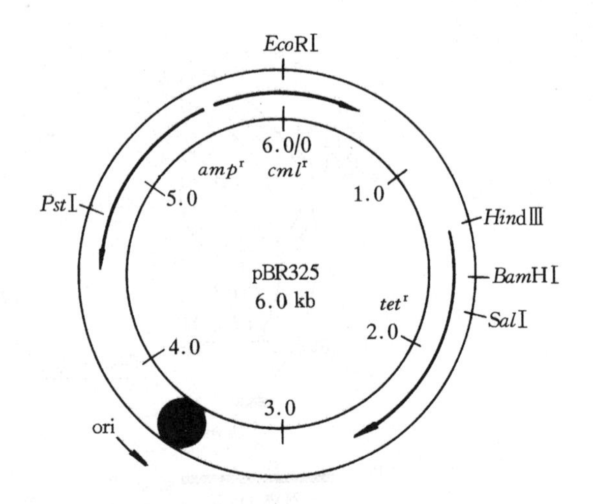

图 6-11　pBR325 质粒的形体图

4. pUC 质粒载体

pUC 质粒是在 pBR322 质粒载体的基础上，加入了一个在其 5′端带有多克隆位点(multiple cloning sites，MCS)的 *lacZ′*基因，从而发展成为具有双功能检测特性的新型质粒载体系统。

(1)pUC 质粒载体的结构　此类质粒载体之所以取名为 pUC，是因为它是由美国加利福尼亚大学(University of California)的科学家 J. Messing 和 J. Vieria 于 1987 年首先构建的。一种典型的 pUC 系列的质粒载体包括以下 4 个组成部分：①来自 pBR322 质粒的复制起点(ori)；②氨苄青霉素抗性基因(amp^r)，但它的核苷酸序列已经发生了变化，不再含有原来的限制性核酸内切酶单一识别位点；③大肠杆菌 β-半乳糖苷酶基因(*lacZ*)的启动子及其编码 α-肽链的 DNA 序列，此结构称*lacZ′*基因；④位于 *lacZ′*基因中的靠近 5′端的一段 MCS 区段，但并不破坏该基因的功能(图6-12)。这是一种相对分子质量小、高拷贝的大肠杆菌质粒载体。MCS 序列中含有*Eco*RⅠ、*Sac*Ⅰ、*Kpn*Ⅰ、*Sma*Ⅰ、*Xma*Ⅰ、*Bam*HⅠ、*Sal*Ⅰ、*Acc*Ⅰ、*Hinc*Ⅱ、*Pst*Ⅰ、*Sph*Ⅰ和*Hind*Ⅲ等单一识别位点。pUC18 与 pUC19 相比，两者的差别仅仅在于多克隆位点的插入方向彼此相反。在 pUC18 中，*Eco*RⅠ位点紧挨于 P_{lac}下游；在 pUC19 中，*Hind*Ⅲ位点紧挨于 P_{lac}下游。

pUC7 是最早构建的一种 pUC 质粒载体。它是由编码有 amp^r 基因的 pBR322 质粒的*Eco*RⅠ～*Pvu*Ⅱ片段以及大肠杆菌 *lacZ* 基因 α 序列内的 *lacZ* 操纵子的 *Hae*Ⅱ片段构成的。为了使在 *lacZ* 基因的 α 序列中能有几个完全有用的

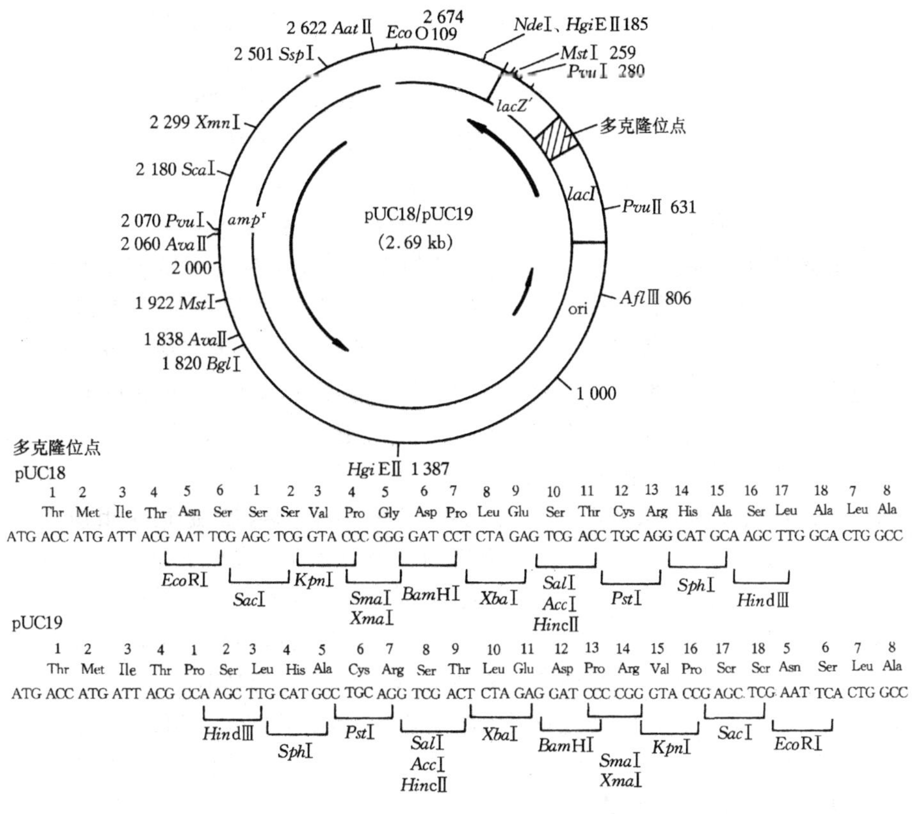

图 6-12　pUC18 及 pUC19 质粒载体的形体图

克隆位点，首先必须对 pBR322 质粒的这个片段进行改进，以便除去一些酶的识别位点。这些改进步骤包括引发体内突变，除去 *Pst* Ⅰ 和 *Hinc* Ⅱ 两个限制酶的识别位点，然后再用体外缺失突变技术，除去 *Acc* Ⅰ 限制酶识别位点，结果使 pUC7 质粒载体对限制酶 *Pst* Ⅰ、*Hinc* Ⅱ 和 *Acc* Ⅰ 都只具有一个唯一的克隆位点，且都位于 *lacZ* 基因的 α 序列内。

后来，在 pUC7 质粒载体的基础上又进一步构建了 pUC8 和 pUC9 两种质粒载体。在它们的 *lacZ* 基因 α 序列内，有一段相反取向的 MCS，而且分别同 M13mp8 和 M13mp9 噬菌体载体的相应部分完全相同。由于具有这样的特点，我们便能够把双酶消化产生的限制片段以两种相反的取向分别克隆在 pUC8 和 pUC9 质粒载体上。此外，pUC12、pUC13、pUC18 及 pUC19 等质粒载体，除了在 *lacZ* 基因 α 序列上含有其他克隆位点之外，它们也都具有 pUC7 质粒类似的性质。这些质粒载体分别与相应的 M13mp 噬菌体载体具有相同的 *lacZ* 基因 α 序列。这两种载体系统之间在分子结构上存在的这种相互对应的关系,为在它们两者之间转移插入的外源DNA片段提供了很大的方便。

(2) pUC质粒载体的优点　与pBR322质粒载体相比,pUC质粒载体系列具有许多方面的优越性,是目前基因工程研究中最通用的大肠杆菌克隆载体之一。下面以pUC8质粒载体为例,概括如下三方面的优点。第一,具有更小的相对分子质量和更高的拷贝数。在pBR322基础上构建pUC质粒载体时,仅保留下其中的氨苄青霉素抗性基因及复制起点,使其分子相应地缩小了许多。如pUC8为2 750 bp,pUC18为2 686 bp。同时,由于偶然的原因,在操作过程中使pBR322质粒的复制起点内部发生了自发的突变,导致*rop*基因的缺失。由于该基因编码的共63个氨基酸组成的Rop蛋白质是控制质粒复制的特殊因子,因此它的缺失使得pUC8质粒的拷贝数比带有pMB1或ColE1复制起点的质粒载体都要高得多,不经氯霉素扩增,平均每个细胞即可达500～700个拷贝。所以由pUC8质粒重组体转化的大肠杆菌细胞可获得高产量的克隆DNA分子。第二,适用于组织化学方法检测重组体。pUC8质粒结构中具有来自大肠杆菌lac操纵子的*lacZ'*基因,所编码的α-肽链可参与α-互补作用。因此,在应用pUC8质粒为载体的重组实验中,可用X gal显色的组织化学方法进一步实现对重组体转化子克隆的鉴定。第三,具有MCS区段。pUC8质粒载体具有与M13mp8噬菌体载体相同的MCS区段,它可以在这两类载体系统之间来回“穿梭”。因此,克隆在MCS当中的外源DNA片段可以方便地从pUC8质粒载体转移到M13mp8载体上,进行克隆序列的核苷酸测序工作。同时,也正是由于具有MCS序列,可以使具有两种不同黏性末端(如*Eco*RⅠ和*Bam*HⅠ)的外源DNA片段无需借助其他操作而直接克隆到pUC8质粒载体上。

6.2.2　噬菌体载体

噬菌体是一类细菌病毒的总称,英文名称叫做*Bacteriophage*,简称phage,它来源于希腊文“phagos”,系指吞噬之意。就其结构来讲,噬菌体的结构要比质粒复杂得多。在噬菌体DNA分子中,除具有复制起点外,还有编码外壳蛋白质的基因。像质粒分子一样,噬菌体也可用于克隆和扩增特定的DNA片段,是一种良好的基因载体。

6.2.2.1　噬菌体的一般生物学特性

不同种类的噬菌体颗粒在结构上差别很大,大多数的噬菌体呈带尾部的二十面体,如噬菌体λ,还有相当一部分噬菌体为线状体型,如噬菌体M13。图6-13显示了T2噬菌体的结构。

噬菌体颗粒的外壳是蛋白质分子。内部的核酸,最常见的是双链线性 DNA,除此之外,还发现有双链环形 DNA、单链环形 DNA、单链线性 DNA 等多种形式。其核酸的相对分子质量在不同种噬菌体之间相差很大,有的相差甚至达上百倍。

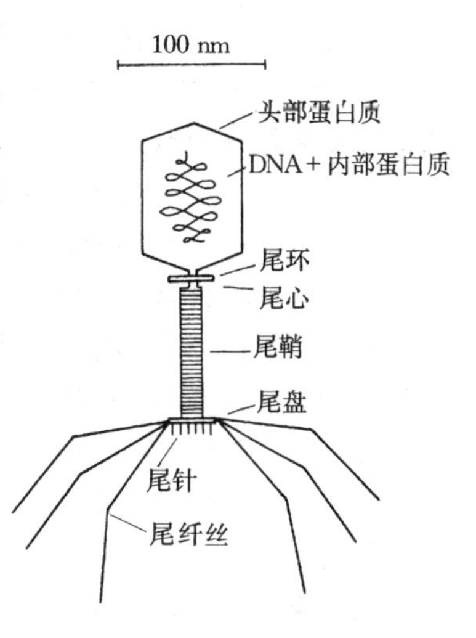

图 6-13　T2 噬菌体颗粒的结构示意图

噬菌体的感染率极高。一个噬菌体颗粒感染了一个细胞之后,便可迅速地形成数百个子代噬菌体颗粒,每一个子代颗粒又各自能够感染一个新的细菌细胞,再产生出数百个子代颗粒。如此只要重复 4 次感染周期,一个噬菌体颗粒便能够使数 10 亿个细菌细胞致死。若是在琼脂平板上感染生长着的细菌,则是以最初被感染的细胞所在位置为中心,慢慢地向四周均匀扩展,最后在琼脂平板上形成明显的噬菌斑,也就是感染的细菌细胞被噬菌体裂解之后留下的空斑。

噬菌体的生命周期可分为溶菌周期和溶源周期两种不同的类型。溶菌周期是指噬菌体吸附到寄主细胞表面之后,注入 DNA,噬菌体进行 DNA 复制及蛋白质合成,并组装成噬菌体颗粒,最后使寄主细胞裂解,释放出子代噬菌体颗粒。只具有溶菌周期的噬菌体叫烈性噬菌体(virulent phage)。图 6-14 显示出烈性噬菌体的生命周期。

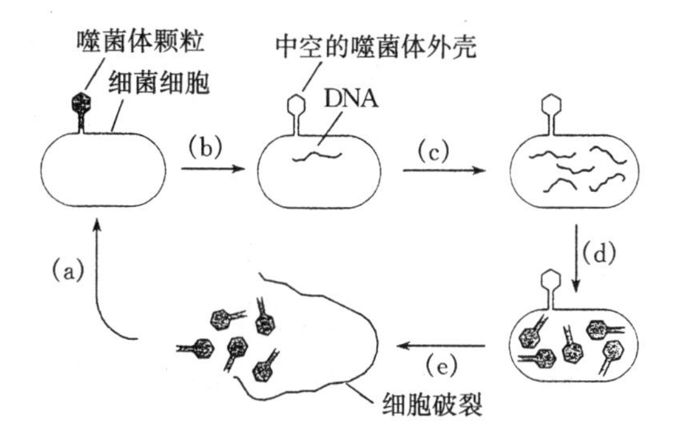

图 6-14　一种典型的烈性噬菌体的生命周期

(a)噬菌体颗粒吸附到寄主细胞表面;(b)噬菌体 DNA 注入寄主细胞;(c)噬菌体 DNA 复制及头部蛋白质合成;(d)子代噬菌体颗粒组装;(e)寄主细胞溶菌,释放出子代噬菌体颗粒溶源周期是指在感染过程中没有产生出子代噬菌体颗粒,噬菌体 DNA 是整合到寄主细胞 DNA 上,成为它的一个组成部分。具有这种溶源周期的噬菌体,叫做温和噬菌体(temperate phage)。具有一套完整的噬菌体基因组的细菌叫做溶源性细菌(lysogen)。用温和噬菌体感染细菌培养物使之形成溶源性细菌的过程,叫做溶源化(lysogenization)。在溶源性细菌内存在的整合的或非整合的噬菌体 DNA 叫做原噬菌体(prophage)。所谓整合是指噬菌体 DNA 插入到寄主细菌染色体 DNA 之中。而以质粒 DNA 分子形式存在的噬菌体 DNA 叫做非整合的噬菌体 DNA。图 6-15 是以噬菌体 λ 为原型图示的生命周期。当温和噬菌体的 DNA 注入到感染的寄主细胞之后,有时会如同烈性噬菌体一样马上进行增殖,有时又会整合到寄主染色体上,转变成原噬菌体。(a)噬菌体增殖的第一步是吸附到寄主细胞上,同一个细胞可以同时吸附一个以上的噬菌体颗粒;(b)噬菌体的 DNA 注入到感染的寄主细胞内;(c)噬菌体 DNA 大量增殖;(d)子代噬菌体颗粒组装;(e)寄主细胞溶菌,释放出大量新的噬菌体颗粒;(f)噬菌体的 DNA 从寄主染色体 DNA 上删除下来。发生这种情况很少有,平均每 10 000 次溶源性细胞染色体的分裂周期,才有一次的概率;(g)溶源性细胞通常按照正常细胞的速率进行分裂。

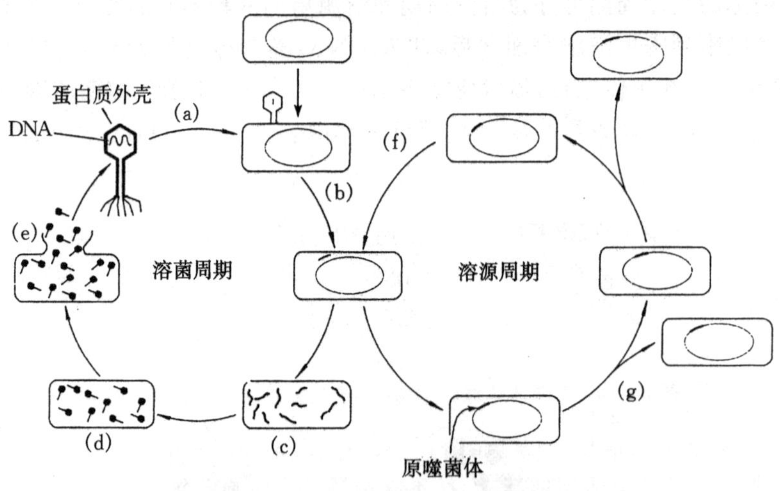

图 6-15　温和噬菌体的生命周期

被感染形成的溶源性细菌,由于细胞内具有原噬菌体,故不能被第一次感染的同种噬菌体再感染。也就是说,溶源性细菌具有了抗御同种噬菌体再感染的能力,这一现象称为超感染免疫性。经过许多世代之后,溶源性细菌也能够开始溶菌周期。这时,噬菌体的基因组以单一 DNA 片段的形式从寄主染色体 DNA 上删除下来,这一过程叫做溶源性细菌的诱发。

6.2.2.2　双链噬菌体载体

λ 噬菌体是迄今为止研究得最详尽的一种大肠杆菌双链 DNA 噬菌体。从 1974 年人们就利用 λ 噬菌体作基因工程的载体，现已被人工构建出多种类型载体，在基因工程中占有重要地位。

1. λ DNA 分子

λ DNA 为线状双链分子，长度为 48 502 个碱基对。在 λ 分子的两端各有 12 个碱基的单链互补黏性末端。当 λ DNA 被注入寄主细胞后，便会迅速地通过黏性末端的互补作用形成双链环形 DNA。这种由黏性末端结合形成的双链区段，称为 cos 位点（cohesive-end site）。λ DNA 的黏性末端及环化作用如图 6 - 16 所示。(a)为具有互补单链末端（黏性末端）的 λ DNA 分子。(b)显示通过黏性末端之间的碱基配对作用实现的线性分子的环化作用。

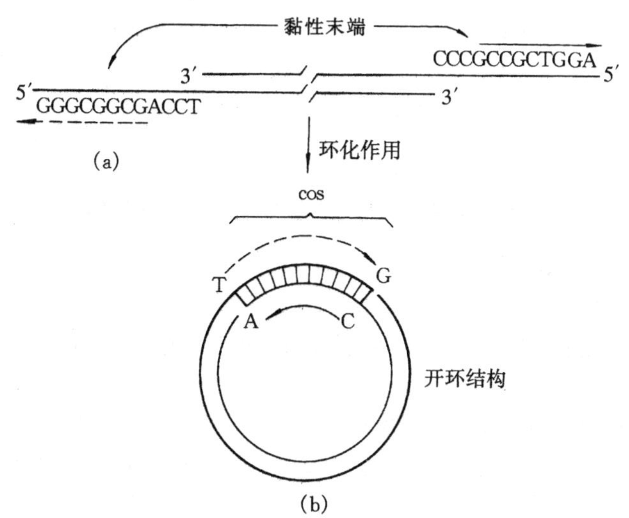

图 6 - 16　λ 噬菌体线性 DNA 分子的黏性末端及其环化作用

λ DNA 至少包括 61 个基因，图 6 - 17 表示 λ DNA 上的部分定位基因，其中有一半左右参与了噬菌体周期活动，这类基因称为 λ 噬菌体的必要基因；另一部分基因，当它们被外源基因取代后，并不影响噬菌体的生命功能，这类基因称非必要基因。取代了非必要基因的外源基因可以随寄主细胞一起复制和增殖，这一点在基因工程中是非常重要的。

编码在 λ 噬菌体 DNA 分子上的基因，除了两个正调节基因 N 和 Q 之外，其余的基因是按功能的相近性聚集成簇的。例如，头部、尾部、复制及重组 4 大功能的基因各自聚集成 4 个特殊的基因簇。不过，在文献中为了叙述方便，往往将 λ 噬菌体

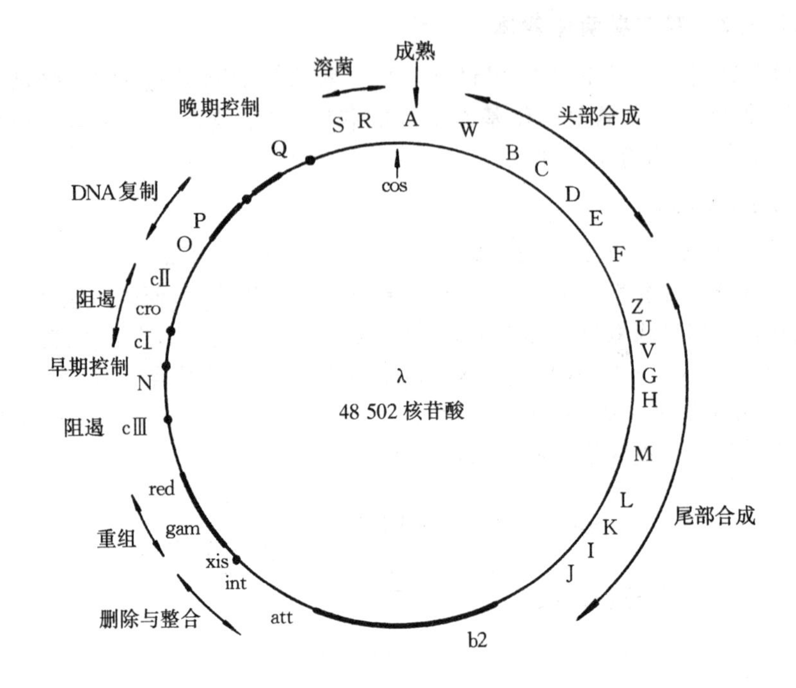

图 6-17 细胞内环化形式的野生型 λ 噬菌体基因图

基因组人为地划分为 3 个区域:①右侧区,自基因 A 到基因 J,包括参与噬菌体头部蛋白质和尾部蛋白质合成所需要的全部基因;②中间区(又称为非必要区),介于基因 J 与基因 N 之间,本区编码的基因与保持噬菌斑形成能力无关,但包括了一些与重组有关的基因(例如 red 基因)以及使噬菌体整合到大肠杆菌染色体中去的 int 基因,还包括把原噬菌体从寄主染色体上切除下来的 xis 基因;③左侧区,位于 N 基因的右侧,包括全部主要的调控成分,噬菌体的复制基因(O 和 P)以及溶菌基因(S 和 R)。

图 6-17 中显示的部分噬菌体基因包括:①参与噬菌体头部蛋白质合成的基因有 W、B、C、D、E、F 等多种基因,参与尾部蛋白质合成的有 Z、V、U、G、H 和 M、L、K、I、J 等十余种基因。②λ 噬菌体的复制基因 O 和 P 参加 λ 噬菌体 DNA 的合成作用。DNA 复制的起点就是位于 O 基因的编码序列之内,该基因编码的是一种 DNA 复制启动蛋白质。③red 和 gam 这两个基因控制 DNA 的重组作用,其中 gam 基因编码的蛋白质的主要作用是,在感染的早期使寄主 Rec BC 蛋白质失去功能(Rec BC 蛋白质是一种多功能的核酸酶,它具有核酸内切酶的活性和活跃的核酸外切酶活性,因此又称核酸外切酶 V)。④xis 和 int 这两个基因负责外源 DNA 删除和整合作用。xis 基因控制一种蛋白质删除酶的合成;而 int 基因则是控制整合酶的合成,这种酶识别噬菌体 DNA 和细菌 DNA 上的 att 位点(附着位

点),并催化两者进行交换。无疑这些基因参与溶源化作用的过程。在这个过程中,环化的λ DNA插入到寄主染色体上,以原噬菌体的形式随之一道稳定地复制。⑤调节基因除了N和Q之外,还有cⅡ、cro、cⅠ、cⅢ 4个基因,其中N和Q都是编码抗终止因子(antiterminator)的基因,分别控制早期功能和晚期功能的调节;cⅠ基因编码的蛋白质是一种阻遏物;cro基因编码的蛋白质同样也是一种阻遏物,能同操纵基因 O_L 和 O_R 结合而抑制转录;同时N、cro、cⅠ 3个基因还与超感染免疫性功能有关;cⅡ基因编码一种调节成分,当缺乏这种蛋白质时,int和cⅠ基因的启动子就无法利用RNA聚合酶,因而无法进行转录。⑥S和R是控制寄主细菌发生溶菌作用的两个基因,故称溶菌基因。⑦b2区段的功能目前尚不了解。该图只示出主要的基因。在包装进蛋白质外壳之前,λ DNA在cos位点切开,这样的基因图便是线性的,其中一端靠近A基因,另一端位于R基因附近。

λ DNA的复制早期是双向型,由一个环状分子复制成两个环状分子。若进入裂解途径,则进行晚期的滚环型复制,即由一个环状DNA分子复制成多个λ DNA分子连在一起的线状连环DNA(图6-18)。

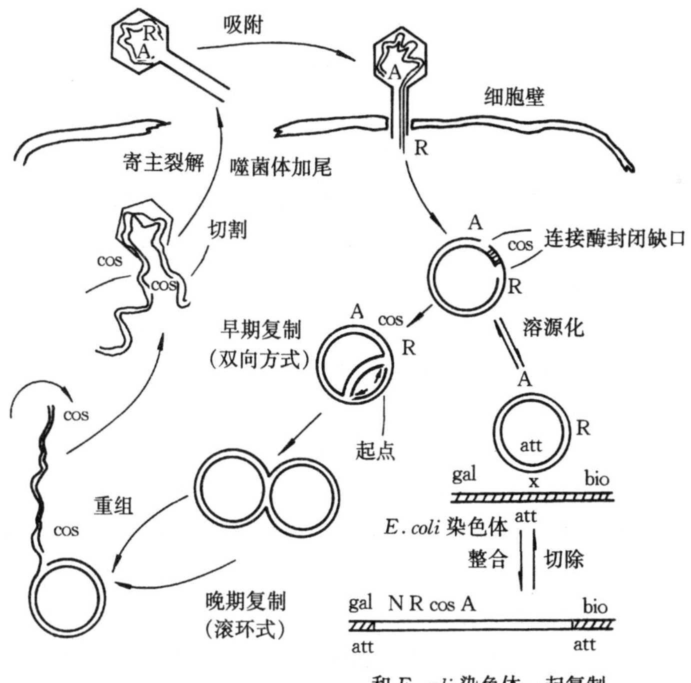

图6-18　噬菌体λ DNA在裂解周期和溶源化状态中的复制

在噬菌体包装时,首先是头部前体(主要是基因 E 的产物)包裹连环 DNA 中的一个 λ DNA 分子,接着基因 A 的产物在包裹 DNA 两端的 cos 位点上切开连环 DNA,随后基因 E 的产物掺入进来,成为完整的噬菌体头部。最后基因 W 和基因 F 的产物使噬菌体头部和尾部连接成完整的噬菌体颗粒,在 S 基因和 R 基因产物的作用下,细胞破裂,释放出子代噬菌体颗粒。

2. λ 噬菌体载体的构建

野生型的 λ 噬菌体本身不适宜于作为克隆载体来用,主要原因是 λ DNA 对大多数常用的限制酶有较多的切割位点,比如有 5 个 *Eco*RⅠ 的限制位点,有 7 个 *Hin*dⅢ的限制位点。这样,λ 噬菌体只有经过改造才能适合用作克隆载体。

λ 噬菌体之所以能够改造成为克隆载体是因为 λ DNA 中的 J 基因到 N 基因区段为非必要区。这个区带约占总 DNA 长度的三分之一。它的缺失或取代并不影响 λ 噬菌体的生长和裂解释放,这是改造 λ 噬菌体作基因载体的依据。改造工作包括:在上述三分之一非必要区段制造限制酶切口,以便外源 DNA 片段的插入或取代;引进某些突变以改变噬菌斑形态,以便重组体的检出;通过某些基因的无义突变将它改造成安全载体,以利于生物学防护等。

对前所述的 λ 噬菌体存在过多的限制酶位点(如*Eco*RⅠ 等)改建的基本步骤是先将所有的*Eco*RⅠ 位点移去,然后应用遗传重组技术插入一个期望的 DNA 片段。为失去固有的*Eco*RⅠ 限制位点,可将噬菌体感染到具有*Eco*RⅠ 限制-修饰体系的和不具有*Eco*RⅠ 限制-修饰体系的两种寄主细胞中循环生长。用经修饰的 λ 噬菌体感染具有*Eco*RⅠ 限制-修饰体系的寄主细胞,只会产生极少数的子代噬菌体。这极少数成活的噬菌体来源于在感染早期已经发生了修饰作用的 λ DNA,或是在 *Eco*RⅠ 位点发生了突变,它们可以抗御*Eco*RⅠ 限制酶的切割作用。经过在不同寄主之间反复循环之后选择出来的噬菌体已经获得了若干个这类的突变,λ DNA 已不再被限制。将这样得到的完全失去了*Eco*RⅠ 限制位点的 λ 噬菌体同具有全部 *Eco*RⅠ 限制位点的 λ 噬菌体在体内进行杂交,然后选择仅在非必要区段内有一个或两个*Eco*RⅠ 限制位点的重组噬菌体。这些重组噬菌体可被*Eco*RⅠ 限制酶所切割,并能在这样的位点中插入外源 DNA 片段而不影响噬菌体的生命功能。

按照上述基本原理,已构建出多种 λ 噬菌体载体,这些载体可归纳成两种不同的类型,即插入型载体(insertion vector)和置换型载体(replacement vector)。

(1) 插入型载体　只具有一个限制酶位点可便于外源 DNA 插入的 λ 噬菌体载体称为插入型载体。例如 λgt10、λBV2、λNM540、λNM590、λNM607 等均属于这种类型的载体。相对于置换型载体,插入型载体承受的外源性 DNA 片段较小,一般在 10 kb 以内,广泛应用于 cDNA 及小片段 DNA 的克隆。

外源 DNA 片段克隆到插入型载体上后会使噬菌体的某种生物功能丧失效力，即所谓的插入失活效应，这也为克隆基因的选择提供了表型。常用的有免疫功能失活和大肠杆菌 β-半乳糖苷酶失活两种。

免疫功能失活的插入型载体在其基因组中有一段免疫区，此区段带有一两种限制酶的单一切点。若外源基因插入到这种位点上时，就会使载体所具有的合成活性阻遏物的功能遭受破坏，从而使 λ 噬菌体载体不能进入溶源周期。因此，凡带有外源 DNA 插入的 λ 重组体都只能形成清晰的噬菌斑，而没有外源 DNA 插入的亲本噬菌体就会形成混浊的噬菌斑，不同的噬菌斑形态可作为筛选重组体的标志。两种插入型载体的形体图如图 6－19 所示。这两个载体分别具有一个 *c* Ⅰ 基因（λ 阻遏蛋白基因）和 *lacZ* 基因（β-半乳糖苷酶基因）。它们编码序列中都有一个 *Eco*RⅠ 限制位点供外源 DNA 片段插入。左臂（LA）和右臂（RA）的长度均以 kb 为单位。

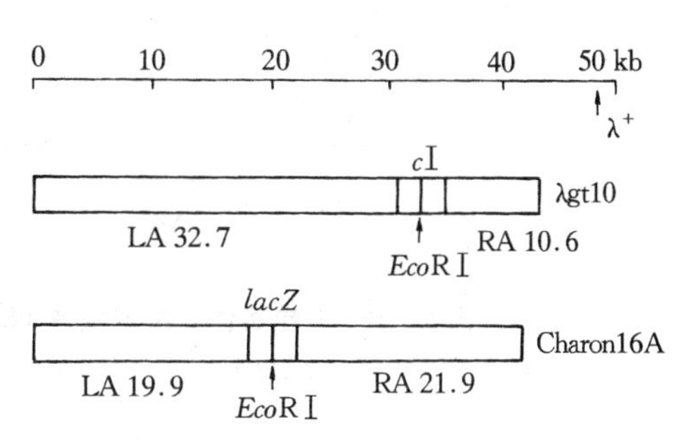

图 6－19　λ 噬菌体的插入型载体 λgt10 和 Charon 16A 的形体图

β-半乳糖苷酶失活的插入型载体在其基因组中含有一个大肠杆菌的 lac 5 区段，此区段编码有 β-半乳糖苷酶基因 *lacZ*。在诱导物 IPTG（异丙基硫代半乳糖苷）存在下，β-半乳糖苷酶能作用于 X gal（5－溴－4－氯－吲哚－β－*D*－半乳糖苷）形成蓝色化合物（5－溴－4－氯靛蓝）。这样由这种载体感染的大肠杆菌 lac^- 指示菌，涂布在补加有 IPTG 和 X gal 的培养基平板上，会形成蓝色的噬菌斑。若在 lac 5 区段上插入外源 DNA 片段，就会阻断 β-半乳糖苷酶基因 *lacZ* 的编码序列，这种 λ 重组体感染的 lac^- 指示菌由于不能合成 β-半乳糖苷酶，只能形成无色的噬菌斑。若使用 lac^+ 菌株做指示菌，在不发生外源 DNA 插入的情况下，λ 载体 lac 5 区段保持完整，感染的结果会形成深蓝色的噬菌斑；即便是 lac 5 区段被插入阻断，也会形成浅蓝色的噬菌斑，而不是无色的噬菌斑。

（2）置换型载体　置换型载体的基因组中具有成对的限制酶位点，在这两个位点之间的 DNA 区段可以被插入的外源 DNA 片段所取代。例如 λEMBL4、Charon40、λgtwES 等，都属置换型载体。

图 6－20 所示的 λEMBL4 和 Charon40 是两种设计独特的 λ 噬菌体的置换型载体。在 λEMBL4 中，长度为 13.2 kb 的中间可取代片段有两个 *Sal* Ⅰ 位点，包围其两侧的一对反向重复的多聚衔接物中存在着 *Eco*RⅠ、*Bam*HⅠ 及 *Sal* Ⅰ 3 种限制

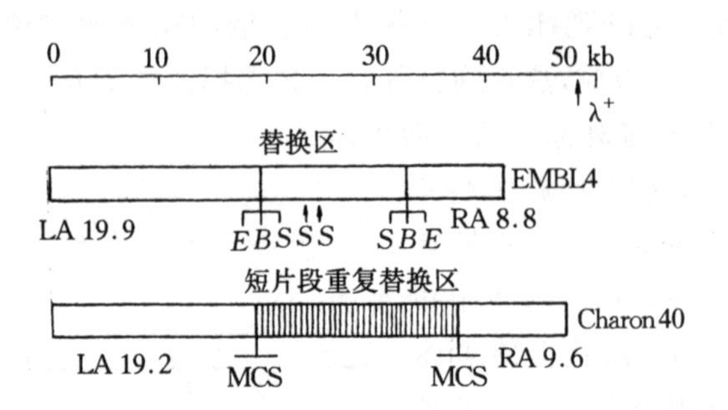

图 6-20　λ 噬菌体置换型载体 λEMBL4 和 Charon40 的形体图

E:*Eco*RⅠ;*B*:*Bam*HⅠ;*S*:*Sal*Ⅰ;MCS:多克隆位点;LA:左臂;RA:右臂

酶的单识别位点。外源 DNA 可从其中的任一位点插入载体分子,但究竟选用哪一种限制位点则是取决于克隆片段的制备方法。若是用 *Sau* 3A 局部消化所得的片段,则可插入到其同尾酶*Bam*HⅠ位点上,如此形成的重组体分子经*Eco*RⅠ限制酶的消化作用,便可将插入片段删除下来。当应用*Bam*HⅠ限制酶处理 λEMBL4 克隆载体时,往往还要用*Sal*Ⅰ限制酶从两个位点切割中间的可取代区段,从而使两臂之间释放出*Bam*HⅠ-*Sal*Ⅰ短片段。这样的结果,便阻止了中间的可转移区段与两臂重新退火形成非重组体分子的存活噬菌体(viable phage)的可能性。

置换型载体 Charon40 的中间可取代区段是由一种 DNA 短片段多次重复而成的,称这种重复序列结构为多节段区(polystuffer)。在多节段区中的两个短片段之间的连接点可被*Nae*Ⅰ识别。因此,在应用 Charon40 作克隆载体时,便能够有效地将其中间的多节段区清除掉,从而使存活噬菌体大部分都是重组体分子。在 Charon40 载体的中间多节段区的两侧,是由一对反向重复的多克隆位点包围着,从而增加了可选用的限制酶的种类。与 λEMBL4 载体一样,Charon40 的克隆能力也可达 9～22 kb。

许多置换型载体也带有编码 β-半乳糖苷酶基因以及它的操纵基因和启动区的 lac 5 取代区段。如 Charon4,它的可被外源 DNA 取代的*Eco*RⅠ片段中包含有 lac 5 取代片段和一个 bio 取代片段。故 Charon4 感染寄主后,可在 X gal 的琼脂培养基上产生蓝色噬菌斑。而含有lac 5 的*Eco*RⅠ片段被外源 DNA 取代后,所形成的重组体噬菌体只能产生无色噬菌斑。如果 Charon4 中的含有 lac 5 的*Eco*RⅠ片段因体外重组而发生重排等情况,用 lac^- 作指示菌也将产生无色噬菌斑,而用 lac^+ 作指示菌则将产生蓝色噬菌斑。这可能是由于随着噬菌体生长而增加的 lac 操纵基因的剂量滴定掉了(结合掉了)细胞中的 lac 阻遏物,因而使得细菌的 lac 操纵子发生某种程度的去抑制作用，于是便能够产生出蓝色的噬菌斑。

置换型载体 λNM781 具有可取代的*Eco*RⅠ 片段，内编码有 *supE* 基因。这个噬菌体能够校正寄主细胞的 *lacZ* 基因的琥珀突变。由于 λNM781 噬菌体的感染，寄主细胞 *lacZ* 基因的琥珀突变被抑制，所以能在乳糖麦康基氏（McConkey）琼脂培养基上产生红色的噬菌斑，或是在 X gal 琼脂培养基上产生蓝色的噬菌斑。但如果具有 *supE* 基因的*Eco*RⅠ 片段被外源 DNA 所取代，那么形成的重组体噬菌体在上述的两种指示培养基中都只能产生出无色的噬菌斑。应用指示性培养基可将这种重组体方便地筛选出来。

3. 凯伦噬菌体载体及其他一些噬菌体载体

凯伦噬菌体（Charon bacteriophage）是 F. R. Blattner 等人从 1977 年开始陆续组建的一类噬菌体 λ 载体。这类载体有插入型的，如 Charon2；也有置换型的，如 Charon30。这类载体在基因工程操作中应用很广。

Charon 载体上具有适当数量的限制酶位点，具有来自大肠杆菌的 β-半乳糖苷酶基因 *lacZ*，可为重组体噬菌体提供可选择的表型特征。利用 Charon 载体克隆外源 DNA 的过程如图 6 - 21 所示。在连接反应之前，经限制性核酸内切酶

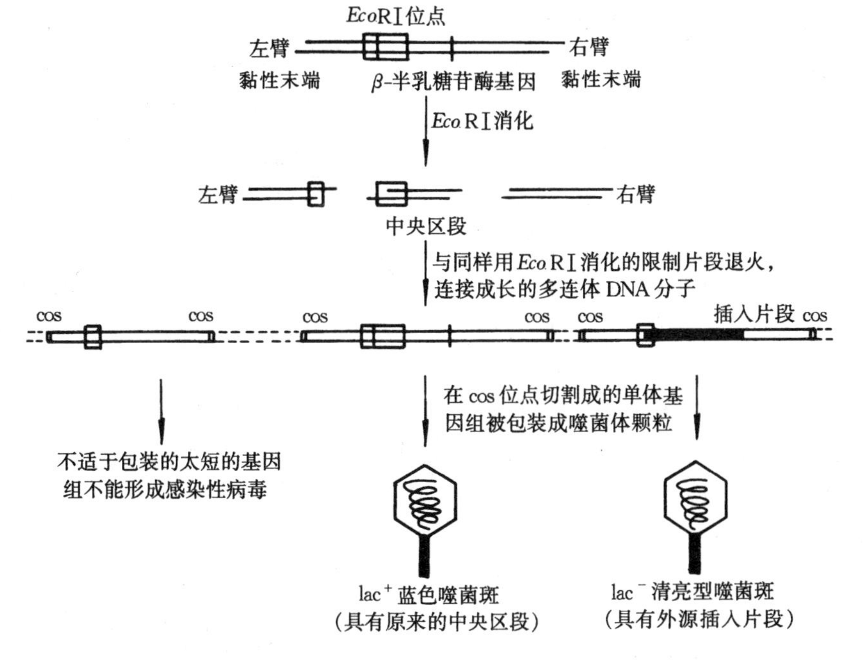

图 6 - 21　带有外源 DNA 插入的重组凯伦噬菌体的形成与选择

*Eco*RⅠ消化之后得到的载体两臂分子,一般要同其大部分的中央区段分开,这样才能使它们之间重新连接的可能性下降。重新连接的不含外源DNA插入的分子,若其中央区段的取向保持与原来的一致就会形成lac^+噬菌斑(蓝色);而与原来相反的,则形成lac^-噬菌斑(无色)。

Charon载体的特点是容量大,对研究大范围内的染色体结构很有用处。但由于包装限制的缘故,Charon载体承受外源DNA的能力一般在几个kb到23 kb的范围。当与λ噬菌体外壳蛋白体外包装形成噬菌体颗粒后其感染效率是很高的。

6.2.2.3　单链噬菌体载体

由单链DNA噬菌体M13衍生发展起来的一类克隆载体,越来越受到人们的重视。M13是一种丝状大肠杆菌噬菌体,经改造后作为单链的DNA载体,表现出许多其他载体所不具备的优越性。如M13单链DNA的复制型是呈双链环形,此时的DNA可同质粒DNA一样进行提取和体外操作;不论是双链的还是单链的M13 DNA均能感染寄主细胞,形成噬菌斑或形成侵染的菌落;M13的颗粒大小是受其DNA多寡制约的,因此不存在包装限制的问题;将外源DNA插入M13,可获得大量纯化的单链外源DNA分子,可以非常方便地进行核苷酸序列测定。

1. M13噬菌体的一般生物学特性

M13是丝状噬菌体,颗粒内含有长度为6 407个核苷酸的闭合环状DNA基因组,在颗粒中包装的仅是(+)链的DNA,有时也称感染性的单链(图6-22)。图中标出了基因的大体位置。M13噬菌体基因组(+)DNA按基因Ⅱ→基因Ⅳ的方向转录形成(-)链DNA,此即是M13噬菌体基因组的编码链。M13感染寄主细胞,是通过F性须注入(+)链DNA,所以M13颗粒只能侵染雄性大肠杆菌。但M13(+)链DNA也可以通过转染作用,导入雄性大肠杆菌。侵入后的单链噬菌体DNA转变成双链复制型(RF),RF DNA可从细胞中分离提取出来,用作双链DNA克隆载体。当每个细胞内积累了100～200拷贝的RF DNA后,M13的合成变为不

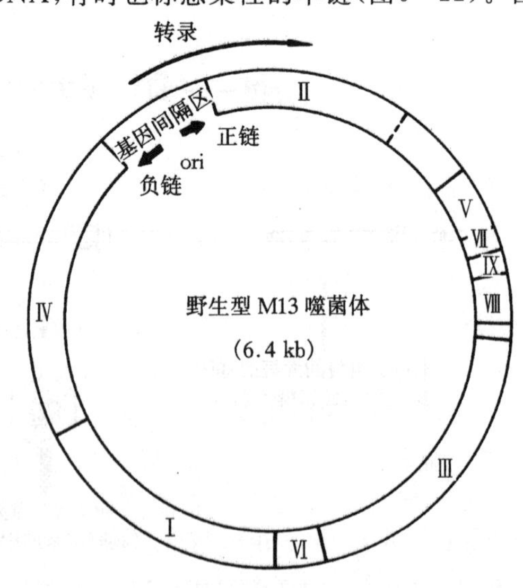

图6-22　野生型M13单链DNA噬菌体的基因图

对称形式，只大量产生两条 DNA 链中的(＋)链 DNA 单链，这是由于在细胞内累积了一种噬菌体编码的单链特异的 DNA 结合蛋白所致。这种蛋白质能特异地与(＋)链 DNA 结合，阻断了其互补链[记为(－)链]的生成。这样细胞中(－)链 DNA 继续为模板，合成(＋)链 DNA。游离的(＋)链 DNA 掺入到外壳蛋白质中，形成噬菌体颗粒。这种颗粒陆续感染细胞并泄逸出去，而不发生溶菌效应。虽然 M13 的感染不杀死细胞，但在某种程度上干扰了细菌的正常生长，所以看到的是一种混浊型的"噬菌斑"，这是由于感染和未感染的细胞两者间的生长速度不同造成的。图 6－23 显示了 M13 噬菌体的生命周期。M13 噬菌体颗粒在基因Ⅲ编码的向导蛋白质的作用下，通过寄主细胞表面的性须进入细胞内。之后，释放出来的单链基因组便在基因Ⅱ编码的蛋白质的作用下形成双链的 RF DNA。此种 DNA 指导合成子代 M13 单链基因组。这些单链的 M13 DNA 随之被包装成噬菌体颗粒，并被挤压出寄主细胞。图中■→●表示在噬菌体颗粒挤出过程中，其外膜蛋白质(outer membrane protein)的变化。

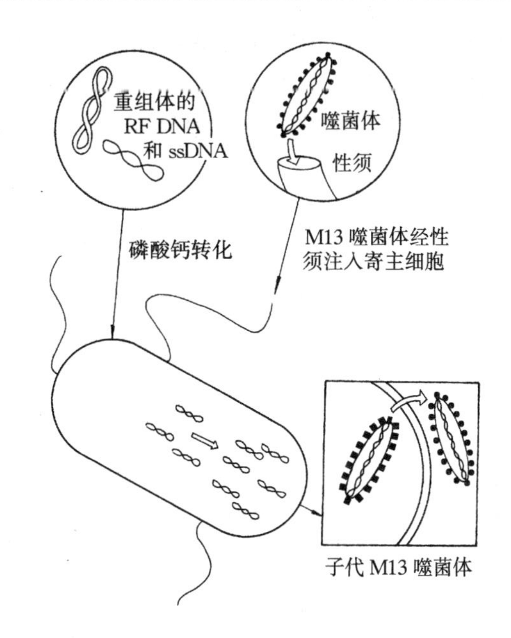

图 6－23　M13 单链 DNA 噬菌体的生命周期

ssDNA：单链 DNA；RF DNA：复制型 DNA

2. M13 载体的构建

把 M13 噬菌体改造成为克隆载体，主要是利用 M13 基因组中有一段 507 个核苷酸区域的基因间隔序列，称为 IS 区。IS 区是 M13 基因组唯一的非必要区，该区可接受外源 DNA 的插入而不影响 M13 噬菌体的活力。构建 M13 载体都是把某一序列插入 IS 区后形成的。根据所插入的序列不同，可分为两种类型。

一种是在 IS 区内插入一个大肠杆菌的 lac 操纵子片段，它包括 β-半乳糖苷酶基因的一部分(*lacZ′*)以及操纵基因和启动子区域。*lacZ′* 编码 β-半乳糖苷酶前面 146 个氨基酸，称为 α 多肽。它能与部分缺失 *lacZ* 基因的大肠杆菌突变株(JM101 细胞)进行 α 互补，产生出完整的 β-半乳糖苷酶。图 6－24 和图 6－25 分别显示了 α 互补以及 JM101 的遗传组成。M13 载体和寄主 JM101 菌株单独存在时，都不能产生有功能活性的 β-半乳糖苷酶，只有二者结合在一起，才能产生有活性的 β-半乳糖苷酶。寄主细胞被感染后,由于 α 互补作用,获得了 lac^+ 表型。在含有 IPTG 和 X gal 的平板上,β-半乳糖苷酶降解 X gal,产生蓝色物质,可根据蓝色噬菌斑筛选转化细胞。这样的 M13 载体叫做 M13mp1。

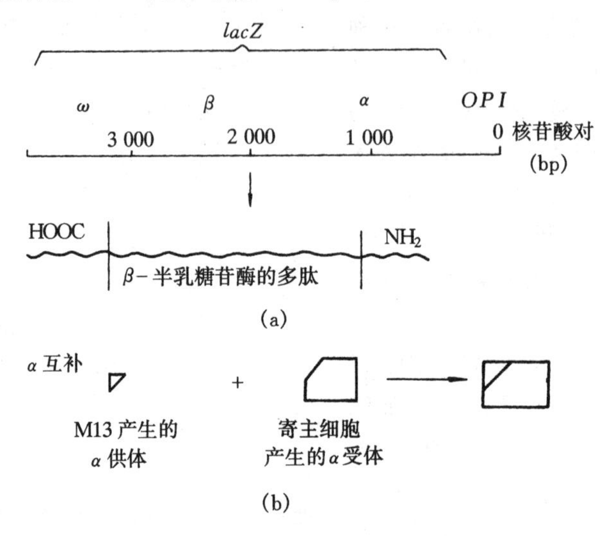

图 6-24　*lacZ* 基因及 α 互补示意图

I:调节基因; *P*:启动子; *O*:操纵基因; α、β、ω:Z 基因上的不同区域

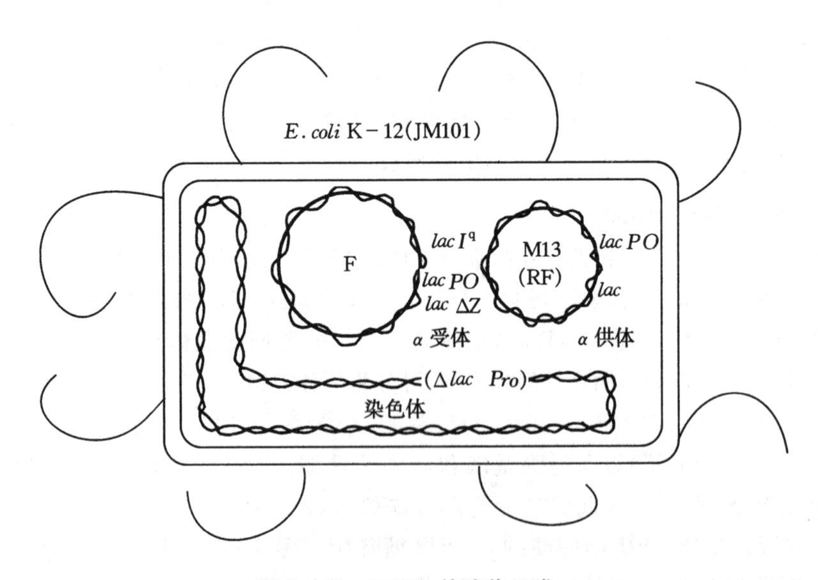

图 6-25　JM101 的遗传组成

Δ:缺失; *Pro*、*P*:启动子; *lac*:乳糖操纵子; I^q:突变的调节基因;*O*:操纵基因

M13mp1 对于发展 M13 载体是极为重要的，随后的一系列 M13 载体都是在它的基础上改建派生出来的。M13mp1 具有筛选标记，但没有常用限制酶的单一切点，这是它作为克隆载体的一大缺点。为此，B. Gronenborn 和 J. Messing 把 β-半乳糖苷酶 α-肽链的第五个氨基酸密码子中的一个鸟嘌呤点突变成腺嘌呤（G13→A），在这个序列中，产生出一个 *Eco*RⅠ限制酶的识别位点（GAATTC）。由此产生的 M13 载体称 M13mp2。虽然这种碱基转换的结果导致天冬氨酸被天冬酰胺所取代，但所幸的是这一取代对 α-肽的互补作用没有造成实质性的影响。用类似的方法得到了 M13mp3 和 M13mp4 载体。图 6－26 显示了 M13mp2 的构建过程。图中甲基化的鸟嘌呤（Me-G）同胸腺嘧啶（T）配对，但在 DNA 复制过程中，胸腺嘧啶则是同腺嘌呤配对的，结果导致 G-C 碱基对被 A-T 碱基对取代。

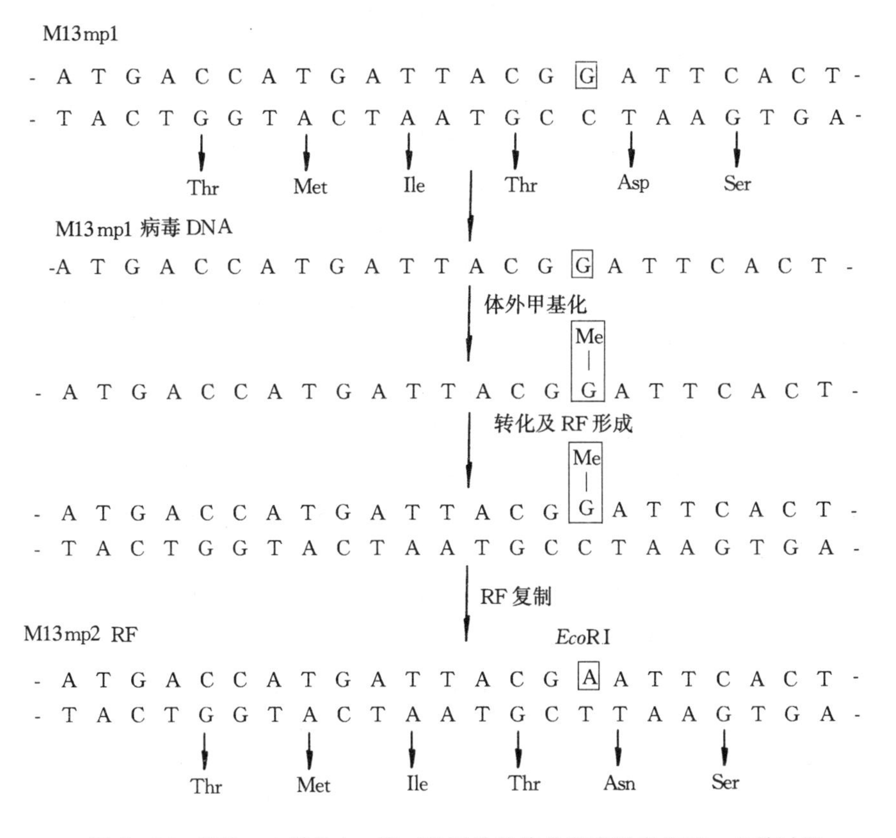

图 6－26　M13mp1 载体 lac *Hind*Ⅱ区段的体外诱变形成 M13mp2 的过程

第二种类型是在 M13mp2 的 *Eco*RⅠ位点上再插入一个人工接头，即化学合成的多聚衔接物(polylinker),在此小片段的衔接物上有多个限制酶的识别位点,扩展了克隆位点的组成范围。根据衔接物的不同,构成 M13 的系列衍生物载体,如 M13mp7、M13mp8、M13mp9、M13mp10、M13mp11、M13mp18 和 M13mp19 等。

在 β-半乳糖苷酶基因(*lacZ*)中插入人工衔接物小片段,并不影响 β-半乳糖苷酶肽与 β-半乳糖苷酶突变体的互补能力,即 α-肽互补。若在此衔接物片段中再插入外源 DNA 片段,则将破坏互补作用。含有插入片段的噬菌体生长在含有 IPTG 和 X gal 的平板上产生无色噬菌斑,可作为重组体噬菌体筛选标记。图 6-27为一对 M13 载体结构图。它们都带有一段限制位点相同而取向相反的多克隆位点序列。这一对 M13 载体对于*Eco*RⅠ、*Sst* Ⅰ、*Sma* Ⅰ/*Xma* Ⅰ、*Bam*HⅠ、*Xba* Ⅰ、*Sal* Ⅰ/*Acc* Ⅰ/*Hinc*Ⅱ、*Pst* Ⅰ及 *Hin*dⅢ等核酸内切限制酶都只具有单一的限制位点。图中的罗马数字代表 M13 噬菌体的基因。

3. M13 载体的特点及应用

M13 载体系列的基因组中,都带有一条饰变的 β-半乳糖苷酶基因片段,根据有无 β-半乳糖苷酶活性,可以方便地筛选重组体噬菌体。在 *lacZ*′基因中插入人工接头,带入密集的 MCS,更扩大了 M13 载体的使用范围。

在 M13 载体中,许多都是成对构建的,如 M13mp8 和 M13mp9;M13mp10 和 M13mp11(如图 6-27 所示)等。这些载体的人工接头插入片段具有结构相同取向相反的特点。这意味着应用这种成对的 M13 载体,能够把插入在它们的限制位点中的外源 DNA 片段按两种彼此相反的取向进行克隆。这对于 DNA 序列分析是特别有用的,它可以从两个相反的方向同时测定同一个克隆的 DNA 双链核苷酸顺序,获得彼此重叠而又相互印证的 DNA 序列结构资料。

由 M13 的生物学特性知道,克隆在 RF DNA 分子上的外源 DNA 片段,到了子代噬菌体便成了单链的形式。所以应用 M13 载体可以很方便地分离到特定的 DNA 单链序列。但所得到的是双链 DNA 中的哪一条单链,取决于克隆在 RF 分子上的外源 DNA 片段的插入取向,因为包装进 M13 噬菌体形成颗粒的只有一条(+)链 DNA。为了解决这一问题,形成一致的插入取向,可使用定向克隆技术。图 6-28 解释了外源 DNA 片段在 M13 载体上的定向克隆。

用两种不同的限制性核酸内切酶(如*Bam*HⅠ和 *Hin*dⅢ)消化外源 DNA,可产生出带有两种不同的黏性末端的 DNA 片段。同样,用这两种酶切割的载体分子,只有在加入了一种具有与此相同的两种黏性末端的外源 DNA 片段,才能够重新环化起来。由此可知,由这种双酶切割的 M13 RF DNA 转化而来的 M13 子代噬菌体,都必定是由 M13 噬菌体分子本身和插入 DNA 片段组成的重组体。为了产生出这类重组体分子,M13 载体分子 *Hin*dⅢ的末端必须同插入 DNA 的 *Hin*dⅢ

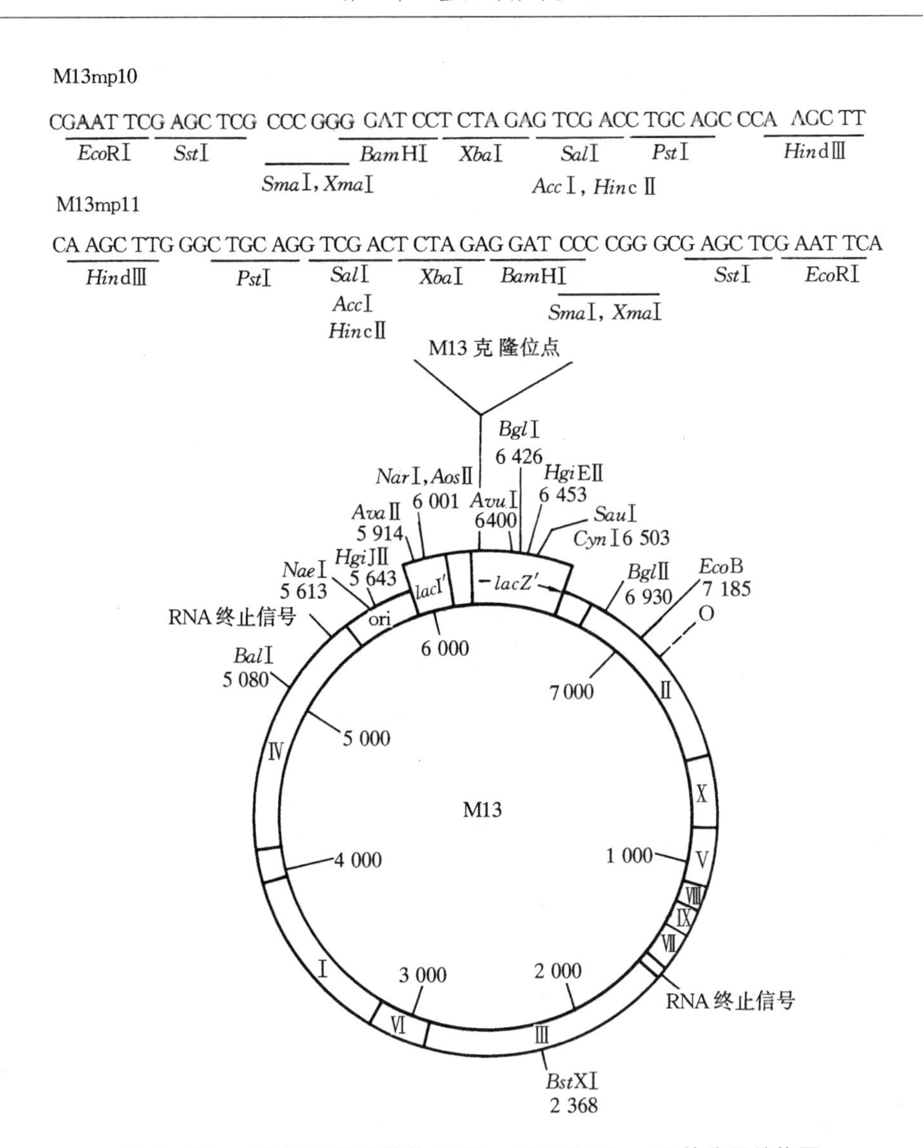

图 6-27 一对 M13 克隆载体(M13mp10 和 M13mp11)的分子结构图

连接,而它们两者的*Bam*HⅠ末端也同样必须连接起来。这样处理的结果便实现了外源 DNA 片段的定向插入。由于在 M13 载体基因组中*Bam*HⅠ和 *Hind*Ⅲ限制位点的位置是已知的,因此插入的 DNA 片段的取向也就可以被确定出来。

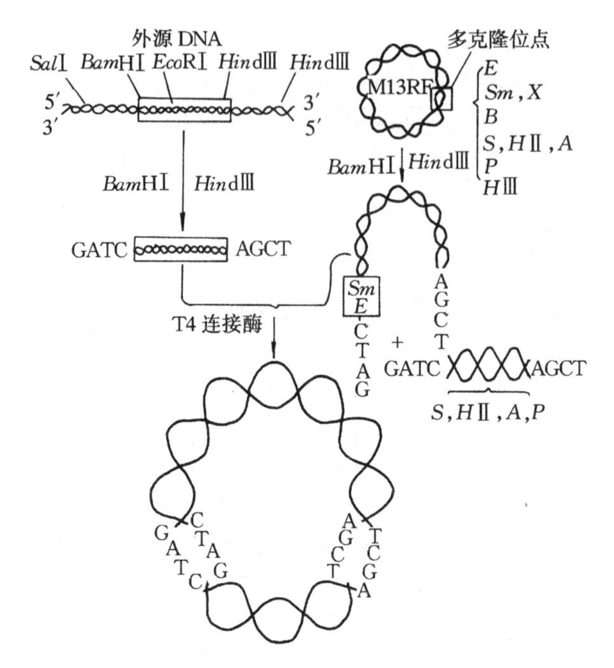

图6-28　外源DNA片段在M13噬菌体上的定向克隆

A:*Acc* Ⅰ; *B*:*Bam*HⅠ; *E*:*Eco*RⅠ; *H*Ⅱ:*Hind*Ⅱ; *H*Ⅲ:*Hind*Ⅲ; *P*:*Pst*Ⅰ; *Sm*:*Sma*Ⅰ; *S*:*Sst*Ⅰ; *X*:*Xma*Ⅰ

6.2.3　柯斯质粒载体

柯斯质粒(cosmid)亦称黏粒,是一类由人工构建的含有λ DNA的cos序列和质粒复制子的特殊类型的质粒载体。“cosmid”一词是由英文“cos site carrying plasmid”缩写而成的,原意为带有黏性末端位点(cos)的质粒。柯斯质粒比λ噬菌体载体具有更大的克隆能力,在真核基因的克隆中起到巨大的作用。

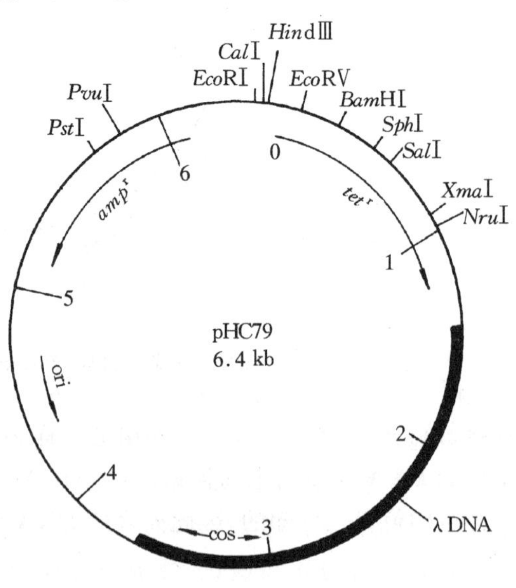

图6-29　柯斯质粒载体pHC79的形体图

1. 柯斯质粒载体的组成

柯斯质粒的大小为4～6 kb,这类质粒的基因组都由三部分组成。

①一个抗药性标记和一个质粒的复制起点。②一个或多个限制性酶的单一切割位点。③一个带有 λ 噬菌体的黏性末端片段。图 6－29 标出了 pHC79 的形体。

在柯斯质粒 pHC79 中，来自 pBR322 部分的是一个完整的复制子，编码着一个复制起点和两个抗生素抗性基因 amp^r 和 tet^r。来自 λ DNA 部分的片段，除了提供 cos 位点外，在 cos 位点两侧还具有与噬菌体包装有关的 DNA 短序列，这样它能够包装成具有感染性的噬菌体颗粒。很明显，pHC79 柯斯质粒兼备了 λ 噬菌体载体和 pBR322 质粒载体两方面的优点。

2. 柯斯质粒载体的特点

目前已发展出许多不同类型的柯斯质粒载体，表 6－4 列出了部分柯斯质粒载体。

表 6－4　部分柯斯质粒载体的基本特性

柯斯载体	复制子	分子大小(kb)	选择标记	克隆位点	克隆能力(kb)
c2XB	pMB1	6.8	Amp^r,Kan^r	*Bam*HⅠ,*Cla*Ⅰ,*Eco*RⅠ,*Hind*Ⅲ,*pst*Ⅰ,*Sma*Ⅰ	32～45
pHC79	pMB1	6.4	Amp^r,Tet^r	*Eco*RⅠ,*Hind*Ⅲ,*Sal*Ⅰ,*Bam*HⅠ,*pst*Ⅰ,*Cal*Ⅰ	29～46
pHS262	ColE1	2.8	Kan^r	*Bam*HⅠ,*Eco*RⅠ,*Hinc*Ⅱ	34～50
pJC74	ColE1	15.8	Amp^r	*Eco*RⅠ,*Bam*HⅠ,*Bgl*Ⅱ,*Sal*Ⅰ	21～37
pJC75-58	ColE1	11.4	Amp^r	*Eco*RⅠ,*Bam*HⅠ,*Bgl*Ⅱ	16～42
pJC74km	ColE1	21	Amp^r,Kan^r	*Bam*HⅠ	16～32
pJC720	ColE1	24	Elimm,Rif^r	*Hind*Ⅲ,*Xma*Ⅰ	11～28
pJC81	pMB1	7.1	Amp^r,Tet^r	*Kpn*Ⅰ,*Bam*HⅠ,*Hind*Ⅲ,*Sal*Ⅰ	30～46
pJB8	ColE1	5.4	Amp^r	*Bam*HⅠ,*Hind*Ⅲ,*Sal*Ⅰ	31～47
MuA-3	pMB1	4.8	Tet^r	*pst*Ⅰ,*Eco*RⅠ,*Bal*Ⅰ,*Pvu*Ⅰ,*Pvu*Ⅱ	32～48
MuA-10	pMB1	4.8	Tet^r	*Eco*RⅠ,*Bal*Ⅰ,*Pvu*Ⅰ,*Pvu*Ⅱ	32～48
pTL5	pMB1	5.6	Tet^r	*Bgl*Ⅱ,*Bal*Ⅰ,*Hpa*Ⅰ	31～47
pMF7	pMB1	5.4	Amp^r	*Eco*RⅠ,*Sal*Ⅰ	32～48

注：Amp^r—氨苄青霉素抗性；Kan^r—卡那霉素抗性；Ter^r—四环素抗性；Elimm—产生大肠杆菌素；Rif^r—利福平抗性。

根据柯斯质粒的结构组成，可以归纳出以下三方面的特点：第一，具有 λ 噬菌体的特性。柯斯质粒载体连接适宜长度的外源 DNA 片段后，可在体外包装成噬菌体颗粒，并能高效地转导入对 λ 噬菌体敏感的大肠杆菌寄主细胞。进入受体细胞后，也能像 λ DNA 一样进行环化。但由于不含有 λ 噬菌体的全部基因，故不能通过溶菌周期，当然也不能形成子代噬菌体颗粒。第二，具有质粒载体的特性。由表 6－4 可以看出，cosmid 多带有 pMB1 和 ColE1 复制子，所以能像质粒 DNA 一样在寄主细胞内复制，也能在氯霉素的作用下扩增。此外，cosmid 通常也都具有抗生素抗性基因，有些还带有插入失活的克隆位点,为重组体的筛选提供了方便的标记。第三,具有高容量的克隆能力。λ 噬菌体载体的克隆容量理论极限值是 23 kb,一般 15 kb 左右,而 cosmid 载体的克隆极限可达 45 kb 左右,比 λ 噬菌体以及质粒载体的克隆能力要大得多。这是因为 cosmid 载体本身比较小,它只是由一个复制起点、一两个选择标记和 cos 位点组成,分子一般低于 5 kb,这样插入一个 45 kb 的外源 DNA 片段不影响 λ 噬菌体的包装。由于包装限制的缘故,cosmid 的克隆能力还有一个最低极限值。若为 5 kb 的 cosmid 载体,只有插入的外源 DNA 片段至少达到 30 kb 长,才能包装成具有感染性的 λ 噬菌体颗粒。可以看出 cosmid 载体在克隆大片段 DNA 分子时特别有效。

3. 柯斯质粒载体的应用

上述的噬菌体载体在 λ 噬菌体的正常生命周期中,会产生出数百个由 cos 位点连接的λ DNA拷贝组成的多连体。同时,λ 噬菌体还具有一种位点特异的切割体系(site-specific cutting system),叫做末端酶(terminase)或 Ter 体系,它能识别两个距离适宜的 cos 位点,把多连体分子切割成 λ 单位长度的片段,并把它们包装到 λ 噬菌体头部中去。可以看出,Ter 体系要求被包装的 DNA 片段具有两个 cos 位点,在这两个 cos 位点之间要保持 38～54 kb 的距离,这些条件对于柯斯质粒克隆外源基因、进行体外包装是非常重要的。

应用柯斯质粒作载体克隆外源基因的一般程序是,先用特定的限制性核酸内切酶局部消化真核生物的 DNA,产生出相对分子质量较大的外源 DNA 片段,与经同样的限制酶切割过的柯斯质粒线性 DNA 分子进行体外连接反应。由此形成的连接产物群体中,有一定比例的分子是两端各带一个 cos 位点、中间 DNA 片段长度在 40 kb 左右的重组体,这样的分子同 λ 噬菌体感染晚期所产生的分子相类似。当与 λ 噬菌体包装连接物混合时,Ter 体系能识别并切割这种两端由 cos 位点围着的 35～45 kb 长的真核 DNA 片段,并把这些分子包装进 λ 噬菌体头部,进而形成"噬菌体"颗粒。当然,这种噬菌体颗粒只具有噬菌体外壳是不能作为噬菌体生存的,用它再感染寄主细胞,可将真核 DNA-cos 杂种分子注入细胞内,并通过 cos 位点环化起来。作为质粒载体,又可按质粒分子的方式进行复制和表达抗药性标记。柯斯质粒载体的应用见图 6 - 30。

由图 6 - 30 可知,用 cosmid 进行克隆时有两个缺点:①两个或多个 cosmid 分子之间的重组,即自我重组降低了阳性率;②两个或多个外源 DNA 片段同时插入,使最初在真核染色体 DNA 上本来不连的片段连接起来。为解决这一难题,1981 年 D. Ish-Horowicz 和 J. F. Burke 设计了一种使用特殊柯斯质粒的克隆方案。他们用柯斯质粒 pJB8 作载体,这一载体的突出特点是,在*Bam*H Ⅰ 识别位点的两侧各有一个*Eco*R Ⅰ 识别位点包围着(图 6 - 31)。这样若在*Bam*H Ⅰ 位点克隆

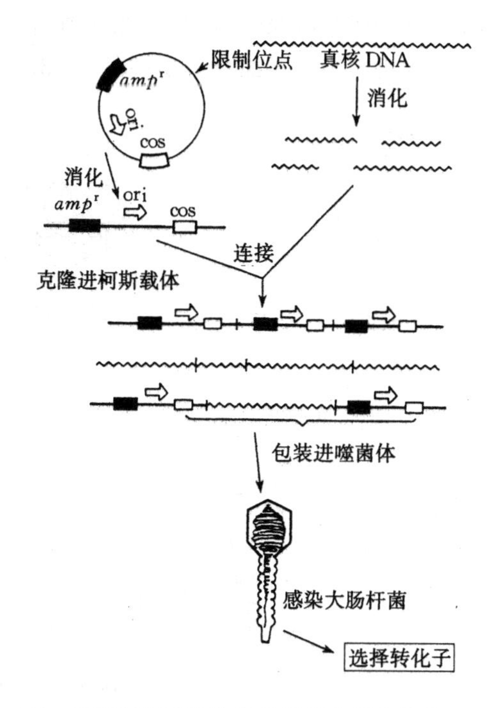

图 6-30　应用柯斯质粒作载体进行基因克隆的一般程序

了外源 DNA 片段（*Sau*3A 或 *Mbo*Ⅰ DNA 片段），可通过*Eco*RⅠ的切割作用，重新被删除下来。

D. Ish-Horowicz 和 J. F. Burke 柯斯克隆方案的具体步骤为：①先将两等份 pJB8 DNA 分别用 *Hin*dⅢ和 *Sal*Ⅰ进行局部消化，形成“右边”和“左边”cos 片段；②用碱性磷酸酶处理，除去 5′末端磷酸，以防发生载体分子内或分子间的重组；③脱磷酸后，用 *Bam*HⅠ处理，产生具有*Bam*HⅠ黏性末端的 cos 片段；④将这两种 cos 片段与经过 *Sau* 3A 或 *Mbo*Ⅰ局部消化并脱磷酸处理的真核 DNA 片段

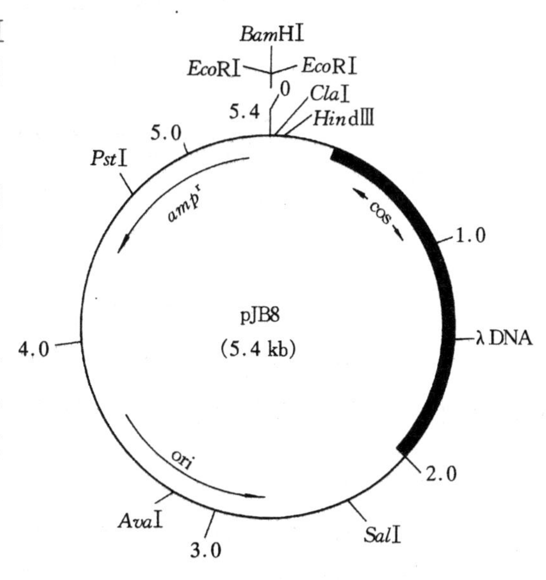

图 6-31　柯斯质粒载体 pJB8 的形体图

混合连接,结果只能形成一种由“左边”cos 片段(一条长度为 32～47 kb 的插入片段)和“右边”cos 片段组成的可包装的重组体分子(图 6-32)。

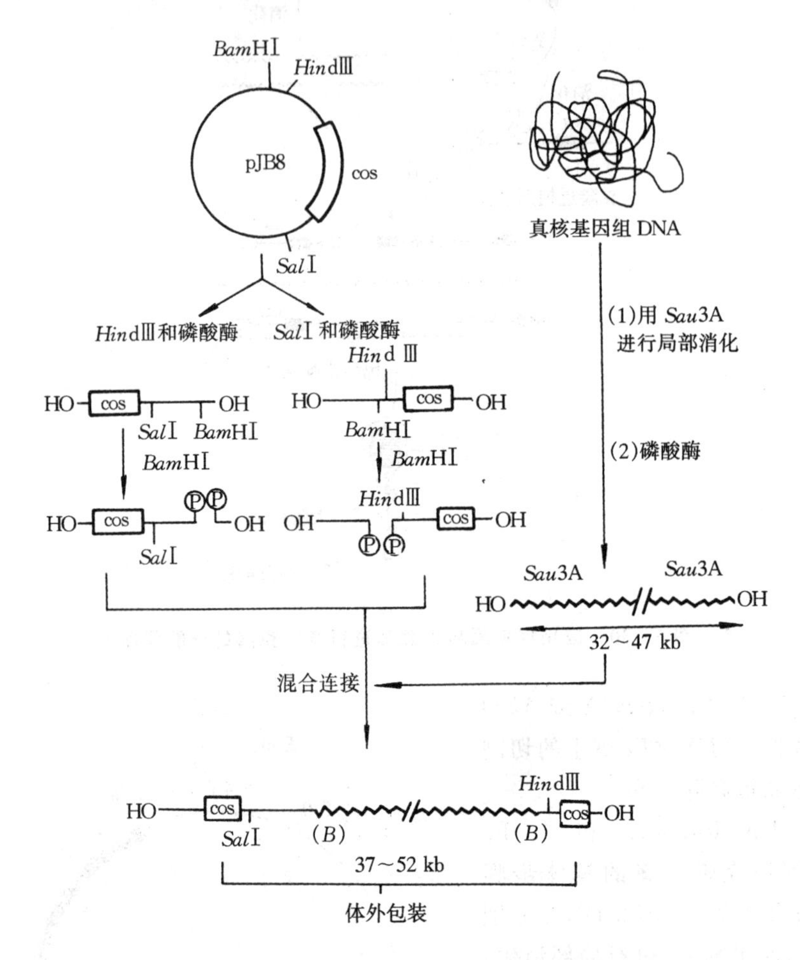

图 6-32 D. Ish-Horowicz 和 J. F. Burke 柯斯克隆方案

这一克隆方案效率很高,经修改后也可用于其他柯斯质粒载体。若用 *Eco*RⅠ消化切割,还可以由重组体分子中重新获得插入的 DNA 片段。

6.2.4 人工染色体载体

人工染色体载体包括酵母人工染色体(YAC)和细菌人工染色体(BAC),前者可插入 500 kb 左右的 DNA 片段,后者也能插入约 300 kb 的外源 DNA。

1. 酵母人工染色体

酵母人工染色体(yeast artificial chromosomes,YAC) 载体是利用酿酒酵母(*Saccharomyces cerevisiae*)的染色体复制元件构建的载体,其工作环境也是在酿酒酵母中。酿酒酵母的形态为扁圆形或卵形,生长的代时为 90 分钟;含 16 条染色体,其大小为 225～1 900 kb ,总计有 14×10^6 bp;具有真核 mRNA 的加工活性。

(1)YAC 载体的复制元件和标记基因　在 YAC 载体中最常用的是 pYAC2(图 6－33)。由于酵母的染色体是线状的,因此其在工作状态也是线状的。但是,为了方便制备 YAC 载体, YAC 载体以环状的方式存在,并增加了普通大肠杆菌质粒载体的复制元件和选择标记,以便保存和增殖。YAC 载体的复制元件是其核心组成成分,其在酵母中复制的必需元件包括复制起点序列即自主复制序列,用于有丝分裂和减数分裂功能的着丝粒和两端的端粒。

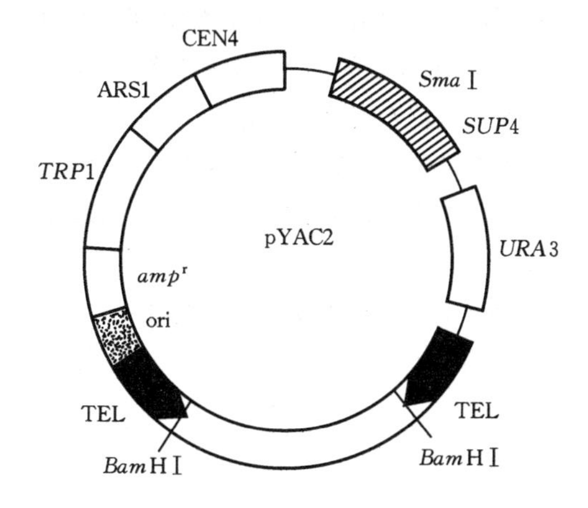

图 6－33　酵母人工染色体载体 pYAC2 的结构图 *

YAC 载体为能够满足自主复制、染色体在子代细胞间的分离及保持染色体稳定的需要,必须含有以下元件:

端粒重复序列(telomeric repeat, TEL):定位于染色体末端一段序列,用于保护线状的 DNA 不被胞内的核酸酶降解,以形成稳定的结构。

着丝粒(centromere , CEN):有丝分裂过程中纺锤丝的结合位点,使染色体在分裂过程中能正确分配到子细胞中。在 YAC 中起到保证一个细胞内只有一个人

* Nicholl D S T. An introduction to genetic engineering[M]. 2nd ed. Cambridge: Cambridge University Press, 2002:80.

工染色体的作用。如 pYAC2 使用的是酵母第四条染色体的着丝粒。

自主复制序列(autonomously replication sequences,ARS):一段特殊的序列,含有酵母菌中 DNA 进行双向复制所必需的信号。

(2)YAC 载体的工作原理 YAC 载体主要是用来构建大片段 DNA 文库,特别是用来构建高等真核生物的基因组文库,并不用于常规的基因克隆。如图6-34所示,用 *Bam*HⅠ 将 pYAC2 切割成线状后,就形成了一个微型酵母染色体,包含染色体复制的必要顺式元件,如自主复制序列、着丝粒和位于两端的端粒。这些元件在酵母菌中可以驱动染色体的复制和分配,从而决定这个微型染色体可以携带酵母染色体 DNA 片段的大小。对于 *Bam*HⅠ切割后形成的微型酵母染色体,再用 *Eco*RⅠ或 *Sma*Ⅰ 切割抑制基因 *SUP*4 内部的位点后形成染色体的两条臂,与外源大片段 DNA 在该切点相连就形成一个大型人工酵母染色体,通过转化进入到酵母菌后可像染色体一样复制,并随细胞分裂分配到子细胞中去,达到克隆大片段 DNA 的目的。装载了外源 DNA 片段的重组子导致抑制基因 *SUP*4 插入失活,从而形成红色菌落;而载体自身连接后转入到酵母细胞后形成白色菌落。这些红色的装载了不同外源 DNA 片段的重组酵母菌菌落的群体就构成了 YAC 文库。YAC 文库装载的 DNA 片段的大小一般可达 200~500 kb,有的可达 1 Mb 以上,甚至达到 2 Mb 。

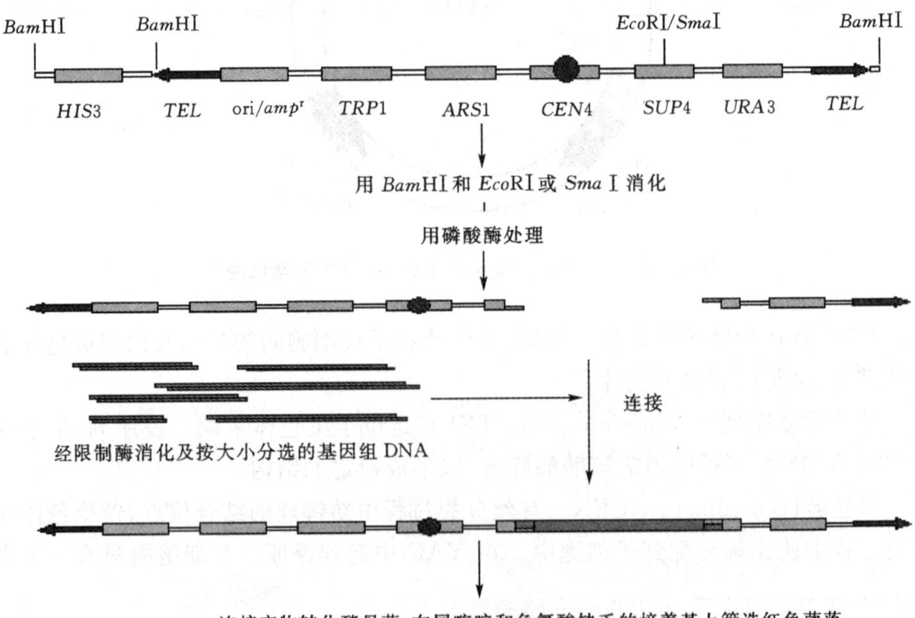

图6-34 YAC 载体的原理与工作流程

YAC 载体功能强大,但有一些弊端。这主要表现在下述三个方面。首先,在 YAC 载体的插入片段会出现缺失（deletion）和基因重排（rearrangement）的现象。其次,容易形成嵌合体。嵌合就是在单个 YAC 中的插入片段由 2 个或多个的独立基因组片段连接组成。嵌合克隆约占总克隆的 5%～50% 。最后，YAC 染色体与宿主细胞的染色体大小相近,影响了 YAC 载体的广泛应用。YAC 染色体一旦进入酿酒酵母细胞,由于其大小与内源的染色体的大小相近,就很难从中分离出来,不利于进一步分析。但是 YAC 的一个突出优点是,酵母细胞比大肠杆菌对不稳定的、重复的和极端的 DNA 有更强的容忍性。另外，YAC 在功能基因和基因组研究中是一个非常有用的工具。由于高等真核生物的基因大多数是多外显子结构并且有长长的内含子,大型基因组片段可通过 YAC 载体转移到动物或动物细胞系中进行功能研究。

2. 细菌人工染色体载体

（1）F 质粒　大肠杆菌的 F 因子是一个约 100 kb 的质粒。它编码 60 多种参与复制、分配和接合过程的蛋白质。虽然 F 因子通常以双链闭环 DNA（1～2 个拷贝/细胞）的形式存在,但它可以在大肠杆菌染色体中至少 30 个位点处进行随机整合。携带 F 因子的细胞,或以游离状态或以整合状态表达三根毛发状的 F 菌毛。F 菌毛为供体与受体细胞之间产生性接触所必需。

（2）细菌人工染色体　细菌人工染色体（bacterial artificial chromosomes,BAC）是基于大肠杆菌的 F 质粒构建的高通量低拷贝的质粒载体。每个环状 DNA 分子中携带一个抗生素抗性标记,一个来源于大肠杆菌 F 因子（致育因子）的严紧型控制的复制子 oriS,一个易于 DNA 复制的由 ATP 驱动的解旋酶（RepE）以及三个确保低拷贝质粒精确分配至子代细胞的基因座（*parA*、*parB* 和 *parC*）。BAC 载体的低拷贝性可以避免嵌合体的产生,减小外源基因的表达产物对宿主细胞的毒副作用。

第一代 BAC 载体不含那些能够用于区分携带重组子的抗生素抗性细菌菌落与携带空载体的细菌菌落的标记物。新型的 BAC 载体可以通过 α-互补的原理筛选含有插入片段的重组子,并设计了用于回收克隆 DNA 的 *Not*Ⅰ酶切位点和用于克隆 DNA 测序的 Sp6 启动子、T7 启动子。*Not*Ⅰ识别序列位点十分稀少。重组子通过 *Not*Ⅰ消化后,可以得到完整的插入片段。Sp6、T7 是来源于噬菌体的启动子,用于插入片段末端测序。图 6-35 是细菌人工染色体

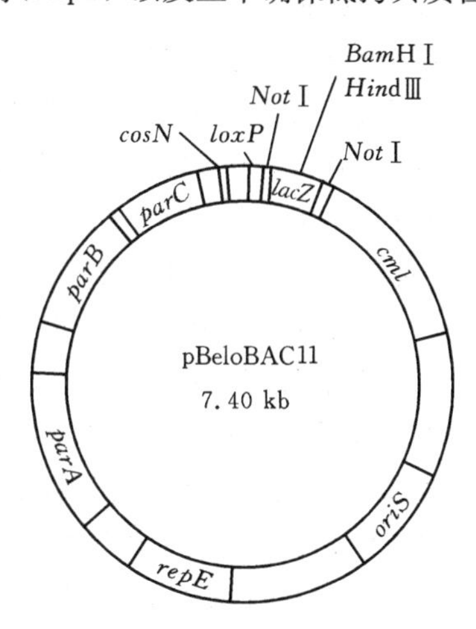

图 6-35　细菌人工染色体载体 pBeloBACll 的结构图

载体 pBeloBAC11 的遗传结构图。

BAC 与 YAC 相似,没有包装限制,因此可接受的基因组 DNA 大小也没有固定的限制。大多数 BAC 文库中克隆的平均大小约 120 kb,个别的 BAC 重组子中含有的基因组 DNA 最大可达 300 kb 。

F 质粒能够编码形成性菌的蛋白,通过大肠杆菌的结合转移可以进行遗传物质的转移。但是基因操作的时候一般不用这种自发的转化方式。BAC 载体空载时大小约 7.5 kb ,在大肠杆菌中以质粒的形式复制,具有一个氯霉素抗性基因。外源基因组 DNA 片段可以通过酶切、连接克隆到 BAC 载体多克隆位点上,通过电穿孔的方法将连接产物导入大肠杆菌重组缺陷型菌株。装载外源 DNA 后的重组质粒通过氯霉素抗性和 *lac Z* 基因的 α -互补筛选。

6.3 DNA 的连接

目的基因片段与载体分子在 DNA 连接酶的作用下形成磷酸二酯键,在体外产生重组体分子,这是基因工程操作中的重要一环。插入片段与载体分子的连接包括黏性末端的连接和平齐末端的连接。

6.3.1 DNA 片段在体内和体外的连接——黏性末端的连接

重组质粒的构建是生物分子的反应。首先是一个环状分子从一处打开(酶切)而直线化,它的一端连上目标 DNA 片段,然后通过其他两个末端的连接而环化(图 6-36)。这种环化过程可通过两种途径来完成:在细菌细胞内完成连接反应;在细菌细胞外完成连接反应,即用在体外连接好的重组体分子对细菌进行转化。如果打算利用细菌细胞的连接能力,DNA 片段必须具有合适长度和互补碱基组成的单链末端,以便在生理条件下 DNA 片段的末端能够退火。通常可以用限制性酶,如用 *Eco*R Ⅰ 切割 DNA 或利用末端转移酶增加同聚物(homopoly-nucleotide)的办法,使不同的 DNA 片段两端得以退火。一旦在细胞内互补末端发生退火,细胞封闭了 DNA 的裂口,就产生了理想的重组分子。虽然过去曾用过这种方法,但此法不仅形成重组分子的效率低,而且还可能伴随着末端核苷酸的缺失。

如果转化前用 DNA 连接酶构建 DNA 重组分子有下列几方面的优点:首先,DNA 的体外连接减小了 DNA 分子进入细胞后遭受降解的危险,增加了转化效率;其次,由限制性内切酶产生的黏性末端在体外连接将保护原来识别序列的完整,有利于外源 DNA 片段的分离;第三,可以控制连接反应时的条件,有利于形成环状分子或几个 DNA 片段头尾相连的直线多连体。

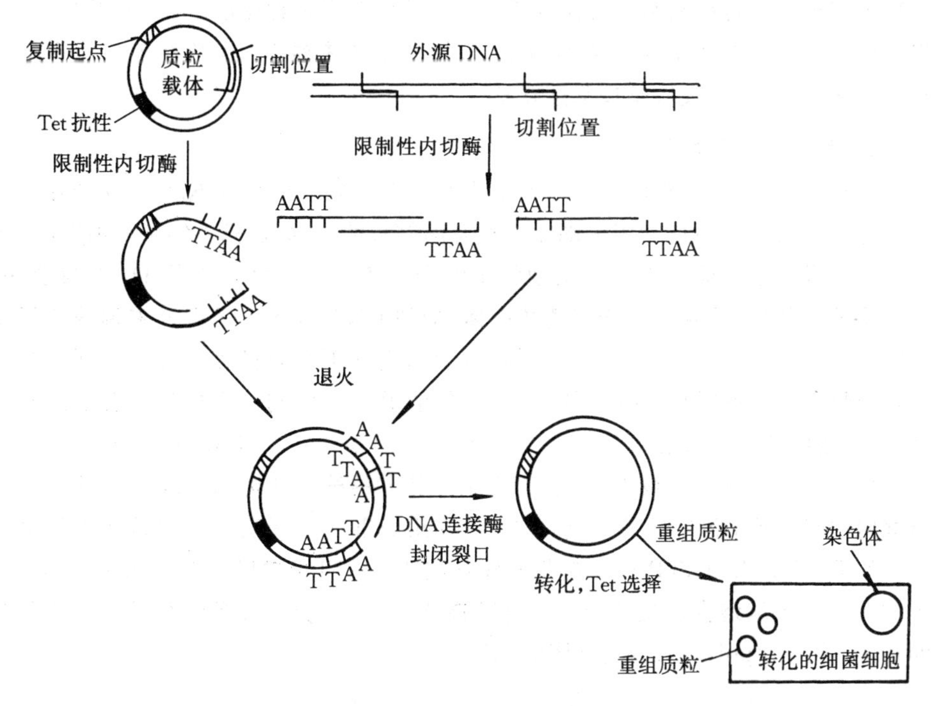

图 6－36　用 DNA 连接酶构建重组 DNA 分子

6.3.2　平齐末端的连接

T4 DNA 连接酶既可催化 DNA 黏性末端的连接也能催化 DNA 平齐末端的连接。不过,在没有黏性末端的条件下,连接反应更为复杂,速度显著减慢。黏性末端的连接,也就是指通过连接酶作用封闭裂口的反应,比平齐末端的连接大致快100 倍。其原因在于两个平齐末端相遇,无退火现象发生,从而使 5′磷酸基团与 3′羟基处于并列的时间显著减少。有人认为,平齐末端的连接反应至少需要两个连接酶分子:一个分子托住平齐末端,使其并列,另一个分子则催化磷酸二酯键的形成。因此,要使平齐末端和黏性末端的连接速度相等,需要多用10～30倍 T4 DNA连接酶。此外,增加 DNA 平齐末端的浓度,也可增加 DNA 分子末端并列的数目。退火的黏性末端依赖于温度的稳定性,而平齐末端的连接则无需考虑这个问题。与黏性末端的连接反应相比,平齐末端受温度影响小得多。作为一般原则而言,平齐末端连接反应的最适合温度应该接近反应中最小片段的 Tm 值,但不要超过37℃。例如,pBR322 经 *Hae*Ⅲ切割后的数个限制片段可以在 23℃连接成功。

平齐末端 DNA 分子的连接方法除了直接用 T4 DNA 连接酶连接外,还可以先用末端核苷酸转移酶给平齐末端 DNA 分子加上同聚物尾巴之后，再用 DNA 连接酶进行连接。现在基因克隆实验中，常用的平齐末端 DNA 片段连接法有同聚物加尾法、衔接物连接法及接头连接法。

1. 同聚物加尾法

这种方法是 1972 年由美国斯坦福大学的 P. Labban 和 D. Kaiser 联合提出来的。这种方法的核心是利用末端脱氧核苷酸转移酶转移核苷酸的特殊功能来完成的。末端脱氧核苷酸转移酶是从动物组织中分离出的一种异常的 DNA 聚合酶，它能将核苷酸(通过脱氧核苷三磷酸前体)加到 DNA 分子单链延伸末端的 3′羟基基团上。这个过程的一个十分有用的特点是，它并不需要模板的存在。所以当反应物中只存在一种脱氧核苷酸的条件下，便能够构成由同一类型的核苷酸组成的尾巴，典型的情况下长度可达 100 个核苷酸。但为了在平齐末端的 DNA 分子上产生出带 3′羟基的单链延伸末端，需要用 5′特异的核酸外切酶或是像*pst* Ⅰ一类的核酸内切酶处理 DNA 分子，以便移去少数几个末端核苷酸。在由核酸外切酶处理过的 DNA 以及 dATP 和末端脱氧核苷酸转移酶组成的反应混合物中，DNA 分子的 3′羟基末端将会出现单纯由腺嘌呤核苷酸组成的 DNA 单链延伸。这样的延伸片段，称之为 poly(dA)尾巴(图6 - 37)。

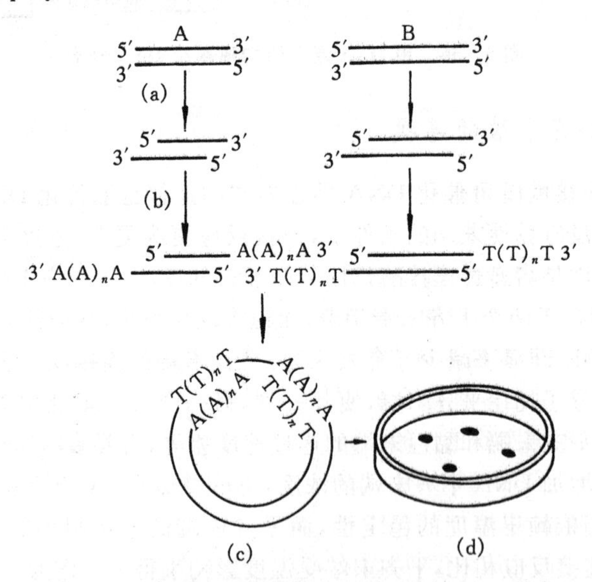

图 6 - 37　应用互补的同聚物加尾法连接 DNA 片段

图中(a)用 5′末端特异的核酸外切酶处理 DNA 片段 A 和 B，形成了延伸末端；(b)对片段 A 和片段 B 分别加入 dATP 和 dTTP，以及共同的末端脱氧核苷酸转移酶，各自形成 poly(dA)和 poly(dT)尾巴；(c)混合退火，通过 poly(dA)和 poly(dT)之间的互补配对，形成重组体分子；(d)转化大肠杆菌，挑选重组体克隆。反过来，如果在反应混合物中加入的是 dTTP 而不是 dATP，那么这种 DNA 分子的 3′羟基末端将会形成 poly(dT)尾巴。poly(dA)尾巴同 poly(dT)尾巴是互补的，因此任何两条 DNA 分子，只要分别获得poly(dA)和 poly(dT)尾巴，就会彼此连接起来。所加的同聚物尾巴的长度并没有严格的限制，但一般只要 10～40 个碱基就足够了。上述这种连接 DNA 分子的方法叫同聚物加尾法(homopolymertail-joining)。

2. 衔接物连接法

所谓衔接物(linker)是指用化学方法合成的一段由 10～12 个核苷酸组成的具有一个或数个限制酶识别位点的平齐末端的双链寡聚核苷酸片段。将衔接物的 5′末端和待克隆的 DNA 片段的 5′末端用多核苷酸激酶处理使之磷酸化，然后通过 T4 DNA 连接酶的作用使两者连接起来。接着用适当的限制酶消化具有衔接物的 DNA 分子和克隆载体分子，这样的结果使二者都产生出了彼此互补的黏性末端。于是便可以按照常规的黏性末端连接法，将待克隆的 DNA 片段同载体分子连接起来(图 6－38)。将含有*Bam*HI限制位点的一段化学合成的六聚体衔接物，用 T4 DNA 连接酶连接到平齐末端的外源 DNA 片段的两端。经*Bam*HI限制酶消化之后就会产生出黏性末端。这样的 DNA 片段，随后便可以插入到由同样限制酶消化过的载体分子上。

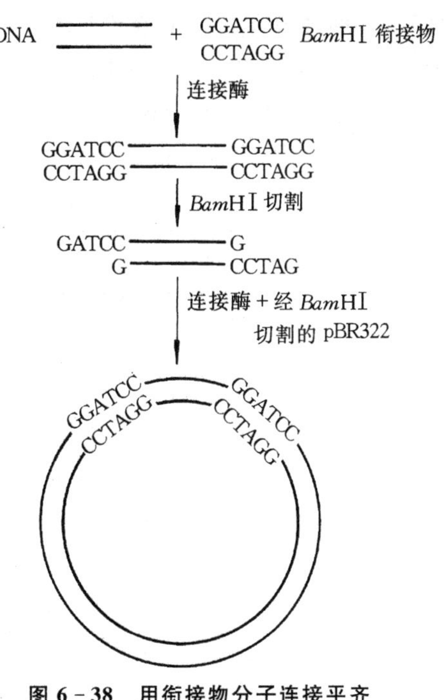

图 6－38　用衔接物分子连接平齐末端的 DNA 片段

这种经由化学合成的衔接物分子连接平齐末端 DNA 片段的方法兼具有同聚物加尾法和黏性末端法各自的优点，因此可以说是一种综合的方法。而且它可以根据实验工作的不同要求，设计具有不同限制酶识别位点的衔接物，并大量制备，以增加其在体外连接反应混合物中的相应浓度，从而极大地提高了平齐末端 DNA 片段之间的连接效率。此外，采用双衔接物技术(double-linker)还可实现外源 DNA 的定向克隆。总之,衔接物连接法是进行 DNA 重组的一种既有效又实用的方法。

3. 接头连接法

DNA 衔接物连接法尽管有诸多方面的优越性,但也有一个明显的缺点,那就是如果待克隆的 DNA 片段或基因的内部也含有与所加的衔接物相同的限制位点,这样在酶切消化衔接物产生黏性末端的同时,也就会把克隆基因切成不同的片段,从而给后续的亚克隆和其他操作带来麻烦。当然,在遇到这种情况时可改用其他类型的衔接物,然而若要克隆的外源基因具有较大的相对分子质量时,则往往难以得到恰当的选择。或者是用甲基化酶对 DNA 进行修饰,但这个步骤十分难掌握,因为它涉及到数种酶催反应。因此,一种公认的较好的替代办法是改用 DNA 接头(adapter)连接法。图6－39所显示的是一种具*Bam*HⅠ黏性末端的典型的 DNA 接头分子。当它的平齐末端与外源 DNA 片段的平齐末端连接之后,便会使后者成为具有黏性末端的新的 DNA 分子而易于连接重组。这种连接法看起来是十分简单的,但在实际使用时也遇到了一个新的麻烦。因为,处在同一反应体系中的各个 DNA 接头分子的黏性末端之间会通过碱基配对作用形成如同 DNA 衔接物一样的二聚体分子,尤其是在高浓度 DNA 接头分子的环境中更是如此。此时,尽管可加入限制酶进行消化切割,使其重新产生出黏性末端,然而这样做无疑是有悖于使用 DNA 接头的初衷,失去了它的本来意义。

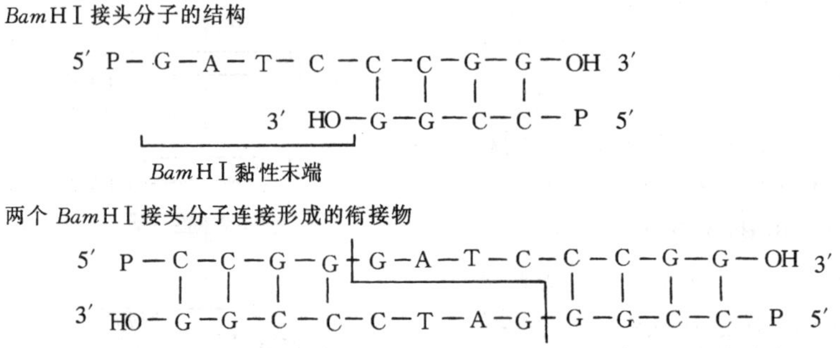

*Bam*HⅠ接头分子的结构

```
5′ P－G－A－T－C－C－C－G－G－OH 3′
                  |   |   |   |
         3′ HO－G－G－C－C－P  5′
```

*Bam*HⅠ黏性末端

两个 *Bam*HⅠ接头分子连接形成的衔接物

```
5′ P－C－C－G－G－G－A－T－C－C－C－G－G－OH 3′
      |   |   |   |                |   |   |   |
3′ HO－G－G－C－C－C－T－A－G－G－G－C－C－P  5′
```

图 6－39　一种典型的 DNA 接头分子的结构及其彼此相连的效应

目前用于解决这个问题的办法是对 DNA 接头末端的化学结构进行必要的修饰与改造,使之无法发生彼此间的配对连接。天然的双链 DNA 分子的两端都具有正常的 5′磷酸和 3′羟基末端结构(图 6－40),修饰后的 DNA 接头分子的平齐末端与天然双链 DNA 分子一样,具有正常的末端结构,而其黏性末端的 5′磷酸则被修饰移走,结果为暴露出的 5′羟基所取代。这样一来,虽然两个接头分子黏性末端之间仍具互补碱基配对的能力,但终因 DNA 连接酶无法在5′羟基和 3′羟基之间形成磷酸二酯键,而不会产生出稳定的二聚体分子(图 6－41)。

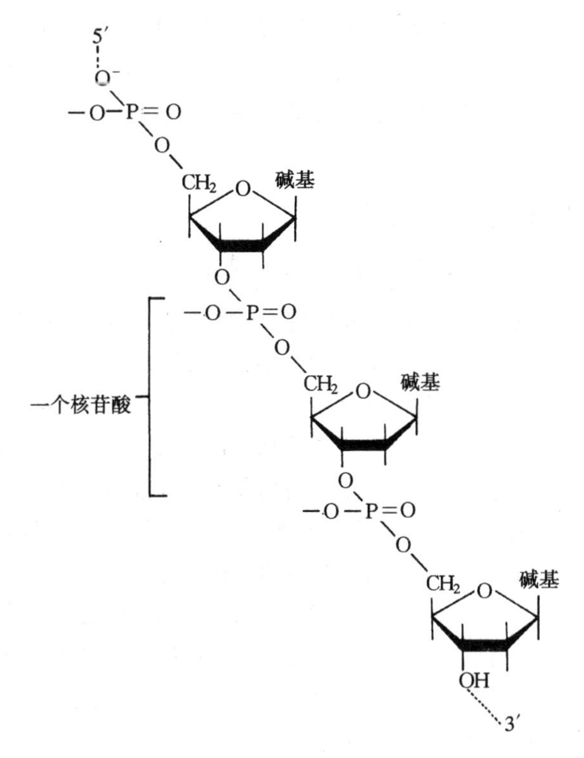

图 6－40　多核苷酸分子之 5′末端与 3′末端间的结构差别

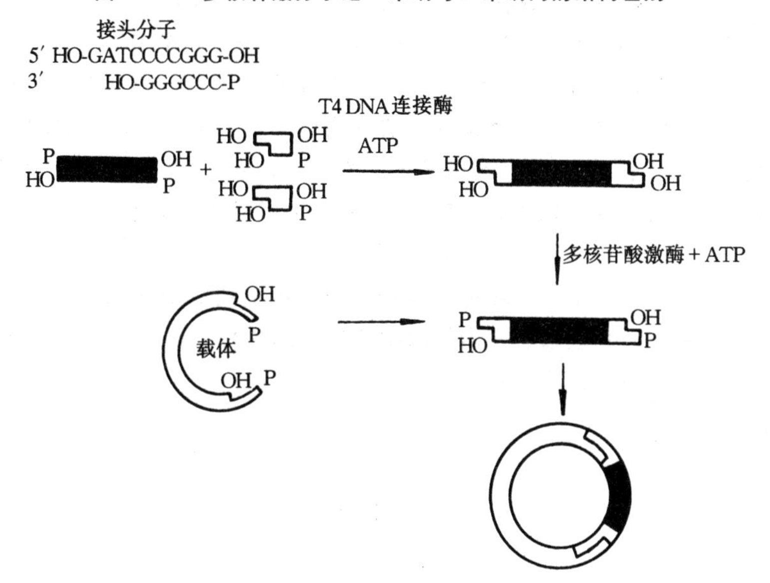

图 6－41　具有异常的 5′羟基黏性末端结构的 *Bam*H Ⅰ 接头的连接机理

这种黏性末端被修饰的DNA接头分子虽然丧失了彼此连接的能力,但它们的平齐末端照样可以与平齐末端的外源DNA片段正常连接。只是在连接之后,需用多核苷酸激酶处理,使异常的5′羟基末端恢复成正常的5′磷酸末端,让其可以插入到适当的克隆载体分子上。

6.3.3 TA克隆

TA克隆是一种PCR产物与载体直接进行克隆的方法。它利用Taq DNA聚合酶具有的末端连接酶的功能,在每条PCR扩增产物的3′端自动添加一个3′-A突出端,同时利用TA克隆系统提供的线性含3′-T突出端的载体,将PCR产物直接高效地与载体连接。TA克隆不需使用含限制酶序列的引物,不需将PCR产物进行优化,不需把PCR产物做平端处理,也不需在PCR扩增产物上连接接头分子,即可直接进行克隆。

PCR反应中常用的Taq DNA聚合酶具有非模板依赖性的活性,可将PCR双链产物的每一条链的3′端加入单A核苷酸尾,在70℃～75℃时,Taq DNA聚合酶的这种活性尤为显著,而常规的PCR反应程序最后的步骤均为72℃延伸7～10 min,故可满足PCR产物3′端为突出的单A核苷酸尾的要求。另一方面,在仅有适量的dTTP存在的情况下,Taq DNA聚合酶也可将切成平齐末端的质粒的3′端加入单T核苷酸尾,故用Taq DNA聚合酶也造成了切成平端的质粒3′端产生了突出的单T核苷酸。PCR产物的3′末端单A核苷酸尾与切成平端的质粒的3′末端突出的单T核苷酸实现了T—A互补,这实际上是一种黏性末端连接,因而具有较高的连接效率。

TA克隆常用的载体有pBluescript SK(+)、pCR2.1等(图6-42、图6-43),可用*Eco*RⅤ将质粒切成平端,利用Taq DNA聚合酶及dTTP制备TA载体。

以前对PCR产物进行克隆采用的方案有以下几种:一是将PCR产物切成两端平齐的双链DNA,然后克隆到切成平端的质粒载体上,或在PCR产物的两端加上人工接头,经限制性内切酶处理后,克隆到质粒载体的相应位点上;二是在设计PCR引物时,使PCR引物的5′端含有可切成黏性末端的限制性内切酶酶切位点的识别序列,在PCR反应结束后,再将PCR产物用相应的限制性内切酶进行处理,以便于克隆到含相应限制性内切酶酶切位点的质粒载体上。与TA克隆相比,这两种方法虽然有效,但均较繁琐。

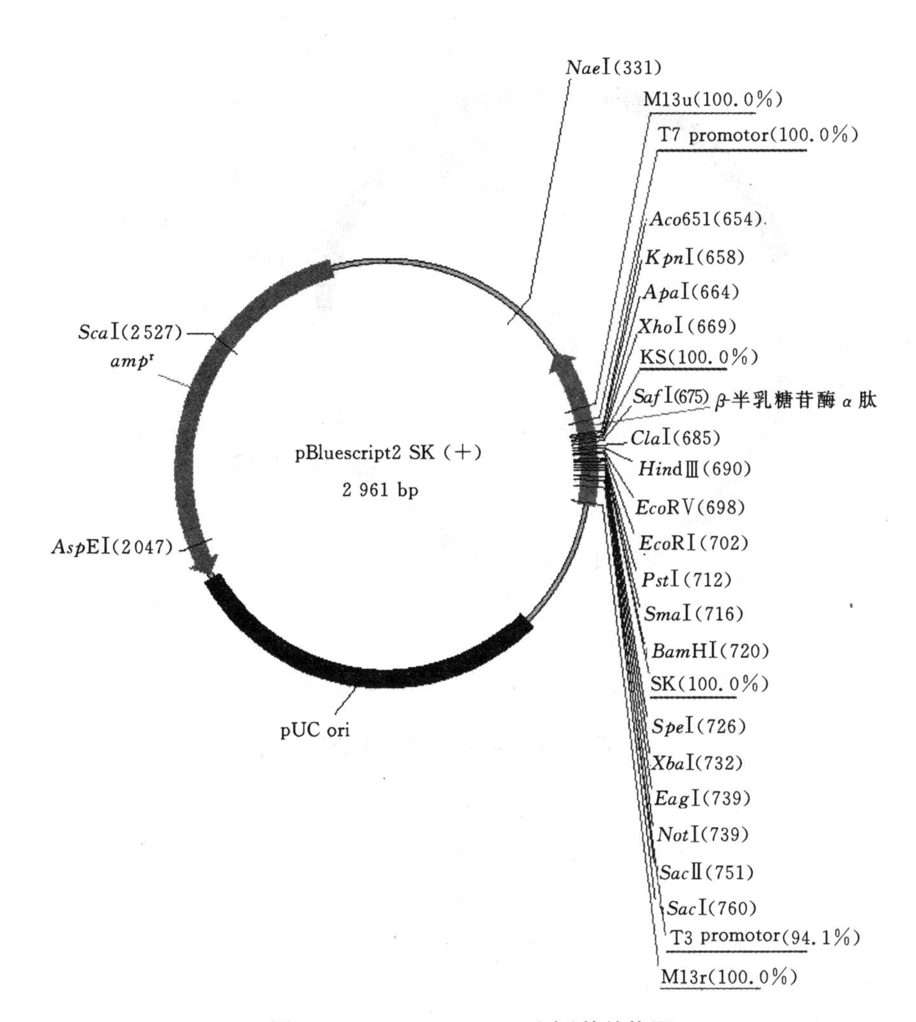

图 6-42 pBluescript2 SK(+)的结构图

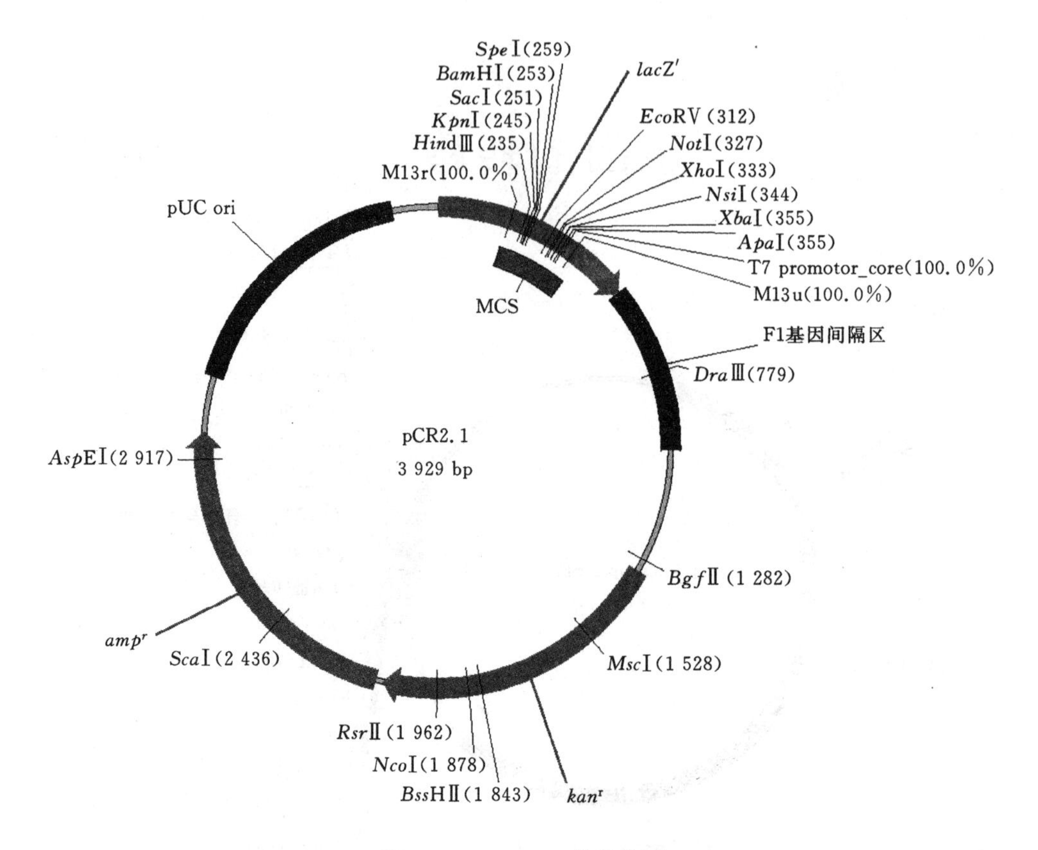

图 6-43　pCR2.1 的结构图

思考题

1. 什么是基因克隆？基因克隆有哪些基本途径？
2. 试从克隆容量的角度论述不同载体的应用。
3. 以 pBR322 为例，论述质粒载体应满足的要求。
4. 如何有效地将平齐末端的基因片段与载体分子相连接？
5. TA 克隆的原理是什么？

第7章 基因的转移与重组体的检测

内容提要：将重组体分子导入宿主细胞，从而完成基因扩增和基因表达是基因工程的重要环节。重组体分子转化入细胞后，需利用有效方式筛选出接纳了重组体分子的宿主细胞。抗生素抗性、基因的插入失活、遗传互补等方法是筛选重组体克隆的有效途径。对于重组体的克隆的筛选和选择可在DNA水平、RNA水平和蛋白质水平等不同层次上进行。

带有外源DNA片段的重组分子在体外构成之后，需要导入适当的寄主细胞进行繁殖，才能获得大量的、纯一的重组体分子，这样一种过程习惯上叫做基因的扩增（amplification）。由此可知，选定的寄主细胞必须具备使外源DNA进行复制的能力，而且还能够表达由导入的重组体分子所提供的某种表型特征，这样才有利于转化子细胞的选择与鉴定。

将外源重组体分子导入受体细胞的途径包括转化（或转染）、转导、显微注射和电穿孔等多种不同的方式。转化和转导主要适用于细菌一类的原核细胞和酵母这样的低等真核细胞，而显微注射和电穿孔则主要应用于高等动植物的真核细胞。本章所讨论的用于接受重组体DNA导入的寄主细胞只限于大肠杆菌。因为在所有的关于重组DNA的研究工作中，都使用了大肠杆菌K12突变体菌株。该菌株由于丧失了限制体系，故不会使导入细胞内的未经修饰的外源DNA发生降解作用。对于大肠杆菌寄主，无论是转化或者转导，都是十分有效的导入外源DNA的手段。当然，除了大肠杆菌之外，其他的一些细菌（例如枯草芽孢杆菌，*B. subtilis*）也已发展成为基因克隆的寄主菌株。基因工程中常用的寄主细胞见表7-1。

表7-1 基因工程中宿主细胞的类型

宿主类别	原核/真核	宿主类型	实际例子
细菌	原核	革兰氏阴性 革兰氏阳性	大肠杆菌 枯草芽孢杆菌
真菌	真核	微生物C丝 状真菌	酵母 霉菌

续表 7-1

宿主类别	原核/真核	宿主类型	实际例子
植物	真核	原生质体	各种类型
		细胞	各种类型
		整个植物	各种类型
动物	真核	昆虫细胞	果蝇细胞
		动物细胞	各种类型
		卵母细胞	各种类型
		整个动物	各种类型

外源DNA转化之后,还需有一套行之有效的方法将重组体细胞筛选出来,这是本章要讨论的另一个重要问题。

7.1 重组体向寄主细胞的导入

将重组体DNA分子向寄主细胞内导入的方法主要有转化(或转染)和转导。

7.1.1 重组体DNA分子的转化或转染

在基因操作中,重组体分子向宿主细胞的导入可通过转化(transformation)、转导(transduction)或转染(transfection)三种方式进行。转化是指感受态的大肠杆菌细胞捕获和表达质粒载体DNA分子的生命过程;转导是指细菌通过噬菌体将外源基因纳入其基因组的过程;而转染则是指真核细胞通过病毒载体将外源基因导入其基因组的过程。从本质上讲,三者并没有什么根本的区别。无论是转化、转导还是转染,其关键的因素都是使外源DNA分子能够容易地进入细胞内部。所以习惯上,人们往往也通称转导和转染为广义的转化。

细胞转化(或转染)的具体操作程序是:①一般以大肠杆菌HB101为受体细胞,在对数生长期(即OD_{550}达0.5时)收获细胞。将培养好的细胞放入冰浴中冷冻10 min,离心(4 000 r/min)5 min,收集沉淀细胞。②将沉淀细胞重新悬浮在预冷、无菌的50 mmol/L $CaCl_2$和Tris-HCL(pH8)中,放置冰浴5 min,同样离心收集沉淀细胞,重新悬浮,即成为感受态细胞,冰冻备用。③取出冰冻感受态细胞,加入连接反应混合物(重组DNA),在42℃水浴中做2 min的热冲击,立即经过适当稀释,涂布在培养基平板上,在37℃下培养(图7-1)。如果使用的是噬菌体DNA(即转染过程),那么可以将经过这样处理的细菌直接涂布在琼脂平板上,此时已经捕获了DNA的细胞经过一段时间以后将会释放出大量的子代噬菌体颗粒。这些颗粒

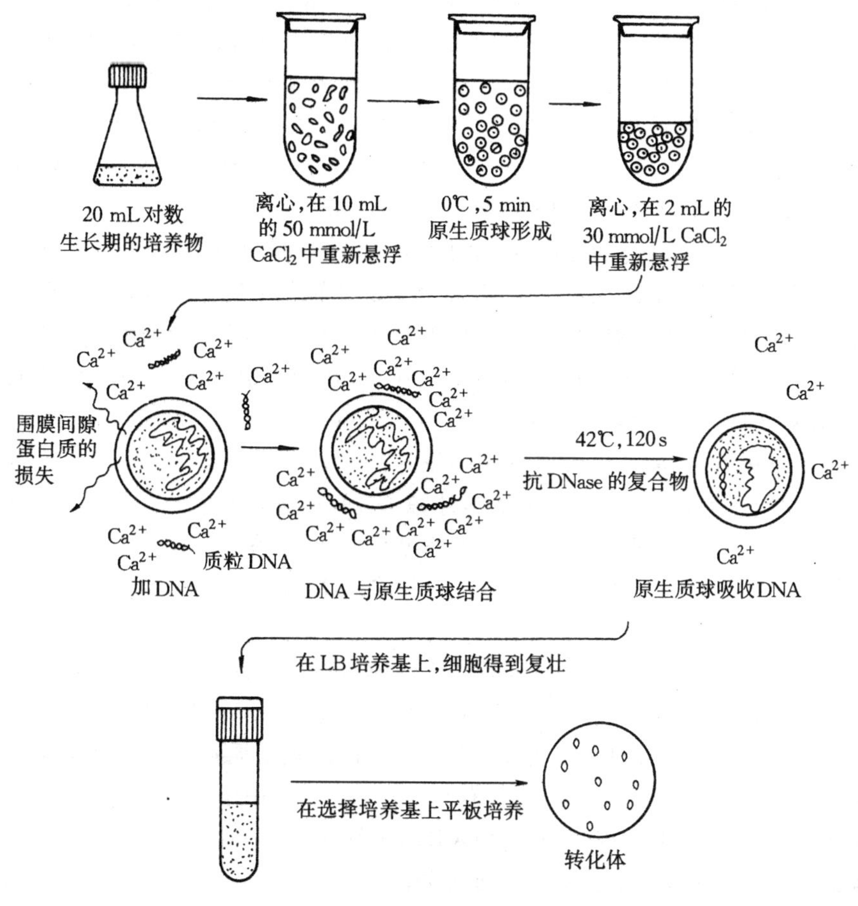

图 7-1　$CaCl_2$ 诱导的大肠杆菌细胞转化程序

继续感染周围的寄主细胞,并重新释放出子代噬菌体颗粒。如此重复下去,最终便会在平板的细菌菌苔上形成噬菌斑。如果用的是质粒的 DNA(即转化过程),那么首先应将细菌放置在非选择性的肉汤培养基中保温一段时间,以促使在转化过程中获得新的表型(Tet^r 或 Amp^r)得到充分的表达。然后将此细菌培养物涂布在含有四环素或氨苄青霉素的选择性平板上。注意控制转化条件,使每个细胞只容纳一个重组体质粒 DNA 分子进入。由于质粒 DNA 上编码着抗生素抗性基因,因此在加有相应抗生素的选择性培养基平板上,一个转化子细胞便会生长成为一个单菌落。显然,每一个这样的菌落,都只含有一种来源于同一个转化质粒群体,这样的单菌落通常叫做克隆。

在普通的转化实验中,每微克的 pBR322 质粒 DNA 可以获得 10^6 左右的转化子菌落;每微克 λ 噬菌体的 DNA 可以获得 $10^4 \sim 10^6$ 噬菌斑。而如果使用大肠杆菌 X1776 菌株作为受体菌,那么转化频率则可高达 10^8 左右。然而,当使用重组 DNA 分子进行转化时,转化的频率一般要下降 $10^2 \sim 10^4$ 倍。究其原因,不外乎是由如下两方面的因素造成的:一方面是由于载体分子与插入 DNA 片段间的连接作用经常是无效的,结果便大大降低了有功能的质粒或噬菌体 DNA 的实际数量;另一方面是由于含有插入外源 DNA 片段的载体分子一般都比较大,这样也会导致转化(或转染)的频率再度明显下降。

因此,为了提高转化的频率,必须采取必要的措施,抑制那些不带有外源插入 DNA 片段的噬菌体 DNA 或质粒 DNA 分子形成转化子菌落。在前文 DNA 分子的切割与连接内容中已经讨论过,应用碱性磷酸酶处理法,可以阻止不带有插入 DNA 片段的载体分子发生自身再环化的作用,从而提高了它们的转化功能。此外,在转化之后,用环丝氨酸富集法(cycloserine enrichment)使那些只带有原来质粒载体的细菌致死,同样也可以达到抑制这些不含有插入 DNA 片段的载体分子形成转化子(菌落)。这个方法是依据外源 DNA 片段的插入作用,导致质粒的某种基因失活这一原理建立的。例如,当外源 DNA 插入在 pBR322 质粒的四环素抗性基因(tet^r)上,该基因便会立即失去它的功能作用,而另一种抗生素抗性基因,即氨苄青霉素抗性基因(amp^r)则仍然是完整的。因此,将转化的细菌培养物移置在含有氨苄青霉素的培养基中生长,经过这样的选择作用而得以存活下来的所有细胞,显然都应该是带上了 pBR322 质粒分子。在这些 pBR322 质粒分子当中,有一部分是在其 tet^r 基因序列内具有 DNA 插入片段的重组质粒。把这种富集了的培养物进行适当的稀释之后,转接在含有四环素的培养基中生长,于是在其 pBR322 质粒分子的 tet^r 基因序列中带有 DNA 插入片段的所有细胞,都将停止生长。最后加入环丝氨酸,就会促使所有正在生长着的细胞发生溶胞反应,而那些没有发生溶胞反应存活下来的细胞,可通过离心作用收集起来。通过这样的处理之后,大约有 90%~100%的存活细胞所携带的 pBR322 重组质粒都在其 tet^r 基因上有一个插入的 DNA 片段。

7.1.2 λDNA 的体外包装

正常的 λ 噬菌体能够利用寄主细胞内原材料表达自身各种有活性的蛋白或酶,经一系列反应变化,最后组装成完整的噬菌体颗粒。其基本过程如图 7-2 所示。

所谓 λDNA 的体外包装,是指在试管中完成噬菌体在寄主细胞内的全部组装过程。其基本原理是:λ 噬菌体的头部和尾部的装配是分开进行的。头部的基因发生突变,噬菌体只能形成尾部;而尾部基因发生了突变的噬菌体只能形成头部。将这两种不同突变型的噬菌体提取物混合起来,就能够在体外装配成有生物活性的噬菌体颗粒。图 7-3 显示的是依据以上原理的 T4 噬菌体的体外包装过程。

由图 7－3 可以看出，只要为重组 DNA 提供高浓度的噬菌体前体，包括包装蛋白、头部和尾部，就有可能形成完整的噬菌体颗粒。为此，首先要制备琥珀突变种。基因 D 突变和基因 E 突变的 λ 噬菌体，就是一对互补的头部突变型噬菌体。基因 D 和基因 E 的产物都是重要的外壳蛋白质。基因 E 的产物 E 蛋白是 λ 噬菌体头部的主要成分，占头部蛋白的 72%。利用基因 E 发生了琥珀突变(Eam)的 λ 噬菌体感染寄主细胞，溶菌物中积累了大量的尾部蛋白质，而不能形成任何的头部结构。基因 D 的产物 D 蛋白位于噬菌体头部的外侧，与 λ DNA 进入头部前体及头部的成熟有关。将基因 D 发生突变(Dam)的噬菌体感染寄主细胞，由于缺少活性的 D 蛋白，无法形成成熟的头部而积累大量的头部前体蛋白。把这两种溶菌物和重组 DNA 混合起来。作为主要头部蛋白的基因 E 产物在基因 A 产物的作用下，将重组 DNA 包装起来，然后加上基因 D 产物就形成了噬菌体的头部。在基因 W、基因 F 和基因 H 产物的作用下，头部和尾部连接起来，组成完整的噬菌体颗粒。

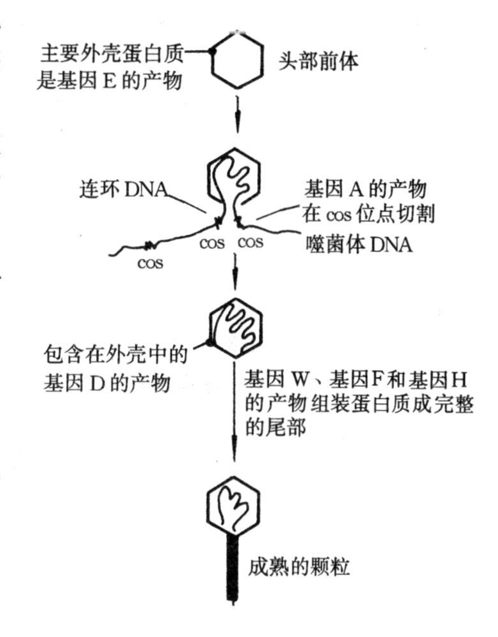

图 7－2　在寄主细胞内进行的 λDNA 包装过程

用体外包装形成噬菌体颗粒的方法将重组体 DNA 导入受体菌株，每微克 DNA 可形成 10^6 个噬菌斑，比不包装的裸露 DNA 分子的效率高 100～10 000 倍。

λ 噬菌体 DNA 的包装有一定的限制，这是因为 λ 噬菌体头部外壳蛋白对 DNA 的容纳量是有一定限度的。具体来讲，上限不得超过其正常野生型 DNA 总量的 5%左右，下限不得少于正常野生型 DNA 总量的 75%。也就是说，λ 噬菌体的包装能力控制在野生型 λ DNA 的 75%～105%。在这个范围内的 DNA 可以被包装成有活性的噬菌体颗粒，而超出这个范围就不能形成正常大小的噬菌斑，这就是所谓的 λ 噬菌体的包装限制。

包装限制说明，λ 噬菌体作载体对外源 DNA 片段的大小有比较严格的要求，这是在应用 λ 载体时必须注意的。若按野生型 λ DNA 分子长度为 48 kb 计算，其包装上限为 51 kb。由于野生型的 λ DNA 基因组中必要基因的 DNA 区段占 28 kb，所以 λ

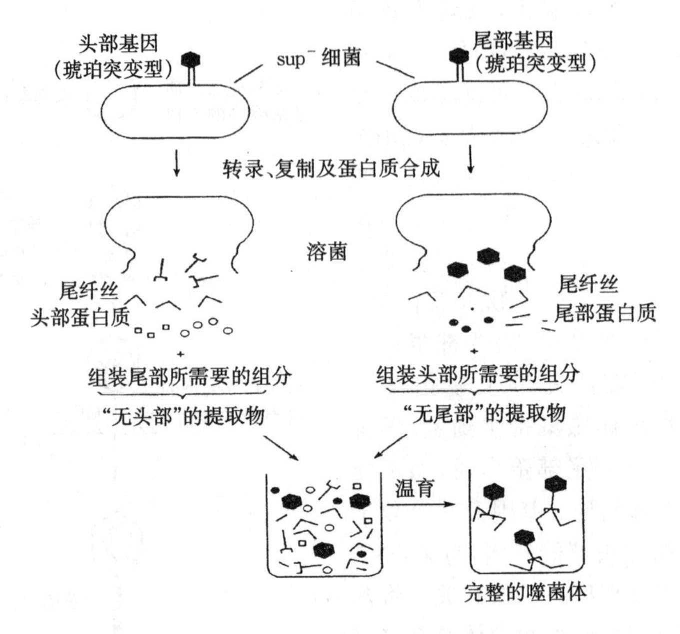

图 7-3 T4 噬菌体的体外包装

载体克隆外源 DNA 片段的理论极限值是 23 kb,也就是包装外源 DNA 片段的最大容量是 23 kb。一般的 λ 载体包装容量在 15 kb 左右。

由上面所述的包装限制还知道,若被包装的 DNA 小于野生型 λ DNA 的 75%,即 λ 基因组缺失了超过其 DNA 总量 25%的非必要区段,也不能被有效地包装。这样,在上述的置换型载体中,当用限制酶消化去除可取代片段只有一定大小的外源 DNA 插入后,才能形成噬菌斑。若只有 λ 载体的左臂和右臂的自身连接,如果达不到野生型 λ DNA 分子的 75%,则不能形成噬菌斑。由此可见,包装限制这一特性保证了体外重组所形成的有活性的 λ 重组体分子一般都应带有外源 DNA 的插入片段,或是具有重新插入的非必要区段,这相当于是对 λ 重组体的一种正选择。

7.1.3 体外包装的 λ 噬菌体的转导

噬菌体颗粒能够将其 DNA 分子有效地注入到寄主细胞的内部。根据这种特性,已经设计出了另外一种将外源重组体 DNA 分子导入寄主细胞的方法,即所谓的体外包装颗粒的转导。这是一种使用体外包装体系的特殊的转导技术。它先将重组的 λ 噬菌体 DNA 或重组的柯斯质粒 DNA 包装成具有感染能力的 λ 噬菌体颗粒,然后经由在受体细胞表面上的 λ DNA 接受器位点(receptor sites),使这些带有目的基因序列的重组体 DNA 注入大肠杆菌细胞。

这项噬菌体的体外包装技术，最早是由 A. Beckcr 和 M. Gold(1975)以及 B. Hohn(1977)建立起来的，随后又经过许多实验室的改良与革新，目前已发展成为一种能够高效率地转移相对分子质量较大的重组 DNA 分子的强有力的实验手段。

前面已经介绍过，将外源重组的 λ DNA 包装成为具有感染活性的 λ 噬菌体颗粒，需要从两株对 λ 噬菌体溶源性的大肠杆菌中制备出一对互补的提取物。在这两种溶源性的大肠杆菌中，λ 噬菌体颗粒的形态建成过程都有一个步骤发生了障碍：它们或者是在 λ 噬菌体外壳蛋白基因 A 和基因 E 发生了无义突变的两个溶源性菌株(如 NS1128 和 NS433)，或者是在 λ 噬菌体基因 D 和基因 E 发生了无义突变的两个溶源性菌株(如 BHB2690 和 BHB2688)。从突变体 E^- 菌株纯化的蛋白质提取物，失去了 λ 噬菌体颗粒的主要外壳蛋白质 E，但却仍然保留着其他所有的外壳蛋白质；从突变体 D^- 菌株纯化的蛋白质提取物，则含有大量未成熟的 λ 噬菌体头部前体颗粒；从突变体 A 菌株中纯化的蛋白质提取物，同样也含有大量中空的头部前体颗粒。因此，E^- 菌株的提取物可同另一种含有中空的头部前体颗粒的 A^- 菌株(或 D^- 菌株)的提取物互补，完成 λ 噬菌体的形态建成(图 7-4)。

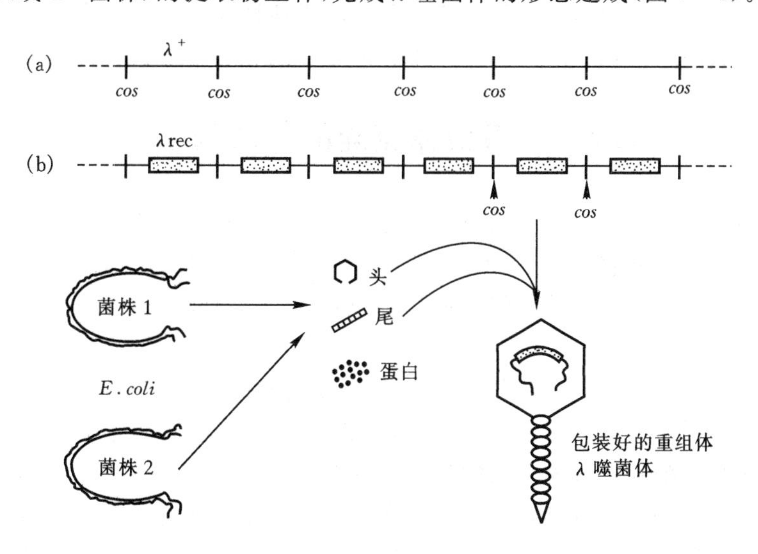

图 7-4　噬菌体多连体及其包装*

(a) 野生型 λ 噬菌体多连体 DNA；(b) 重组体 λ 噬菌体多连体 DNA 与包装

* Nicholl D S T. An introduction to genetic engineering[M]. 2nd ed. Cambridge: Cambridge University Press, 2002:82.

为了防止在λ原噬菌体的诱发过程中寄主菌发生溶菌作用,克服内源诱导的λ原噬菌体DNA进行包装,并避免包装的提取物发生重组现象,以及保证使λ原噬菌体能够得到有效的诱发等,已经给这些用来制备体外包装互补提取物的原噬菌体及其寄主菌株引入了另外一些与此有关的突变。这样便有效地提高了体外包装的λ噬菌体颗粒的转导效率,并进一步地改善了体外包装体系的使用性能。

在体外包装重组体的λDNA是基因操作中的一项重要技术,它十分有效地提高了λ噬菌体载体的克隆效率。在良好的体外包装反应条件下,每微克野生型的λDNA可以形成10^8以上的噬菌斑形成单位(plaque forming unit,pfu)。但对于重组的λDNA或柯斯DNA,包装后的成斑率要比野生型的下降10^2~10^4倍。由于构建高等真核生物的基因文库需要大量的重组体分子,因此,它需要的噬菌斑形成率的数量级远远地超过了转染反应所能达到的水平。即使在最佳的反应条件下,用重组的λDNA分子转染经氯化钙处理的大肠杆菌寄主细胞,每微克DNA也仅能产生出10^3~10^4的pfu。但如果体外连接反应的产物先被包装成为具有感染功能的λ噬菌体颗粒,那么每微克这样的重组DNA的成斑率可高达10^6 pfu,这完全可以满足构建真核基因组基因文库的要求。

除此之外,体外包装的λ噬菌体混合制剂还具有效价稳定的特点,在4℃环境下可以长期保存,而且在这样的噬菌体群体中,重组体所占的比例也比较高。

7.2 重组体克隆的筛选与鉴定

由体外重组产生的DNA分子,通过转化、转染、转导等适当途径引入宿主会得到大量的重组体细胞或噬菌体。然而在这些众多的重组体中,会有多种类型的DNA分子,其中包括:不带任何外源DNA插入片段,仅是由线性载体分子自身连接形成的环状DNA分子;由一个载体分子和一个或数个外源DNA片段构成的重组体DNA分子;单纯由数个外源DNA片段彼此连接形成的多聚DNA分子。当然最后这类多聚DNA分子由于不具备复制起点和复制基因,不能在转化子中长期存留,最后被消耗掉成为无用的分子。尽管如此,面对由这种混合的DNA制剂转化而来的大量的克隆群体,需要采用特殊的方法才能筛选出可能含有目的基因的重组体克隆。同时也需要用某种方法检测从这些克隆中提取的质粒或噬菌体DNA,看其是否确实具有一个插入的外源DNA片段。即便在这一问题得到了证实之后,也还不能肯定这些重组载体所含有的外源DNA片段就一定是编码所研究的目的基因的序列。为解决这一系列的问题,从为数众多的转化子克隆中分离出含有目的基因的重组体克隆,需要建立一整套行之有效的特殊方法。

目前已经发展和应用了一系列构思巧妙、可靠性较高的重组体克隆检测法，包括使用特异性探针的核酸杂交法、免疫化学法、遗传检测法和物理检测法等。

7.2.1　遗传检测法

遗传检测法可分为根据载体表型特征和根据插入序列的表型特征选择重组子两种方法。

7.2.1.1　根据载体表型特征选择重组体分子的直接选择法

根据载体分子所提供的表型特征直接选择重组体 DNA 分子的遗传选择法是一种十分有效的方法，当它与微生物学技术相配合时便可适用于大量群体的筛选。在基因工程中使用的所有的载体分子都带有一个可选择的遗传标记或表型特征。质粒以及柯斯载体具有抗药性标记或营养标记，而对于噬菌体来说，噬菌斑的形成则是它们的自我选择特征。根据载体分子所提供的遗传特征进行选择，是获得重组体 DNA 分子群体的必不可少的条件之一。正如已经叙述过的，这种遗传选择法能将重组体的 DNA 分子同非重组体的亲本载体分子区别开来。抗生素抗性选择基因插入失活选择，或者是诸如 β-半乳糖苷酶基因一类的显色反应，便是属于这种依据载体编码的遗传特性选择重组体分子的典型方法。

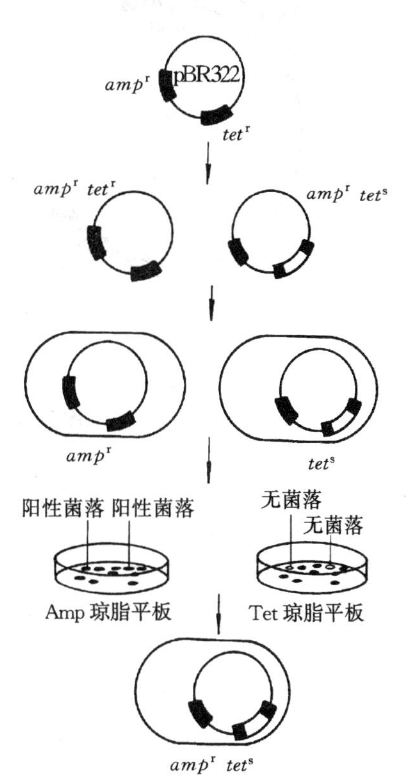

图 7-5　pBR322 质粒的抗生素抗性选择

1. 抗生素抗性选择法

一般质粒上都含有编码氨苄青霉素抗性基因（amp^r）的座位，只要将转化的细胞培养在含有氨苄青霉素的培养基中，便可以容易地检测出获得了此种质粒的转化子细胞。

pBR322 质粒的 DNA 序列上有许多种不同的限制性核酸内切酶识别位点，都可以接受外源 DNA 的插入。如图 7-5 所示，由于在 tet^r 基因内有 *Bam*H Ⅰ 和 *Sal* Ⅰ 两种限制性酶的单一识别位点，故在这两个识别位点中的任何插入作用都会导致 tet^r 基因出现功能性失活，于是形成的重组体都具有 $Amp^r Tet^r$ 的表型。如果野生型的细胞（Amp^s Tet^s）用被

*Bam*H Ⅰ或 *Sal* Ⅰ切割过的、并同外源 DNA 限制性片段退火的 pBR322 转化，然后涂布在含有氨苄青霉素的琼脂平板上，那么存活的 Amp^r 菌落就必定是已经获得了这种质粒的转化子克隆。接着进一步检测这些菌落对四环素的敏感性。由于 pBR322 质粒还带有 tet^r 基因，因此，若 Amp^r 菌落同时也具有 Tet^r 的表型，则为假阳性。若 tet^r 基因已经被插入的外源 DNA 片段所失活，则表现 Amp^r Tet^s 的表型为真正的阳性克隆细胞。

2. 插入失活选择法

插入失活(insertion inactivation)是选择重组体的较为普遍的方法。图 7－6 是 pBR322 质粒载体的插入失活效应。

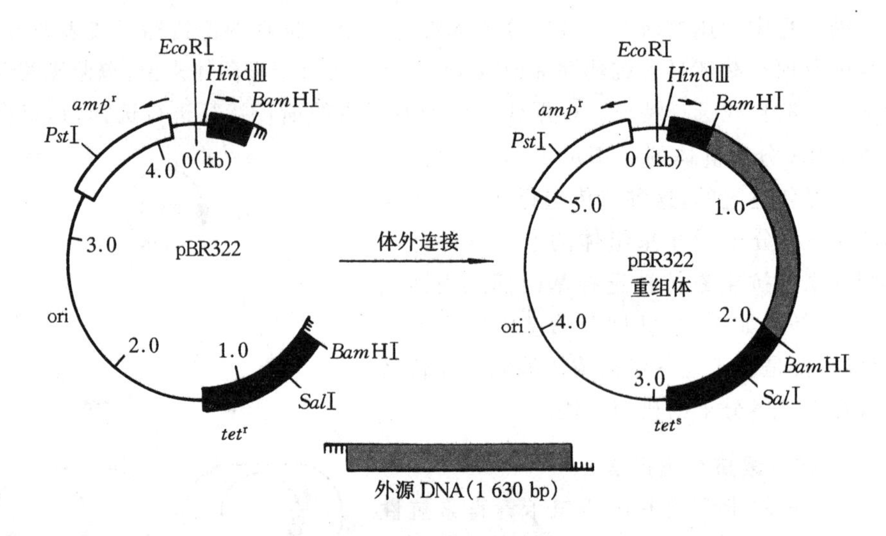

图 7－6　基因的插入失活效应

lacZ 基因是基因工程载体上常用的可进行插入失活选择的基因。pUC 系列质粒、M13 质粒上装载有 *lacZ'*，可编码 β－半乳糖苷酶的 α－肽。若将含有 *lac* Z' 编码 α－肽的质粒转化入编码 β－肽的 N 端缺陷的大肠杆菌菌株，即能产生完整的 β－半乳糖苷酶，这种现象称为 α－互补。*lac* Z' 内装载有多克隆位点(MCS)，从 MCS 的限制性酶切位点插入外源基因可造成 *lac* Z' 的插入失活(图 7－7)，可用蓝白斑筛选重组体细胞。

将 pUC 质粒转化的细胞培养在补加有 X gal 和乳糖诱导物 IPTG 的培养基中时，由于基因内互补作用形成的有功能的半乳糖苷酶会把培养基中无色的 X gal 切割成半乳糖和深蓝色的底物 5－溴－4－氯－靛蓝(5-bromo-4-chloro-indigo)(图 7－8)，

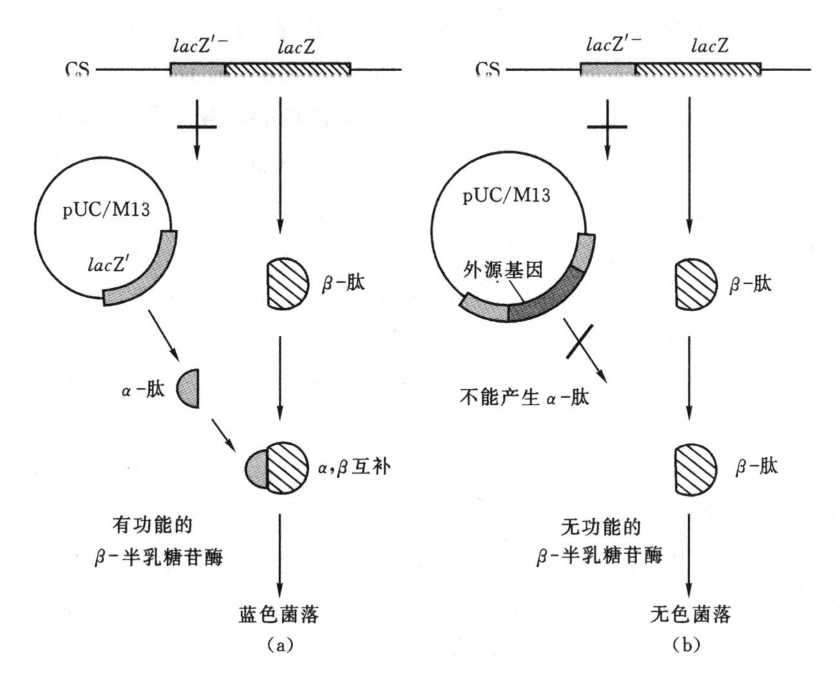

图 7-7　*lacZ* 基因插入失活中的 α-互补

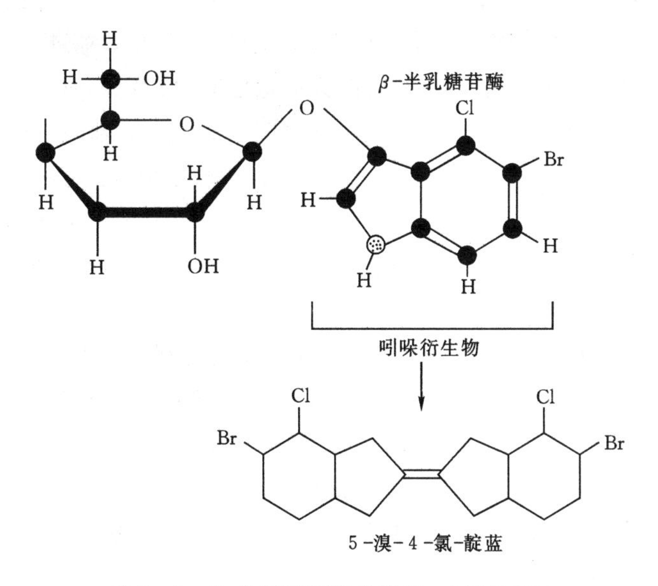

图 7-8　β-半乳糖苷酶分解 X gal 显色反应

使菌落呈现出蓝色反应。在 pUC 质粒载体 *lacZ* 基因 α 序列中，含有一系列不同限制酶的单一识别位点，其中任何一个位点插入了外源克隆 DNA 片段，都会阻断读码结构，使其编码的 α 肽失去活性，结果产生出白色的菌落。因此，根据这种 β-半乳糖苷酶的显色反应，便可以检测出含有外源 DNA 插入序列的重组体克隆。

插入型噬菌体载体 Charon16A 的左臂和右臂之间含有 *lacZ* 基因，细菌人工染色体载体 pBeloBACll 上也装载有 *lacZ* 基因，若在 *lacZ* 基因的 *Eco*RⅠ、*Bam*HⅠ或 *Hin*dⅢ酶切位点内插入外源基因，受体菌株选用 Lac^- 缺陷型菌株，也可用上述的蓝白斑方法选择重组体细胞。

通常蓝白斑筛选是与抗生素抗性筛选一同使用的。含 X gal 的平板培养基中同时含有一种或多种载体所携带抗性相对应的抗生素，未转化的菌不具有抗性，不生长；转化了空载体，即未重组质粒的菌，长成蓝色菌落；转化了重组质粒的菌，即目的重组菌，长成白色菌落。

基因 *c Ⅰ* 是 λ 噬菌体的抑制基因，全面抑制并阻断基因的表达，与操纵区 OR 和 OL 结合。*c Ⅰ* 基因的表达促进 λ 噬菌体进入溶源状态，基因 *c Ⅰ* 产物活性受到影响会促进 λ 噬菌体进入裂解循环。在带有高频溶源化(high frequency of lysogeny, hfl)的大肠杆菌细胞中，λ 噬菌体可高效地进入溶源状态。在 hfl 细胞中，基因 *c Ⅱ* 产物可以累积到较高水平。基因 *c Ⅱ* 产物为基因 *c Ⅰ* 的正调节物，因此 hfl 突变可增加基因 *c Ⅰ* 的产物，从而使裂解生长受到抑制，高效地进入溶源状态。如果外源 DNA 片段插入基因 *c Ⅰ* 中，将高频率地使 hfl 突变大肠杆菌细胞进入裂解生长状态。如插入型载体 λgt10 的左、右臂之间装载有 *c Ⅰ* 基因，若在 *c Ⅰ* 基因内的 *Eco*RⅠ酶切位点内插入外源基因，重组型噬菌体在 hfl 细胞内形成噬菌斑，而非重组型噬菌体在 hfl 细胞内进入溶源状态，不形成噬菌斑。这种选择方法在构建基因文库时，可提高排除非重组噬菌体的效率，从而降低对基因文库进行筛选的劳动强度。

酵母人工染色体载体和细菌人工染色体载体也可利用插入失活效应选择重组体。与 YAC 载体配套工作的宿主酵母菌(如 AB1380)的胸腺嘧啶合成基因带有一个赭石突变 *ADE* 2-1。带有这个突变的酵母菌在基本培养基上形成红色菌落，当带有赭石突变抑制基因 *SUP4* 的载体存在于细胞中时，可抑制 *ADE* 2-1 基因的突变效应，形成正常的白色菌落。用 *Sma*Ⅰ 切割抑制基因 *SUP4* 内部的位点后形成染色体的两条臂，与外源大片段 DNA 在该切点相连，装载了外源 DNA 片段的重组子导致抑制基因 *SUP 4* 插入失活，从而形成红色菌落；而载体自身连接后转入到酵母细胞后形成白色菌落。利用这一菌落颜色转变的现象可用于筛选载体中含有外源 DNA 片段插入的重组子。

3. Spi 筛选

野生型 λ 噬菌体在带有 P2 原噬菌体的溶源性大肠杆菌细胞中的生长会受到限制的表型，称作 Spi^+，即对 P2 噬菌体的抑制敏感(sensitive to P2 interference)。如果 λ 噬菌体缺少两个参与重组的基因 *red* 和 *gam*，同时带有 chi 位点，并且宿主菌为 Rec^+，则可以在 P2 溶源性 *E. coli* 中生长良好，λ 噬菌体的这种表型称作 Spi^-。因此，通过 λ 噬菌体载体 DNA 上的 *red* 和 *gam* 基因的缺失或替换，可在 P2 噬菌体溶源性细菌中鉴别重组和非重组 λ 噬菌体。置换型噬菌体载体 EMBL4 就是利用这种方法筛选重组体的。

7.2.1.2 根据插入序列的表型特征选择重组体分子的直接选择法

重组 DNA 分子转化到大肠杆菌寄主细胞之后，如果插入在载体分子上的外源基因能够实现其功能的表达，那么分离带有此种基因的克隆最简便的途径便是根据表型特征的直接选择法。这种选择法依据的基本原理是：转化进来的外源 DNA 编码的基因，能够对大肠杆菌寄主菌株所具有的突变发生体内抑制或互补效应，从而使被转化的寄主细胞表现出外源基因编码的表型特征。例如，编码大肠杆菌生物合成基因的克隆所具有的外源 DNA 片段，对于大肠杆菌寄主菌株的不可逆的营养缺陷突变具有互补的功能。根据这种特性，便可以分离到获得了这种基因的重组体克隆。目前已拥有相当数量的对其突变作了详尽研究的大肠杆菌实用菌株。而且其中有多种类型的突变，只要克隆的外源基因的产物获得低水平的表达便会被抑制或发生互补作用。图 7-9 就是利用插入片段的表型进行筛选的例子。

lacY 是大肠杆菌的乳糖操纵子中编码 β-半乳糖苷透性酶的结构基因，其大小约为1.3 kb。大肠杆菌基因组约为 4 000 kb，用限制性酶*Eco*RⅠ切割会得到大约 1 000 个大小不同的片段。其中某一片段上可能携带 *lacY* 基因。用 pBR322 作载体，将外源 DNA 片段插入在*Eco*RⅠ切点上。重组体通过转化导入宿主细胞。该宿主携带两个遗传标记：一是对氨苄青霉素敏感(Amp^s)；二是不能合成 β-半乳糖苷透性酶($LacY^-$)，即不能利用乳糖。当在含有氨苄青霉素和乳糖的基本培养基上选择时，只有 Amp^r 和 $LacY^+$ 细胞才能生长。这是因为 pBR322 的 amp^r 基因赋予宿主细胞以氨苄青霉素抗性，*lacY* 基因则弥补了宿主细胞的遗传缺陷。*lacY* 基因随宿主细胞进行扩增，从而得到了它的无性繁殖系(克隆)。

1975 年，J. R. Cameron 等人将野生型的大肠杆菌 DNA 连接酶基因克隆到 λgt · λB 噬菌体载体上，由于 C 片段的缺失而造成重组缺陷的 λred^- 噬菌体载体在

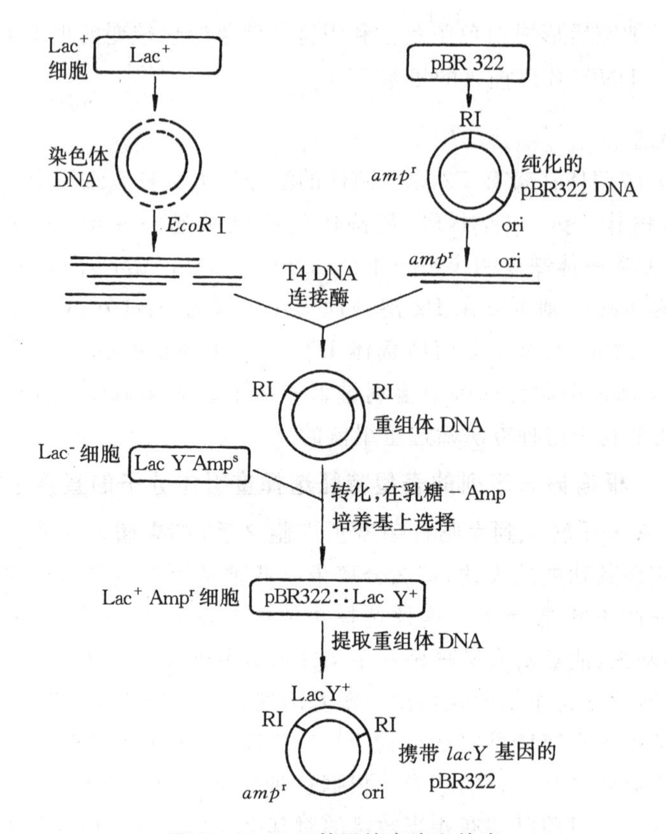

图 7-9　*lacY* 基因的克隆和检出

允许的温度下,生长在大肠杆菌 lig ts 菌株上并不能形成噬菌斑,但却能在具有连接酶功能的大肠杆菌 lig^+ 菌株上形成噬菌斑。因此,J. R. Cameron 等人构建的带有连接酶基因的重组体噬菌体 λgt·λB,当被涂布在大肠杆菌 lig ts 平板上时,通过与寄主细胞缺陷性之间的互补作用便能够形成噬菌斑。于是,根据能形成噬菌斑这种表型特征就可十分方便地选择出具有野生型连接酶功能的重组体噬菌体。

研究表明,一些真核的基因能够在大肠杆菌中表达,并且还能够同寄主菌株的营养缺陷突变发生互补作用。例如,将机械切割产生的酵母 DNA 片段,经过同聚物加尾之后插入到ColE1质粒载体上,再用这种重组体质粒转化大肠杆菌 *his* B 突变体,通过互补作用选择程序分离到了一种携带着表达酵母 *HIS* 基因的克隆。

应用类似的方法也成功地分离了小鼠的二氢叶酸还原酶(dihydrofolate reductase,DHFR)基因。具体的实验步骤是,先将含有 DHFR mRNA 的小鼠总 mRNA 反转录成 cDNA 拷贝,构建 cDNA 文库。根据小鼠 DHFR 对药物三甲氧苄二氨嘧啶(trimethoprim)呈现抗性这种性状特征,将转化的细菌培养在含有三甲氧苄二氨嘧啶的培养基中(其含量水平为可以抑制大肠杆菌的 DHFR 的活性),选择转化子。这样分离出来的抗性克隆,显然都是由于具有小鼠 DHFR 基因的克隆片段赋予寄主细胞新的抗性表型所致。这是关于哺乳动物结构基因在大肠杆菌中实现表达的一个早期例子。当然,影响异源基因表达的例子是多方面的、复杂的。因此,为了从那些含有不表达的 DHFR cDNA 的克隆中间鉴定出实际上合成小鼠 DHFR 酶的克隆,需要一种有效的选择程序。

根据克隆片段为寄主提供的新的表型特征选择重组体 DNA 分子的直接选择法是受一定条件限制的,它不但要求克隆的 DNA 片段必须大到足以包含一个完整的基因序列,而且还要求所编码的基因应能够在大肠杆菌寄主细胞中实现功能表达。无疑,真核基因是比较难以满足这些要求的,其原因在于有许多真核基因是不能够同大肠杆菌的突变发生抑制作用或互补效应的。此外,大多数的真核基因内部都存在着间隔序列,而大肠杆菌又不存在真核基因转录加工过程中所需要的剪接机理,这样便阻碍了它们在大肠杆菌寄主细胞中实现基因产物的表达。当然,在有些情况下,是可以通过使用 mRNA 的 cDNA 拷贝构建重组体 DNA 的办法来解决这些问题的。

7.2.2　物理检测法

虽然说在大多数场合下,基因克隆的目的都是要求将某种特定的基因分离出来在体外进行分析,不过也有一些特殊的实验,例如有关真核 DNA 序列结构的研究,则需要将 DNA 序列中的非基因编码区的片段也克隆到质粒载体上。对于这类重组体质粒,只要根据其相对分子质量比野生型大这一特点,就可以检测出来。

带有插入片段的重组体在相对分子质量上会有所增加。分离质粒 DNA 并测定其分子长度是一种直截了当的方法。通常用比较简单的凝胶电泳进行检测。

电泳法筛选比抗药性插入失活平板筛选更进了一步。有些假阳性转化菌落,如自我连接载体、缺失连接载体、未消化载体、两个相互连接的载体以及两个外源片段插入的载体等转化的菌落,用平板筛选法不能鉴别,但可以被电泳法淘汰。因为由这些转化菌落分离的质粒 DNA 分子的大小各不相同,与真正的阳性重组体 DNA 比较,前三种的 DNA 分子较小,在电泳时的泳动率较大,其 DNA 带的位置位于真阳性重组 DNA 带的前面;相反,后两种重组 DNA 分子较大,泳动率较小,其 DNA 带的位置位于真阳性重组 DNA 带的后面。所以,电泳法能筛选出有插入片段的真阳性重组体。如果插入片段是大小相近的非目的基因片段,对于这样的阳性重组体,电泳法则不能鉴别,只有用 Southern blot 杂交,即以目的基因片段制备放射性探针与电泳筛选出的重组体 DNA 杂交,才能最终确定真阳性重组体。

常用的方法是将含有质粒的单菌落的溶菌物,通常是一次制备 12 个不同菌落的溶菌样品,同时进行电泳分析测定。一个单菌落含有大量的质粒 DNA,它足以在染色体 DNA 前面形成一条独立的电泳谱带。质粒 DNA 的电泳迁移率是与其相对分子质量大小成比例的。因此,那些带有外源 DNA 插入序列的、相对分子质量较大的重组体 DNA 在凝胶中迁移的速度,就要比不具有外源 DNA 插入序列的、相对分子质量较小的质粒 DNA 泳动速度缓慢些。根据这种差别,就可以容易地鉴定出哪些菌落是含有外源 DNA 插入序列的、相对分子质量较大的重组质粒。

7.2.3　核酸杂交筛选法

从基因文库中筛选带有目的基因插入序列的克隆,最广泛使用的一种方法是核酸分子杂交技术。它所依据的原理是利用放射性同位素(^{32}P 或^{125}I)标记的 DNA 探针或 RNA 探针进行 DNA-DNA 杂交或 RNA-DNA 杂交,即利用同源 DNA 碱基配对的原理检测特定的重组克隆。这些方法最初是由 M. Grunstein 和 D. Hogness(1975)建立的。利用这一方法能迅速地从数百个菌落中检测出含有意义 DNA 序列的菌落。以后,D. Hanahan 和 M. Meselson(1980)又把这个方法加以改进,用于高密度菌落的检测,使检测效率大大提高。

1. 原位杂交筛选过程

原位杂交(in situ hybridization)亦称菌落杂交或噬菌体杂交。这是因为生长在培养基平板上的菌落或噬菌斑按照其原来的位置不变地转移到滤膜上,并在原位发生溶菌、DNA 变性和杂交作用。这种方法对于从成千上万的菌落或噬菌斑中鉴定出含有重组体分子的菌落或噬菌斑具有特殊的实用价值(图 7-10)。

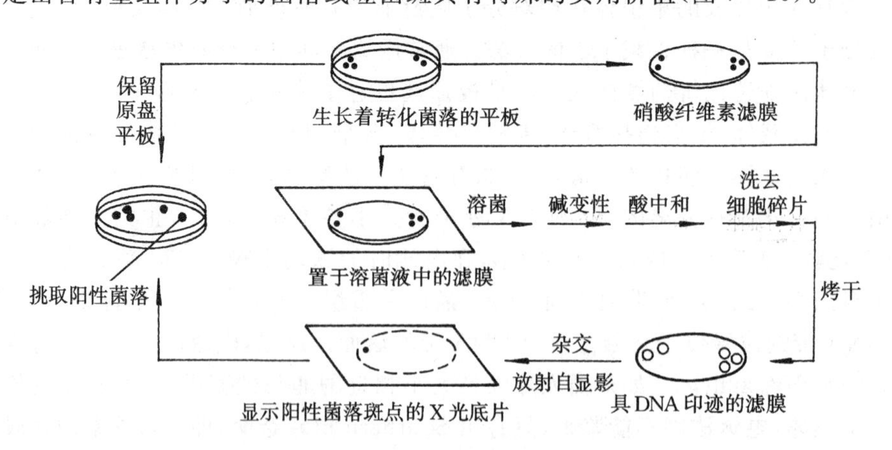

图 7-10　检测重组体克隆的菌落杂交技术

这种方法的基本程序是:将被筛选的大肠杆菌菌落从其生长的琼脂平板中小心地转移到铺放在琼脂平板表面的硝酸纤维素滤膜上,而后进行适当的温育,同时保藏原来的菌落平板作为参照,以便从中挑取阳性克隆。取出已经长有菌落的硝酸纤维素滤膜,使用碱处理,于是细菌菌落便被溶解,它们的DNA也就随之变性。然后再用适当的方法处理滤膜,以除去蛋白质,留下的便是与硝酸纤维素滤膜结合的变性DNA。因为变性DNA与硝酸纤维素滤膜有很强的亲和力,便在膜上形成DNA的印迹。在80℃下烘烤滤膜,使DNA牢固地固定下来。带有DNA印迹的滤膜可以长期保存。用放射性同位素标记的RNA或DNA作为探针,与滤膜上的菌落所释放的变性DNA杂交,并用放射自显影技术进行检测。凡是含有与探针序列互补的菌落DNA,就会在X光胶片上出现曝光点(图7-10)。根据曝光点的位置,便可以从保留的母板上相应位置挑出所需要的阳性菌落。

2. 核酸杂交检测的探针

进行核酸杂交的前提是要有特定的DNA或RNA探针。具有一定已知序列的核酸片段再带上一定的探针标记就构成了核酸探针。它可以通过分子杂交与待测基因的DNA序列结合产生杂交信号,从而把待测基因的质和量显示出来。

(1) 放射性标记核酸　广泛使用的探针多是以[α-^{32}P]dNTP为标记前体,通过缺口转移的方法把天然DNA或RNA片段标记上放射性同位素。在无法得到可供制备探针的天然DNA或RNA片段时,利用化学合成的DNA则是制备探针的一种有效来源。只要弄清目的基因产物的部分氨基酸序列,就可以从这个信息中反推出基因编码区可能的核苷酸排列顺序。一般的方法是选择一小段含有独特密码子(Met和Trp)或简便性最小的密码子(Cys、His、Phe和Tyr等)的氨基酸序列,用化学法合成出相当于这些密码子序列的寡聚核苷酸片段(10～20个碱基)混合物,用放射性同位素加以标记就可用作探针。传统的放射性同位素(如[α-^{32}P]dNTP)标记的探针具有制作简便、高比放射性和极佳的放射自显影强度等优点。但是^{32}P放射性同位素半衰期只有14.3天,不易保存。加之它含有放射性较强的硬β射线,对人体有一定的损害,操作时需要较严格的防护。因此,放射性同位素的使用存在着较大的不方便,这些也限制了核酸杂交技术的广泛应用。为此近年来又研制了一类不用放射性同位素标记,而用非放射性物质标记核酸的方法,比如糖基化探针、生物素探针、毛地黄苷标记等。

(2) 非放射性标记核酸　非放射性标记核酸的方法也包括3个步骤:一是标记,即用酶学或化学方法,将非放射性标记物掺入核酸分子。二是杂交,就是用标记的核酸探针与待检测的模板复性。三是将标记物结合酶分子,借酶催化反应形成有色的或发光的产物,显示与探针同源的序列。

糖基化探针是利用一种合成的葡萄糖取代的三磷酸胸苷类似物(2′-脱氧尿苷-5-烯丙基胺-麦芽三糖-5′-三磷酸盐),通过缺口平移标记 DNA 形成探针。

用生物素标记 DNA 形成的探针是目前用得较多的一种。它也可以采用缺口平移的方法标记,但标记前体物不是[α-^{32}P]dTTP,而是用嘧啶环 C-5 位连接了生物素的 dTTP(或 dUTP),它可以有效地掺入 DNA 中形成生物素探针。这属于酶促标记生物素的办法,还可以用光促生物素标记核酸。目前使用的试剂为光敏生物素乙酸盐,它是由光敏基因、连接臂和生物素组成的。光敏基因可以在光照下活化,与核酸的碱基结合,连接臂可以降低生物素基因对核酸杂交的空间位阻,生物素作为标记物。将待标记的核酸(DNA 或 RNA)与光敏素乙酸盐混合,在近紫外线的光源(如高压汞灯、碘钨灯)下照射 15～20 min,就可将生物素标记在单链或双链的 DNA 或 RNA 上,形成稳定的共价结合。这种方法比酶促标记更加简便易行、快速可靠。标记好的生物素探针可用于核酸的杂交反应,然后用亲合素-酶系统来显示。亲合素可以特异地与生物素结合,酶可与底物反应进行显色或化学发光。这一步的作用相当于放射性同位素探针杂交后的放射自显影。最常用的工具酶是辣根过氧化物酶(HRP)和碱性磷酸酶(AP)。当然也可以直接把酶(比如辣根过氧化物酶或碱性磷酸酶)连在 DNA 分子上制成酶标 DNA 探针,这要首先把酶(如 HRP 或 AP)与一个能和单链 DNA 结合的碱性基因(高聚物)联合,再连接上 DNA 分子。目前应用较好的是 HRP-对苯醌-聚乙烯亚胺酶标 DNA 体系,它与单链 DNA 混合保温后,以戊二醛将盐酸还原为共价键结合,组成较稳定的 HRP 标记 DNA 探针。此类探针用化学发光法检测,灵敏度可达 0.2 pg。

应用非放射性探针做分子杂交的技术基本上与放射性探针的使用相同,可以参照放射性探针分子杂交技术进行。此外,菌落(或噬菌斑)原位杂交、斑点杂交、Southern 印迹杂交或 Northern 印迹杂交几乎都可以用非放射性方法分析。所不同的是非放射性探针的显示是酶联显色或酶联化学发光。就目前来看,用非放射性方法进行核酸杂交,其灵敏度不如放射性方法高,但有些已接近或达到放射性分析的水平。由于非放射性标记探针具有安全、稳定、使用方便等优点,且在－20℃条件下可保存半年至一年,不会影响使用效果,因而,非放射性方法是一种正在发展的大有前途的方法。

核酸杂交筛选法的最大优点是它可以普遍应用,尤其适合于大量群体的筛选,只要有现成可用的特异性探针,就可以有效地检测任何一种插入的外源 DNA 序列,而不以这种序列能否在大肠杆菌中实现基因表达为前提。因此,利用核酸杂交来筛选重组克隆是一个很有发展前途的极其重要的技术。

7.2.4　免疫化学检测法

直接的免疫化学检测技术同菌落杂交技术在程序上是十分类似的。但它不是使用放射性同位素标记的核酸作探针，而是用抗体鉴定那些产生外源 DNA 编码的抗原的菌落或噬菌斑。只要一个克隆的目的基因能够在大肠杆菌寄主细胞中实现表达，合成出外源的蛋白质，就可以采用免疫化学法检测重组体克隆。现在已经发展出一套特异地适用于这种检测法的载体系统，它们都是专门设计的“表达”载体。因此，由它们所携带的外源基因，能够在大肠杆菌寄主细胞中进行转录和翻译。

免疫化学检测法可分为放射性抗体测定法(radioactive antibody test)和免疫沉淀测定法(immunoprecipitation test)。这些方法最突出的优点是，它们能够检测不为寄主提供任何可选择的表型特征的克隆基因。不过，这些方法需要使用特异性的抗体。

1. 放射性抗体检测法

现在已被许多实验室广泛采用的放射性抗体测定法所依据的原理为：一种免疫血清含有好几种 IgG 抗体，它们识别抗原分子上的不同表位，并分别与各自识别的抗原表位相结合。抗体分子或抗体的 Fab 部分，能够十分牢固地吸附在固体基质(如聚乙烯等塑料制品)上，而不会被洗脱掉。通过体外碘化作用，IgG 抗体便会迅速地被放射性同位素 ^{125}I 标记上。

在实际的测定中，首先把转化的菌落涂布在普通培养皿的琼脂平板上，同时，还必须制备影印的复制平板。因为在随后的操作过程中，涂布在普通培养平板上的转化菌落是要被杀死的。接着把细菌菌落溶解，所用的方法有：把平板放置在氯仿蒸气中，或用烈性噬菌体的气溶胶喷洒，或用带有能被热诱发的原噬菌体的寄主菌处理等。这样便使阳性菌落释放出抗原蛋白质。将连接在固体支持物上的抗体缓慢地同溶解的细胞接触，以利于抗原吸附到抗体上，并且彼此结合成抗原-抗体复合物(图 7－11)。然后，将这种吸附着抗原-抗体复合物的固体支持物取出来，与放射性标记的第二种抗体一道温育，以便检出这种复合物。未反应的抗体可以被漂洗掉，而抗原-抗体复合物的位置则可通过放射自显影技术被测定出来，并据此确定出在原平板中能够合成抗原的细菌菌落的位置。

在 S. Broome 和 W. Gilbert 所使用的放射性抗体测定技术中，抗体是与充作固体支持物的聚乙烯薄膜相结合。他们同样也是使用免疫珠蛋白片段，但是用 ^{125}I 放射性同位素进行标记，作为第二种抗体来检测固定在聚乙烯薄膜上的与抗体相结合的抗原(图 7－12)。图中(a)和(b)示涂有胰岛素抗体的塑料盘，与培养皿中的菌落进行表面接触；(c)示分泌胰岛素的菌落所含的抗原分子(胰岛素)与抗体结

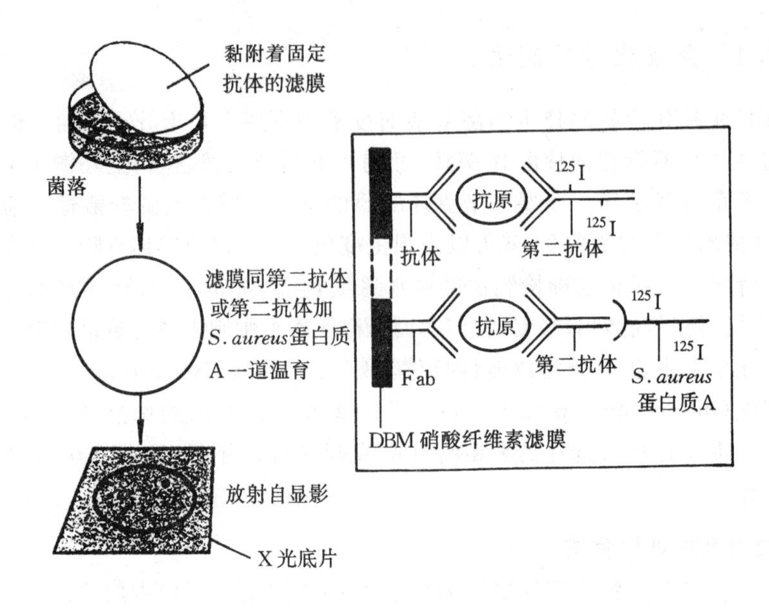

图 7-11 免疫化学筛选技术

合;(d)示塑料盘随后移放在放射性标记的抗胰岛素抗体的溶液中;(e)示放射性抗体粘着到塑料盘中相应于分泌胰岛素的菌落印迹位置上。

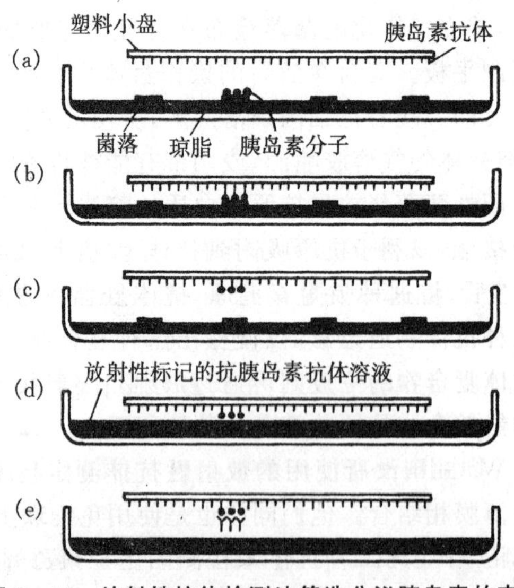

图 7-12 放射性抗体检测法筛选分泌胰岛素的克隆

在讨论放射性抗体检测法的同时，还有必要简单地叙述一下由 S. Broome 和 W. Gilbert 发展的双位点检测法(two sites detection method)。这种方法特别适用于含有杂种多肽菌落的分析。例如一种重组体质粒 DNA，产生出由蛋白质 A 和蛋白质 B 融合形成的杂种多肽(A-B)。为了从转化子菌落群体中检测出合成这种蛋白质多肽的克隆，可把抗杂种多肽(A-B)蛋白质 A 部分的抗体固定在固体基质上，最简便的方法是直接涂抹在聚乙烯的平皿上。再把抗杂种多肽(A-B)蛋白质 B 部分的第二种抗体，在体外用放射性同位素 ^{125}I 标记上，作为检测抗体使用。因为第一种抗体只同蛋白质 A 结合，^{125}I 标记的第二种抗体只同蛋白质 B 结合，所以只有含有杂种多肽(A-B)的克隆才能呈现阳性反应，这样便可以十分准确地检测出重组体 DNA 分子。

用一个插入的外源基因取代质粒中某种蛋白质编码序列的终止密码子，并同质粒基因连接起来，由此产生的杂种蛋白质叫做融合蛋白质。对于这类融合蛋白质的检测，上述的免疫化学方法同样是适用的。而且，所研究的蛋白质若不能够由寄主细胞正常地分泌出来，那么显而易见，这类“融合作用”往往就有着特别的价值。此时，一般是使用 pBR322 质粒作载体，并将所研究的外源基因插入在编码 β-内酰胺酶的 amp^r 基因中。已知，正是由于 β-内酰胺酶的功能，细菌才表现出氨苄青霉素抗性的表型特征(Amp^r)。随后根据对四环素抗性这种表型特征选择出 Tet^r 的细胞，而且还可以根据插入失活作用检测外源 DNA 的插入，即从 Tet^r 细胞群体中筛选出 Amp^s 表型特征的细菌菌落。一旦外源目的基因已经插入，蛋白质产物就同 β-内酰胺酶融合。而 β-内酰胺酶这种蛋白质是能够透过细胞壁分泌到周围的培养基中去的。这样，便能够按双位点测定法检测这种融合的杂种蛋白质。

2. 免疫沉淀检测法

免疫沉淀检测法同样也可以鉴定产生蛋白质的菌落。其做法是：在生长菌落的琼脂培养基中加入专门抗这种蛋白质分子的特异性抗体，如果被检测菌落的细菌能够分泌出特定的蛋白质，那么在它的周围，就会出现一条由一种叫做沉淀素(preciptin)的抗原-抗体沉淀物所形成的白色的圆圈(图 7－13)。在含有特异性抗 β-半乳糖苷酶抗体的琼脂培养基平板上，生长着分泌 β-半乳糖苷酶的菌落。(a)示每个菌落的周围都环绕着一圈沉淀素带；(b)显示 Lac^+ 菌落的周围有一圈沉淀素带，而在 Lac^- 菌落的周围则没有沉淀素带。但有报道称此法灵敏度低，易受干扰，实用性差。

这种方法经两项轻微的改良后，也可以用来检测非分泌的蛋白质。

第一种改良法是，使用 λcⅠ857 噬菌体溶源性的大肠杆菌细胞作寄主。λcⅠ857 是一种 λ 噬菌体的突变型，含有一种在 42℃下会发生热失活的热敏感阻遏物

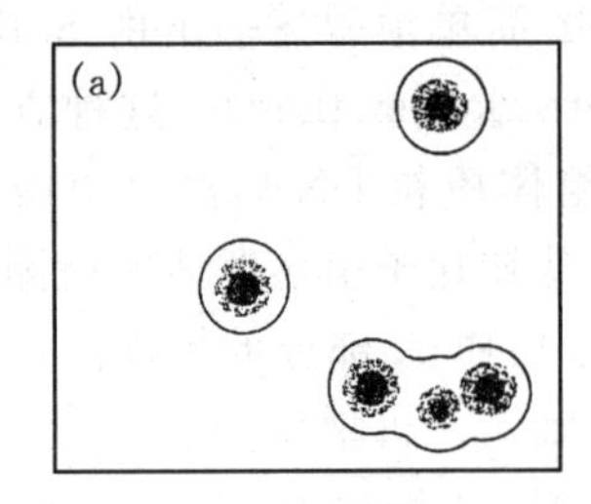

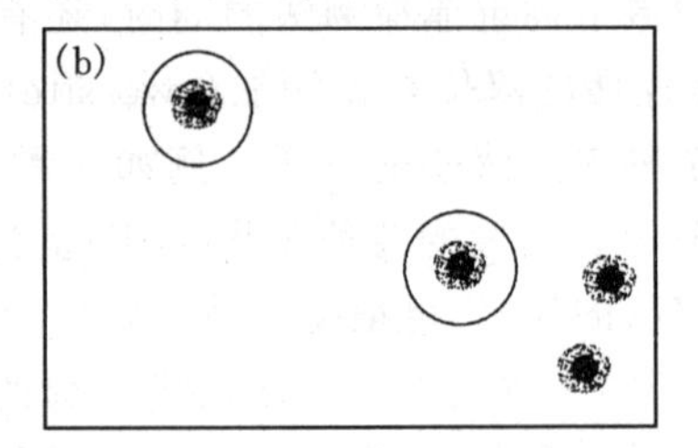

图 7 - 13　免疫沉淀检测法示意图

(heatsensitive repressor)。把生长着待检测菌落的原培养基平板影印到加有抗体的琼脂平板上。等到影印平板中的菌落长到肉眼可以辨认的大小时,将培养的温度上升到 42℃。经过大约一个小时以后,平板中就会有许多细胞被热诱导发生溶菌作用。于是,细胞的内含物便被释放出来分布在周围的培养基中,其中目的基因编码的蛋白质就会与加在培养基中的抗体发生反应,并在菌落的周围形成一圈沉淀素带。

第二种改良方法是,将补加有抗体和溶菌酶的琼脂小心地倾注到菌落的上面,并使之凝固。在溶菌酶的作用下,处于菌落表面的细菌发生溶菌反应,逐步地释放出细胞内部的蛋白质。如果有某些菌落的细胞能够分泌出目的基因编码的蛋白质,它们就会与包含在琼脂培养基中的抗体发生反应,形成沉淀素圈。

3. 免疫化学检测法

现在已经发展出一套专门适用于免疫化学检测技术的表达载体系统。由于这些表达载体都是专门设计的,插入到它上面的真核基因所编码的蛋白质都能够在大肠杆菌寄主细胞中表达,所以最适宜于用免疫化学技术进行检测。

应用免疫载体 pUC8 配合免疫化学检测法,已成功地克隆了编码小鸡的原肌球蛋白(propomyosin)β-链的 cDNA。原肌球蛋白是平滑肌细胞的主要成分,因此作为克隆的第一步,先从平滑肌细胞制备总 mRNA,经反转录合成 cDNA。在双链 cDNA 的发夹结构被 S_1 酶切割掉之前,于其 3′端加上 *Sal* Ⅰ衔接物;切割掉之后,再在双链 cDNA 的 5′端加上 *Eco*R Ⅰ衔接物。衔接物经过 *Eco*R Ⅰ 和 *Sal* Ⅰ限制酶的消化作用,全部的双链 cDNA 分子都在其 5′端形成 *Eco*R Ⅰ黏性末端,在 3′端形成 *Sal* Ⅰ黏性末端。然后,将这样的双链 cDNA 与已经 *Eco*R Ⅰ和 *Sal* Ⅰ处理过的表达载体 pUC8 连接,并转化到大肠杆菌寄主细胞中去。

由于在 pUC8 表达载体分子上紧靠 *Eco*R Ⅰ位点的左侧有一个很强的 *lac* 启动子,克隆在 pUC8 *lac* 启动子右侧的所有的 cDNA,只要它的取向是同启动子转录方向一致,就能够正常转录和转译。所以凡是在转化中捕获了具有 cDNA 插入的 pUC8 质粒的细胞都能够产生出真核的蛋白质。转化子菌落用氯仿蒸气处理之后，再用^{125}I 标记的抗原肌球蛋白的抗体进行免疫筛选。分泌原肌球蛋白的菌落会与标记的抗体结合，于是经过放射自显影，便可检测出能够分泌小鸡原肌球蛋白的克隆(图 7－14)。

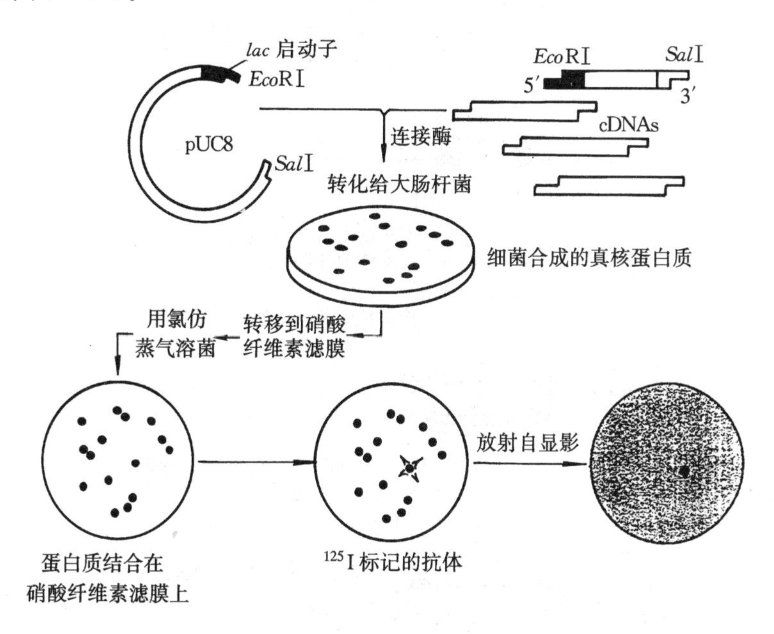

图 7－14　用免疫化学法检测克隆在表达载体 pUC8 上的小鸡原肌球蛋白基因

上面讨论的是应用免疫化学检测法检测表达载体产物的一种典型的实验，下面再介绍一种应用免疫化学检测法检测 λ 噬菌体表达载体的例子。

λgt11 是一种很有用的 λ 噬菌体载体。外源的基因克隆在它上面，就可以十分有效地使用免疫化学检测法。在这个表达载体基因组中，有一个大肠杆菌的 *lacZ* 基因，而且唯一的*Eco*RⅠ识别位点就是位于 β-半乳糖苷酶的编码区内。通过附加衔接物的办法，将真核 cDNA 插入在这个*Eco*RⅠ位点中，构成重组体基因文库。在这类重组体中，β-半乳糖苷酶基因由于外源 DNA 片段的插入而失活，而且如果融合位点的翻译相(translational phase)是正确的，即插入作用并没有影响到翻译的读码结构的话，就不会合成出杂种蛋白质。λgt11 可以承载大小达 8.3 kb 的外源 DNA 片段的插入。加上有效的体外包装，可以比较容易地构建出由大量独立重组体组成的完全的 cDNA 文库。用重组 cDNA 群体转导大肠杆菌的高效率溶源化突变菌株 hfl A 受体细胞，所产生的溶源性细菌经诱导，便能够分泌出相当数量的适于免疫化学检测的杂种蛋白质(图7－15)。双链的 cDNA 插入在 *lacZ* 基因

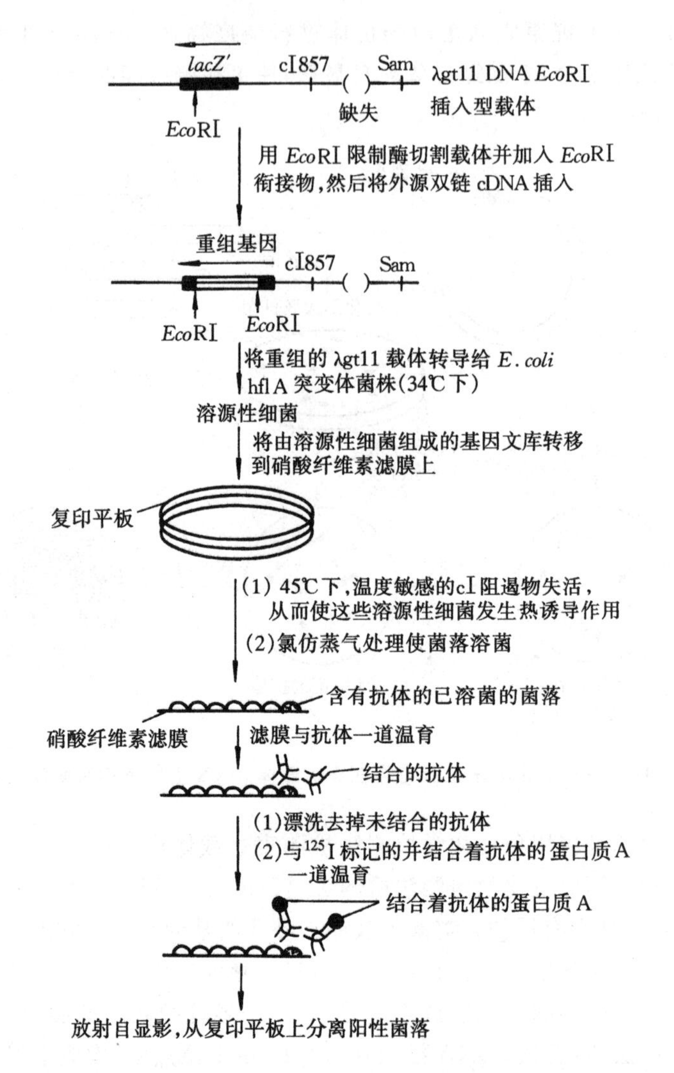

图 7-15　适用于 λgt11 表达载体及其派生载体的免疫化学检测法

序列内。在一部分的重组体中,插入的外源 DNA 序列是处于正确的转译读码结构,因此能够指导合成杂种的蛋白质。通过加入特异性的抗体,就可以检测出杂种蛋白质。大肠杆菌 hfl A 突变的结果直接导致该菌株对于 λ 噬菌体的溶源化作用达到甚高频率的地步。升高培养温度,使携带着 cⅠ857 突变的、温度敏感的 cⅠ阻遏物失活,于是这些溶源性细菌便表达出适于检测数量的杂种蛋白质。对 hfl A 菌株而言,溶源化频率是很高的,但是在滤膜上也仍会有一些非溶源性的细菌。将抗药性标记(例如,氨苄青霉素抗性标记、卡那霉素抗性标记等)掺入到表达载体 λgt11 上,就可以改良这些筛选程序。掺入抗药性标记之后,便可以在含有这些药物的培养基中筛选溶源的细菌。

7.2.5 DNA -蛋白质筛选法

DNA -蛋白质筛选法(southwestern screening)同上面所述的可以从噬菌斑中检测出由重组 DNA 分子表达的融合蛋白质的免疫筛选法十分相似,是专门设计用来检测与 DNA 特异性结合的蛋白质因子的一种方法。现在这种方法已成功地用于筛选并分离表达融合蛋白质的克隆。合成此种融合蛋白质的重组 DNA 分子中的外源 DNA 序列,编码一种能专门与某一特定 DNA 序列结合的 DNA 结合蛋白(DNA-binding protein)。此法的基本操作程序是:用硝酸纤维素滤膜进行“噬菌斑转移”,使其中的蛋白质吸附在滤膜上;再将此滤膜与放射性同位素标记的含有 DNA 结合蛋白质编码序列的双链 DNA 寡核苷酸(duplex DNA oligonucleotide)探针杂交;最后根据放射自显影的结果筛选出阳性反应克隆。由于这项技术是用一种放射性标记的 DNA 探针检测转移到硝酸纤维素滤膜上的特异性蛋白质多肽分子,因此叫 DNA -蛋白质筛选法。

思考题

1. 转化、转染和转导有何区别与联系?
2. 以 pBR322 为例,论述重组体分子插入失活筛选方法。
3. 如何利用 β-半乳糖苷酶对 X gal 的呈色反应选择重组体分子?
4. 怎样利用遗传互补筛选载体分子上克隆的结构基因?

第8章 外源基因在原核细胞中的表达

内容提要：基因工程的目的有基因扩增和基因表达之分，因而所使用的载体也有复制型载体和表达型载体的不同。要将真核基因在原核细胞中表达，需将真核基因克隆于原核表达载体上，处于原核基因调控序列的支配下才能完成。提高外源基因的表达效率有许多不同的方式。

生物有机体的遗传信息都是以基因的形式储存在细胞的遗传物质DNA分子上的，而DNA分子的基本功能之一就是把它所承载的遗传信息转变为由特定氨基酸顺序构成的多肽或蛋白质（包括酶）分子，从而决定生物有机体的遗传表型。这种从DNA到蛋白质的过程叫做基因的表达（gene expression）。

在大肠杆菌细胞中，参与特定新陈代谢的基因是趋于成簇地集成一个转录单位，即操纵子。在操纵子中，主要的控制片段，包括操纵基因和启动子，是位于它的起始部位。在基因表达过程中，操纵子先转录成多顺反子mRNA，然后再从多顺反子mRNA转译成多肽分子。为了使克隆的外源基因能够在细菌寄主中实现功能表达，就必须使基因置于寄主细胞的转录和mRNA分子的有效转译控制之下。而且在有的情况下，还涉及到表达产物蛋白质分子的转译后修饰的问题。所以，并非所有的基因表达都是始终如一的，有些要受细胞内外环境的调节。

1974年，A. C. Y. Chang和S. N. Cohen证实，金黄色葡萄球菌（*Saphylococcus aureus*）的amp^r基因能够在没有亲缘关系的大肠杆菌中实现功能表达。在这一发现的激发下，人们期望与遗传密码的通用性一样，从基因到表型的生化途径也应该是通用的。据此便设想，任何细菌的基因也都应该能够在别种细菌中表达。随后，K. Struhl等人（1976）和D. Vaphek等人（1977）又相继发现，两种比较低等的真核生物酿酒酵母（*Saccharomyces cerevisiae*）和粗糙链孢菌（*Neurospora crassa*）的基因也许能够在大肠杆菌中表达。这样，便进一步增强了人们的此种想法。基于这样的原因，研究工作者们纷纷推测，更高等的真核生物的基因也许能够在细菌中实现表达。随着基因工程研究的进展，现已能够掌握基本条件，做出正确设计，使克隆的一些真核外源基因获得表达。在适宜的调节元件控制下，每个细胞能合成克隆基因的功能蛋白多达20多个分子，占大肠杆菌合成的可溶性蛋白量的5%～

40%。此外，利用各种先进的基因导入技术及细胞培养方法已成功实现了外源基因在动物、植物及酵母等真核宿主细胞中的表达。

利用真核细胞作宿主表达系统的优点是：①真核细胞能够识别和除去外源基因中的内含子，剪接加工形成成熟的 mRNA。也就是说含有内含子的天然基因在真核细胞中是可以利用的，这是原核细胞办不到的。②真核细胞将表达的蛋白糖基化，而大肠杆菌表达的蛋白是没有糖基化的，糖基化对某些表达蛋白的免疫原性影响很大。

但是，真核细胞作宿主表达系统尚存在以下几个问题：①选择标记及选择系统只有少数几个；②转化效率低，一般只有 10^{-6}～10^{-4}；③外源基因转移并整合到细胞染色体 DNA 上带有一定的自发性和盲目性，整合的拷贝数和位置都还不能控制；④细胞培养及细胞的挑选要求比较高，手续繁琐费时。此外，细胞大量培养还有不少问题，而且成本较高，利用培养细胞方式大量生产某些表达蛋白，从工艺到成本都要很好地考虑。

克隆基因表达方面的研究成果对于某些研究领域有着重要的用途。首先，它有可能为揭示蛋白质结构与功能之间的关系提供新的研究手段。例如，运用重组 DNA 技术能够获得可在大肠杆菌细胞中进行有效表达的杂种干扰素的编码基因。这样，便可以将这种蛋白质分子纯化出来，在体外进行生物学方面的研究。这类工作进一步深入下去，可以用来检测体外突变所产生的变异氨基酸在蛋白质多肽链中的位置，并测定出这种改变对于酶功能的效应。其次，在实际的应用方面，基因克隆和表达技术也有着不可忽视的重要性。应用重组 DNA 技术产生的蛋白质，在医药卫生、食品工业等方面的实用价值及前景也是十分诱人的。利用基因工程技术将真核基因转至原核生物中，由于原核生物繁殖速度快，因此一些用传统和常规方法不能或难以大量生产的有生理活性的蛋白，如果采用"工程菌"来生产就方便得多。例如生长激素释放抑制因子从 50 万只羊脑中仅能提取出 5 mg，而现在用 10 L 的工程菌液即能提取出来。用720 kg 猪胰脏只能够提取出 100 mg 胰岛素，而用 2 000 L 工程菌发酵液即可得到同样量的胰岛素。用传统细胞方法生产干扰素，产量低且纯度低，现在 1 L 工程菌液可生产 10^{10} 单位干扰素，比传统方法效率高出几万倍，并制备出高纯度结晶品。从这些例子中可以看到基因工程在应用方面的巨大潜力。

8.1　原核生物基因表达的特点

同所有的生命过程一样，外源基因在原核细胞中的表达包括两个主要过程：即

DNA 转录成 mRNA 和 mRNA 翻译成蛋白质。与真核细胞相比,原核细胞的表达有以下特点:

(1) 原核生物只有一种 RNA 聚合酶(真核细胞有三种)识别原核细胞的启动子,催化所有 RNA 的合成。

(2) 原核生物的表达是以操纵子为单位的。操纵子是数个相关的结构基因及其调控区的结合,是一个基因表达的协同单位。调控区主要分为三个部分:操纵子(operator)、启动子(promotor)及其他有调控功能的部位。

(3) 由于原核生物无核膜,所以转录与翻译是耦联的,也是连续进行的。原核生物染色体 DNA 是裸露的环形 DNA,转录成 mRNA 后,可直接在胞浆中与核糖体结合翻译形成蛋白质。在翻译过程中,mRNA 可与一定数目的核糖体结合形成多核糖体(polyribosome)。两个核糖体之间有一定长度的间隔,为裸露的 mRNA。每个核糖体可独立完成一条肽链的合成,即这种多核糖体可以同时在一条 mRNA 链上合成多条肽链,大大提高了翻译效率。

在双链 DNA 分子中,只有一条链转录成 mRNA,这条链称为有意义链(sense strand),该基因的另一条链则称反意义链(antisense strand)。在含有许多基因的 DNA 双链中,每个基因的有意义链并不是在同一条 DNA 链上。也就是说,一条链上既具有某些基因的有意义链,也含有另外一些基因的反意义链。由于 RNA 聚合酶是沿着 DNA 链的 $3'\to5'$方向移动,DNA 链与合成的 RNA 链有反平行关系,所以 RNA 链的合成方向是 $5'\to3'$,mRNA 上的信息的阅读是从多核苷酸链 $5'$末端向 $3'$末端进行。从转录和翻译的方向也可看出,在原核生物细胞内当 mRNA 的合成还没有完成时,蛋白质或多肽的翻译就已经开始了。

(4) 原核基因一般不含有内含子(intron),在原核细胞中缺乏真核细胞的转录后加工系统。因此当克隆的含有内含子的真核基因在原核细胞中转录成 mRNA 前体后,其中内含子部分不能被切除。

(5) 原核生物基因的控制主要在转录水平,这种控制要比对基因产物的直接控制要慢。对 RNA 合成的控制有两种方式,一是起始控制(启动子控制),二是终止控制(弱化子控制)。

(6) 在大肠杆菌 mRNA 的核糖体结合位点上,含有一个转译起始密码子以及与 16S 核糖体 RNA $3'$末端碱基互补的序列,即 S-D 序列,而真核基因则缺乏此序列。

从上述特点可以看到,欲将外源基因在原核细胞中表达,必须考虑表达载体、外源基因的性质、原核细胞的启动子和 S-D 序列、阅读框及宿主菌调控系统等基本条件,也就是说必须满足以下条件:①通过表达载体将外源基因导入宿主菌,并指导宿主菌的酶系统合成外源蛋白；②外源基因不能带有间隔顺序（内含子），因而必须用 cDNA 或全化学合成基因，而不能用基因组 DNA（genomic DNA）；③必须利用原核细胞的强启动子和 S-D 序列等调控元件控制外源基因的表达；④外源基因与表达载体连接后，必须形成正确的开放阅读框（open reading frame）；⑤利用宿主菌的调控系统调节外源基因的表达，防止外源基因的表达产物对宿主菌的毒害。

8.2　原核基因表达的调控序列

如上所述，由于原核细胞与真核细胞中基因表达的机制是不同的，因此必须详细了解基因表达过程中的各种调控因子，构建高效的表达载体，才能达到高效率、高水平表达外源基因的目的。对原核生物来讲，基因表达的调控序列主要涉及启动子、S-D 序列、终止子、弱化子等序列。

1. 启动子

启动子是 DNA 双螺旋链上一段能与 RNA 聚合酶结合并能起始 mRNA合成的序列，它是基因表达不可缺少的重要调控序列。没有启动子，基因就不能转录。

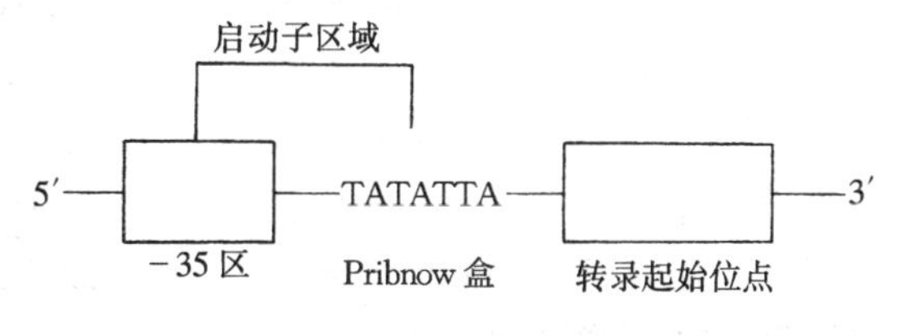

图 8-1　原核生物启动子示意图

原核生物启动子是由两段彼此分开且又高度保守的核苷酸序列组成，对 mRNA 的合成极为重要，如图 8-1 所示。

Pribnow 盒位于转录起始位点上游 5～10 bp，一般由 6～8 个碱基组成，富含 A 和 T，故又称为 TATA 盒或－10 区。启动子来源不同，Pribnow 盒的碱基顺序稍有变化。

－35 区位于转录起始位点上游 35 bp 处，故称－35 区，一般由 10 个碱基组成。

一般认为，－35 区是 RNA 聚合酶 σ 亚基的识别与结合位点。当 σ 亚基附着在－35 区后，便带动 RNA 聚合酶的核心酶（core enzyme，无 σ 亚基的 RNA 聚合酶）沿 DNA 链向转录起始方向滑动至 Pribnow 盒，并与之接触，而一旦它们相互结合之后，σ 亚基就从最左边的识别位点上解离下来。由于 RNA 聚合酶只能转录 RNA 的编码链（又称有意义链或转录链），以及 Pribnow 盒富含 A 和 T，双链间的氢键脆弱，被解链形成单链，所以聚合酶继续沿单链滑动到转录起始位点。在＋1 位置聚合酶使第一个和第二个核苷酸形成磷酸二酯键，以后 RNA 聚合酶向前推进，形成新的 RNA 链。

启动子有强弱之分,虽然原核细胞仅靠一种 RNA 聚合酶就能负责所有 RNA 的合成,但它却不能识别真核基因的启动子。为了表达真核基因,必须将其克隆在原核启动子的下游,才能在原核细胞中被转录。在原核表达系统中通常使用的可调控的强启动子有 *lac*(乳糖启动子)、*trp*(色氨酸启动子)、P_L 和 P_R(λ 噬菌体的左向和右向启动子)以及 *tac*(乳糖和色氨酸的杂合启动子)等。

(1)*lac* 启动子　*lac* 启动子是来自大肠杆菌的乳糖操纵子。*lac* 操纵子模型最初由 J. Jacob 和 J. L. Monod 于 1961 年提出,它是 DNA 分子上一段有方向的核苷酸顺序,即由阻遏蛋白基因(*i* 基因)、启动基因(启动子 *P*)、操纵基因(*O*)和编码 3 个与乳糖利用有关的酶的结构基因所组成(图 8-2)。(a)为乳糖操纵子及其调节基因模型;(b)为阻遏状态——*i* 基因合成出阻遏物,它的四聚体分子与操纵基因结合,阻断了结构基因的转录活性;(c)为诱导状态——加入的诱导物使阻遏物转变成失活的状态,不能与操纵基因结合,于是启动基因开始转录,合成出 3 种不同的酶,即 β-半乳糖苷酶、透性酶和乙酰基转移酶。本图没有按比例绘制,事实上启动子(*P*)和操纵基因(*O*)要比其他基因小得多。

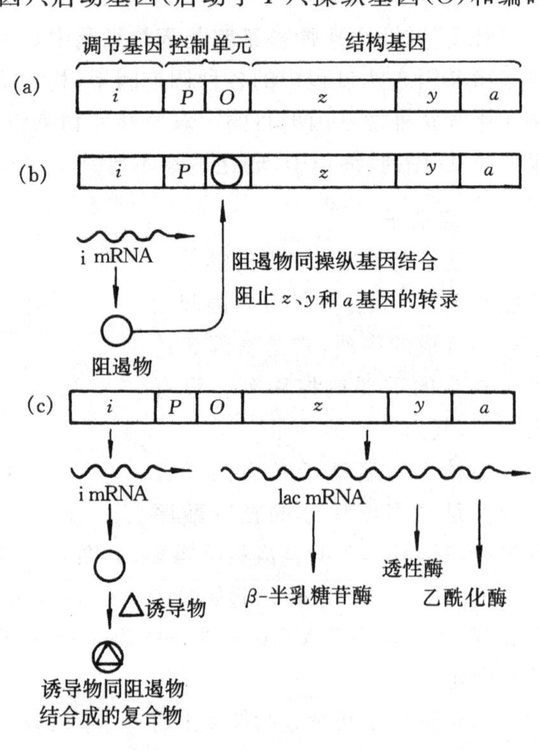

图 8-2　乳糖操纵子模型

由图 8-2 可见,*lac* 操纵子的大部分核苷酸顺序属于结构基因,用于调控的除 *i* 基因(1 080 bp)外,其主要的 *P* 和 *O* 基因部分仅占 122 bp,其中 *P* 与 *O* 有重叠部分。此操纵子含有 3 个编码酶蛋白基因 *z*、*y* 和 *a*,它们在乳糖代谢中起不同作用。*z* 基因的产物为 β-半乳糖苷酶,它可水解乳糖生成葡萄糖和半乳糖,以使细菌利用。*y* 基因的产物是与乳糖有关的透性酶,此酶可使乳糖进入细胞内。*a* 基因的产物是半乳糖苷乙酰化酶,是个有去毒作用的酶。*i* 基因为编码阻遏蛋白的基因,是经常表达的。操纵基因(*O*)是阻遏蛋白结合部位,启动子(*P*)是转录起始时 RNA 聚合酶结合部位,它们都位于结构基因之前。

lac 操纵子受分解代谢系统的正调控和阻遏物的负调控。操纵基因片段是一反转重复顺序，可形成十字架结构，正好可以接受阻遏蛋白的结合（阻遏蛋白是四聚体）。当阻遏蛋白与 *O* 基因结合，*O* 基因顺序中的反转重复顺序在空间上能妨碍 RNA 聚合酶转录，因而处在阻遏状态下的操纵子就不能产生与代谢有关的酶。加入诱导物（如乳糖或其类似物如 IPTG）后，诱导物可与阻遏物蛋白形成复合物，而使阻遏蛋白构型改变，阻遏蛋白就不能再与 *O* 基因结合，基因即可表达，转录出 mRNA 链，继而翻译出相关的蛋白质。

在 RNA 聚合酶结合部位的上游（即 *P* 基因上游处），还有一个 CAP-cAMP 结合部位，又可进一步诱导加强操纵子的表达。当细胞内乳糖分解出的葡萄糖被利用后，会使 cAMP 的浓度上升，因而可结合 CAP 共同作用于乳糖操纵子的 CAP-cAMP 结合部位。CAP-cAMP 是一个正诱导调节因子，故又可使转录产物大量增加。但当有大量葡萄糖供应时，cAMP 浓度会下降，又会妨碍许多分解代谢基因包括乳糖操纵子基因的表达。

lac UV 是一个突变的乳糖启动子，对分解代谢抑制不敏感，即使在没有 CAP-cAMP 的情况下，转录也能正常进行。另外，IPTG 是 β-半乳糖苷酶底物的类似物，有很强的诱导力，它能与阻遏蛋白结合，促进转录。有报道用 *lac* 启动子组建的载体在原核细胞中表达时，IPTG 可提高真核基因的表达水平 50 倍。

（2）*trp* 启动子　*trp* 启动子可从大肠杆菌的色氨酸操纵子中分离。色氨酸操纵子结构基因排列及其表达如图 8－3 所示。

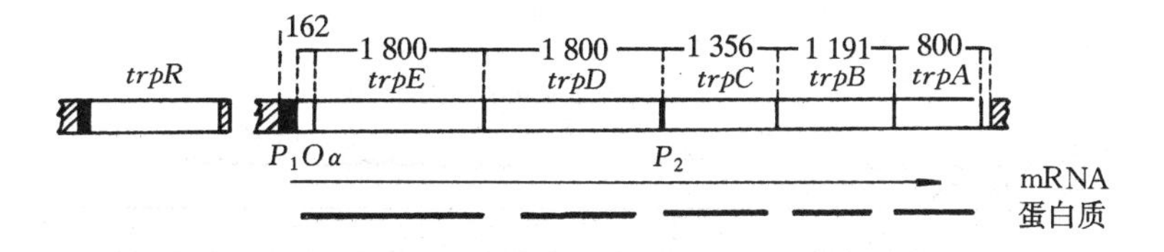

图 8－3　*trp* 操纵子结构基因排列及其表达产物

色氨酸操纵子由阻遏蛋白基因（*trpR*）、启动子（P_1、P_2）、操纵基因（*O*）、弱化子（α）和结构基因组成。结构基因编码酶或亚基，催化从分支酸经 5 步反应合成 *L*－色氨酸。另外在结构基因 A 之后有两个终止结构 t 和 t′，其中 t′为 ρ 因子所识别。ρ 因子是蛋白质分子，它能与 RNA 聚合酶结合，帮助其识别终止信号。

启动子 P_1 与操纵基因 *O* 大部分重叠。P_1 是色氨酸操纵子的主要启动子，它启动结构基因 *trpE*、*trpD*、*trpC*、*trpB* 和 *trpA* 的转录；另外一个弱启动子 P_2 位于 *trpD* 基因下游，它只控制 3% 的 *trpC*、*trpB* 和 *trpA* 基因的表达，生理作用不大。

此操纵子还有一个特点,即调控区不与结构基因 E 直接相连,中间有一段前导顺序(L)相隔。L 基因约有 162 bp,能编码出一个 14 肽,此肽中有两个色氨酸,这两个色氨酸很重要,因它能与这段产物 mRNA 作用形成独特结构,类似转录终止信号,故被命名为弱化子(α)。

trp 启动子受两种调控。阻遏物蛋白基因(*trpR*)平时不断合成阻遏蛋白,只有阻遏蛋白与色氨酸结合,才能作用于操纵基因,阻止转录的进行。所以 *trp* 启动子的调控主要取决于色氨酸的存在与否。当色氨酸缺少时,因上述作用不存在,故操纵子基因启动转录。这种调控类似于 *lac* 启动子的负调控。*trp* 启动子的另一种调控是通过启动子与结构基因间的弱化子进行的。当细胞内色氨酸丰富时,转录到弱化基因(弱化子)区域停止;当细胞内色氨酸贫乏时,则转录可以通过弱化基因区域,一直进行到结构基因。β-吲哚丙烯酸是色氨酸的竞争抑制剂,它能与阻遏蛋白结合,从而阻止了色氨酸与阻遏蛋白结合,因而能使转录顺利进行。

用于原核表达载体的 *trp* 启动子常常包含启动基因、操纵基因和部分色氨酸 *trpE* 基因,而删除了弱化基因(弱化子),可使转录水平提高 8～10 倍。

(3)P_L 和 P_R 启动子　P_L 和 P_R 启动子是指从 λ 噬菌体中得到的一类启动子,它比 *lac* 启动子活性高 8～10 倍。λ 噬菌体有自己的一套阻遏物-操纵基因系统(图 8-4)。Cro 同阻遏物竞争 O_R 和 O_L,N 是一种抗终止蛋白质,它促使 cⅡ 和 cⅢ 蛋白质的合成;cⅡ 和 cⅢ 蛋白质激发 P_E 启动子开始转录合成出阻遏物;注意:转录本包括 Cro 的反义链。

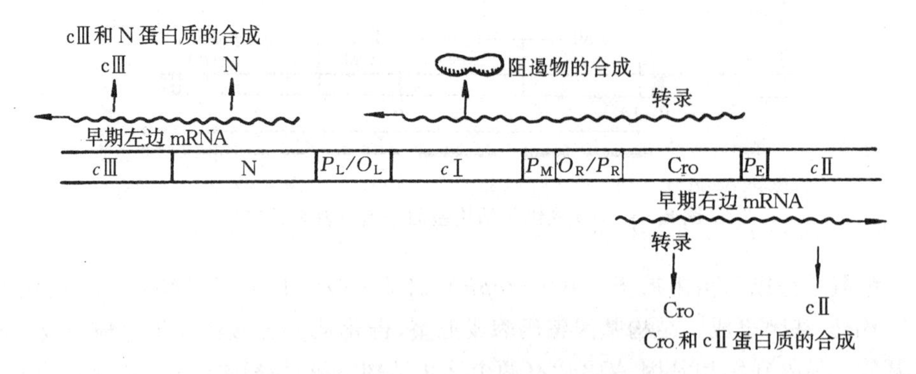

图 8-4　λ 噬菌体的阻遏物-操纵基因系统

N:抗终止蛋白质; **Cro**:阻遏蛋白; **cⅢ**:阻遏基因; **cⅡ**:阻遏基因; **cⅠ**:阻遏基因

阻遏基因 *c*Ⅰ 编码的阻遏蛋白(阻遏物),可以同左、右两边操纵基因(即 O_L 和 O_R)结合,分别控制位于这两个操纵基因的两侧的左右两边启动子(即 P_L 和 P_R)

的转录活动，使得整个噬菌体的基因组除了 *c* Ⅰ 基因之外，都处于抑制状态。同时 *c* Ⅰ 基因本身的转录活动是自我调节的。P_L 控制从基因 N 到 int 的 λ 左边的 DNA 的早期转录。λ 噬菌体 *c* Ⅰ 基因存在着一个温度敏感突变的等位基因，即 *c* Ⅰ 857 基因。它存在于大肠杆菌染色体或相容性的质粒分子上，所产生的阻遏蛋白在 42℃时会被破坏失活。所以，在 42℃培养时，*c* Ⅰ 失活，P_L 和 P_R 启动子开始转录，而在 28～30℃时，*c* Ⅰ 基因则合成出有活性的阻遏蛋白，使 P_L 和 P_R 受到抑制。除了以上可以用改变培养温度来诱导或关闭 P_L 和 P_R 启动子这个突出优点外，还有一个优点是与 *lac* 启动子相比，由单拷贝的 *c* Ⅰ 基因所产生的阻遏蛋白，能使多拷贝的 P_L 和 P_R 表达载体和转录处于阻遏状态。

P_L 和 P_R 启动子的 Pribnow 盒的顺序都是 GATAAT，－35 区的顺序都是 TGACTA。在构建表达载体时，还要有 S-D 序列、起始密码子 ATG 以及温度敏感抑制因子 *c* Ⅰ 阻遏蛋白的结构基因。其中 P_L 启动子是最广泛使用的表达载体的启动子之一。

(4)*tac* 启动子　*tac* 启动子是一组由非常强的 *trp* 启动子和 *lac* 启动子人工构建的杂合启动子。它比 lacUV5 启动子强 7 倍。其中 *tac* Ⅰ 是由 *trp* 启动子的－35和 lacUV5 的－10 区构成；*tac* Ⅱ 是由 *trp* 启动子的－35 区加上一个合成的 46 bp DNA 片段(包括 Pribnow 盒区)和 *lac* 基因所构成；*tac*12 是由 *trp* 的－35 区和 *lac* 的－10 区，再加上 *lac* 操纵子中的操纵基因部分和S-D序列融合而成的，它受 lac 阻遏蛋白的负调控，并被 IPTG 诱导。

2. S-D 序列

mRNA 在细菌中的转译效率依赖于是否有核糖体结合位点的存在，即 S-D 序列以及S-D 序列与起始密码子 AUG 之间的距离。在原核细胞中，当 mRNA 结合到核糖体上后，翻译或多或少会自动发生。细菌在翻译水平上的调控是不严格的，只有 RNA 和核糖体的结合才是蛋白质合成的关键。1974 年 J. Shine 和 G. Dalgarno 首先发现，在 mRNA 上有核糖体的结合位点，它们是起始密码子 AUG 和一段位于 AUG 上游 3～10 bp 处的由3～9 bp 组成的序列。这段序列富含嘌呤核苷酸，刚好与 16S rRNA 3′末端的富含嘧啶的序列互补，是核糖体 RNA 的识别与结合位点。根据发现者的名字，将该序列命名为 Shine-Dalgarno 序列，简称 S-D 序列(图 8－5)。

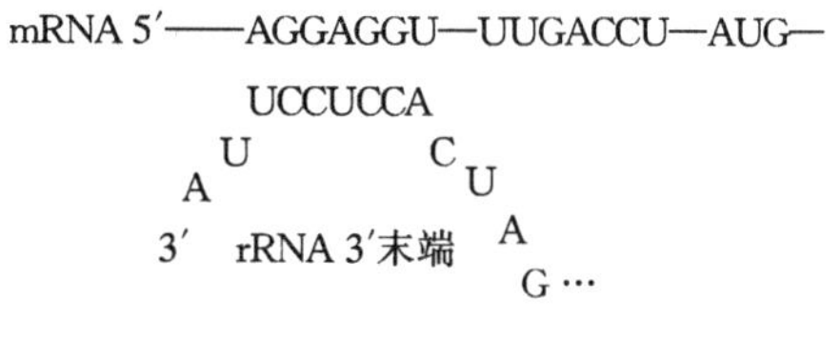

图 8－5　S-D 识别序列

S-D序列与起始密码子之间的距离是影响mRNA转译成蛋白质的主要因素之一。D. M. Marqiusv等人发现当*lac*启动子的S-D序列距AUG为7个核苷酸时，IL-2表达量最高，为2 581单位；而间隔8个核苷酸时，表达水平降到不足5单位，这说明S-D序列与AUG的距离将显著影响基因的表达水平。另外，某些蛋白质与S-D序列的结合也会影响mRNA与核糖体的结合，从而影响蛋白质的翻译。

3. 终止子

在一个基因的3′端或是一个操纵子的3′端往往还有一特定的核苷酸序列，它有终止转录的功能，这一DNA序列称为转录终止子，简称终止子(terminator)。转录终止过程包括：①RNA聚合酶停留在DNA模板上不再前进，RNA的延伸也停止在终止信号上；②完成转录的RNA从RNA聚合酶上释放出来；③RNA聚合酶从模板上释放出来。对RNA聚合酶起终止作用的终止子在结构上有一些共同的特点，即有一段富含A/T的区域和一段富含G/C的区域，G/C富含区域又具有回文对称结构，这段终止子转录后形成的RNA具有茎环结构，并且有与A/T富含区对应的一串U(图8-6)。

根据转录终止作用类型，终止子可分为两种：一种只取决于DNA的碱基顺序；另一种需要终止蛋白质(ρ因子)的参与。它们都是在某些特定的然而却是彼此不同的碱基序列内发生的。依赖于ρ因子的终止反应，对于一些调节机制来说

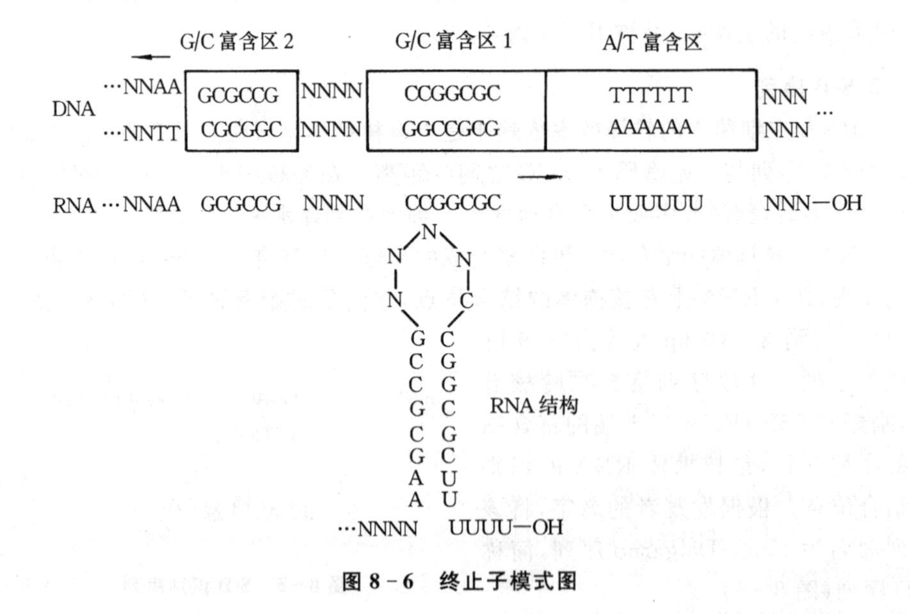

图8-6　终止子模式图

是十分重要的。已知有一类叫做抗终止因子(antiterminator)的抑制剂,可以阻止 ρ 蛋白质的终止活性。终止过程的最后一步是核心酶从 DNA 分子上解离下来。之后,这种核心酶便同游离的 σ 亚基相互作用重新形成全酶。在构建表达载体时,为了防止由于克隆的外源基因的表达干扰了载体系统的稳定性,一般都在多克隆位点的下游插入一段很强的 rrnB 核糖体 RNA 的转录终止子。

4. 弱化子

弱化子(attenuator)是指在某些前导序列中带有控制蛋白质合成速率的调节区。在原核生物中,一条 mRNA 分子常常编码数种不同的多肽链。这种多顺反子 mRNA 的头一条多肽链合成的起始点,同 RNA 分子的 5′磷酸末端间的距离可达数百个核苷酸。这段位于编码区之前的不翻译的 mRNA 区段,叫做前导序列(leader)。此外,在 mRNA 的 3′羟基末端,以及在多顺反子 mRNA 中含有的长达数百个碱基的顺反子间序列(intercistranic-sequence),即间隔序列(spacer),也发现有不翻译的序列。

8.3　原核表达载体

在原核细胞中表达外源基因时,由于实验设计的不同,总的来说可产生融合型和非融合型表达蛋白。不与细菌的任何蛋白或多肽融合在一起的表达蛋白称为非融合蛋白。非融合蛋白的优点在于它具有非常接近于真核细胞体内蛋白质的结构,因此表达产物的生物学功能也就更接近于生物体内天然蛋白质。非融合蛋白的最大缺点是容易被细菌蛋白酶所破坏。为了在原核生物细胞中表达出非融合蛋白,可将带有起始密码 ATG 的真核基因插入到原核启动子和 S-D 序列的下游,组成一个杂合的核糖体结合区,经转录翻译,得到非融合蛋白。融合蛋白是指蛋白质的 N 末端由原核 DNA 序列或其他 DNA 序列编码,C 端由真核 DNA 的完整序列编码。这样的蛋白质由一条短的原核多肽或具有其他功能的多肽与真核蛋白质结合在一起,故称为融合蛋白。含原核细胞多肽的融合蛋白是避免细菌蛋白酶破坏的最好措施。而含另外一些多肽的融合蛋白则为表达产物的分离纯化等提供了极大的方便。表达融合型蛋白应非常注意其阅读框,其阅读框应与融合的 DNA 片段的阅读框一致,翻译时才不至于产生移码突变。

基因工程的载体有克隆载体和表达载体之分。克隆载体中都有一个松弛型复制子,能带动外源基因在受体细胞中复制扩增,这类载体已经作过介绍。表达载体是适合在受体细胞中表达外源基因的载体。组建这类载体比较困难,但所幸的是目前已有数十种被构建成功,并已商品化出售。下面简要介绍几种常用的原核表达载体。

1. 非融合型表达蛋白载体 pKK223-3

这个载体是由 J. Brosius 等人在哈佛大学的 Gilbert 实验室组建的。在大肠杆菌细胞中,它能极有效地高水平表达外源基因。它具有一个强的 *tac*(*trp-lac*)启动子。这个启动子是由 *trp* 启动子的－35区、lac UV5 启动子的－10 区、操纵基因及 S-D 序列组成。在 *lacI* 宿主(如 JM105),*tac* 启动子受阻遏,但只要在适当的时候加上 IPTG,就可去阻遏。如图 8－7 所示,紧接 *tac* 启动子的是一个取自 pUC8 的多位点接头(polylinker),使之很容易把目的基因定位在启动子和 S-D 序列后。在多位点下游的一段 DNA 序列中,还包含一个很强的 rrnB 核糖体 RNA 的转录终止子,目的是为了稳定载体系统。因为上游强的 *tac* 启动子控制的转录必须由强终止子抑制,才不至于干扰与载体本身稳定性有关的基因表达。载体的其余部分由 pBR322 组成。在使用 pKK223-3 质粒时,应相应地使用一个 *lacI* 宿主,如 JM105。一个具有 pKK223-3 质粒类似结构的载体被用于表达 Lambda cⅠ基因时,经 IPTG 诱导产生的阻遏子蛋白占可溶性细胞抽提液中总蛋白的 18%～26%。由此可见,在需要获得大量的基因产物时,pKK223-3 确实是一种非常有用的工具。

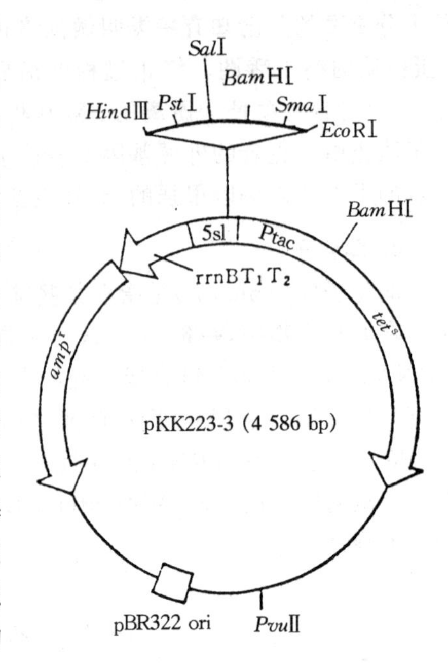

图 8－7　质粒 pKK223-3 结构图

2. 分泌型克隆表达载体 pINⅢ系统

这个载体系统是以 pBR322 为基础构建的。它带有大肠杆菌中最强的启动子之一,即 *Ipp*(脂蛋白基因)启动子。在启动子的下游装有 lac UV5 的启动子及其操纵基因,并且把 *lac* 阻遏子的基因(*lacI*)也克隆在这个质粒上。这样,目的基因的表达就成为可调节的了。在转录控制的下游再装上人工合成的高效翻译起始顺序(S-D 序列及 ATG)。作为分泌克隆表达载体中关键的编码信号肽的顺序,是取自于大肠杆菌中分泌蛋白的基因 *ompa*(外膜蛋白基因)。在编码顺序下游紧接着的是一段人工合成的多克隆位点片段,其中包括 3 个单一酶切位点 *Eco*RⅠ、*Hin*dⅢ和 *Bam*HⅠ。为了使不同密码子阅读框的目的基因片段都能在克隆位点上与信号肽密码子阅读框正确衔接,分别合成了适用于所有 3 种密码子阅读框的多克隆位点片段。使用这 3 个多克隆位点片段的载体分别为：pINⅢ-ompA$_1$、pINⅢ-ompA$_2$ 和 pINⅢ-ompA$_3$（图 8－8）。

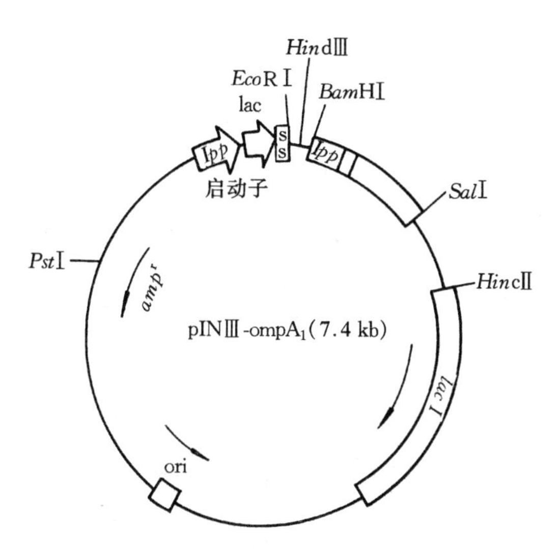

图 8－8　分泌克隆载体 pINⅢ-ompA$_1$ 物理图谱

用这个分泌型载体来表达金黄色葡萄球菌的核糖核酸酶 A(staphylococal nuclease A)的基因，不仅产物能分泌到细胞间质中，而且产量达 300 mg/L，占细胞总蛋白量的 9%。为了进一步提高载体的表达效率，对 *Ipp* 启动子做了以下修饰：把启动子－35 区的 DNA 序列 AATACT 改造为 TATACT，结果目的基因的表达水平提高到 1 500 mg/L，占细胞总蛋白量的 42%。可能是因为细胞内固有的信号肽酶的产量和如此高表达量的产物不相适应，只有 40%的基因产物经过信号肽酶加工而成为成熟蛋白。

3. 融合蛋白表达载体 pGEX 系统

pGEX 系统由 Pharmacia 公司构建，由 3 种载体 pGEX-1λT、pGEX-2T 和 pGEX-3X 以及一种用于纯化表达蛋白的亲和层析介质 Glutathione Sepharose 4B 组成。载体的组成成分基本上与其他表达载体相似，含有启动子 *tac* 及 *lac* 操纵基因、S-D 序列、*lacI* 阻遏蛋白基因等。这类载体与其他表达载体不同之处在于 S-D 序列下游是谷胱甘肽巯基转移酶基因，而克隆的外源基因则与谷胱甘肽巯基转移酶基因相连。当进行基因表达时，表达产物为谷胱甘肽巯基转移酶和目的基因产物的融合体。这个载体系统具有以下优点：①可诱导高效表达；②载体内含有 *lacI* 阻遏蛋白基因；③表达的融合蛋白纯化方便；④使用凝血酶(thrombin)和 Xa 因子

(factor Xa)就可从表达的融合蛋白中切下所需的蛋白质和多肽;⑤用*Eco*RⅠ从λgt11载体中分离的基因可直接插入pGEX-1λT中(图8-9)。

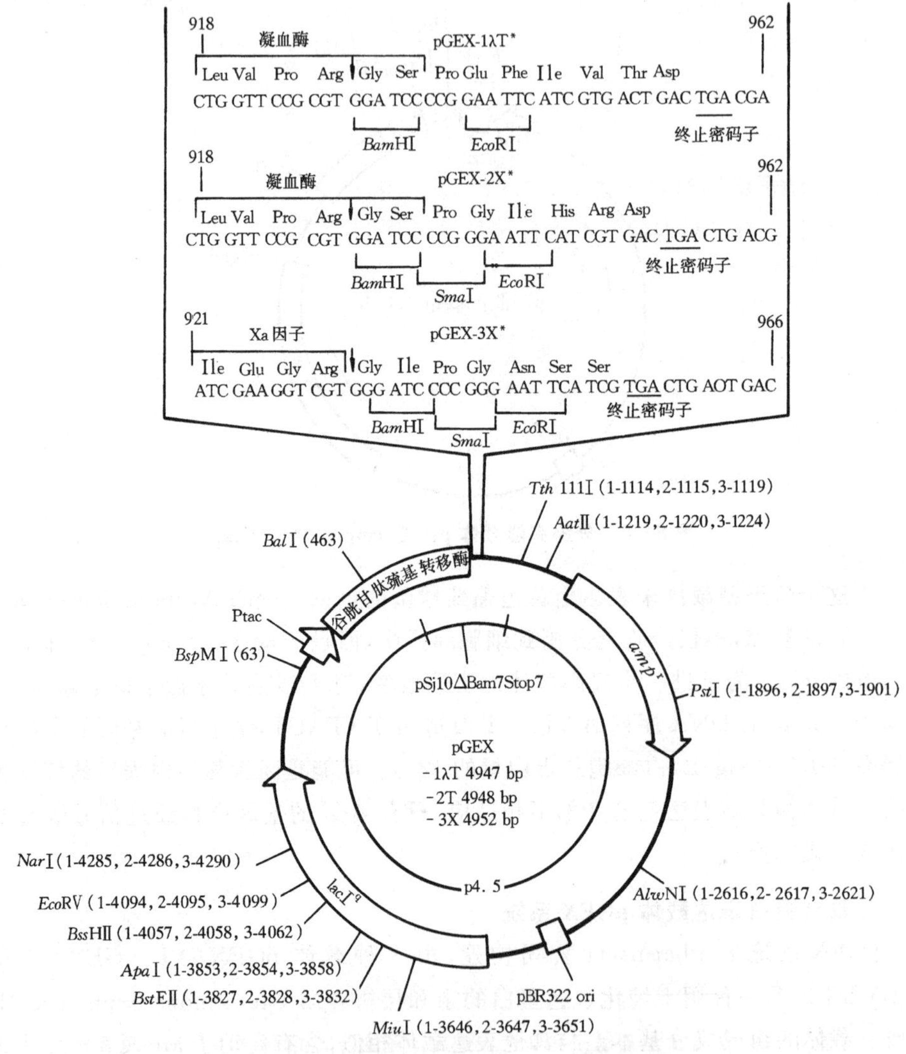

图8-9 融合蛋白表达载体pGEX物理图谱

8.4 提高克隆基因表达效率的途径

为了在大肠杆菌中合成某种特殊的真核生物的蛋白质以满足商品生产的广泛

需求，仅仅停留在检测水平上的表达是远远不够的，所以，必须设法提高克隆基因的表达效率。就目前所知，有许多因素，诸如启动子的强度、DNA 转录起始序列、密码子的选择、mRNA 分子的二级结构、转录的终止、质粒的拷贝数以及质粒的稳定性和寄主细胞的生理特征等，都会不同程度地影响到克隆基因的表达效率，而且大多数都是在翻译水平上发生影响作用的，因而必须从分析这些因素入手，寻找提高克隆基因表达效率的有效途径。

1. 启动子结构对表达效率的影响

研究人员通过对大量的大肠杆菌启动子序列分析后发现，它们都有两种保守序列，又称为一致序列(consensus sequence)，即－35 区的 5′-TTGACA 序列和－10区的 5′-TATAAT 序列(Pribnow 盒)。但是值得注意的是，在表达载体中广泛使用的 4 个启动子，没有一个表现出与一致序列完全相同。为了鉴定出最强的启动子，必须创建出衡量不同启动子转录效率的研究系统。这一系统已由 D. R. Russell 等人(1982)创建，他们将任何待测的启动子置于无启动子但处于载体上的半乳糖激酶结构基因(gal K)的前方，根据在 Gal K 寄主中所合成的半乳糖激酶的水平衡量启动子的强弱。结果表明，受检启动子的强弱与它们的一致序列相似的程度成正比。进一步的研究表明，－35 与－10 区之间的距离也是一个重要因素。如果间隔为 17 个碱基对，启动子表现很强，如果大于 17 个碱基对，启动子表现较弱(图 8－10)。根据这些原理，E. Amann 等人(1983)克隆了 tac 启动子(lac-trp)，促进了克隆基因的表达。

		－35 区	1 2 3 4 5 6 7 8 9	1011121314151617	－10 区	
一致序列	. . .	TTGACA	. . . .	. . . .	TATAAT	. .
lac	GGC	TTTACA	CTTTATGCTT	CCGGCTCG	TATATT	GT
trp	CTG	TTGACA	ATTAATCAT	CGAACTAG	TTAACT	AG
λP_L	GTG	TTGACA	TAAATACCA	CTGGCGGT	GATACT	GA
recA	CAC	TTGATA	CTGTATGAA	GCATACAG	ATAA　T	TG
tacⅠ	CTG	TTGACA	ATTAATCAT	CGGCTCG	TATAAT	GT
tacⅡ	CTG	TTGACA	ATTAATCAT	CGAACTAG	TTTAAT	GT

图 8－10　4 个天然启动子和 2 个人造启动子的－35 区和－10 区的碱基序列

2. 翻译起始序列对表达效率的影响

已经鉴定出，在 mRNA 翻译序列中除了起始密码子 AUG 之外，至少还有 3 种特征性的保守结构。第一种，也是最重要的一种是 S-D 序列，它含有多聚嘌呤序列 5′-UAAGGAGGU-3′的全部或其中的一部分；第二种(至少在多顺反子的

mRNA分子中可以见到)是在核糖体的结合位点有一个或数个终止密码子;第三种,编码诸如噬菌体外壳蛋白或核糖体蛋白质的基因,它们的核糖体结合位点含有全部的或部分的PuPuUUUPuPu序列。

实验证明,连接在S-D序列后面的4个碱基成分的改变会对翻译效率发生很大的影响。如果这个区域是由4个A(T)碱基组成,其翻译作用最为有效;而当这个区域是由4个C碱基或4个G碱基组成,其翻译效率只及最高翻译效率的50%或25%。

直接位于起始密码子AUG左侧的密码三联体的碱基组成,同样也会对翻译的效率发生影响。以β-半乳糖苷酶mRNA的翻译为例,当这个三联体碱基组分是UAU或CUU时,其翻译最为有效,而如果是UUC、UCA或AGG代替了UAU或CUU时,那么它的翻译水平将下降20倍。

3. 启动子与克隆基因间距离对表达效率的影响

T. M. Roberts等人(1979)构建了一系列重组质粒,如图8-11所示。各种质粒cro蛋白质的产量,以相对于pTR161的比值列于图中。图中的全长为pTR161的一部分,即从lac启动子至cro基因翻译起始位点间的序列。pTR161的8个衍生质粒的名称也列于图中,它们的区别在于,从*Bam*HⅠ处将质粒打开后,缺失的长度不同,因而造成启动子与λ cro结构基因间的距离不等。将这9个不同的重组质粒转化大肠杆菌后发现,cro蛋白质的水平在重组质粒间相差悬殊,最高值比最低值大2 000倍。显然,启动子与结构基因间的距离在蛋白质翻译上有巨大作用。

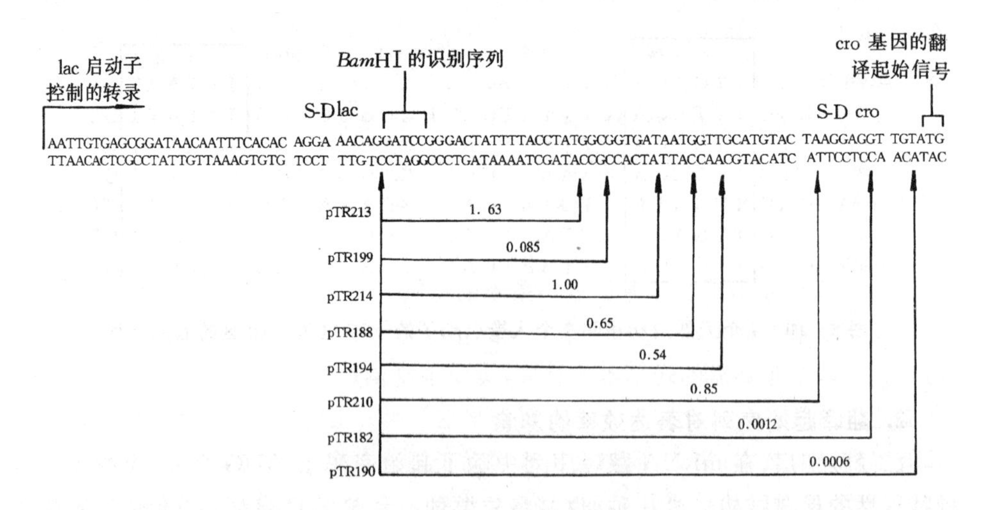

图8-11　结构基因与启动子之间的距离对cro蛋白质产量的影响

进一步的研究还表明：①翻译的起始点和 S-D 序列必须接近到一定程度；②翻译的起始包括活化的 30S 核糖体亚基与 mRNA 5′末端区域间的互作，这时 mRNA 的 5′末端已折叠成特殊的二级结构。基因表达水平的改变是 mRNA 二级结构的反映。从图 8-11 了解到，pTR199 的 cro 基因表达水平较 pTR213 和 pTR214 低得多。图 8-12 是 pTR213、pTR199 和 pTR214 三个重组质粒的 cro mRNA 的二级结构模式图，显示 pTR199 的mRNA二级结构有其特殊构型。

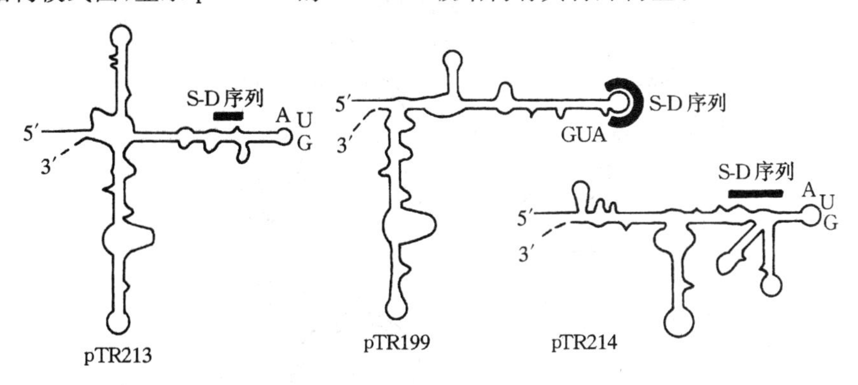

图 8-12　三个重组质粒的 cro mRNA 二级结构模式图

根据上述原理，要提高克隆基因的表达效率，可采用构建克隆库的办法。在库中，将外源基因分别放置在离启动子远近不同的地方。转化后，筛选重组克隆，从中挑选出外源基因表达最强的克隆。图 8-13 说明它的具体做法：外源基因坐落在 *Eco*RⅠ限制片段上，通过载体上唯一的*Eco*RⅠ识别序列将其克隆。在载体上离外源基因 5′端的 100 个碱基对以内，含有质粒上唯一的 *Bam*HⅠ切点，用 *Bam*HⅠ打开重组质粒，并经核酸外切酶Ⅲ和 S_1 核酸酶处理后，得到一系列不等长的重组 DNA 分子，启动子所在的片段可从此插入（95 bp 的 *lac* 启动子），通过 T4 DNA 连接酶将质粒环化。这样就形成一套质粒，它们的启动子离克隆基因的远近不等。

4. 转录终止区对克隆基因表达效率的影响

在克隆基因的末端，存在一个转录终止区是十分重要的，其原因有如下几个方面：第一，若干非必需的转录本的合成，会使细胞消耗巨大的能量用于制造大量非必需的蛋白质；第二，在转录本上有可能形成一些不期望其出现的二级结构，从而降低了翻译的效率；第三，偶然会出现启动子阻塞现象（promoter occlusion），也就是说，克隆基因启动子所开始的转录，会干扰另一个必要的基因或调节基因的翻译。而转录终止区的存在，可使上述这几种不利的现象得以避免。因为有人已经

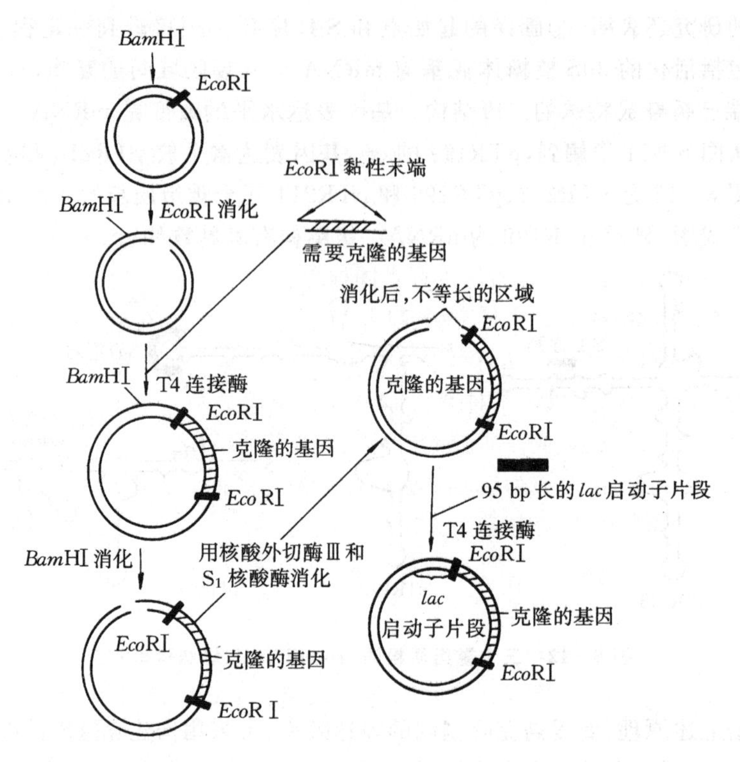

图 8－13　改变 *lac* 启动子和克隆基因间距离的一般方法

发现,有些强启动子会通读到 ROP 基因,干扰质粒的复制,结果使质粒的拷贝数反而下降。所以,在基因内部的适当位置上存在着转录的终止区,就能够保证使质粒的拷贝数(也就是基因的表达效率)控制在一个正常的水平上。

5. 质粒拷贝数及稳定性对表达效率的影响

限制蛋白质合成的第一步是发生在核糖体与 mRNA 分子结合的过程中的。由于细胞中核糖体的数量与 mRNA 分子相比是大大超量的,因此,提高克隆基因表达效率的途径之一是增加相应的 mRNA 分子的数量。怎样才能达到这样的目的呢?影响 mRNA 分子合成速率的因素有两个:第一个是启动子的强度,这在前面已经作了讨论;第二个是基因的拷贝数。提高基因的拷贝数(即基因的剂量)最简单的办法是将基因克隆到高拷贝数的质粒载体上。

迄今通用的大多数高拷贝的质粒载体,如 pBR322 等,都是由 ColE1 派生而来的。已知有两种负作用成分(negatively acting component)控制着 ColE1 DNA 的复制。一种是 108 个核苷酸长的不翻译 RNA 分子,叫做 RNA Ⅰ;另一种是蛋白质阻遏物 ROP。RNA Ⅰ是一种由质粒编码的 RNA 分子，经 RNase H 酶加工之后，就会产生出一条 555 个核苷酸长的片段，作为 ColE1 DNA 复制起始的引物。RNA Ⅰ分子可与 RNA Ⅱ上的互补序列进行碱基配对，从而使后者得到保护，免受 RNase H 酶的加工作用，这样也就抑制了 DNA 的复制。ROP 阻遏物是一种由 63 个氨基酸残基组成的多肽分子，它控制着 RNA Ⅱ分子转录的起始。因此，ROP 基因的缺失，或是 RNA Ⅰ基因的突变，都会引起质粒拷贝数（基因剂量）的增加。但是，需要指出的是，寄主细胞的遗传背景同样也会影响到质粒的拷贝数。

根据实验观察，随着重组体克隆基因表达水平的上升，寄主细胞的生长速率便会相应地下降，同时形态上也会出现一些明显的变化，例如细胞纤维化和脆弱性增加等。如果细菌由于产生出某种突变而失去了重组质粒，或是经过结构的重排使重组基因无法再行表达，或是质粒的拷贝数大大降低，那么这样的突变菌株便会有很高的生长速度，迅速地成为培养物中的优势菌株。而具有重组质粒的寄主细胞，最终便会被“稀释”掉，使克隆基因无法得到表达。

由缺陷性分配引起的质粒丢失现象，叫做质粒分离的不稳定性（segregative instability）。天然产生的质粒都可以稳定地保持在寄主细胞内，这是由于它们具有一段分配功能区 par 所致。分配功能区 par 能够保证质粒分子在每次细胞周期中都能准确地进行分离，并均等地分配到子代细胞中去。这种 par 区对于维持低拷贝质粒的稳定性显然是一种必不可少的结构。高拷贝的质粒 ColE1 同样也具有一个 par 区，而在 pBR322 质粒中这个 par 区已经丢失了，所以在寄主细胞分裂时，pBR322 质粒只能作随机的分离。尽管 pBR322 质粒仍然是高拷贝数的，而且产生无质粒细胞的概率也极小，但是在某种特定的条件下，例如营养缺乏或是在寄主细胞快速生长期间，照样有可能产生出无质粒的细胞。为了避免出现这种情况，一般通过对细胞群体保持抗生素的选择压力，就可以达到目的。

与上述利用 par 区来防止质粒的丢失相反，另一种解决质粒分离不稳定的途径是，对无质粒的细胞进行反选择。其大体步骤包括：使携带目的基因的质粒载体同时也带上编码 λ 启动子的 λcⅠ基因，形成特殊的重组质粒。然后用一种启动子缺陷的 λ 突变体感染携带着这种重组体质粒的大肠杆菌寄主细胞，使之成为溶源性细菌。在这种溶源性细菌中，重组质粒的丧失伴随着发生 λ 阻遏物的丧失。而也正是由于 λ 阻遏物的丧失，原噬菌体便被诱发进入溶菌生长周期，从而使寄主细胞裂解死亡。于是达到了对无质粒细胞反选择的目的。

6. 提高翻译水平常用的途径

（1）调整 S-D 序列与 ATG 间的距离　提高外源基因在原核细胞中的表达水平的关键因素之一是调整 S-D 序列与起始密码子 ATG 之间的距离，此距离过长、过短都影响真核基因的表达。D. M. Marquis 人工合成核糖体结合点(ribosome binding site)使 S-D 序列与起始密码(ATG)的距离为 5～9 个碱基对,并分别连入 7 个不同启动子的下游。测试其表达 λ IL-2 的水平,结果发现,在同一种启动子带动下,S-D 顺序与 ATG 间的距离不同,IL-2 表达水平可相差 2～2 000倍。例如在 *lac* 启动子带动下,其距离为 7 个碱基对时,IL-2 的表达水平为 2 581 单位,而距离为 8 个碱基对时,表达水平降至不足 5 单位;在 P_L 启动子带动下,其距离为 6 个碱基时,IL-2 表达水平达 9 707 单位,距离为 8 个碱基对时,表达水平降至 5 363 单位。这表明根据不同的启动子,调整好 S-D 序列与起始密码 ATG 的距离,确实可提高外源基因的表达水平。

(2)用点突变的方法改变某些碱基　翻译的起始是决定翻译水平高低的一个重要因素。有资料表明,由于紧随起始密码下游的几组密码子不同,可使基因的表达效率相差 15～20 倍。这主要是改善了翻译的起始和 mRNA 的二级结构。

另外,有人对大肠杆菌各种基因顺序进行了大量分析,根据不同密码子使用频率,将 64 组密码子分为强、中、弱密码子。如果在不改变编码的氨基酸顺序的条件下,尽量用强密码子取代弱密码子,确有可能提高表达水平。但是,大量的研究表明,含有弱密码子的真核基因是能够在大肠杆菌获得高效表达的。可见,密码子的使用问题并非是影响外源基因在大肠杆菌中表达水平的决定因素。

(3)增加 mRNA 的稳定性　多数情况下,细菌的 mRNA 的半衰期很短,一般仅为1～2 min,而外源基因 mRNA 的半衰期可能更短。若能增加 mRNA 的稳定性,则有可能提高外源基因的表达水平。研究表明,大肠杆菌的"重复性基因外回文序列"(repetitive extragenic palindronic sequence)具有稳定 mRNA 的作用,能防止 3′→5′外切酶的攻击。因此,在外源基因下游插入此序列或其他具有反转重复顺序的 DNA 片段可起到稳定 mRNA,提高表达水平的作用。

7. 减轻细胞的代谢负荷

外源基因在细菌中高效表达必然影响宿主的生长和代谢,而细胞代谢的损伤又必然影响外源基因的表达。合理地调节好宿主细胞的代谢负荷与外源基因高效表达的关系,是提高外源基因表达水平不可缺少的一个环节。目前常用下述两种调节方法。

(1)诱导表达　使细菌的生长与外源基因的表达分开。将宿主菌的生长与外源基因的表达分开成为两个阶段是减轻宿主细胞代谢负荷的最为常用的一个方法,一般采用温度诱导或药物诱导。如采用 λP_L 启动子时,则应用 λ*c* Ⅰ857 基因的溶源菌。在 32℃时,*c* Ⅰ 基因有活性,它产生的阻遏物抑制了 λP_L 启动子下游基因产物的合成,此时,宿主菌大量生长。当温度升高到 42℃时,*c* Ⅰ 基因失活,阻遏蛋白不能产生，P_L 启动子解除阻遏，外源基因得以高水平表达。而应用 *tac* 启动子时，则常用 F′ *tac* 的菌株或者将 *lacI* 基因克隆在表达质粒中。当宿主菌生长时，*lacI* 产生的阻遏物与 *lac* 操纵基因结合，阻碍了外源基因的转录及表达，此时，宿主菌大量生长。当加入诱导物(如 IPTG)时，阻遏蛋白不能与操纵基因结合，则外源基因大量转录并高效表达。有人认为，化学诱导比温度诱导更为方便和有效，并且将相应的阻遏蛋白基因直接克隆到表达载体上，比应用含阻遏蛋白基因的菌株更为有效。

(2)表达载体的诱导复制　减轻宿主细胞代谢负荷的另一个措施是将宿主菌的生长和表达质粒的复制分开。当宿主菌迅速生长时，抑制质粒的复制；当宿主菌生物量积累到一定水平后，再诱导细胞中质粒 DNA 的复制，增加质粒的拷贝数，拷贝数的增加必然导致外源基因表达水平的提高。质粒 pCI101 是温度控制诱导 DNA 复制最好的例子。用此质粒转化宿主菌，25℃时宿主中仅有此质粒 10 拷贝，宿主细胞大量生长；但当温度升高到 37℃时，质粒大量复制，每个细胞中质粒拷贝数可高达 1 000 个。

8. 提高表达蛋白的稳定性，防止其降解

在大肠杆菌中表达的外源蛋白质往往不够稳定，常被细菌的蛋白酶降解，因而会使外源基因的表达水平大大降低。因此，提高表达蛋白质的稳定性，防止表达的蛋白质被细菌蛋白酶降解是提高外源基因表达水平的有力措施。

(1)克隆一段原核序列，表达融合蛋白　这里的融合蛋白是指表达的蛋白质或多肽 N 末端由原核 DNA 编码，而 C 末端是由克隆的真核 DNA 的完整序列编码。这样表达的蛋白是由一条短的原核多肽与真核蛋白结合在一起，故称为融合蛋白。融合蛋白是避免细菌蛋白酶破坏的最好措施。在表达融合蛋白时，为得到正确编码的表达蛋白，在插入外源基因时，其阅读框应与原核 DNA 片段的阅读框一致，只有这样，翻译时插入的外源基因才不致于产生移码突变。

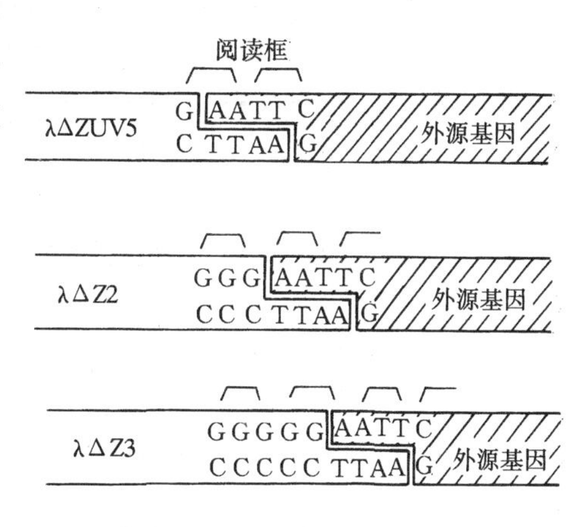

图 8－14　外源基因在 λ 载体上的 3 种不同翻译阅读框

Δ:缺失；Z:乳糖操纵子的 Z 基因

研究人员曾构建了一套载体，每一种载体上都有唯一的一个 *Eco*RⅠ识别序列，外源基因可从此插入，随着载体上密码子的微小差别，可使外源基因形成 3 种不同的阅读框(图 8－14)，从中总能找到不改变外源基因阅读框的重组分子,并保证外源基因处在 *lac* 操纵子的调节区域控制之下,*lacZ* 基因原有翻译起始点的功能仍保持不变。

从图 8-14 可以看出,载体 λΔZ2 和 λΔZ3 比 λΔZUV5 分别多 2 个和 4 个碱基对,这种增加碱基对的做法如图8-15所示:先将*Eco*RⅠ(UV5)片段用 S_1 核酸酶处理,目的在于产生 GC 结尾的平齐末端,然后利用 T4 DNA 连接酶,将化学合成的*Eco*RⅠ接头连接到 DNA 片段的两头,接着用*Eco*RⅠ内切酶消化此片段,这就形成了 207 bp 的*Eco*RⅠ207(UV5)片段。用同样的实验程序又将*Eco*RⅠ207(UV5)转变成*Eco*RⅠ211(UV5)片段,然后将 207 bp 和 211 bp 的片段分别插入到噬菌体 λ 载体上,再通过一定的方法,将每一片段上处于启动子上游的那个*Eco*RⅠ识别序列去除,得到 λΔZ2 和 λΔZ3 载体。

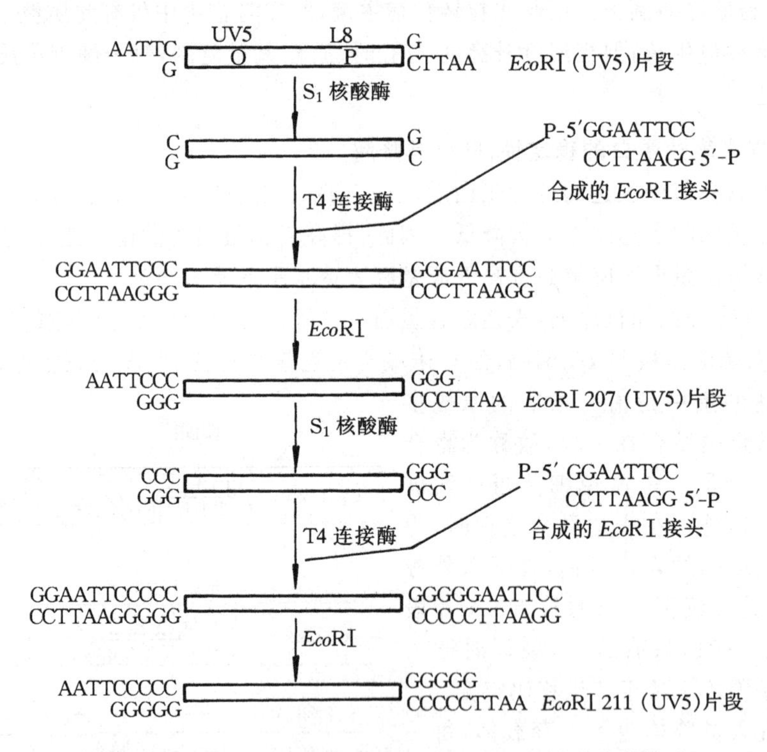

图 8-15 *Eco*RⅠ211(UV5)和*Eco*RⅠ207(UV5)片段的构建

在融合蛋白被表达之后,必须从融合蛋白中将原核多肽去掉。常用的有化学降解法及酶降解法。一般而言,化学降解法缺乏特异性,且反应条件剧烈(如溴化氰);而酶降解法特异性较高,但切割效率不高(如牛的血细胞凝集因子 Xa)。

(2)采用某种突变菌株,保护表达蛋白不被降解　大肠杆菌蛋白酶的合成主要依赖次黄嘌呤核苷(lon),因此采用 lon⁻缺陷型菌株作受体菌,则使大肠杆菌蛋白酶合成受阻,从而使表达蛋白得到保护。研究发现大肠杆菌 *htp R* 基因的突变株也可减少蛋白酶的降解作用。研究者利用 lon 和 htp R 双突变的菌株表达出稳定的生长调节素 C。另外,T4 噬菌体的 *pin* 基因产物是细菌蛋白酶的抑制剂,将 *pin* 基因克隆到质粒中并转化入大肠杆菌中,细菌的蛋白酶便受到抑制,外源基因的表达产物受到保护。有人应用此法,成功地在大肠杆菌中表达了人 β-干扰素。

(3)表达分泌蛋白　表达分泌蛋白是防止宿主菌对表达产物的降解,减轻宿主细胞代谢负荷及恢复表达产物天然构象的最有力措施。在原核表达系统中,人们研究得比较多的主要是大肠杆菌。

大肠杆菌主要由 4 部分组成:胞质、内膜、外膜及内外膜之间的周间质。一般情况下,所谓"分泌"是指蛋白质从胞质跨过内膜进入周间质这一过程。而蛋白质从胞质跨过内、外膜进入培养液这种情况较为少见,被称为"外排"以区别于"分泌"。

蛋白质能够在大肠杆菌中进行分泌,至少要具备 3 个要素:①有一段信号肽;②在成熟蛋白质内有适当的与分泌相关的氨基酸序列;③细胞内有相应的转运机制。

1) 信号肽　信号肽序列对于分泌蛋白质是必需的,其长度一般为 15～30 个氨基酸。真核生物和原核生物的信号肽在结构上都有以下特征:①在氨基末端有一段带正电荷的氨基酸序列,往往是精氨酸或赖氨酸残基,其数目为 1～3 个;②有一个疏水的核心区,含亮氨酸或异亮氨酸残基,位置可以从带正电荷的氨基酸延伸到含切割位点的区域;③含有能被信号肽酶水解的切割位点,这个位点常常在丙氨酸之后,有的是在甘氨酸或丝氨酸之后。

原核细胞和真核细胞的信号肽不仅在结构上相似,而且在功能上也具有相似性。Talmage 等(1980)发现,细菌的信号肽可以在真核细胞中发生作用,以后他们又发现真核细胞的信号肽序列也能在原核细胞中起作用。这两种信号肽序列在切割位点上具有相似性,细菌的信号肽酶可以切除真核细胞的信号肽。

2) 成熟蛋白质内有与分泌相关的氨基酸序列　对于很多蛋白质来说,信号肽对其分泌是必需的,但仅有信号肽还不能完成分泌过程,很多在大肠杆菌中分泌的蛋白质需要其成熟体中的氨基酸序列来引导其到达最终的目的地。缺少这部分相应的氨基酸序列,分泌就不能正常进行,这已被基因融合和基因删除两方面的实验所证实。

3) 细胞内的转运机制　和真核细胞一样,原核细胞内蛋白质的分泌也需要数种细胞内蛋白质的参与。目前已经发现了信号肽酶Ⅰ、信号肽酶Ⅱ等近 20 种蛋白质参与了分泌过程。与真核细胞不同的是,在大肠杆菌中,蛋白质的合成和蛋白质的分泌过程有些是同步的,有些则采取了先翻译出蛋白质,然后再分泌出来的翻译后机制。而分泌的能量来源于高能磷酸键的水解或质子的推动力。

通过以上讨论可以看出,并非任何蛋白质都可以在大肠杆菌中得到分泌表达。这主要是由于受所表达的成熟蛋白质的氨基酸序列和构型的限制。由于原核生物蛋白质的分泌机制与真核生物蛋白质的分泌机制十分相似,真核生物中的分泌蛋白大多能在大肠杆菌中得到很好的分泌表达。还有一些相对分子质量小的多肽也往往能得到分泌表达。但对原属真核细胞的非分泌蛋白,很难在大肠杆菌表达后再分泌到周间质,而最多只能结合到细胞内膜上。因此,欲在大肠杆菌中表达分泌型外源蛋白时,必须首先考虑目的蛋白被分泌的可能性。其次,要考虑到在应用分泌蛋白技术路线时可能遇到目的蛋白的某些序列被信号肽酶错误识别,以致于目的蛋白被切成碎片,进而部分或大部分失去生物活性。因此,要慎用这一技术路线。

思考题

1. 复制型载体和表达型载体有哪些不同?
2. 真核基因在原核细胞中表达要注意哪些问题?
3. 提高基因的表达效率有哪些主要方式?

第 9 章

酵母的基因工程

内容提要：酵母是最简单的真核细胞，酵母的基因工程可利用不同的载体来完成。用互补法克隆酵母基因是一种通常的遗传操作方法。以酵母为材料研究真核生物的功能，如基因的同源重组、信号传导途径、生化反应过程、基因功能等是一种非常有效的途径。

虽然目前已经能够利用基因转移方法研究哺乳动物细胞的基因功能，但操作哺乳动物细胞基因组的能力还非常有限。例如，虽然能把修饰过的基因较容易地导入哺乳动物细胞内，但却不能保证这些基因的调控是正确的。而且内源野生型基因的存在，使得对修饰过基因的研究变得错综复杂。利用目前的技术，要把一个野生型基因从哺乳动物细胞基因组中剔除还非常困难。

人们能利用一种不寻常的实验生物，即面包酵母(*Saccharomyces cerevisiae*)来弥补研究中的缺陷。面包酵母以及它的远亲种粟酒裂殖酵母(*Schizosaccharomyces pombe*)常被微生物学家用来作为研究材料，这是因为它们具有一些十分诱人的生物学特性，使得其操作如同细菌一样容易。首先，它们生长迅速，大约两个小时增殖一代。这意味着在两天时间里培养皿中可长出成千上万的克隆酵母菌落。而哺乳动物细胞增殖一代最快也要 16～24 h，要获得足够的试验用细胞数量，就需要花费 2 至 3 周的时间进行精心培养细胞。第二，酵母的基因组非常小，比大肠杆菌的基因组仅大几倍，要比哺乳动物细胞的基因组小 200 倍(图 9－1)，这使得遗传分析和分子分析的工作量大大减小。例如，要建造一个酵母基因组文库仅需要几千个质粒或噬菌体就足

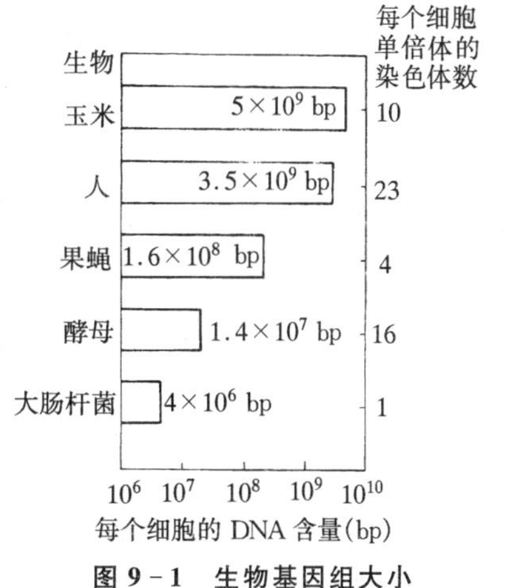

图 9－1　生物基因组大小

注：本章部分插图引自 J. D. Watson 等人所著 *Recombinant DNA*。

够了，而要建造一个完整的哺乳类基因文库需要上百万个质粒或噬菌体。第三，酵母特别适用于进行遗传分析，这是因为细胞既能以单倍体形式存在，又能以二倍体形式存在(图 9－2)。这样，遗传上的隐性突变利用单倍体细胞就非常容易获得，而作为遗传学家基本工具的遗传互补可简单地用两种不同类型的单倍体突变体交配而获得。哺乳动物细胞是二倍体(有时甚至更复杂)，使其中的隐性突变根本不可能被发现。

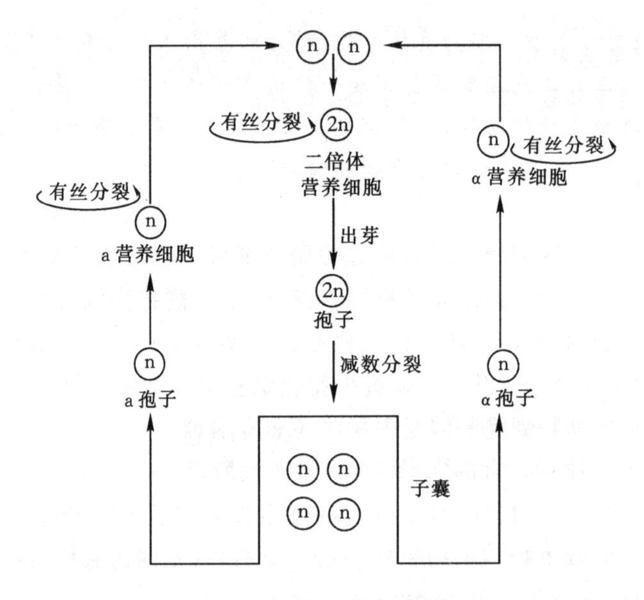

图 9－2　酵母的生活周期

作为真核生物，酵母在组织结构上与更复杂的生物更加相像，许多酵母蛋白在结构和功能上与哺乳动物细胞蛋白密切相关，这方面的认识大大激发了人们研究酵母的兴趣。因此，通过对结构简单的酵母的研究，可以加深对哺乳动物细胞功能的了解。本章将介绍如何对酵母基因组进行实验操作以及通过酵母菌来研究复杂的细胞过程的一些试验。

9.1　酵母基因的克隆

目前已研究出多种克隆酵母基因的方法，常用的有大肠杆菌突变互补法、利用穿梭质粒克隆酵母基因和基因互补法等。

9.1.1 酵母基因克隆载体——穿梭质粒

重组DNA技术在酵母上的第一个突破是既能在大肠杆菌中复制又能在酵母中复制的质粒载体的构建。这种载体既可通过传统的DNA重组方法对质粒进行基因工程操作，使其像其他质粒一样在细菌中繁殖，又可重新放入酵母中研究。这种质粒被称作穿梭质粒(shuttle vector)(图9-3)，它必须含有在细菌和酵母中都起作用的选择性标记和DNA复制起点。现代的穿梭质粒除了带有酵母选择标记基因外，通常携带绝大多数克隆载体都具有的氨苄青霉素抗性基因。所有的现代穿梭质粒所用的细菌复制起点也都来源于标准的实验室克隆载体。

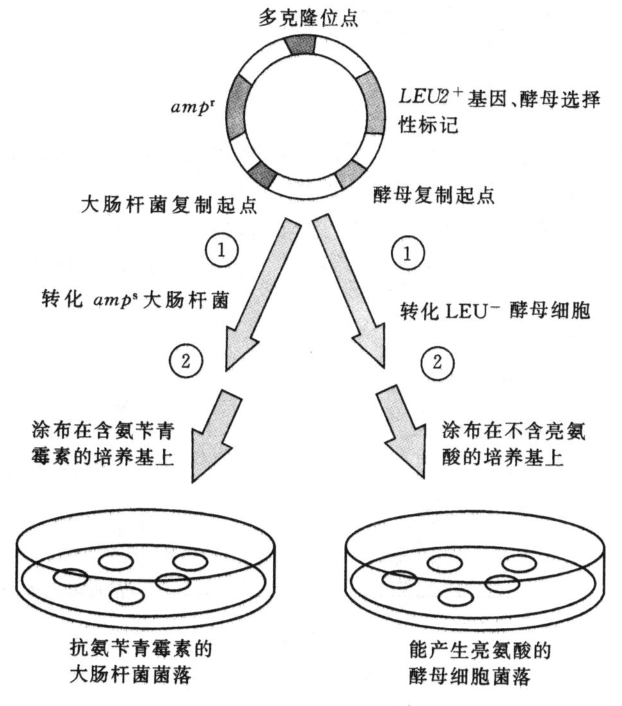

图9-3 穿梭质粒及其筛选

1. 附加型酵母载体

在酵母*S. cerevisiae*的大部分品系中都发现了天然质粒的存在，它是一个2μm环状的分子。2μm质粒是非常好的克隆载体，它有6 kb大小，在酵母细胞中的拷贝数在70～200之间，利用质粒的复制起始位点进行复制，许多酶由寄主细胞提供，质粒中含有编码蛋白质的基因REP1和REP2。

来自于2μm质粒的载体称为附加型酵母载体或者YEp(图9-4)。YEp可以含有完整的2μm质粒，也可以只含有2μm质粒的复制起点，如YEp13等。

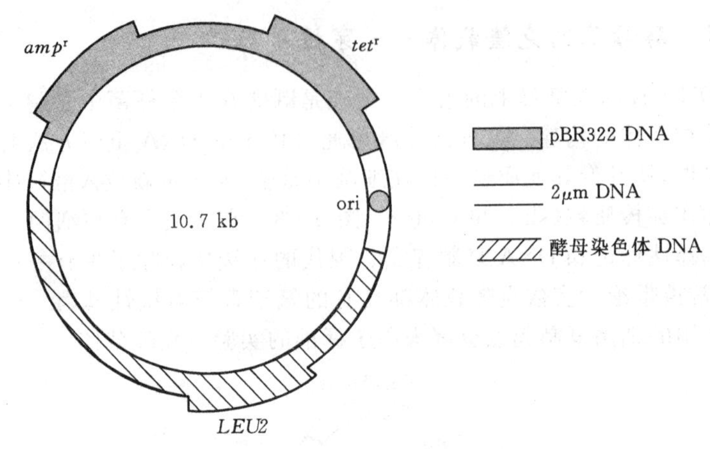

图 9-4　附加型酵母载体的结构

附加体意味着 YEp 可以独立复制也可以整合到酵母的染色体内，因为在载体中作为选择标记的基因与宿主染色体 DNA 同源性很高，比如 YEp13 质粒中 *LEU2* 基因可以与染色体上突变的 *LEU2* 基因进行重组(图 9-5)，将整个质粒插入到酵母染色体内，可以一直保持整合状态，随后的重组事件也可以切下来。

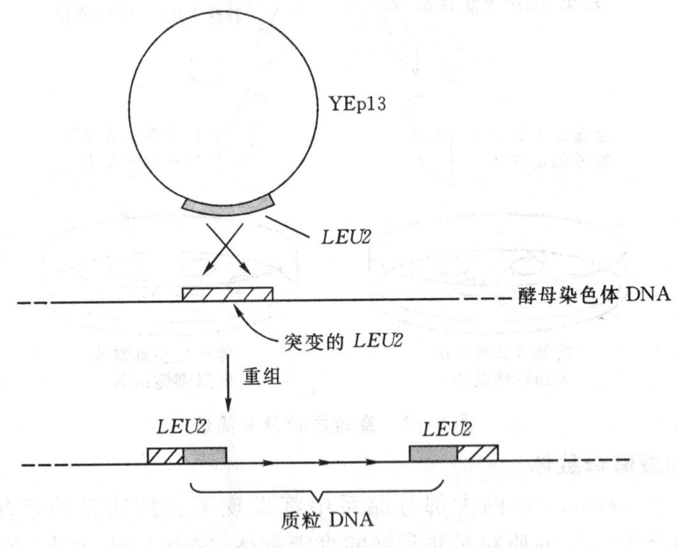

图 9-5　YEp 整合到酵母染色体上

2. 整合型酵母载体

整合型酵母质粒(YIp)是细菌质粒含有一个酵母基因(图 9-6)。如 YIp5，是在 pBR322 的基础上插入了一个 *URA3* 基因，这个基因编码乳清酸核苷-5′-磷酸脱羧酶，是嘧啶合成中的一个酶,可以作为选择标记,选择的方法与 *LEU2* 标记相同,YIp 不能像质粒一样复制,其复制依赖于整合到酵母的染色体上,整合的机制与 YFp 相同。

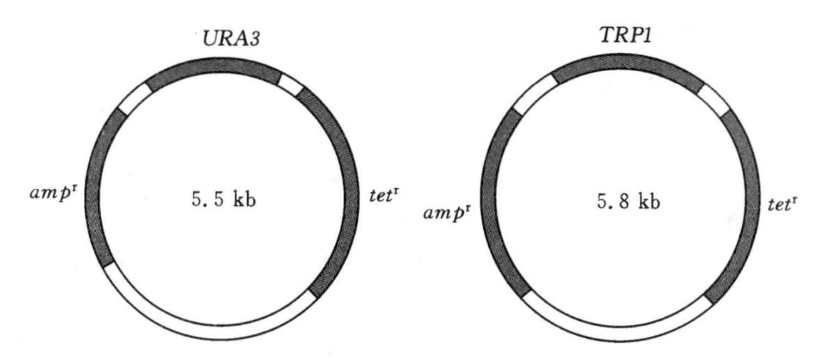

图 9-6　整合型酵母载体

3. 复制型酵母载体

复制型酵母质粒(YRp)含有一段包括起始位点在内的染色体 DNA(图9-7),可以作为独立质粒进行复制。复制起始位点与多个酵母基因距离很近,包括作为选择标记的基因。为这种载体提供复制起点的是 2μm DNA 环或自主复制序列(autonomously replicating sequence, ARS)。YRp7 是其中的一种,它由 pBR322 与酵母基因 *TRP1* 组成,*TRP1* 参与色氨酸的合成,它与起始位点的距离非常近,插入 YRp7 的酵母 DNA 片段包括 *TRP1* 和复制起始位点。

在一个特定的克隆实验中选用哪一种类型的质粒需要考虑三个因素。

(1)转化频率　也就是每微克的质粒 DNA 可以获得转化子的数目。YEp 的转化频率最高,每微克 DNA 可以获得 10 000~10 0000 个转化细胞;YRp 次之,可以产生 1 000~10 000 个转化细胞;YIp 产量较低,一般少于 1 000 个,如果不是用特殊的程序,只能产生1~10个重组子。较低的转化效率意味着与染色体之间的重组是非常少的。

(2)拷贝数　YEp 和 YRp 含有的拷贝数最多,每个细胞中含有 20~50 和 5~100 个,而 YIp 一般只以单个拷贝存在于细胞中。如果要从克隆的基因中获得蛋白,这些特性就非常重要,因为拷贝数越多,蛋白质的产量就越高。

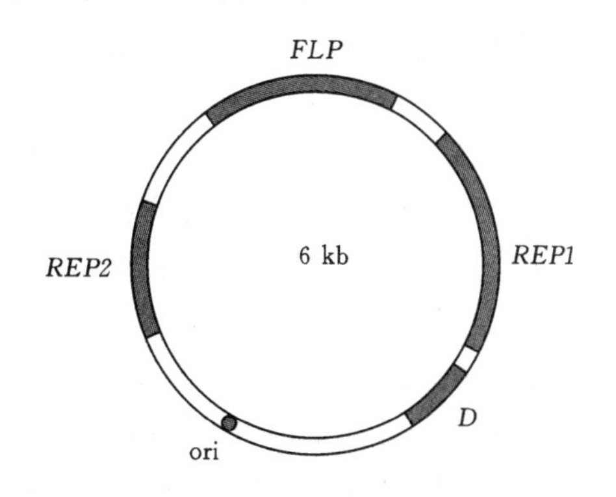

图 9-7　复制型酵母载体

(3)稳定性　YIp能产生稳定的重组子。而YRp重组子是非常不稳定的,母细胞中聚集大量的重组分子,但在子代中就可能丢失。YEp也有同样的问题。

4. 着丝粒型酵母载体

如果给含有ARS的质粒上加上着丝粒(centromere)序列(即CEN序列),它就成为大为稳定的着丝粒型载体(图9-8)。每条染色体上都含有着丝粒序列,它可使染色体在有丝分裂和减数分裂中稳定复制,并使其准确地分配到子细胞当中。含有CEN因子的质粒不但极其稳定,而且在酵母中的拷贝数能严格保持与染色体数目等同,通常为一个或两个,因此,研究人员通过选择2μm DNA质粒或CEN质粒,就可相应得到多拷贝的基因或与单位体染色体相等的一个基因,只要将这些基因装载入拷贝数高的质粒中就可以了。这一点是许多基因工程试验的基础。

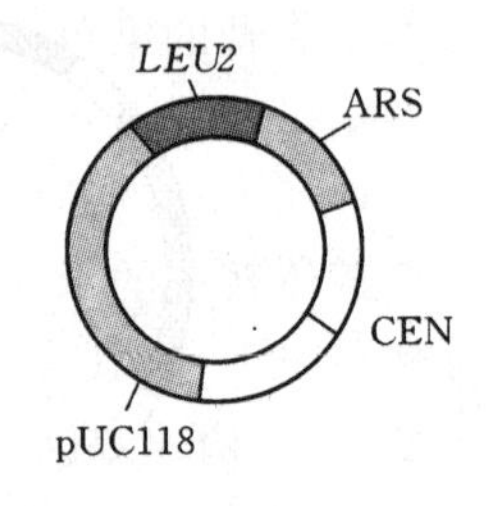

图9-8　着丝粒型酵母载体

5. 酵母人工染色体载体

酵母人工染色体载体(YAC)是由CEN载体发展而来的。它的主要组成如下:

(1) 着丝粒;

(2) 两个端粒:存在于染色体的末端,使染色体正确地结束复制,防止染色体被外切酶切割;

(3) 复制起始位点。

DNA复制的起点染色体结构确定后,可以通过重组DNA技术将每一组成部分分离开来,然后连接在一起,创造人工染色体。自然中酵母的染色体有几百个kb长度,利用人工染色体可以携带比其他质粒更大的DNA分子。

pYAC3是在pBR322的基础上,插入了几个酵母基因。其中两个基因是*URA3*和*TRP1*,可以作为选择标记分别存在于YIp5和YRp7,就像在YRp7中一样,携带*TRP1*的同时也包含一个复制起点,但在pYAC3中这一片段扩展到*CEN4*,它是一段来自4号染色体着丝粒的DNA片段。*TRP1*-ori-*CEN4*片段已经包含了人工染色体组成三部分中的两部分。第三部分端粒,有两段称为TEL的序列提供,并不是它们自身组成端粒序列,而是在引入酵母细胞核后,作为种子序列建立端粒。还有最后一部分没有提到的是*SUP4*,它在克隆实验中作为插入片段的选择标记基因。

利用pYAC3克隆的策略是,载体首先被*Bam*HI和*Sna*BI酶切将分子切成三块,*Bam*HI片段被去掉,剩下两个臂,每一臂都以TEL作为末端,另一端是*Sna*BI位点。克隆的DNA必须是平端(*Sna*BI也是一个平端酶,识别序列是TACGTA),被连接在两个臂的中间就产生了人工染色体。利用原生质转化法将人工染色体引入酵母。受体酵母是利用一个双营养缺陷体 *trp1-ura3*，载体上含有互补基因作为选择标记。转化后于基本培养基上培养，只有含有人工染色体的细胞可以正常生长。含有两个左臂或者两个右臂的染色体都不能正常生长，因为其中一个选择标记基因丢失，插入片段的鉴定可以通过 *SUP4* 基因的插入失活，白色的克隆是重组子，红色的不是。

一些哺乳动物的基因大于 100 kb(如人类膀胱纤维基因有 250 kb)，超过了大肠杆菌载体系统的承受范围，但正好在 YAC 载体的范围之内。最近的研究发现，在某些情况下，YAC 可以在哺乳动物中表达，因此可以研究哺物动物基因的功能。

YAC 在构建基因文库中非常重要(图 9－9)，要知道，最高容量的大肠杆菌质

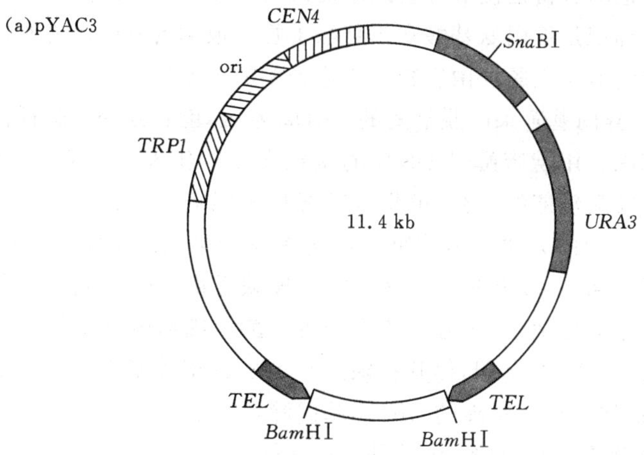

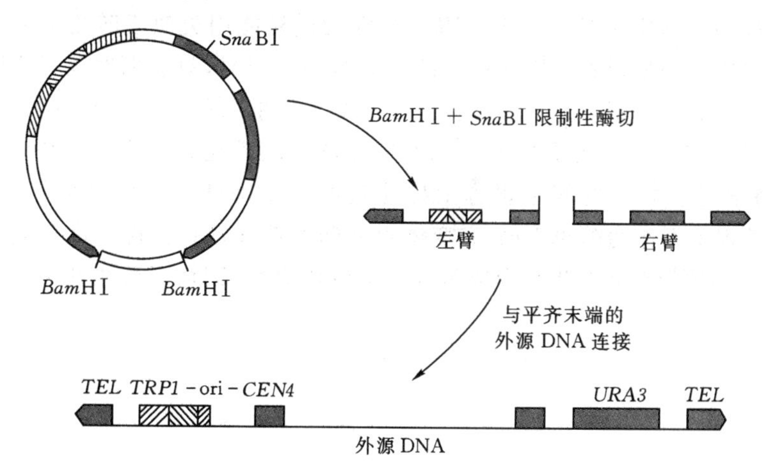

图 9－9　利用 YAC 载体克隆外源基因

粒可以插入 300 kb 的片段,对于人的基因文库需要 30 000 个克隆,而 YAC 可以克隆 600 kb 的片段,一些特殊的类型可以携带 1 400 kb 片段,可以使人类基因文库的克隆数降至 6 500 个。但不幸的是,这样的"mega-YAC"存在着不稳定性,克隆的 DNA 片段可以被重新排列。不管怎样,YAC 在大规模的测序中(例如人类基因组计划)是非常有用的。

9.1.2 利用大肠杆菌突变互补法克隆酵母生物合成基因

遗传标记(如抗药性)可用来在群体中鉴别出引入 DNA 的稀有细胞。在酵母中发挥作用的遗传标记的获得是使酵母基因组能进行重组 DNA 操作的另一个突破。第一个酵母遗传标记是编码氨基酸和核苷酸生物合成酶的基因。之所以能获得这些基因是因为它们能与大肠杆菌生物合成途径中的突变体互补。如酵母亮氨酸合成途径中编码 β-异丙基苹果酸脱氢酶的 *LEU2* 基因,能够互补大肠杆菌突变体中缺乏这种酶的基因。用携带酵母 DNA 的质粒文库转化大肠杆菌突变体,并简单地选择能够恢复缺失功能的质粒,可将这类酵母基因克隆。图 9-10 所显示的是克隆酵母 *LEU2* 基因的方法。用传统方法构建酵母染色体 DNA 质粒文库,并用此文库转化大肠杆菌 *leu*B 突变株。这种突变株缺乏由 *LEU2* 基因编码的在亮氨酸生物合成过程中需要的 β-异丙基苹果酸脱氢酶。细菌吸收携带 *LEU2* 基因的质粒后能充分表达 *LEU2* 基因,使其在缺乏亮氨酸的培养基中生长。从这种细胞中提取质粒,从而将质粒上克隆的 *LEU2* 基因筛选出来。

野生型的 *LEU2* 基因一旦克隆,就可用来互补缺乏这一基因的酵母突变体。像大肠杆菌 *leu*B 突变体一样,酵母 *leu2* 突变体不能合成亮氨酸,因而不能在缺乏亮氨酸的培养基中生长。携带 *LEU2* 基因的质粒能用类似于转化细菌的方法转化进酵母中。当酵母在缺乏亮氨酸的培养基中培养时,只有那些获得克隆基因的细胞能够生长并形成菌落。虽然被转化的细胞也能接受来自质粒的其他基因,但只有携带 *LEU2* 基因的质粒能使 *leu2* 突变体在缺乏亮氨酸的培养基中生长。因此,就像细菌质粒中的氨苄青霉素抗性基因可用来选择大肠杆菌转化子一样,*LEU2* 基因也可作为酵母 *leu2* 突变体中准确的选择标记。现在许多通常使用的酵母菌株都携带有多个生长合成基因的染色体突变,因而可使用几个不同的遗传标记(表9-1)。

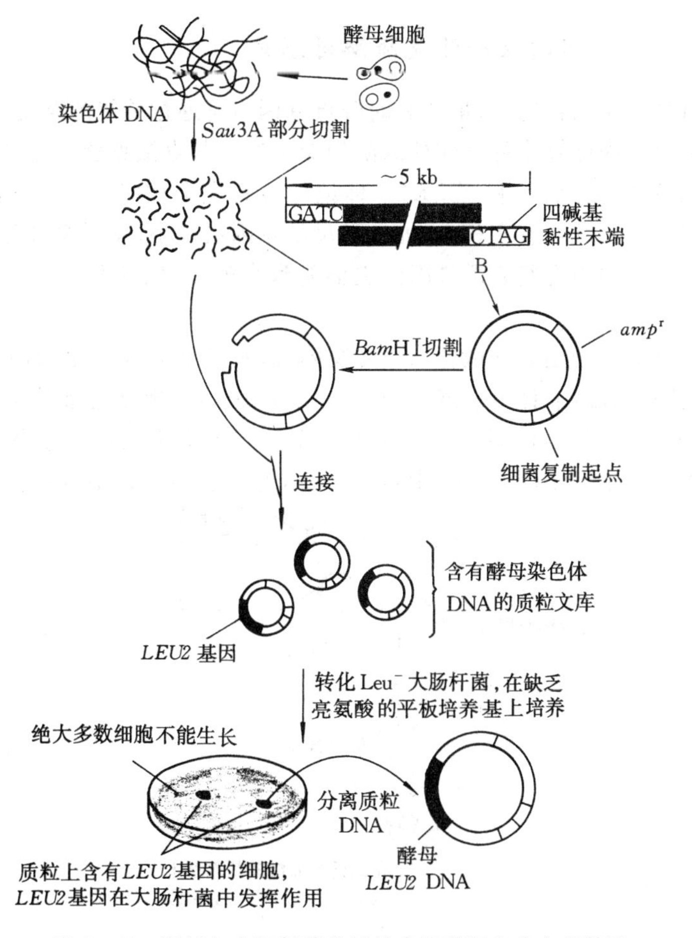

图 9-10　通过与大肠杆菌的互补克隆酵母生物合成基因

表 9-1　酵母选择标记

基 因	酶	选 择
HIS3	咪唑磷酸甘油脱氢酶	组氨酸
LEU2	β-异丙基苹果酸脱氢酶	亮氨酸
LYS2	α-氨基己二酸还原酶	赖氨酸
TRP1	*N*-(5′-磷酸核糖)邻氨基苯甲酸异构酶	色氨酸
URA3	乳清苷-5′-磷酸脱羧酶	尿嘧啶

9.1.3 用简单的互补法克隆酵母基因

在有可供选用的探针时,虽然有时酵母基因也可通过传统的杂交法克隆,但经常是根据酵母基因能够弥补突变株缺陷的能力而将其直接克隆。这种利用遗传互补进行基因克隆的方法与利用 *LEU2* 标记的过程完全相同。由于在酵母中复制的可供选择的克隆载体有多种,再加上酵母的基因组很小,使得通过互补克隆酵母基因相当简单。因为有些必需基因的失活是致命的,所以这些基因经常通过条件致死突变进行检测。

一种常见的类型是温度敏感(ts)突变体,这种突变体在低温(许可温度)下生长,但却不能在高温(非许可温度)下存活。温度敏感表现型通常是基因发生无义突变从而使它编码的蛋白质在较高温度下不稳定或者失活而产生的。ts 突变体中损坏的野生型基因如图 9-11 中的基因 X,通过遗传互补很容易克隆。将质粒

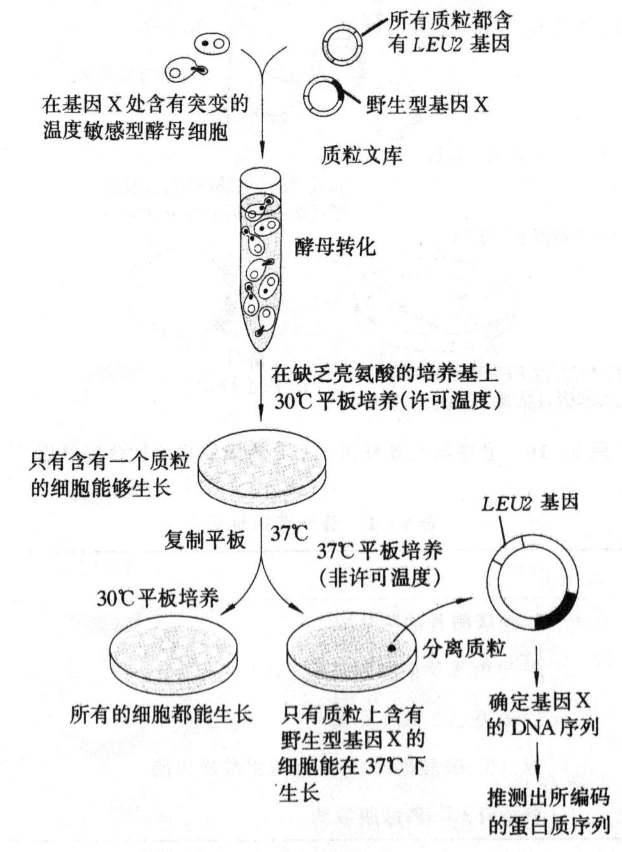

图 9-11 通过遗传互补克隆基因

文库转化进同时含有 *LEU* 基因突变的 ts 突变株中，转化后的细胞培养在许可温度(30℃)并缺乏亮氨酸的培养基中，选择出获得质粒的菌落(所有质粒都携带有 *LEU* 基因)。通过影印平板技术将菌落转移到第二个盘子中在 37℃下培养。由于突变基因失活，因此只有获得携带野生型基因 X 的质粒的菌落才能存活。从存活的菌落中分离质粒，即可获得克隆的野生型基因。有时这种方法可分离到称作抑制基因(suppressor)的不同基因，这是因为它具有相关功能，所以可抑制突变体的表现型。

一旦某一感兴趣的缺陷型酵母突变体被分离出来，就可用携带酵母基因组 DNA 片段的质粒文库转化这一突变体。由于酵母基因组仅装载在几千个质粒上，因此，利用影印培养法可以非常容易地进行遗传选择。如果突变体的缺陷能被质粒上的野生型基因(有时是相关基因)所弥补，就能将酵母转化子筛选出来。这种转化子一经被发现，就可将质粒直接从细胞中提取出来，并转化进大肠杆菌中扩增。

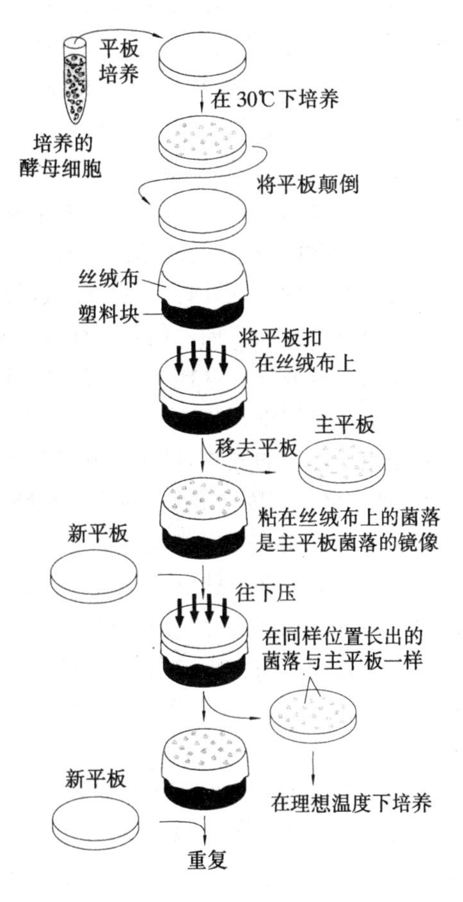

图 9 - 12　影印培养法

图 9 - 12 所反映的是影印培养技术。影印培养法可使研究人员快速地将酵母菌落从一个平板转移到另一个平板进行遗传分析。使酵母菌落先在一个平板上生长。紧贴培养基盖上一个消毒过的丝绒布，这时酵母会粘附在丝绒布上，产生所有菌落的影印拷贝，然后将原始板移去，它可再用来培养生成菌落(通常这个培养板可作为主平板将菌落储藏起来)。将一新的平板置于丝绒布上，这样就可以产生一个与主平板菌落一致的复制板。一个丝绒布可印制几个新平板。影印培养法可用来筛选菌落，亦可用来在不同温度下对温敏突变体的筛选。

为了确定携带在质粒上的基因在酵母基因组中的位置，可将单个酶切片段(有时是随机缺失或插入片段)克隆到新的质粒上,并进行单个测定,以决定究竟哪一个片段可弥补突变株的遗传缺陷。一旦这一基因被精确定位,它的DNA序列也就知道了。这种由基因的表型到对应基因的序列的快速转变的特性是酵母菌作为实验生物的一大优点,没有任何其他真核生物能如此简单地进行基因克隆。

9.2 以酵母为材料对真核生物功能的研究

9.2.1 酵母的同源重组

酵母作为实验材料最引人注目的特点在于可将突变定向到基因组的特定位点上。基因定向(即将基因定向导入细胞内染色体的特定位置上)在哺乳动物细胞里是极其困难的,因为转进的基因与染色体上的对应基因发生同源重组是罕见的。然而在酵母中,由于基因组较小,重组机制也不同,因而同源重组是经常发生的事件。所以对酵母遗传学家而言,基因定向是一个简单的操作过程。基因定向之所以对遗传分析是一个有力的工具,是因为通过诱变在试管中产生的基因变异可以准确地重新放置入酵母基因组中,一旦它与基因组整合,这种修饰过的序列可稳定地传递给子代细胞,其忠实性与任何自然基因相同。更为重要的是基因定向可对修饰过基因的功能进行最严格的测定,因为可用修饰过的基因直接取代自然基因。

酵母中的基因定向一般是用线状DNA分子而不是环状分子,因为DNA末端是重组酶的良好底物。这样,将一特定酵母内的质粒序列线性化后定向整合到完整基因组的那个基因中(图9-13)。用限制性酶将质粒线性化后定向整合。由于自由末端是重组所喜好的底物,所以质粒能容易整合到与质粒两端同源的染色体序列中。因此,携带标记基因(*URA3*)的质粒和感兴趣的基因(*YFG*)通过在质粒A处或B处切开可分别定向整合入相应基因中。若将在B处切开的质粒整合入含有*ura*突变(标有*号)的酵母菌株中,转化子可用缺乏尿嘧啶的培养基筛选,注意图中目的基因经过复制,质粒能全部整合入酵母染色体中。通常情况下,遗传信息在目标位点不会丢失。这种简单的整合导致目的基因和质粒的插入序列的复制。包括标记基因的质粒序列可用来追踪遗传杂交中的整合位点。这种方法有时用于克隆基因的遗传作图。

用一失活的或修饰过的基因精确地替代自然基因称作基因置换(transplacement),它涉及一个稍微复杂一点的过程,包含两个紧密联系的同源重组事件(图9-14)。

非常明显,用失活的或修饰过的基因取代染色体中的基因与简单的整合相比要复杂得多,因为前者要经过两次重组。为了使染色体*YFG*基因失活,需把质粒

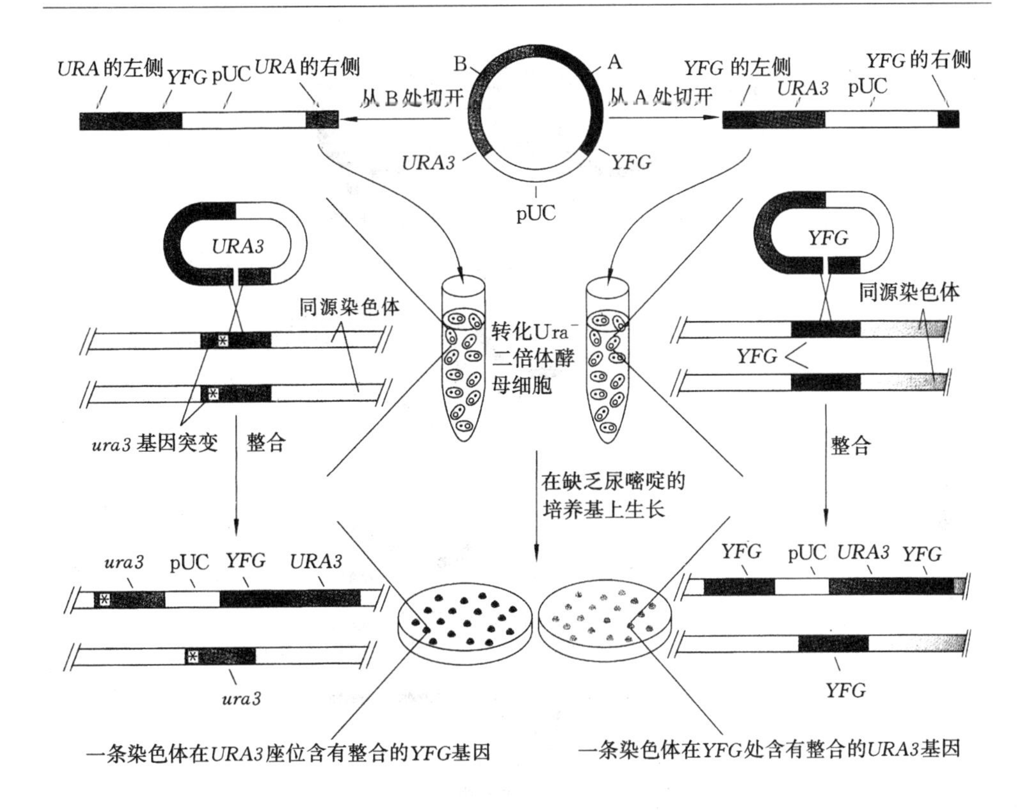

图 9-13　通过同源重组进行基因定向

上携带的 *YFG* 基因的一个限制性片段除去,并用标记基因 *URA3* 取代。这种插入毁坏了 *YFG* 基因的编码序列,通常会使此基因的功能完全破坏。从这种新质粒上分离毁坏了的 *YFG* 序列,将此片段(而非整个质粒)转化进含有 *ura3* 突变的酵母菌株中。欲转化的片段分别在染色体 *YFG* 基因的两端通过两次重组,即可用经过基因工程改造过的基因取代染色体上的基因。虽然转化效率较低,但却是切实可行的。整合子可通过在缺乏尿嘧啶的培养基上生长来筛选,整合片段的结构可通过酵母 DNA 的 Southern 印迹分析来确定。注意这种方法与前面讨论的简单整合的不同点:染色体序列是被取代而不是简单地被复制。当在二倍体菌株中进行这种操作时,只是对 *YFG* 两个等位基因中的一个进行了剔除。为了检测剔除一个野生型等位基因的效果,需使二倍体细胞出芽产生单倍体孢子来进行。

在最极端的基因置换中,可用一完全失活的基因取代自然基因。通过这种称作基因敲除(gene knockout)的基因替代操作,研究人员通过观察基因敲除后酵母能否正常生长来确定这一基因的功能。如果某一基因对酵母生长是必需的,基因

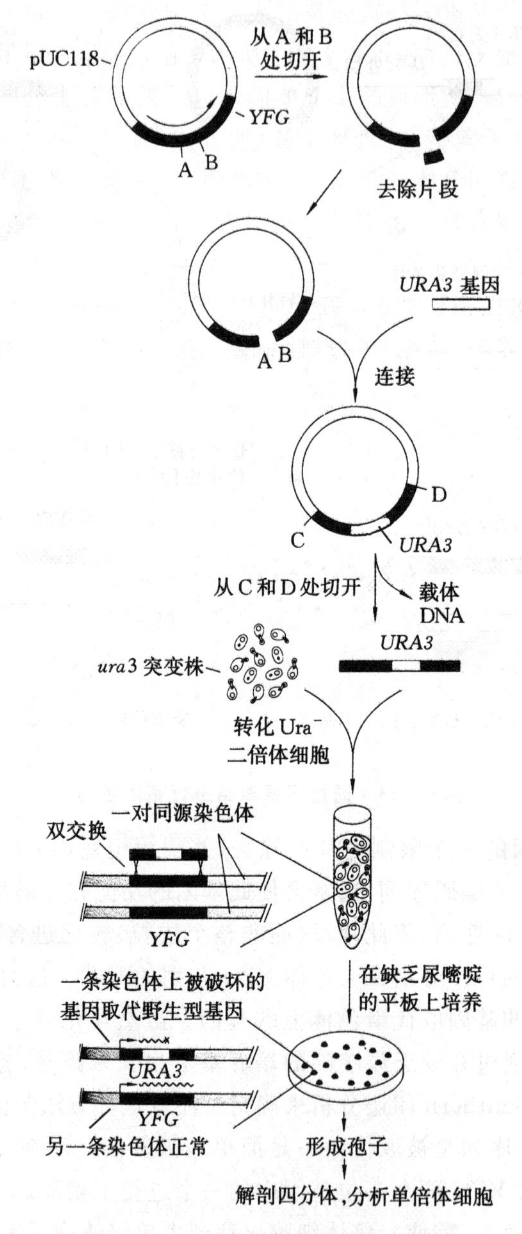

图 9-14　通过置换取代染色体基因

敲除对单倍体细胞的生长有致命的影响。因此,通常对二倍体酵母实施基因敲除。如果一个基因被破坏,由于野生型基因拷贝的存在,酵母仍然能够存活。对所产生的二倍体实施诱导，使其进入减数分裂形成 4 个子代孢子。如果敲除的基因是致命的，那么将有一半孢子死亡，如图 9－15 所示。通过氮素饥饿诱导二倍体细胞形成孢子并进行减数分裂，所形成的 4 个单倍体孢子被紧密地包裹在一种称作子囊的结构里。用酶消化子囊壁，并将孢子簇（四分体）置于平板上，利用显微操作器（micromanipulator）将四分体分割成 4 个单个孢子，使每一孢子出芽并形成菌落。在 4 种孢子中，两种携带野生型等位基因（*YFG*），另两种携带被 *URA3* 基因整合后（*YFG*∷*URA3*）破坏了的 *YFG* 等位基因。如果被敲除的基因对细胞的生长是必需的，每个子囊的 4 个孢子中只有两个（携带 *YFG* 等位基因）能长成菌落，且它们不能在缺乏尿嘧啶的培养基上生长（因为 *URA3* 基因仅存在于被敲除的等位基因上）。

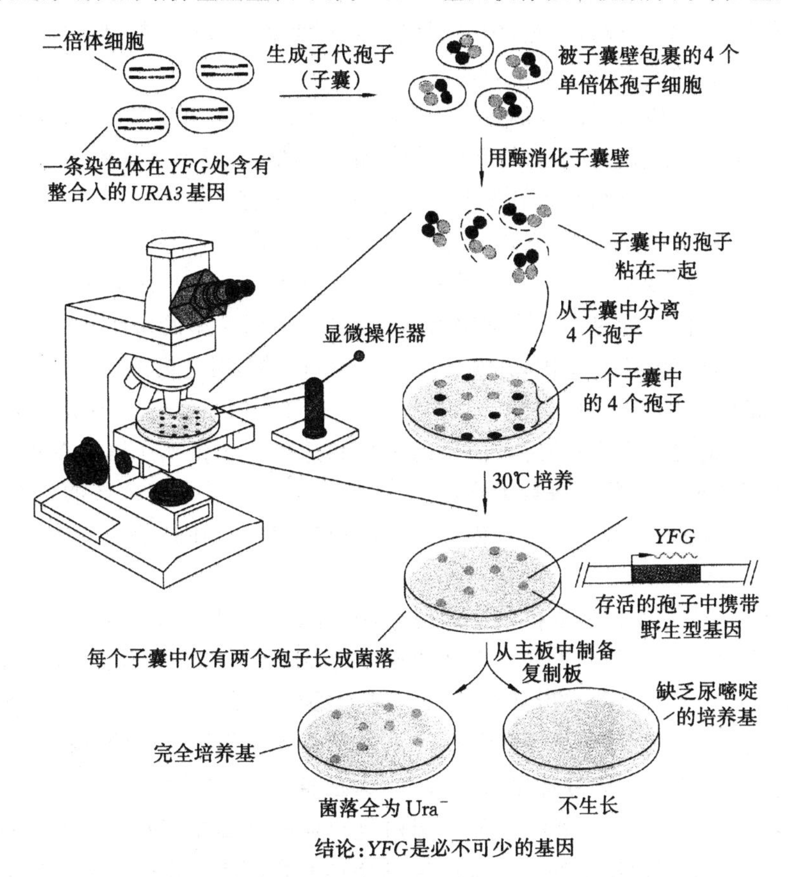

图 9－15　四分体分析：二倍体细胞形成孢子使野生型和突变型等位基因分离

9.2.2 用酵母研究高等生物基因的信号通路

有性周期(即通过单倍体细胞接合形成二倍体)这种特性在酵母突变遗传分析中有一定的实用价值,但接合过程本身所形成的能育领域就很有研究价值,因为它涉及所有高等真核生物一般的调控过程。酵母细胞可以两种单倍体接合型存在,叫做 a 型和 α 型,a 型和 α 型接合产生二倍体。接合过程伴随着外激素(由两种单倍体各自分泌的小分子多肽激素)的释放。单倍体细胞一旦接收到这种外激素信号,就会触发一系列准备细胞接合的事件发生,包括细胞形态改变、接合所需要的基因的活化、细胞生长停滞使得接合能够进行。外激素是如何引发这些事件的发生,引起了生物学家的极大兴趣,因为相似的信号调控控制着比酵母更加复杂的多细胞生物发育和功能发挥的多个方面。

利用简单的遗传选择已经确定出了这种信号途径中的组成成分。如果 a 细胞在含有 α 因子(由 α 细胞产生的外激素)的培养基上培养,这时 a 细胞停止生长,因为它们在等待接合,因此,在含有 α 因子的平板上 a 细胞不会形成菌落。对选择出的 a 细胞突变株的研究表明,它在含有 α 因子的培养基中并不停止生长,因而能形成菌落。从这种突变中分离出了一系列基因,称作 *STE* 基因,因为突变体是不育的(不能发生接合)。通过与接合缺陷型的互补(可利用简单的影印平板方法来完成)克隆到了野生型 *STE* 基因,并对其进行了序列分析,对它们的功能也有了大概的了解。如 *STE2* 基因编码与哺乳动物细胞激素受体相类似的一种蛋白质,表明这种蛋白质可能是 α 因子的受体,后来的生化和遗传实验证实了这种推测。对其他 *STE* 基因编码的产物也进行了确定,包括参与 a 细胞外激素生产的酶类、蛋白激酶、在其他生物体内调节信号过程的关键性调控酶以及在其他系统中起调控开关作用的 G 蛋白亚基。

根据克隆 *STE* 基因所提供的序列信息,提出了外激素信号传导途径的初步观点,如图 9-16 所示。外激素通过高度特异性的细胞受体蛋白起作用,这些蛋白质分别由 a 细胞和 α 细胞的 *STE2* 和 *STE3* 基因编码。受体又通过 *GPA1*、*STE4*、*STE18* 基因编码的由 3 个亚基组成的 G 蛋白复合体起作用。遗传分析表明,β 和 γ 复合体蛋白促进这种信号传导,而 GPA1 蛋白抑制这一过程。*STE5*、*STE7* 和 *STE11* 这 3 个基因编码的蛋白质在 G 蛋白复合体的下游发挥作用。目前尚不清楚,究竟是这 3 个蛋白质中的一个直接与 G 蛋白复合体相互作用还是应答于 G 蛋白复合体的激活而产生 1 个小分子(第二信使)来激活这 3 种蛋白质。*STE7* 和 *STE11* 编码蛋白激酶,而 *STE5* 基因的产品还不清楚。*STE5*、*STE7* 和 *STE11* 编码的蛋白质作用于 *STE12* 编码的转录因子。转录因子对于外激素信号的应答

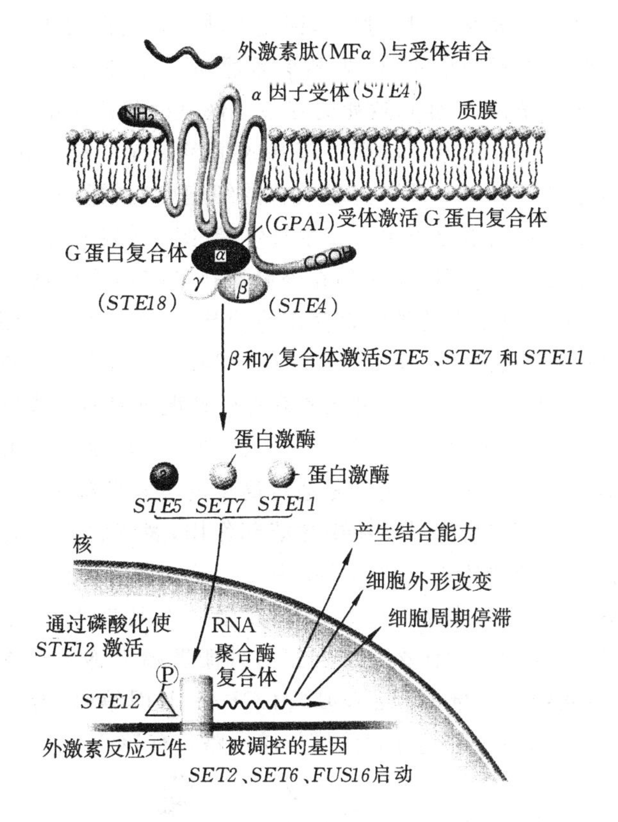

图 9-16　外激素信号传导途径

反应为活性增加，其结果是这些基因激活，这是酵母细胞接合所需要的。酵母菌的这种信号传导途径与高等生物有很多相似之处。遗传和生化实验提供了关于这些基因的功能以及途径中作用的次序方面的更多信息。例如，对 *STE12* 蛋白的生化研究表明，它是一种 DNA 结合蛋白，具有转录因子的作用，在接收到外激素的信号后将基因打开。下面的试验与这一假说相一致：将 *STE12* 基因装载于高拷贝的 2μm DNA 质粒上进行高表达，能部分弥补信号传递途径中早期功能基因突变体(包括受体突变)的接合缺陷。

通过遗传分析也进一步明确了 G 蛋白复合体是如何控制信号传递途径的。G 蛋白复合体通常含有 3 个亚基——α、β 和 γ。已鉴定出了分别编码 β 和 γ 亚基的 *STE4* 和 *STE18* 基因，因为这两种基因的突变使细胞抗 α 因子，且产生不育。由此可知，这两种基因的产物一定是信号传递途径中的活化子。相反，编码 α 亚基的基因在最初的 α 因子抗性筛选中未被发现，这是因为 α 亚基抑制信号传递，因而突变体的出现使信号传递通路总是畅通的,即便在缺乏外激素的情况下,细胞的生长也处于停滞状态。正像预料的那样,阻断信号通路下游(使 *STE4*、*STE5*、*STE7*、*STE11*、*STE12* 或 *STE18* 突变),致死突变型可恢复生长。用哺乳动物 G 蛋白基因探针通过非严格杂交克隆到了编码 α 亚基的基因。有一实验室利用遗传途径,筛选出了携带酵母基因能使对外激素超敏感的细胞突变回复的质粒,这种突变细胞在极少量外激素存在的情况下也可使生长停滞(图 9-17)。酵母中有一种突变体对外激素超敏感(*sst*),这可能是一种在外激素存在时适应或恢复的缺陷。即使是在低浓度、对正常细胞无碍的外激素存在的情况下,这种细胞也能停止生长。为了克隆能纠正这种缺陷的基因,用建立在多拷贝2μm DNA质粒中的酵母基因文库转化 *sst* 细胞,并选择在较低 α 因子外激素存在的情况下具有生长能力的细胞。分离出两种质粒,一种携带野生型 *SST2* 基因。这种基因片段也能纠正存在于低拷贝 CEN 质粒的同种缺陷,这是因为它是通过简单的互补菌株中的 *sst* 突变来发挥作用的。另一种基因只在高拷贝质粒中才能起作用,表明它是在信号传导途径的其他地方通过抑制突变体的表现来发挥作用。这种基因叫做 *SGG1*,与 *GPA1* 基因完全一样,编码外激素信号传导途径中的 G 蛋白。现在已经知道,这种蛋白抑制外激素信号传导,这就是为什么它能回复对外激素超敏感突变体的原因。在多拷贝的2μm DNA质粒上过量表达 α 亚基(由 *GPA1* 基因编码)能够使这种超敏感细胞回复,因为 α 亚基的作用是抑制信号传递通路。有趣的是用低拷贝的 CEN 质

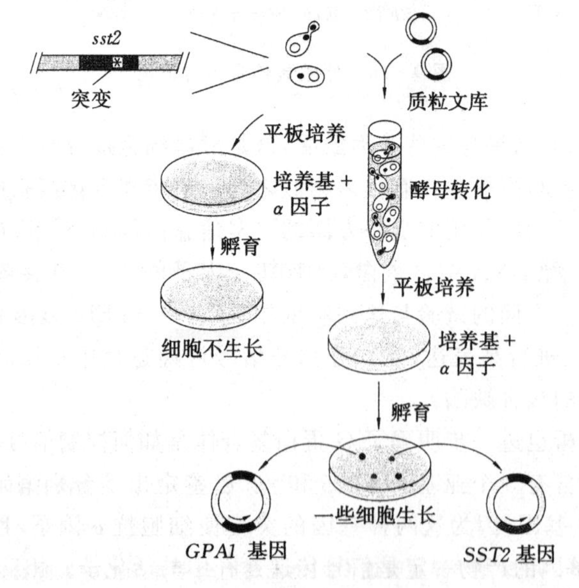

图 9-17 *GPA1* 基因的克隆

粒表达这一基因却毫无效果。用互补方法容易克隆酵母基因，同时还能调节基因表达的高低，这两方面对将信号调控途径进行分解是非常有效的。

9.2.3　用酵母研究真核细胞核内小分子 RNA U2 的功能

生化数据表明，在真核细胞初级转录本内含子剪切过程中，内含子序列与 U2 核内小 RNA 间有严格的碱基配对作用。为了检验在细胞内是否确实存在所提出的相互作用，于是便设计了一个遗传实验（图 9－18）。首先对酵母组氨酸生物合成基因 *HIS4* 进行了加工，使得它的表达需要剪切一个内含子。将这个修饰过的基因整合到 *HIS4* 缺陷型酵母基因组中，只要这种细胞能够将内含子剪切掉，它们就能在缺乏组氨酸的培养基上生长。其次，对该基因进一步加工，替换内含子序列

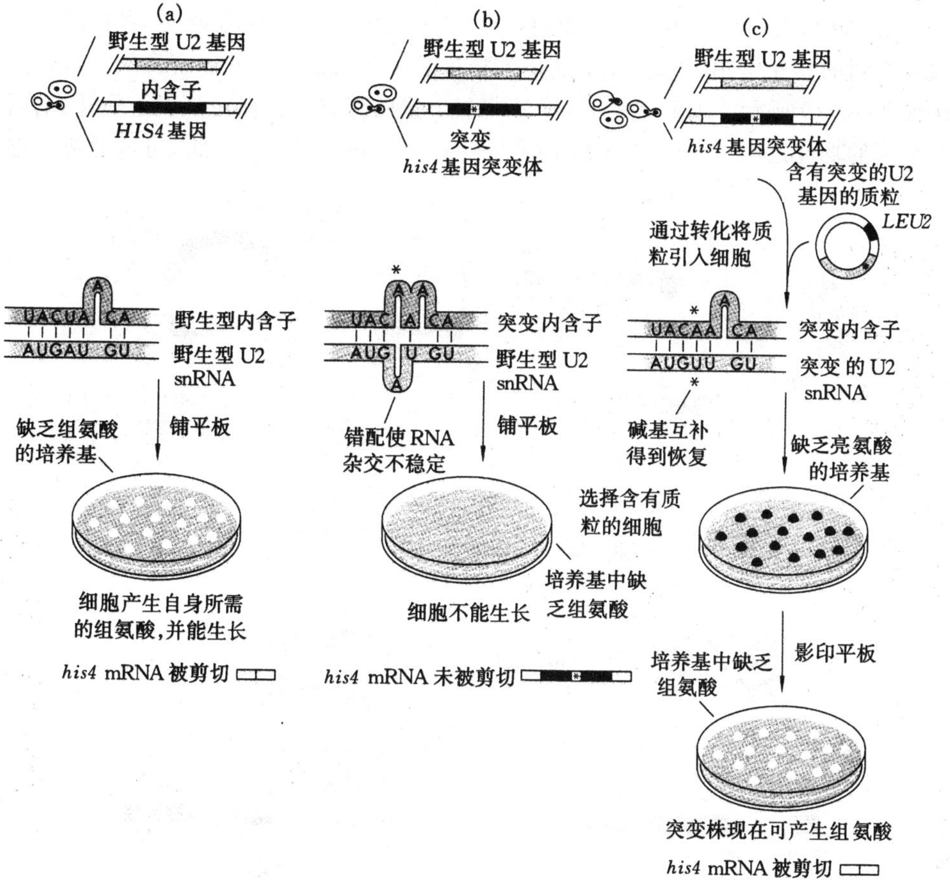

图 9－18　用遗传学实验验证 U2 RNA 与内含子序列的碱基配对作用

(a)野生型菌株(菌株 A)；(b)突变株(菌株 B)；(c)突变株(菌株 B)

上一个能被 U2 RNA 识别的核苷酸。由于这种突变体的 RNA 不能被剪切,因而携带这种基因的细胞不能在缺乏组氨酸的平板上生长。为了证明 U2 RNA 是否能够识别内含子序列,构建了一个 U2 基因的突变体。此突变体含有一个单个碱基替换,恰好能与在内含子序列上含有单个碱基替换的突变体形成严格的碱基配对作用。把 U2 基因突变体加入到携带内含子突变的菌株中在缺乏组氨酸的培养基中培养,结果内含子的剪切作用恢复,酵母也能在培养基上生长。对几种不同组合的内含子和 U2 突变体检验表明,只有正确的碱基配对才能保证 *HIS*4 基因的表达。因此,U2 RNA 对内含子的识别一定是直接的。

9.2.4　用酵母研究真核细胞蛋白质-蛋白质相互作用

实践中,人们设计出了一个更有广泛意义的方法,即酵母双杂交,直接研究蛋白质之间的相互作用,在此之前,这是生物化学家研究蛋白质的独有领域。这种方法如图 9-19 所示。人们观察到,酵母 *GAL4* 蛋白像许多其他转录因子一样,由两个独立的功能区组成,即 DNA 激活区和转录复活体激活区。因此,通过把两种感

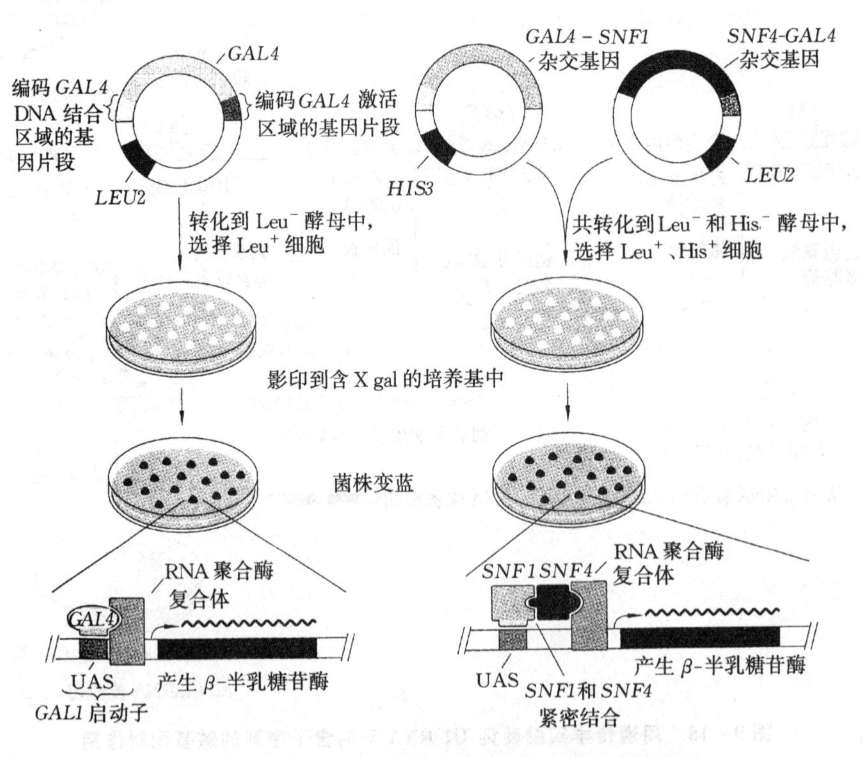

图 9-19　验证蛋白质与蛋白质相互作用的遗传学方法

兴趣的蛋白质中的一个与 *GAL4* DNA 结合区融合，另一个与激活区融合，可检验这两种蛋白质是否在细胞中发挥相互作用。如果这两种蛋白质在细胞内具有相互作用，那么 *GAL4* 就会装配成一个具有活性的类似于转录因子的结合蛋白，在它的激活作用下，*GAL1* 启动子打开。若将 *lacZ* 报告基因置于 *GAL1* 启动子的控制下，通过直接测定 β-半乳糖苷酶的活力或利用培养基中加有 X gal 的方法可检测到起相互作用的另一种蛋白质。这种方法可用来寻找已知蛋白质的结合蛋白。将已知蛋白的编码序列与 *GAL4* DNA 结合区的编码序列相融合，将基因文库或 cDNA文库中的基因插入到编码 *GAL4* 激活区的编码序列中，通过观察 *lacZ* 基因的启动就可筛选到与已知蛋白起协同作用的蛋白。

思考题

1. 用作酵母细胞的载体有哪些？各有什么用途？
2. 如何利用互补法克隆酵母基因？
3. 举例说明酵母在研究真核生物功能方面的应用。
4. 用酵母双杂交研究蛋白质-蛋白质相互作用的原理是什么？

第10章 转基因植物

内容提要:植物细胞的全能性为植株再生奠定了基础,而接受了外源基因的植物细胞通过植株再生可成为转基因植物。土壤农癌杆菌中的Ti质粒是植物基因转移中最常用的载体。基因枪和其他基因转移方法在构建转基因植物方面也有一定的作用。抗病害、抗虫、抗除草剂转基因植物是植物基因工程中的突出成果。

通过上百年的实践,植物育种者对植物的遗传操作获得了巨大的成功。植物育种已成为应用遗传学的一个非常重要的分支。育种专家通过植物杂交在近交系中引入和保持所需性状(这方面已经建立了完善的技术),使得作物(像玉米和小麦)产量在过去70年间持续增加。然而,传统的植物育种方法速度慢,且具不确定性。要引入一个或一套所需基因,传统的方法需要两系间的有性杂交,然后进行杂种后代与一亲本间的重复回交,直到植物获得所需性状。但这种方法只适宜于能够进行有性杂交的植物,且除所需基因外,其他基因也会随之被引入到所培育植物的基因组当中。

重组DNA技术的出现突破了上述限制。植物遗传专家可将所需性状的基因(如抗虫害基因)克隆,并将此类基因引入到有价值的植物品种当中。这种过程不需有性杂交,且由于转基因植物表达的基因可以直接选择,使得整个过程快速而有效。植物有很多特有的生物学性状可通过DNA重组技术加以应用。这些特性包括植物的生长模式,亦即光合作用,植物用此挑战自己难以逃脱的、不断变化的外部环境。这一章将讨论植物遗传操作的基本技术,特别是在农业上非常重要的植物的遗传操作。

10.1 植株再生

10.1.1 植物在遗传工程方面的优缺点

植物在遗传工程方面具有优点,但也有不足之处。植物育种的长久历史意味

本章部分插图引自J. D. Watson等人所著 *Recombinant DNA*。

着植物遗传学家拥有在分子水平上可加以利用的大量植物品种，这些品种携带有遗传上各具特点的突变。由于许多植物可自体受精，使其特别适合于遗传操作。当一具有某一突变的植物杂合子自体受精时，谱系中就包含了野生型植株、杂合型植株和含有突变的纯合型植株，这样突变就保留了下来。此外，植物可产生大量的后代，稀有突变体和重组体就得以保留。有些植物的遗传操作特别精确，这是因为许多年来科学家都在致力于研究转座因子(transposable element)，它们可用作载体或作为插入诱变剂。植物遗传学家还可利用植物的再生能力。后面将要谈到，植物的遗传操作还可通过细胞培养，可由单个细胞再生成一个完整的植株。植物细胞的这种相对可移动性对实验遗传学是非常重要的，它使人们容易观察到细胞的克隆。

虽然植物是非常吸引人的研究主题，但它仍具有一些不足。对分子遗传学家来说，不足之一是许多植物是多倍体，因而具有庞大的基因组。许多植物属中都有多倍体种存在。三分之二的草本植物是多倍体。有的属中的植物种的染色体数目从 24 个至 144 个。组织培养的植物细胞由于多倍体的原因可能会引起体细胞克隆变异(somaclonal variation)现象。换句话说，单细胞再生的植株在遗传上并非纯合体，因为在组织培养中生长的植物细胞遗传上似乎是不稳定的，这在基因转移实验中是非常严重的问题。最后一个不足发生在农业生产上占据非常重要地位的植物诸如玉米、水稻和小麦上。这些都是单子叶植物，而应用在双子叶植物上非常有效的 DNA 载体系统对它们的应用却非常困难。在后续部分将提到，为了克服这一障碍发明的一些新方法。

10.1.2　原生质体再生植株

对遗传学家来讲，植物所具有一个非常有用的奇特现象是单个细胞可再生成一个完整的植株(但是请记住，这种技术的应用价值因体细胞克隆变异将受到限制)。当植物受到机械损伤时，在损伤处将长出一片软细胞称作愈伤组织(callus)。若将一片幼嫩的愈伤组织取下并放置于含有适当营养成分和植物激素的培养基中培养，细胞将继续生长和分化成为悬浮培养物(悬浮在液体培养基中，含有单个细胞或小细胞团的培养物)。这些细胞取出后置于平板上，将形成新的愈伤组织。有时需要用其他细胞作为保育培养(nurse culture)，相似于用作哺乳类细胞培养中的细胞滋养层。然后愈伤组织会分化出根和茎，最后生长成一个完整的开花植株。研究表明愈伤组织细胞的分化依赖于植物激素(phytohormones)——生长素(auxins)和细胞分裂素(cytokinins)的相对含量。当生长素与细胞分裂素的比值高时，植物的根发育；而当此比值低时，茎开始发育。

这些细胞不易吸收外来 DNA，因为像所有植物细胞一样，细胞被纤维素壁所包围。然而，这种纤维素壁可用真菌纤维素酶除去，所获得的原生质体仅被一层原生质膜所包围,更加适合于实验操作。原生质体能够吸收像 DNA 这样的大分子,且能通过愈伤组织的形成再生为完整植株。如图 10-1 所示,叶细胞的特点是胞质中含有很多叶绿体,一个大液泡和一个细胞核。可通过将植物组织碎片孵育在含有纤维素

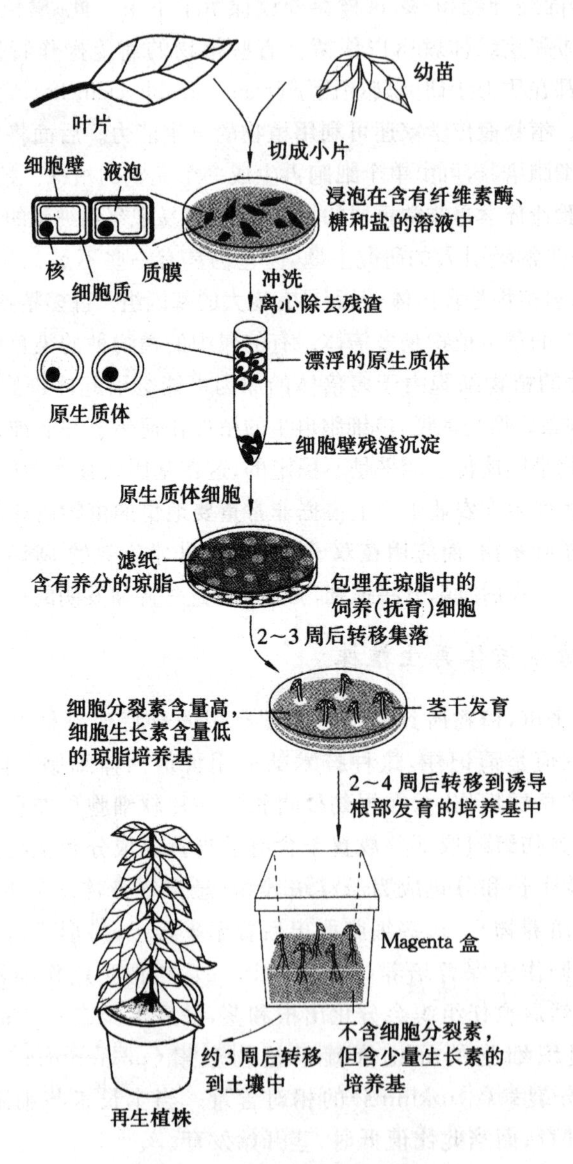

图 10-1　植株的原生质体再生

酶的溶液中去除掉包围质膜的坚硬纤维素细胞壁。溶液中加入糖和盐以保持渗透平衡和防止原生质体裂解。当细胞残渣被除去后,将原生质体置于覆盖一层饲养细胞的滤纸上。细胞不能透过滤纸,但生长因子和抚育细胞产生的其他分子却能扩散入原生质体,原生质体分裂、生长成小集落。对绝大多数植物细胞来讲,抚育细胞饲养层是不需要的。把小集落小心地转移到细胞分裂素含量高,细胞生长素含量低的培养基中,2～4 周后出现茎干。然后将培养细胞转移到一个叫做 Magenta 盒子的容器内,它里面装有不含细胞分裂素但含少量生长素的诱导根生长的培养基。当根长出后,将小植株转移到土壤中,在土壤中这些小植株发育成再生植株。

对许多植物物种来说,虽然通过形成原生质体发育成完整植株非常成功,但像谷类这样在农业生产上非常重要的植物却难以通过原生质体再生。现已有玉米和水稻通过胚胎细胞培养物获得的遗传工程原生质体生长成植株的报道。即培养物中含有来自于植物胚胎的细胞。植物胚胎在体外生长已有上百年时间,是培养细胞非常重要的来源。现在玉米和水稻也能够通过悬浮培养胚胎,进而获得可繁殖的玉米和水稻植株。

10.1.3　叶盘再生植株

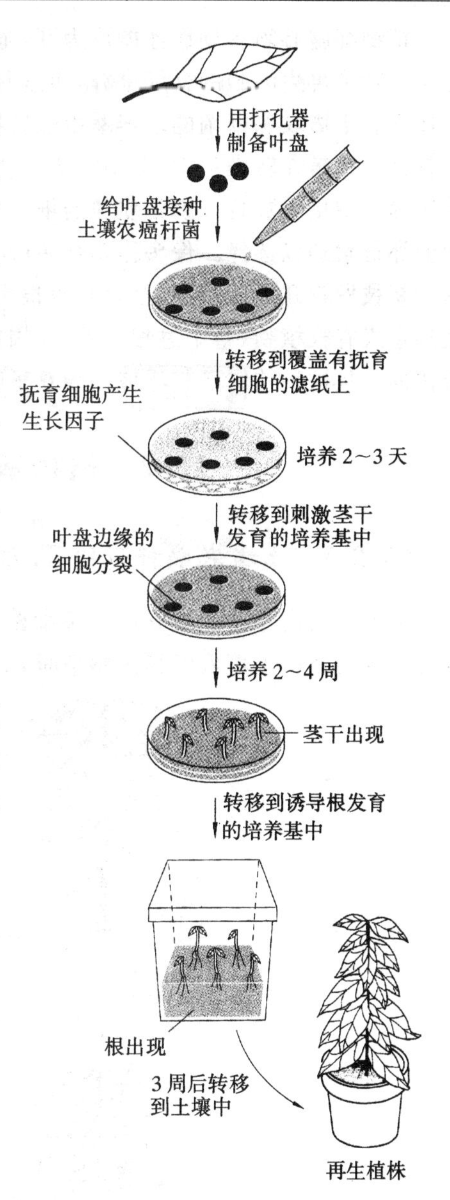

图 10－2　用土壤农癌杆菌感染叶盘的植株再生

由原生质体长成一个完整的植株并非易事,即便是最适合操作的植物种亦是如此。一种简单但又重要的改进来自于叶盘技术的发明(图 10－2)。这种技术之所以重要是因为它可与一个将基因转移入植物中的最有效的系统相结合使用。这个系统就是土壤农癌杆菌(*Agrobacterium tumefaciens*)携带的 Ti 质粒。

植物细胞必须有创伤才能成为 Ti 基因转移的靶组织,根、茎碎片都曾作为靶组织。叶是再生细胞的良好来源,而这些细胞来自叶片切割的小圆盘。当这些叶盘在含有土壤农癌杆菌的培养基中短暂培养后,叶盘边缘的细胞开始再生,这些细胞就充分暴露在转染剂中(图 10-2)。然后将叶盘转移至含有刺激茎枝发育的营养培养基中培养数日。携带质粒的细胞通过刺激茎枝发育培养基中的适宜抗生素如卡那霉素加以选择。像头孢氨噻肟(cefotaxime)类的抗生素可杀死土壤农癌杆菌。茎枝发育几周后,可移至含刺激根生长的培养基中诱发根的形成。从切割叶盘到生成有根植物,整个过程需 4～7 周时间,这个过程与原生质体培养物相比是极快的。且这种技术已广泛应用于双子叶植物,现已成为常规技术。

10.2　植物基因转移的途径

10.2.1　土壤农癌杆菌的 Ti 质粒引起冠瘿瘤

冠瘿瘤是由一些土壤农癌杆菌细菌在感染部位形成的植物肿瘤(图 10-3)。当受伤的植物被土壤农癌杆菌感染时,土壤农癌杆菌并不进入植物细胞,而是把一

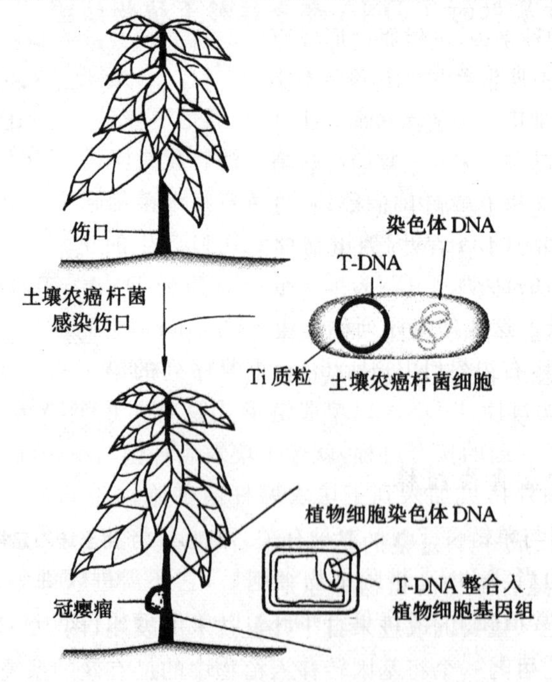

图 10-3　土壤农癌杆菌引起植物产生冠瘿瘤

种环状染色体肿瘤诱导质粒(Ti)中的 T-DNA 片段转移入细胞。来自天然 Ti 质粒内的基因表达,其表达产物刺激细胞无休止分裂。由快速分裂细胞形成的结构叫做冠瘿瘤。冠瘿瘤细胞可获得独立、非调节生长特性。培养时,这些细胞可在正常细胞无法生长的缺乏植物激素的培养基中生长。这些细胞甚至能够在缺乏土壤农癌杆菌的情形下保持这种表型。土壤农癌杆菌中的肿瘤诱导剂是一种质粒,它能将自身的部分 DNA 整合到寄生宿主植物的染色体当中。Ti 质粒 200 kb 左右,是一种大型环状双股螺旋 DNA 分子。它像其他细菌质粒一样,在土壤农癌杆菌细胞内有独立的复制遗传单位。Ti 质粒之所以能保持在土壤农癌杆菌细胞内,是因为质粒 DNA 中称作 T-DNA 的部分携带一种编码含有独特氨基酸的冠瘿碱的基因。被感染的植物细胞通过诱导合成这些氨基酸,但植物不能利用它们。而 Ti 质粒携带有编码能降解冠瘿碱的酶的基因,因此,冠瘿碱可用作土壤农癌杆菌的营养物。植物代谢的这种颠倒提供了土壤农癌杆菌的选择优势。T-DNA 上的第二套基因引起植物细胞的非调节生长。其中的两个基因 *iaaM* 和 *iaaH* 编码导致生长素产生的酶。第三个基因是 *iptZ*,编码一种产生第二类植物激素的酶。这两种激素引起感染植物细胞分裂,同时也影响相邻细胞。

10.2.2　Ti 质粒的 T-DNA 部分转移至植物细胞

3 种成分与 Ti 质粒肿瘤诱导有关(图 10 - 4)。一是 T-DNA,它可转移至宿主细胞,是一种可移动因子。此外,位于 Ti 质粒其他区域的 *vir* 基因(virulence 的缩写)可产生转移活动蛋白,它对增强植物细胞的转化是必需的。第三套基因间接参与转化,它们位于土壤农癌杆菌染色体上,负责将细菌细胞接合于植物上。

土壤农癌杆菌中的 *vir* 基因被植物细胞伤口产生的化学物质所开启(图 10 - 4)。紧随 *vir* 基因的活动,T-DNA 因子脱离开质粒 DNA。T-DNA 两侧的 Ti 质粒序列各 25 bp 长。这些傍侧序列称作边界(border),它们参与 T-DNA 序列的切割。切割分作两步,右边界(RB)从 25 bp 重复序列的第三和第四碱基处切开,左边界(LB)的另一切口使 T-DNA 以单股链形式脱离。T-DNA 从细菌细胞到植物细胞的转移类似于细菌的接合过程,就像土壤农癌杆菌与植物细胞的交配。将 *vir* 基因之一的一份额外拷贝加入到土壤农癌杆菌细胞内将导致 T-DNA 产量的增加。其他 *vir* 基因与单链 T-DNA 本身有关,可能参与其转移过程。然而,这并非过程的全部。因为当 T-DNA 进入植物细胞后,它还需进入细胞核并整合入植物细胞的 DNA。通常情况下,多拷贝 T-DNA 以单个随机位点整合入植物染色体,但对其机制却知之甚少。

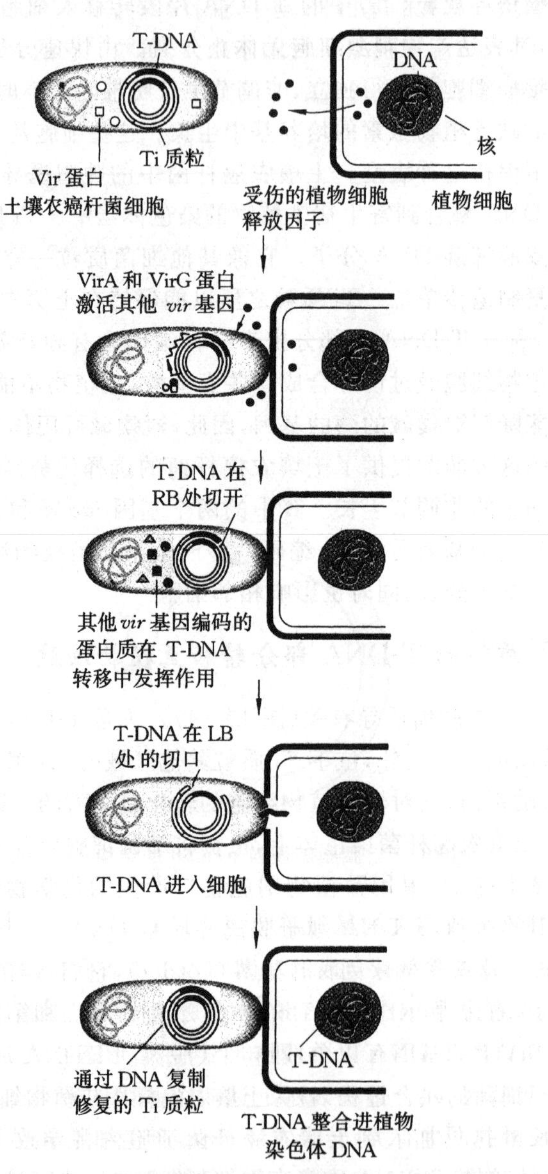

图 10-4　土壤农癌杆菌的 T-DNA 转移入植物细胞

10.2.3　T-DNA 经过改造后作为基因工程载体

Ti 质粒与植物冠瘿瘤的产生有关,它的大小范围在 140 kb 至 235 kb 之间。

Ti 质粒上除与肿瘤生长有关的基因外，还携带有 *vir* 基因以及与冠瘿碱合成和利用有关的基因。图 10－5 显示的是一种胭脂碱 Ti 质粒。它的大小为 210 kb，左边界和右边界为顺向重复序列，25 个碱基中仅有星号所示的 4 个碱基不同。

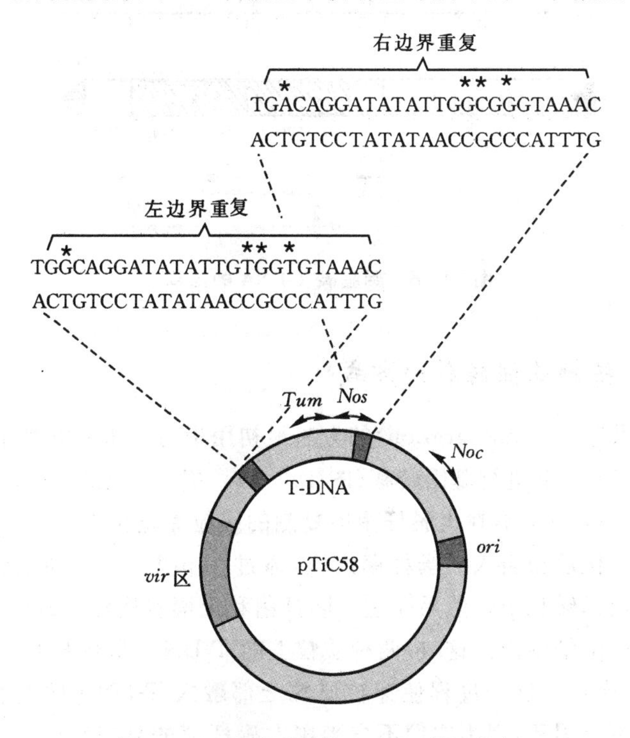

图 10－5　胭脂碱质粒 pTiC58 的结构 *

Ti 质粒上与肿瘤形成有关的区域称为 T-DNA。T-DNA 约 15～30 kb，它的序列中同时携带胭脂碱或章鱼碱合成的基因。当土壤农癌杆菌感染植物愈伤组织时，T-DNA 可整合入植物基因组。整合的位点是随机的。胭脂碱 T-DNA 的结构如图 10－6。T-DNA 上的基因有 4 个，即 3 个与肿瘤形态有关的基因 *tms*、*tmr* 和 *tml*，1 个胭脂碱合酶基因 *nos*。箭头表示上述 4 个基因的转录图谱。转录本 1、转录本 2(*tms*)与生长素的产生有关，转录本 4(*tmr*)产生细胞分裂素，转录本 3 编码胭脂碱合酶，转录本 5、转录本 6 编码的产物抑制细胞的分化。

Ti 质粒太大，不适宜于直接作为植物基因转移的载体。现在所构建的载体都

* Snustad D P, Simmons M J. Principles of genetics[M]. 2nd ed. New York: John Wiley & Sons, 2000:607.

比较小,适宜在体外进行操作。这些质粒并不含有 Ti 质粒介质所需要的全部基因,因而需要与其他质粒接合,才能使克隆的基因整合入植物细胞的基因组中。

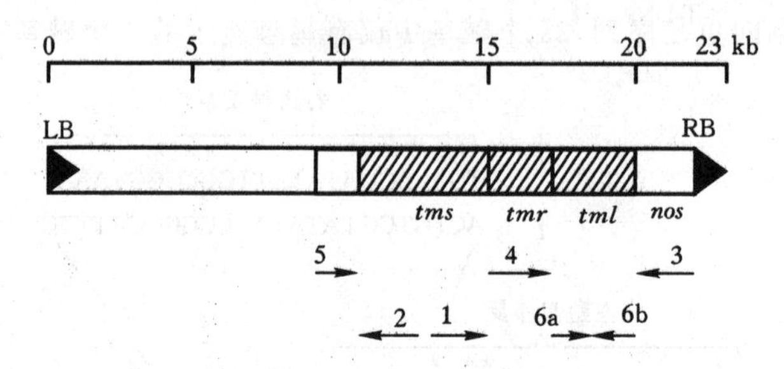

图 10-6　胭脂碱 T-DNA 的结构 *

10.2.4　植物基因转移的方式

一种称作共整合(cointegration)的方法最初用来与土壤农癌杆菌系统中的 Ti 质粒上的 T-DNA 一起进行基因转移(图 10-7)。把一个克隆的基因首先插入到含有 T-DNA 片段、且能够在大肠杆菌中复制的质粒克隆位点上,再引入到植物细胞。将一中间穿梭质粒引入大肠杆菌细胞,通过在 pBR322 序列上编码的氨苄青霉素抗性基因选择转化子。然后通过大肠杆菌和土壤农癌杆菌的交配将此质粒转移到土壤农癌杆菌细胞内。这时,两种质粒上的 T-DNA 序列发生同源重组,穿梭质粒整合入 Ti 质粒。这一过程使穿梭质粒全部融入 T-DNA 的左右边界内。没有整合的质粒不会累积,因为它们不含土壤农癌杆菌的复制起点。选择含有重组 Ti 质粒的土壤农癌杆菌,并用其感染植物细胞。吸收 T-DNA 的植物细胞通过对卡那霉素抗性(Kan^r)的植物选择性标记 NPTⅡ加以选择。这些细胞中同时含有克隆的感兴趣基因。使用这种方法是为了避免对 Ti 质粒这种大片段 DNA 的操作困难。T-DNA 首先克隆到一个标准大肠杆菌克隆载体上,随后植物基因克隆到这种载体的另一克隆位点上。这种中间体载体引入到含有完整 Ti 质粒的土壤农癌杆菌内。中间体载体与野生型 Ti 质粒在同源区发生重组,当用这种土壤农癌杆菌感染植物时,重组的质粒进入植物细胞内。在此过程中,大肠杆菌质粒称作中间载体,这是因为它变成了 Ti 质粒的一个部分。

如今 T-DNA 转移的标准方法叫作二元系统(binary system)。当研究人员认

---

* Nicholl D S T. An introduction to genetic engineering[M]. 2nd ed. Cambridge: Cambridge University Press, 2002:228.

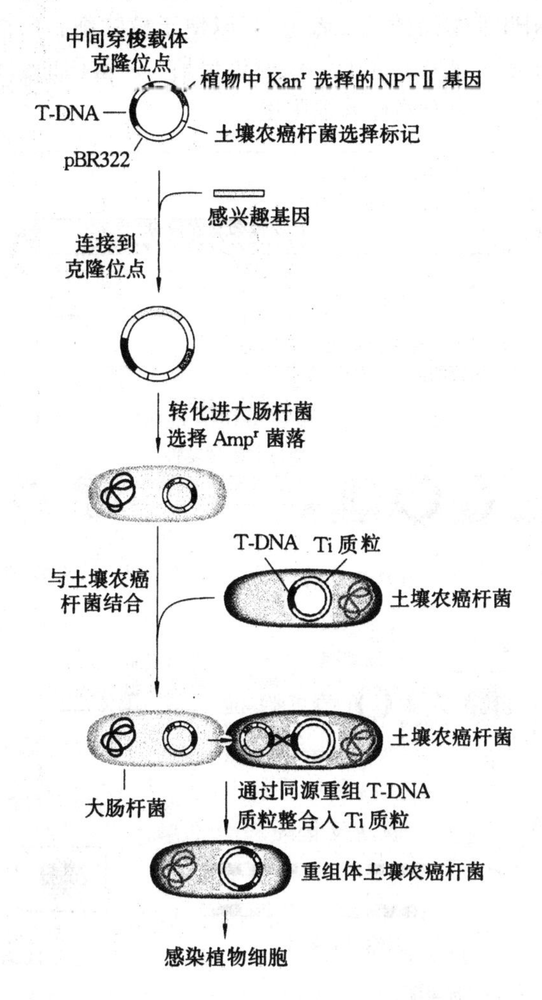

图 10－7　利用 T-DNA、Ti 质粒、土壤农癌杆菌共整合将基因转移入植物细胞

识到基因转移的必不可少的功能元件是由 T-DNA 本身和 Ti 质粒分别提供的，这两种组分可分别装载在两个载体上时，这种方法便产生了出来。这种二元载体含有 T-DNA 切割和整合所必需的25 bp边界序列。T-DNA 上的植物激素基因可去掉，以便为所要转进植物细胞的外来 DNA 的插入留下空间。同时，除去植物激素基因也可防止受体细胞的非控制生长。其他不可缺少的基因为 Ti 质粒上的 *vir* 基因，这些基因若装载在另一质粒（称作辅助质粒）上，则可起到反式作用。二元系统如图 10－8 所示。将二元载体的 T-DNA 区域缺失，仅保留左边界（LB）和右边界(RB)序列,把 NPTⅡ基因插入二者中间,以便于植物细胞的选择。二元载体系统的其他协助成分是一缺失了 T-DNA,但仍保留 *vir* 基因的修饰过的辅助 Ti 质粒。这一质粒保持在土壤农癌杆菌细胞里。

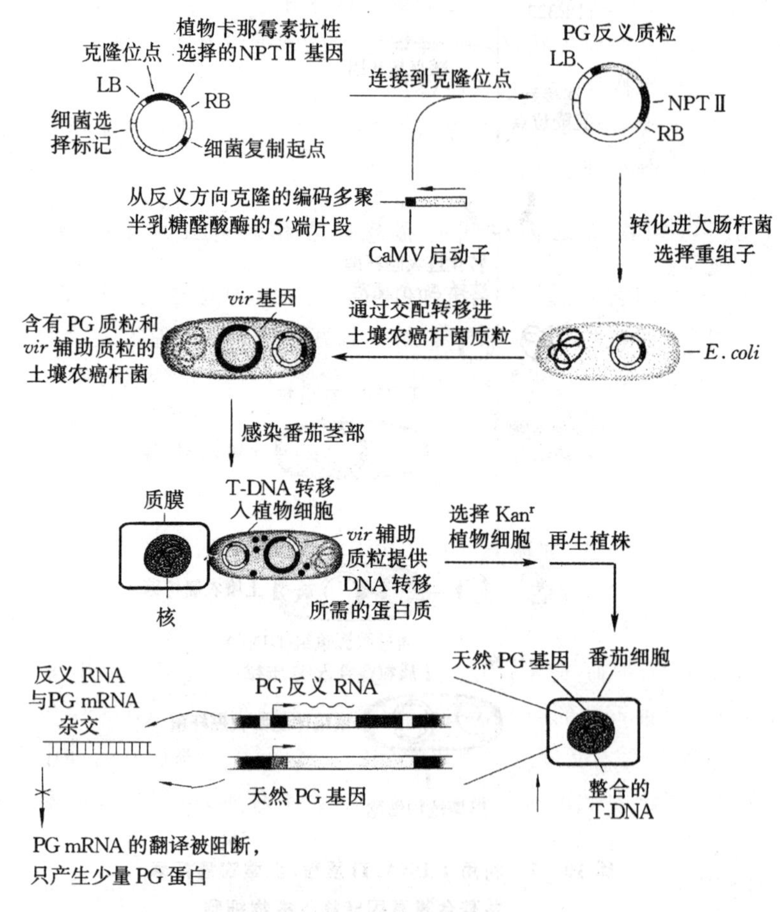

图 10-8 利用二元载体将多聚半乳糖醛酸酶的反义基因转移入蕃茄细胞

已进行了一个这样的试验,以研究多聚半乳糖醛酸酶(PG)在蕃茄擦伤中的敏感性。如果 PG 在细胞中的水平降低,可能蕃茄果实就会更硬些。将 5′端 PG cDNA片段以反义方向连接到组成型活性的花椰菜花叶病毒(CaMV)的启动子上,然后将其克隆到 T-DNA 边界处编码左边界(LB)和右边界(RB)序列中间,再将这种反义质粒转化入大肠杆菌,进而通过细胞交配将其转入含有辅助 Ti 质粒的土壤农癌杆菌细胞内。当土壤农癌杆菌被受伤的植物细胞活化时,位于二元载体 LB

和 RB 之间的 DNA 就会转移入植物细胞。染色体中整合有这种 DNA 的植物转化体可通过卡那霉素抗性加以选择，以用来再生出果实耐擦伤性蕃茄植株。以 T-DNA为基础的载体的一个非常重要的进展是具有可供选择的标记，如新霉素磷酸转移酶Ⅱ(NPTⅡ)和二氢叶酸还原酶。这些标记位于二元载体中的 25 bp 重复序列之间，因此，它们也可转移入植物细胞。载体携带有第二个选择标记，因而在大肠杆菌体内易于操作。二元载体(图 10－8)不同于整合载体(图 10－7)的方面在于二元质粒上含有将要转移入植物细胞的 DNA，这种质粒在土壤农癌杆菌细胞内作为独立的复制载体。

10.2.5　用报告基因证明转移基因在植物组织中的表达

植物分子生物学中一个非常有趣和重要的方面是植物与其环境的相互作用。植物对环境因子如光照、引力等非常敏感，这些因子可诱导基因表达的改变。可用数量方法来衡量基因表达程度；而应用组织化学方法的形态学分析可提供组织特异性数据。若将报告基因(报告启动子具有转录活性的基因)插入 T-DNA 载体中，它们在植物中的用途更加广泛。大肠杆菌 β－葡糖醛酸糖苷酶(β-glucuronidase，GUS)基因作为报告基因特别有用。这种酶类似于用于动物细胞的 β－半乳糖苷酶，不同点在于它以葡糖醛酸(glucuronides)作为底物。作为植物报告基因，它的优点在于植物自身表达的葡糖醛酸糖苷酶(GUS)量检测不出来。这种酶仅限于脊椎动物及它们体内寄生的微生物体内。当植物细胞表达的 β-GUS 孵育在葡糖醛酸(X gluc，类似于 X gal)时，蓝色将显示出来，可用组织化学方法检测出来。如果采用一种不同的底物，GUS 能用荧光计检测到。β-GUS 作为标记有一个缺点：细胞必须杀死才能进行组织化学分析。然而，一个基因在活细胞中的表达可用荧光素酶基因作为报告基因加以检测。当荧光素和 ATP 加入到表达荧光素酶的细胞中时，酶能催化荧光素的氧化反应，产生 AMP、CO_2 和光。发出的光通常用荧光计检测，表达荧光素酶的细胞也可用照相胶卷检测。例如，叶面先用碳化纸擦拭，然后浸入含有荧光素和 ATP 的缓冲液中，当将照相胶卷覆盖于叶面上时，荧光素表达细胞就会使胶卷曝光，这类似于放射性标记使 X 光片曝光。

图 10－9 显示的是一种二元载体。该质粒是用来确定编码调节功能(如组织特异性增强子)的 DNA 序列。克隆编码大肠杆菌β－葡糖醛酸糖苷酶 *gusA* 基因的邻近基因组 DNA。T-DNA LB 和 RB 间的 DNA 如图10－8所述的那样转移入植物细胞，转化的植物细胞通过NPTⅡ基因编码的卡那霉素抗性加以选择。被克隆片段的启动子活性可通过β－葡糖醛酸糖苷酶活性测定法、细胞组织化学技术或数量荧光分析加以确定，GUS 载体还用来对吸收质粒 DNA 的植物细胞进行筛选。

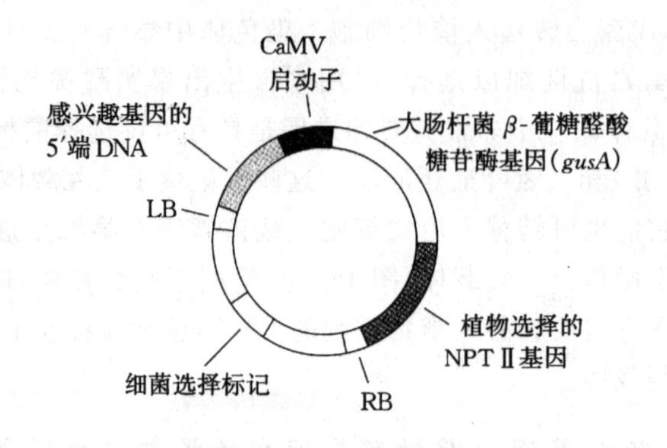

图 10-9　GUS 载体

10.2.6　病毒作为植物基因转移的载体

病毒是非常诱人的基因转移载体。病毒的主要优点在于从进化上来说它们适宜于起这种作用,即将自身的基因组注入被感染植物。如果病毒基因组中含有外源基因,那么这个基因也随之被注入到植物中去。这种方法对简化传递系统来讲是有潜力的。另一个优点是病毒载体可有效地解决将基因转移入像玉米这类单子叶植物的问题。例如,双生病毒(geminiviruses)寄主范围很大,已进行的实验可以评价其作为载体的潜在价值。这些 DNA 病毒其基因组由两条单股 DNA 分子构成,每一条都可形成双链复制形式。单独的 A 分子就能在植物细胞中复制,而 B 分子是感染所必需的。A 基因和 B 基因两者需同时出现在植物细胞里,才能保证病毒的有效感染。因为双股复制型的 DNA 在蛋白质外壳缺乏的情形下是感染状态的,因此外壳蛋白编码区域可从 A 组分中除去以便为外源转移基因留下空间。

蕃茄金色花叶病毒(TGMV)DNA A 与NPTⅡ基因在病毒外壳蛋白区构成重组体,将这一片段插入到一个质粒中克隆的 T-DNA 的边界区并引入到二元土壤农癌杆菌系统(图10-10)。蕃茄金色花叶病毒(TGMV)是由蛋白质外壳包裹在一起的两个 25 kb 单链 DNA 分子组成。DNA A 编码外壳蛋白和复制功能;DNA B 是细胞被感染所必需的。这两种裸露 DNA 都对植物有感染能力,将它们重组成植物表达载体,通过感染,可将感兴趣的克隆 DNA 转移入所有植物细胞。这一技术不需要用转化细胞再生植株。为了检测这种载体系统,将抗卡那霉素的 NPTⅡ基因连接到 DNA A 的克隆片段上,取代了外壳蛋白基因的位置。将这种双元载体上位于 T-DNA 边界序列(LB 和 RB)的重组 DNA 分子如图 10-8 所述那样转移入土壤农癌杆菌,再将土壤农癌杆菌直接注射入烟草的茎杆中,就可将 DNA 转移入烟草细胞内。这种烟草先前曾被含两个拷贝的双牛病毒 DNA B 的T-DNA转化。在 3 周内,感染扩展到整个植株。用 Southern 印迹杂交法在被感染植株的叶子里检测到单链 DNA B 分子和 DNA A-NPT Ⅱ 重组体分子。被感染的叶抽提物中含有高水平的NPT Ⅱ 活性。现已构建出另一种含有 DNA A 和 DNA B 二者序列的双元载体。利用这种载体时,植物就不需要先用 DNA B 转化了,任何能用土壤农癌杆菌转化的植物都能被感染。

当这种细菌直接注射到已整合入 DNA B 的转基因烟草的茎杆中时,含有并表达 NPT Ⅱ 基因的复制 DNA A 就可被观察到。若用 GUS 作为报告基因,可观察到类似的结果。这些结果似乎表明,插入到 DNA A 中的 DNA 大小有一定限制。在用另一品系的烟草实验中,在感染失去 GUS 插入后,只有 DNA A 分子能够始终存在。似乎对与野生型 DNA A 分子大小相似的变异体有较强的选择性。很显然,对这种病毒在体内的生物学特性还需要更多的了解,以便能将其作为更加有效的载体。

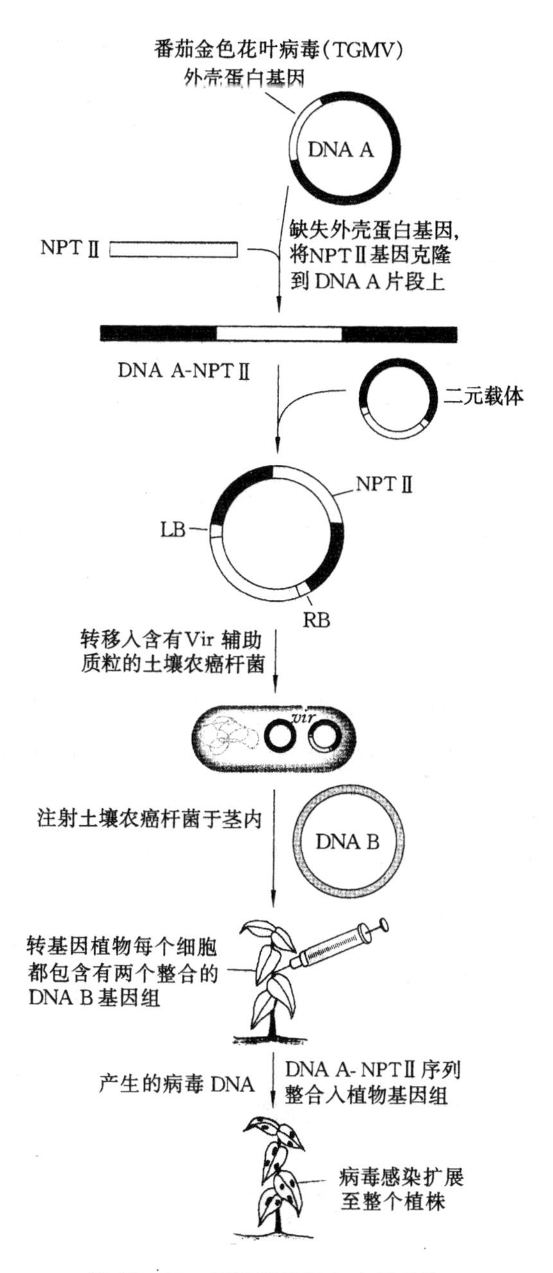

图 10－10　用重组的双生病毒载体进行植株的系统感染

10.2.7 用基因枪和电击法将 DNA 转移入植物细胞

土壤农癌杆菌 Ti 质粒载体系统对双子叶植物的 DNA 转移非常有效,但单子叶植物怎么办呢?请记住这些植物在农业上是极其重要的。避免土壤农癌杆菌寄主范围限制的一种方法是利用物理方法而不是植物学方法直接将 DNA 引入细胞。对于植物的基因转移,磷酸钙方法成效不大,但电击法却非常成功。典型的操作是这样的:将含有克隆基因的高浓度质粒 DNA 加入到原生质体的悬浮液中,用 200～600 V/cm的电流轰击。随后,原生质体在组织培养液中生长 1～2 周,再对吸收了 DNA 的细胞进行选择。玉米和水稻原生质体都用此方法成功地进行了基因转移,转化效率在 0.1%～1%之间。

电击法仍然需要应用原生质体,仍要遇到从原生质体再生为整株植株的困难,且存在由于长时间细胞培养而出现的体细胞克隆变异的麻烦。较为满意的方法是将 DNA 直接注射入含有完整细胞壁的整个细胞中,虽然鲜见成功的例子。取而代之的是植物遗传学家已经发现的一种迄今为止最为有效的方法:将用 DNA 包裹的微金属粒子直接射入细胞(图 10－11)。用氯化钙沉淀法使一薄层 DNA 沉积在直径为 1 μm 的钨或金粒子表面,将这种微粒置于基因枪枪膛内的塑料子弹末端处,而将目标植物组织或细胞放置于枪管顶端的小口处。火药的爆炸力推动塑料子弹向目标细胞运动,当其移动到挡板处时,它携带的含有 DNA 的微粒穿过挡

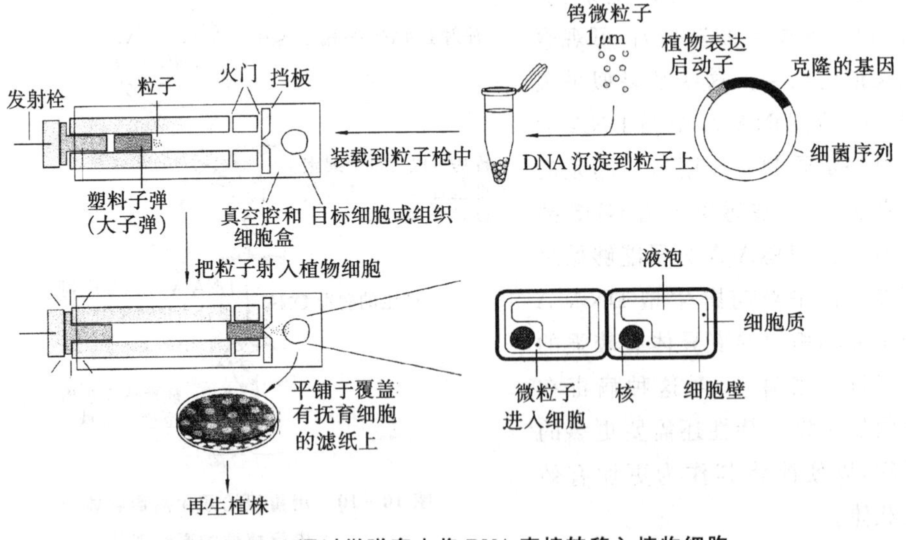

图 10－11 通过微弹轰击将 DNA 直接转移入植物细胞

板处的微孔击中细胞。枪管和样品腔必须是真空的，否则，空气阻力将会降低塑料子弹的推进速度。植物细胞可耐受真空顶多两分钟。轰击过后，把细胞转移到抚育细胞培养板上，植株会以图10－1所示的方式再生。对被轰击细胞的检测表明，微粒子沉积于细胞质内。新式的基因枪利用压缩的氦推进塑料子弹在枪膛中的运动。用含钨的粒子射击植物细胞时，DNA沉积在钨粒子的表面，它从枪中射出时的速度为430 m/s。击中的目标包括放置于过滤网上悬浮培养的胚胎细胞、完整叶片和玉米粒。直接被射中的细胞死亡，但有些堆积状态的细胞被散弹射中而不死亡。对用GUS载体轰击的叶的形态学分析表明，钨弹至少能穿过一层组织，即叶的表皮到达叶肉。

利用这种方法转基因成功的一个令人信服的例子是对玉米粒花色素苷(anthocyanin)发育的研究。Lc基因是R基因家族的一个成员，此家族编码决定玉米花青色素(红色)表达的蛋白质。序列分析表明Lc基因编码的蛋白质具有DNA结合蛋白和转录活化子的特性。它的这种作用是用以下方法证明的：构建一种Lc基因在花椰菜花叶病毒启动子控制下的结构，这种启动子可保证Lc蛋白的高效表达。微粒子用质粒包裹，轰击入玉米粒内。一个R基因在玉米粒的糊粉层(细胞外层)表达，但用作这个实验的玉米粒是一基因突变体，没有色素。然而，在36h内，被轰击过的玉米粒的单个细胞糊粉层变成红色，这是因为Lc基因开启花青素合成的结果。

轰击法在将报告基因导入玉米胚胎细胞方面很成功，更加有趣的是膦丝菌素(PATase)的*bar*基因。这种酶使PPT失去活性，而PPT是一种除莠剂的组分，因此对植物有保护作用。用基因包裹的粒子轰击胚胎细胞，转化的细胞用培养基中含有PPT的培养方法加以选择。从这些细胞再生出的整株植株能抵抗直接喷洒于叶面的商用除莠剂。因此，对于玉米DNA的重组实验来说，其潜力是巨大的。

10.2.8　用DNA包裹的粒子轰击可产生转基因细胞器

核DNA并非植物遗传学家唯一研究的DNA，叶绿体DNA是他们重视的另一目标。叶绿体含有自己的DNA基因组，许多这些基因与光合作用有关。如果重组DNA技术用作光合作用的遗传分析，那么将要产生将DNA引入叶绿体的方法。这方面的试验首先是用衣藻(*chlamydomonas*)做的。这是一种单细胞海藻，具有一个很大的、占据细胞大部分空间的叶绿体。植物叶绿体的转化与植物细胞的转化有很大的不同，因为植物细胞含有大量的叶绿体，且都非常小。然而，转化烟草植物细胞的叶绿体却取得了成功，将16S RNA基因转入后使烟草获得了抗壮观霉素和链霉素的特性(图10－12)。用微弹轰击将含有16S rRNA基因突变体的质粒转移入进行植物光合作用的叶绿体基因组中。在其叶绿体中表达这种16S rRNA变种的细胞为绿色，且具壮观霉素(Sp)和链霉素(Str)抗性。轰击之

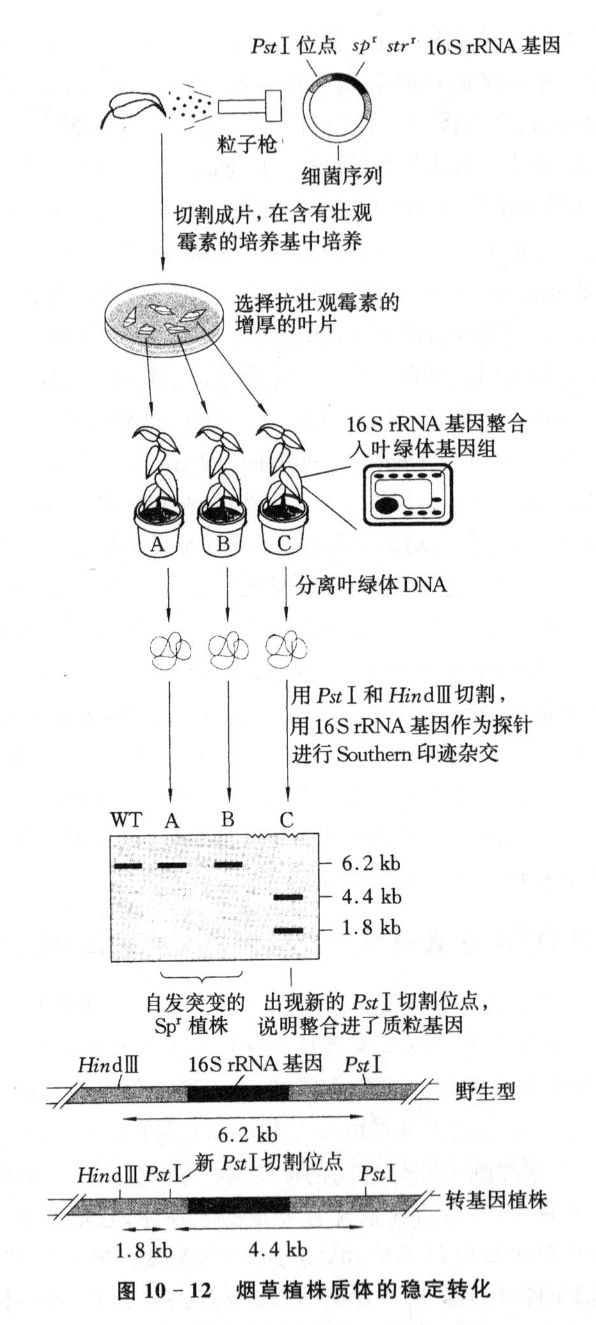

图 10－12　烟草植株质体的稳定转化

后，对抗壮观霉素(Spʳ)的增厚的叶片加以选择，进而将其再生成植株。但未经轰击的叶片自发性抗壮观霉素的频率很高。为了鉴别植物中转化的叶绿体，将一

*Pst*Ⅰ切割位点装载在16S rRNA基因附近的克隆 DNA 上，可通过 Southern 印迹杂交筛选具有 *Pst*Ⅰ切割位点的植株。从每个植株中分离叶绿体 DNA，用 *Hind*Ⅲ和 *Pst*Ⅰ酶消化，再进行琼脂糖凝胶电泳，将 DNA 转移至硝酸纤维素膜上，以克隆的 16S rRNA 基因片段为探针进行杂交。野生型(WT)叶绿体 DNA 表现一个单个的6.2 kb的杂交带，植物 A 和植物 B 也表现这一条带，这一结果表明这种条带的出现是由自发突变引起的。与此相反，植物 C 表现 1.8 kb 和 4.4 kb 两条杂交带，表明出现了一条新的 *Pst*Ⅰ切割位点。这种结果说明植物 C 的叶绿体整合进了 16S rRNA 基因的突变体。由于编码野生型 16S rRNA 基因的 DNA 没有在这种植物中出现，最有可能的原因是它在相互同源重组过程中被取代。这一过程的效率并不高，在 56 个壮观霉素抗性的叶片中仅有 3 个是真正转化体。这 3 株植物还具有链霉素抗性，但这种抗性没有用来作为选择标记。在适当的选择培养基里，叶绿体中携带抗壮观霉素的植物是绿色的，而非抗性植物是白色的。把被轰击过的叶片切成小片并进行培养。选择白叶中绿色、抗壮观霉素的愈伤组织，但只发现 3 个细胞器克隆。研究人员估计叶绿体转化效率比核基因组转化低 100 倍。尽管如此，育种实验表明，来自于自花受粉植物的种子正如预期的那样都有壮观霉素抗性，抗性通过雌性细胞呈母性遗传。这种方法是如何起作用的还根本不了解。叶绿体是小圆盘状细胞器，钨弹也许太大了，以致于不能容纳在叶绿体中。只要转化效率能够改善，这种方法仍是叶绿体遗传操作的一个重要途径。

10.3　转基因植物基因的表达

10.3.1　植物表达抗感染的病毒外壳蛋白

植物病毒对许多重要农作物来讲是一个严重的问题。感染病毒能导致农作物生长率、产量和质量的降低。通过一种称作交叉保护(cross-protection)的遗传学方法，能使被某种病毒轻度感染的植物抵抗另一种破坏作用较强的病毒的感染。虽然交叉保护作用的机制并不十分清楚，但认为病毒编码的一种特殊蛋白质起保护作用。植物分子生物学家克隆了植物病毒蛋白质的 cDNA，为更加深入地研究这种现象提供了可能。

第一个试验用烟草进行。烟草花叶病毒(TMV)是一种 6.5 kb 大小的 RNA 病毒。通过克隆病毒 cDNA，发现该病毒基因组编码 4 种多肽：两种复制酶亚单位，一种外壳蛋白和一种与细胞间运动有关的重要蛋白。转基因植物在土壤农癌杆菌基因转移介质中将表达TMV的外壳蛋白(CP)(图10-13)。将编码TMV

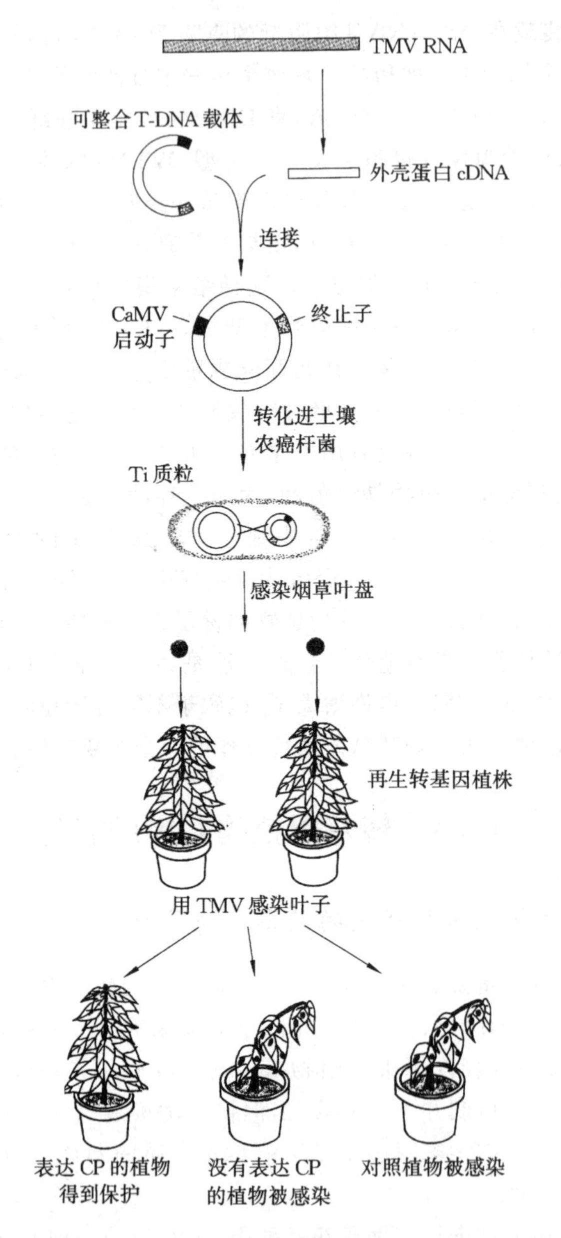

图 10-13　通过转基因植物表达烟草花叶病毒(TMV)的外壳蛋白(CP)使其免受 TMV 感染

外壳蛋白的克隆 cDNA 连接到含有花椰菜花叶病毒(CaMV)启动子的整合型 T-DNA载体上，将此质粒通过土壤农癌杆菌介导转入叶盘，可得到在叶中表达各种不同水平 TMV 外壳蛋白的再生转基因烟草。有两种转基因烟草，一种高水平表达 TMV 外壳蛋白，另一种表达的量检测不到。它们用 TMV 感染，以非转基因烟草为对照，2 周之后，对照植株和非表达性植株表现出 TMV 感染症状，相反，表达外壳蛋白的转基因植株则抗感染。然而，当增加感染病毒的剂量时，症状出现的日期将提前。相似的行为在自然交叉保护中亦可见到。植物抵抗感染的能力似乎与 CP 表达的水平有关。研究发现：一种病毒表达的外壳蛋白可抗其他相关病毒的感染，保护作用只与病毒外壳蛋白本身有关，而与病毒 RNA 来源无关。最近的研究表明，通过表达 CP 蛋白，马铃薯、苜蓿、蕃茄这些作物都可抗病毒感染。大田试验的转基因蕃茄表现出相当强的抗感染能力。

转基因烟草表达 cDNA 编码的复制酶蛋白也可产生抗性。奇怪的是保护作用似乎不是来自所编码的蛋白质，而是来自转录的 RNA 分子。其他途径包括表达核酶(ribozymes)以切割病毒 RNA。反义 RNA 的转基因表达也正在研究之中。

10.3.2　植物表达微生物毒素以阻止昆虫蚕食

植物特别易受昆虫的侵害，昆虫使农作物和经济作物在经济上遭受巨大损失。目前，对付昆虫最有效的武器是杀虫剂。然而，理想的做法还是减少化学杀虫剂的用量。天然微生物杀虫剂，如某些种类的苏云金杆菌(*Bacillus thuringiensis*，Bt)在有限的范围内风行了 30 多年。在孢子形成时，这些细菌能产生一种晶体蛋白，它对很多昆虫的幼虫有毒害作用。毒性蛋白对非敏感昆虫无害，对脊椎动物也不起作用。遗憾的是细菌孢子的生产作为商业用途是有限的，对植物的保护效果也是短时的。

这种自然系统的知识导致植物分子遗传学家研究在其细胞中能表达 Bt 毒素的植物。正常表达的晶体蛋白是一种大约 1 200 个氨基酸长的大分子无活力原毒素，当其被易感幼虫消化后，昆虫肠道的蛋白酶将它切割为相对分子质量为 68 000 的有活性片段。毒素通过与中肠细胞表面的受体结合，阻断这些细胞的功能而发挥作用。最初的研究表明，表达 Bt 毒素基因的烟草、蕃茄能杀死烟草角虫(hornworm)的幼虫。但是，由于表达的水平非常低，保护作用还不能应用到那些敏感性较低，但在农业生产上又非常重要的害虫如棉花的棉蛉虫(bollworm)上。最近，通过对 Bt 毒素编码区域的部分修饰，并应用强启动子以增强 Bt 毒素 mRNA 的表达，使得 Bt 毒素能有效地翻译，借此保护棉花免受侵害(图 10－14)。含有 1 178 个氨基酸的 Bt 晶体蛋白是一种昆虫毒素，由 75 kb 的质粒编码，并由细菌形成芽孢时产生出来。早先的研究表明，这种全长的晶体蛋白基因在转基因植物中的表达水平很差。为了增强表达水平，把编码氨基酸末端的功能性基因片段(1～615

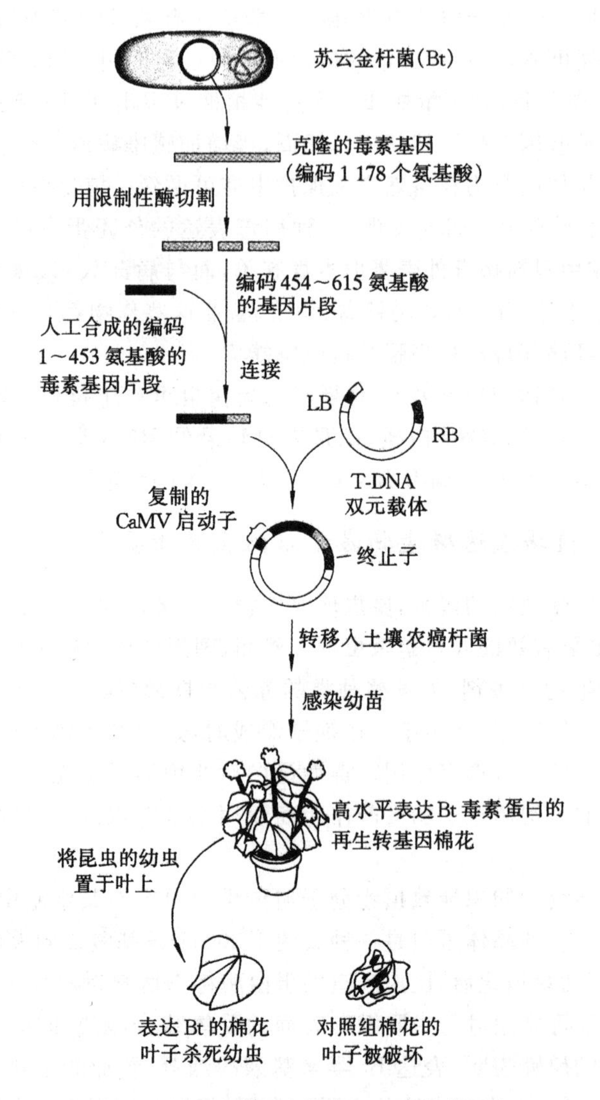

图 10－14　表达苏云金杆菌(Bt)毒素基因的转基因棉花杀死昆虫幼虫

位氨基酸)克隆到双元载体的 LB 和 RB 之间。为了进一步增强植物的表达,人工合成了编码 1～453 位氨基酸的基因片段(含有植物喜好的密码子),用以取代自然序列。虽然绝大多数氨基酸的遗传密码在一个以上,但对不同生物编码序列的 cDNA 分析表明,每种生物对特定的密码子有强烈的喜好性。这种特性由细胞内相应的氨酰基-tRNA的聚积反映出来。当所用的cDNA含有这种喜好的密码子时，某些蛋白质的表达水平常常提高。将合成的序列连接到编码454～615位氨基酸的自然DNA片段上。此外，在T-DNA载体上，含有一个复制的CaMV启动子，它能使转录的量大约增加5倍。通过土壤农癌杆菌感染，将T-DNA载体转移到棉花幼苗中，从而产生转基因再生棉花植株。提高Bt毒素表达的努力显然得到了回报，因为有些植株表达的水平比含有全长毒素基因植株的表达量高出100倍。这种新型的转基因棉花表现出对很多种昆虫的抗虫能力，包括比较敏感的甜菜粘虫。

研究抗虫植物的第二个途径是进行丝氨酸蛋白酶抑制因子的转基因表达。这种蛋白质在很多植物(如蕃茄、马铃薯、豇豆)中存在，通过抑制昆虫消化系统的丝氨酸蛋白酶来发挥抗虫作用。在烟草中已证明这种途径对大范围昆虫种类抗性作用的有效性。

10.3.3 抗除草剂植物

大田作物中的野草能使作物产量降低10%。野草是一种不需要的植物，要做到既不损害作物又要将野草除掉是一件困难的事情。除草剂选择性不强，因此除草剂的应用依赖于杂草和作物对其吸收量的不同或应用于种植作物之前的田野里。随着转基因技术的进展，研究人员正在通过三个途径创造除草剂耐受性作物：提高对付某种特殊性除草剂的酶的表达水平；表达一种突变体酶，这种酶不受除草剂的影响；表达一种能解除除草剂毒性的酶。

在如今使用的大量除草剂中，仅有少量具有以细胞为目标的特点。除草剂草甘膦(glyphosate)是商用除草剂“围捕”(Roundup)的活性成分，它通过抑制5-烯醇丙酮莽草酸-3-磷酸合酶(EPSPS)，一种生物合成必需芳香族氨基酸旁路中的叶绿体酶，发挥作用。“围捕”是目前应用最广泛的除草剂，因为它具有用量少、作用大、广谱性的特点。由于它能被土壤微生物迅速降解，因而比先前的除草剂对环境更安全。将编码矮牵牛EPSPS的克隆cDNA转移入植物体内，酶的活力比没有转基因的植物提高了20倍。这种酶的过量表达使得矮牵牛能在4倍于除草剂用量的环境下生长。但遗憾的是处理过的植物比未经处理的植物生长要慢。

产生除草剂耐受性植物的另一途径是选择细菌EPSPS的突变体。突变体的氨基酸发生改变，使得植物对草甘膦的抑制作用不敏感(图10-15)。5-烯醇丙酮莽草酸-3-磷酸合酶(EPSPS)是细菌和植物芳香族氨基酸合成中的重要酶类，它的活性可被除草剂“围捕”中的活性成分草甘膦所抑制。将细菌编码草甘膦抗性的EPSPS基因克隆到T-DNA表达载体上，通过土壤农癌杆菌介导的基因转移，将其

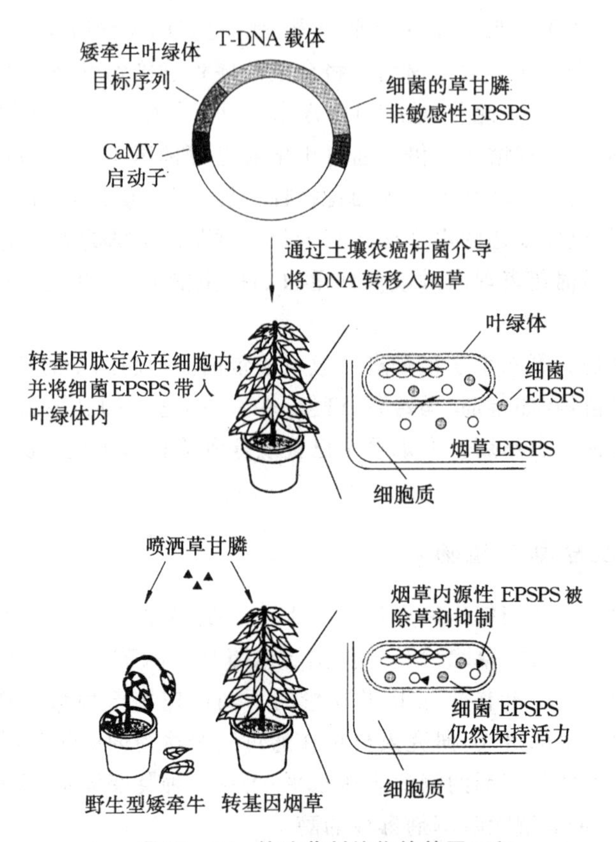

图 10－15　抗除草剂植物的基因工程

引入烟草细胞内。由于植物中的 EPSPS 合成于细胞质,而后转移至叶绿体,因此构建了一个嵌合基因,即将矮牵牛 EPSPS 基因中编码 72 个氨基酸的转移肽片段与细菌 EPSPS 编码序列的氨基末端相融合。嵌合基因的表达受花椰菜花叶病毒(CaMV)35S 启动子控制。转基因烟草既表达植物内源性 EPSPS,又表达细菌草甘膦非敏感性酶。生化分析表明,转移肽将这种细菌酶正常地定位在叶绿体中。喷洒草甘膦后,野生型烟草由于 EPSPS 被抑制而死亡;而转基因植株由于细菌 EPSPS 在除草剂存在的情况下仍然发挥作用,因而其对草甘膦的耐受能力比死亡的野生型烟草要高出 4 倍。

编码这种突变酶的基因已从草甘膦抗性细菌中克隆并在植物中表达。在实验室研究中,这种转基因植物表现对能杀死杂草的草甘膦的耐受性。植物 EPSPS 酶是在细胞质中合成的,并通过蛋白质转运至叶绿体。这类蛋白质能识别这种酶,并结合在转移序列(transit sequence)的氨基端第 72 位氨基酸处。为了能在转基因植物的叶绿体中找到缺乏这一序列的细菌酶，将一编码植物转移序列的基因片段与细菌酶编码序列相融合。对抗细菌酶的生化分析表明，对草甘膦耐受性的突变可降低 EPSPS 酶的活力。通过蛋白质工程，研究人员希望能产生一种对草甘膦的抗性高、正常情况下酶的活性又低的一种细菌和植物 EPSPS 酶。

产生除草剂耐受性植物的第三种途径是通过酶的转基因表达，使除草剂变成对植物无毒的形式。有些植物已经建立了对某些除草剂的解毒系统。但是，植物的这种活动是被一套非常复杂的基因编码的，这些基因的功能并未完全专门化。有些细菌能够自然降解除草剂，但这种活动是被一个单个酶来完成的。这些细菌的一些解毒酶能在植物体内发挥作用。由于草甘膦是时下应用最广泛的除草剂，研究人员正在寻找一种能降解草甘膦的酶。有些研究人员认为，解毒酶在植物体内的表达将不会像多种在植物代谢过程中不可缺少的酶的表达那样对植物的经济特性产生影响。

10.3.4　转基因花卉植物

鲜花业是一个具有巨大经济价值的产业。目前，大部分名贵花种是通过扦插繁殖来培育的，产生许多遗传背景完全相同的个体。然而，这种方法产生的一个问题是不能直接产生人们所中意的特性。而利用基因工程技术将基因转移入植物细胞获得再生植株，则可使所创造出来的花具有新的颜色、形态和生长特性。

这方面的第一个试验是将玉米编码的在花色素苷(一种使玉米粒呈紫色的色素)形成途径中的酶的基因转移入矮牵牛。通过原生质体转化使 cDNA 转移入由于含有一个色素基因突变而表现为浅红花的矮牵牛品种细胞内。在 15 个再生植株中，两株为完全一样的砖红色花，4 株表现部分砖红色花。转基因植株的 RNA 杂交说明，玉米基因确实得到表达。另一个实验是将蓝矮牵牛编码的蛋白质基因转移入玫瑰。玫瑰中从来没有蓝玫瑰，这是因为它缺乏合成蓝花色素的酶。现已将编码涉及生物合成蓝色色素(翠雀苷，delphinidium)的一种蛋白质基因从蓝矮牵牛中克隆。将这一基因转移入玫瑰中以产生蓝色转基因玫瑰的研究已于 2009 年获得成功。将来试验的目标是将所有色素合成途径中的基因引入某些花的物种中以增加花的多样性。

将 DNA 引入植物中以改变花的颜色并非都能产生满意的效果。曾进行过这样一个试验：将矮牵牛色素基因的另一份拷贝引入到有色花的矮牵牛中，期望通过此基因所编码的酶量的增加使紫色花的颜色加深。令人惊奇的是含有额外基因再生出的植株或者花中有无色的部分，或者整个花缺乏颜色。另一基因的引入导致引入基因和内源基因全部失活。这种称作共抑制(cosuppression)现象的机制还不清楚。在马铃薯和烟草中也观察到过共抑制现象。或许这种现象为控制植物基因表达提供了另一条可供选择的途径。

10.3.5 利用转基因植物生产有重要价值的蛋白质

利用哺乳动物细胞培育生产蛋白质药物极其昂贵,这是因为要生产出有商业价值的足够量的蛋白质需要成千上万升细胞。因此转基因植物一经产生,科学家就对应用植物系统产生杂合蛋白质产生了浓厚的兴趣。目前,在各种植物中表达杂合蛋白已取得很大进展,有望在几年后上市。例如人的一种神经肽——脑啡肽(enkephalin)和人的血清蛋白已经在植物中表达。

植物基因工程另一潜在的应用是在植物中表达鼠的单克隆抗体(图 10 - 16)。将来自老鼠克隆抗体中编码重链和轻链的克隆 cDNA 分别连接到 T-DNA 载体上,并置于组成型 CaMV 启动子的控制下。两种质粒通过土壤农癌杆菌感染分别转移入烟草细胞内。含有抗体重链和轻链基因的转基因植物杂交产生含有两种基因的植物后代。从其叶中抽提蛋白质,表明杂种植物中表达出了有功能的抗体分子。其他实验表明,信号序列的出现对于抗体的高表达是必需的。这些结果表明,植物的分泌机制能够识别老鼠的信号肽。植物产生的单克隆抗体将会有临床应用

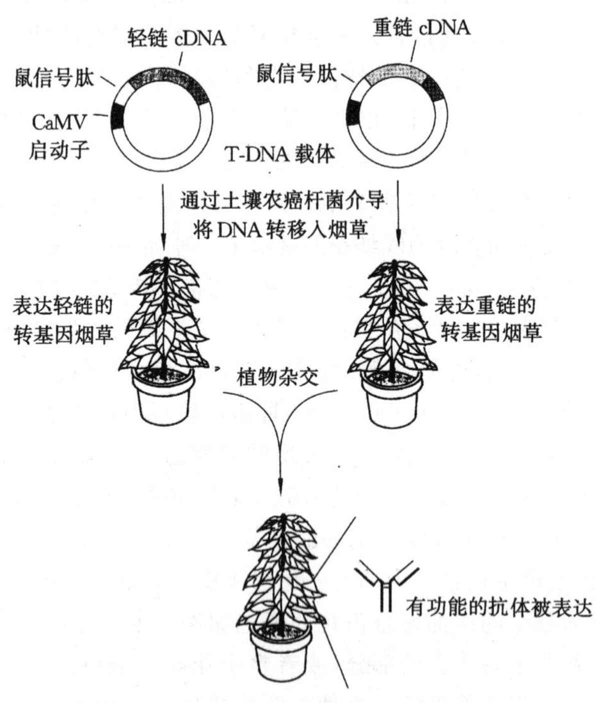

图 10 - 16 植物作为生物反应器产生抗体

价值。已进行过在烟草中分别表达组成抗体的重链(H 链)和轻链(L 链)的试验。表达 H 链的植物与表达 L 链的植物杂交,所产生的后代能够同时表达 H 链和 L 链。研究结果表明,从叶中提取的功能性抗体分子占细胞总蛋白的 1.5%。实验中发现的一个有趣的现象是,只有当 H 链和 L 链的 cDNA 分子含有老鼠抗体的信号序列时,功能性抗体才能形成。这说明植物的分泌机制能够识别这种杂合体的前导序列。这些试验仅仅是小规模研究,只有当外源蛋白质基因在植物中获得较高水平的表达,植物反应器才能与今天应用的发酵程序相匹敌。此外,由于生产药物的成本非常高(如生产组织血纤蛋白溶酶原激活物,生产后处理纯化过程),植物反应器是否具有竞争性也需进一步观察。

思考题

1. Ti 质粒的特点有哪些? 怎样将 Ti 质粒改造成植物基因转移的载体? 如何利用 Ti 质粒进行植物的基因转移?
2. 除 Ti 质粒外,其他植物基因转移的方式有哪些? 各有什么特点?
3. 抗病、抗虫、抗除草剂转基因植物的原理是什么?

第 11 章
哺乳动物细胞的基因工程与转基因动物

内容提要:利用磷酸钙共沉淀、电穿孔、脂质体转染、病毒载体等方式可完成哺乳动物细胞的基因转移。*tk*、*dhfr* 等基因可作为哺乳动物基因转移的选择性标记。通过不同方式可使外源基因在哺乳动物细胞得到高效表达。转基因小鼠在研究基因功能和建立某些疾病的动物模型方面具有广泛的应用。转基因家畜用于生产药物蛋白和提高动物生产性能方面有很大的潜力。

有三个步骤构成研究哺乳动物基因功能的基础:第一,必须能通过克隆分离出基因;第二,必须能在试管里操作基因序列;第三,必须能够将改变过的基因重新送入细胞里以确定它是如何发挥功能的。其中第三方面以多种形式形成阻止人们前进的障碍。尽管经过上百万年的进化,细胞形成了阻止外源 DNA 进入的障碍,人们还是需要改进方法使细胞能够接纳外源 DNA。虽然人们很快就解决了这一问题,但研究者很快又发现当 DNA 进入细胞后,人们失去了对以后细胞所发生事件的控制。因此,为了保持所转移基因的正常功能,必须做很多工作以改进转基因的方法。还必须设计出一些方法使已经存在于细胞中的基因处于非活化状态,以研究这些基因在受体细胞或动物体内的功能。

由于现在有了许多现成的方法,基因转移成了研究基因结构和功能的常用的工具。基因转移可用来确定控制基因表达的调控序列。将新基因或改变后的基因引入新的细胞环境提供了一个决定基因功能的途径。基因转移提供了蛋白质高水平表达的基础,使得研究者有能力了解他们所研究的蛋白质,也使得生物技术产业能生产出新的蛋白质药物。用先进的方法可使研究者将新基因引入细胞,或改变动物体内原有的基因,使得人们能利用动物模型研究人类的疑难病症。

注:本章插图引自 J. D. Watson 等人所著 *Recombinant DNA*。

11.1 哺乳动物细胞的基因转移

11.1.1 永久性细胞系的建立与基因转移

将基因转移入哺乳动物细胞是一个效率很低的过程，因此，开始时必须有大量的细胞来源才能保证有足够操作数量的转染细胞（即含有外源基因的细胞）。这样，在培养基中无限生长的哺乳动物细胞系的可靠来源使基因转移试验更加实际。但是，大多数直接从动物体内移植出的组织在培养基中不能永久生长。而许多永久性生长细胞系来源于肿瘤，即逃脱了正常生长限制的细胞。肿瘤细胞不但能够在化学合成培养基中无限生长，而且生长非常迅速，通常不到一天数量就能增加一倍。但因为它们是肿瘤细胞，它们的特性不总是与它们产生之处的正常体细胞相同。因此，人们还在继续努力寻求与正常细胞行为相同的细胞系。

尽管如此，许多细胞的基本活动能在肿瘤细胞和其他永久性细胞系中正常进行。人们对哺乳动物基因功能和调控的绝大多数知识来自于将基因转移入细胞系而不是原始的组织样本。一组组可供利用的细胞系代表身体的不同组织使科学家在试验中能够接近体内许多特殊的过程。例如，研究者能够比较容易地研究血液、皮肤、肌肉、肝脏甚至在有限程度上研究大脑的细胞。

11.1.2 哺乳动物细胞的选择性标记

DNA 重组技术的一个基本原理是利用生物标记选择携带重组 DNA 分子的细胞。在细菌中，这些选择性标记通常是抗药性基因。利用抗药性可把大量细菌中吸收入外源 DNA 的细菌与没有吸收外源 DNA 的细菌区分开来。在早期利用病毒进行哺乳动物细胞基因转移的试验中，外源性 DNA 进入细胞之所以能被检测出来是因为这种 DNA 具有生物学活性，即它导致感染性病毒的产生或者在被转染细胞的生长特性上引起恒定的变化。但是，假如要研究的基因的功能不能直接从被转染的细胞中观察到，那将怎么办呢？检出被感染的细胞不是一个小问题，因为即使是最好的转染方法，在 1 000 个细胞中也只能得到一个稳定转化的细胞。

答案来自于对更加复杂的 DNA 肿瘤病毒（单一疱疹病毒，HSV）的研究。HSV 含有一个编码胸腺嘧啶激酶的 *tk* 基因，它催化胸腺嘧啶核苷（TTP）的生成，而 TTP 是 DNA 合成过程中 4 种前体核苷酸之一（图 11-1）。哺乳动物细胞具有两条 DNA 合成所需要的脱氧三磷酸核苷产生途径。一条是从头开始(如图中上方框所示),第二条是从细胞内或细胞外获得嘌呤和嘧啶碱基(如图中下方框所示)。氨基蝶呤能阻断嘌呤合成中的两步反应和胸腺嘧啶合成中的一步反应。如果给细胞提供次黄嘌呤和胸腺嘧啶,在用氨基蝶呤处理时,细胞通过补救途径仍可存活。胸腺嘧啶核苷补救代谢的关键酶是胸腺嘧啶激酶(TK),它使胸腺嘧啶磷酸化为胸腺嘧啶单核苷酸。胸腺嘧啶激酶基因突变体编码的 TK 酶使细胞在含次黄嘌呤、氨基蝶呤和胸腺嘧啶的培养基(HAT 培养基)中不能生长。如果通过转染细胞获得了 *tk* 基因,转染细胞就能在 HAT 培养基中生长。这种方法也可用作对编码次黄嘌呤磷酸转移酶(HPRT)的基因 *hprt* 的选择。

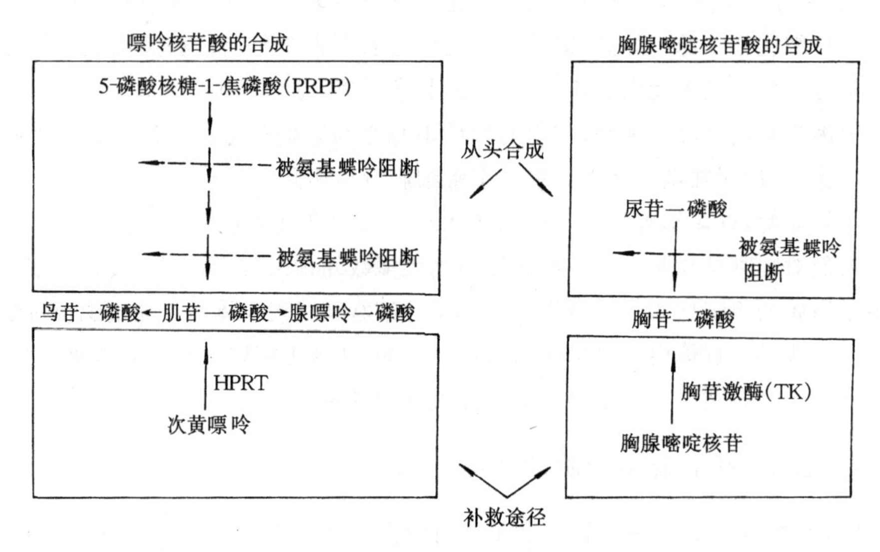

图 11－1　*tk* 遗传选择的代谢基础

现已分离到了缺乏这一过程的细胞系,可能是由于缺乏该过程的酶的结果。用 HSV 感染这种 Tk^- 细胞,或用裸露的 HSV DNA 感染都能够纠正这种细胞胸腺嘧啶激酶活性的缺乏,使得这些细胞能够在特殊调制的培养基中生长(在这种培养基中,胸腺嘧啶激酶对 DNA 合成和细胞分裂是绝对必需的)。后来很快认识到 HSV *tk* 基因的功能就像作用于细菌的抗药性基因一样,可作为选择性遗传标记,将极少量的感染细胞从大量的、没有吸收任何 DNA 的细胞中筛选出来。

但 *tk* 基因作为标记在应用上也有一定限制,因为它只能用于那些自身 *tk* 基因发生突变的细胞。理想的标记应是能应用于任何细胞的显性遗传性状。许多这种标记已被研究出来(表 11－1)。在哺乳动物细胞中应用最广泛的遗传标记是一种细菌抗药性基因,它能抗与新霉素相关的药物——G418,而 G418 通过阻断哺乳动物细胞蛋白质合成而杀死细胞。

表 11－1　转染实验中所用的显性选择标记

酶(缩写)	选择药物	选择机制
氨基糖苷磷酸转移酶(APH)	G418(抑制蛋白合成)	APH 使 G418 失活
二氢叶酸还原酶(DHFR)	甲氨蝶呤(Mtx,抑制 DHFR)	DHFR 变种抗 Mtx
潮霉素 B 磷酸转移酶(HPH)	潮霉素 B(抑制蛋白合成)	HPH 使潮霉素 B 失活
胸苷激酶(TK)	氨基蝶呤(抑制嘌呤和胸苷酸的从头合成)	TK 催化胸苷酸合成
黄嘌呤-鸟嘌呤磷酸核糖转移酶(XGPRT)	霉酚酸(抑制 GMP 的从头合成)	XGPRT 催化从黄嘌呤合成 GMP
腺苷脱氨酶(ADA)	9－β－D 木呋喃腺嘌呤(Xy1-A,破坏 DNA)	ADA 使 Xy1-A 失活

G418 是一种氨基糖苷类抗生素,是转基因哺乳动物细胞稳定转染最常用的抗性筛选试剂。它通过干扰核糖体功能而阻断蛋白质合成,对哺乳动物细胞产生毒素。当 *neo* 基因(新霉素抗性基因)被整合进哺乳动物细胞 DNA 后,则能启动 *neo* 基因编码的序列转录为 mRNA,从而获得抗性产物氨基糖苷磷酸转移酶的高效表达,使细胞获得抗性而能在含有 G418 的选择性培养基中生长。G418 的这一选择特性已在基因转移、基因敲除、抗性筛选以及转基因动物等方面得以广泛应用。

11.1.3　哺乳动物细胞基因转移的途径

哺乳动物基因研究的主要亮点出现在对肿瘤病毒的操作上。肿瘤病毒能感染哺乳动物细胞,并把自己的遗传物质插入细胞 DNA,利用细胞的生物合成机器制造更多的病毒。病毒增殖的结果经常杀死细胞。有时肿瘤病毒基因能永久性改变被感染细胞的生长特性,使该细胞转变成肿瘤细胞。肿瘤病毒之所以引起研究人员的注意有一些令人信服的原因:它们的基因组既编排在细胞中的病毒的生活周期,又编排病毒本身的结构成分;而此基因组又如此之小,最小的 DNA 肿瘤病毒仅含有包裹在 5 000 bp 内的几个基因;就在这小段的 DNA 内含有使基因有序地开放和关闭的信息,复制病毒基因组的信息,装配新病毒粒子的信息,还有最令人不可思议的将正常细胞转变为癌细胞的信息。在重组 DNA 技术出现之前,这些病毒尽管能被大量纯化,但仅仅能提供纯化的在哺乳动物细胞中发挥功能的遗传物质而已,即从有些病毒得到 DNA,从另一些病毒得到 RNA。因此,正是肿瘤病毒及其基因组的研究提供了试验和动力去探查将纯化的病毒遗传物质转移入哺乳动物细胞的方法。

最早的基因转移试验是用肿瘤病毒 DNA 进行的,这些病毒 DNA 中的编码基因像细胞基因一样。从纯化的病毒分离 DNA,并将其转移入没有感染病毒的细胞中,这些细胞最终能够产生完整的有感染能力的病毒。这种 DNA 介导的感染病毒转移称作转染(transfection),以区别于病毒自然进入细胞的感染(infection)。这些早期试验对于人们理解哺乳动物细胞的生物学特性的进程是极其重要的,因为它们清楚地表明病毒繁殖(以及对动物细胞繁殖的推理)的全部程序是由纯粹的 DNA 编码的。病毒的其他功能只能将 DNA 转移入细胞后才能了解。

这些实验是如何进行的? 自然状况下,细胞并不吞入 DNA。确实,通过进化,细胞具备了很强的防止外源遗传物质进入的能力。因此,一系列技术用来超越对基因转移的自然障碍。或许最容易理解的、也是最难操作的是微注射,即利用艰苦努力制成的精细玻璃针头将 DNA 直接注射入细胞的核内。以每个细胞为基础来说,这种操作是非常有效的。亦即一大批注射过的细胞确实得到了外源 DNA,但一次试验只能注射几百个细胞。尽管如此,有些早期肿瘤病毒的试验就是通过微注射进行的,而且这种方法被保留了下来,作为某些试验中将 DNA、RNA、蛋白质引入细胞的一种选择。下面分述哺乳动物细胞基因转移的各种方法。

1. 葡聚糖、磷酸钙共沉淀

将 DNA 引入细胞的最早方法是将 DNA 与一种惰性的碳水化合物大分子(葡聚糖)一起孵育,在葡聚糖上耦联了一个带正电荷的化学基团二乙氨乙基(DEAE)。DNA 通过自己带负电的磷酸基团连接在 DEAE-葡聚糖上。而这种含有 DNA 的大粒子反过来又吸附在细胞表面,细胞通过内吞作用(endocytosis,细胞膜更新的一种正常过程)将 DNA 吸收入细胞内。有些 DNA 可逃脱在细胞质中的破坏而进入细胞核,并像细胞中其他基因一样在核中转录为 RNA。

DEAE-葡聚糖方法虽然相对简单,但对许多类型的细胞其引入效率非常低,因此,它不是一种能使纯化的 DNA 发挥生物学功能的常规的、可靠的方法。对研究哺乳类细胞基因转移的工作人员来讲,最终的突破是发现细胞在与磷酸钙一起形成沉淀物时能有效地吞入 DNA(图 11-2)。利用这种新的方法,用病毒 DNA 转染细胞获得的病毒比用 DEAE-葡聚糖方法多出 100 倍。正是利用磷酸钙共沉淀法才使研究人员发现,纯化的肿瘤病毒 DNA 能使正常细胞转化成癌细胞,令人信服地证明癌细胞的生长也是由 DNA 编码的,从而形成人们对人体细胞中癌基因的深入认识的基础。

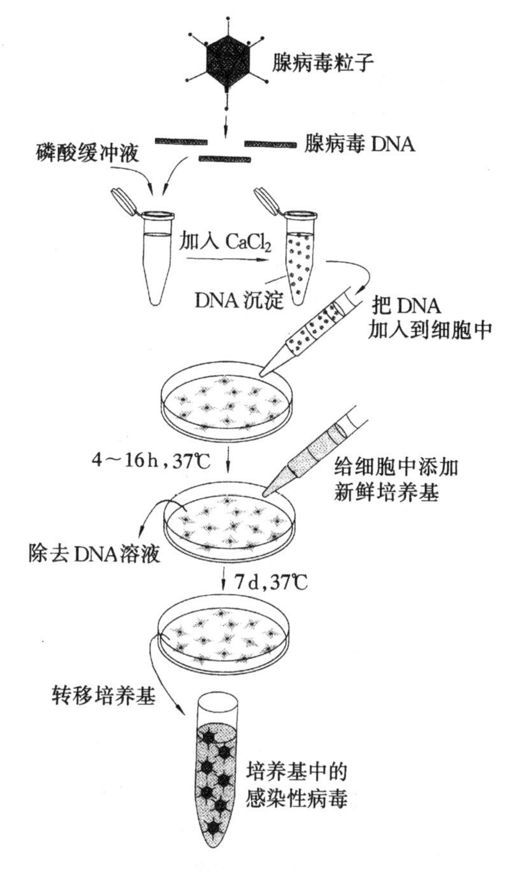

图 11－2　利用磷酸钙共沉淀法进行 DNA 转染

当人们可以使用重组 DNA 技术这一工具之后，就可以进行越来越复杂的基因转移试验了。用限制性核酸内切酶将肿瘤病毒 DNA 切割成片段，这些片段通过转染被单个检测，以确定含有具特异作用的功能基因的 DNA 片段。最后，当人们能够克隆肿瘤病毒 DNA 时，可将这种克隆的 DNA 完全在细菌细胞内繁殖，而用这种 DNA 进行的基因转移试验与直接从病毒中分离得到的 DNA 几乎具有完全相同的生物学活性。这些早期的肿瘤病毒基因转移试验对现代生物学的影响是极其深刻的。

利用磷酸钙共沉淀技术还可进行两个不同基因片段的共转染(图 11－3)。这种方式可将吸收了外源 DNA 的细胞筛选出来。将含有 *tk* 基因的单一疱疹病毒 DNA片段与携带兔β-珠蛋白基因的片段相混合，利用磷酸钙沉淀法将这两种

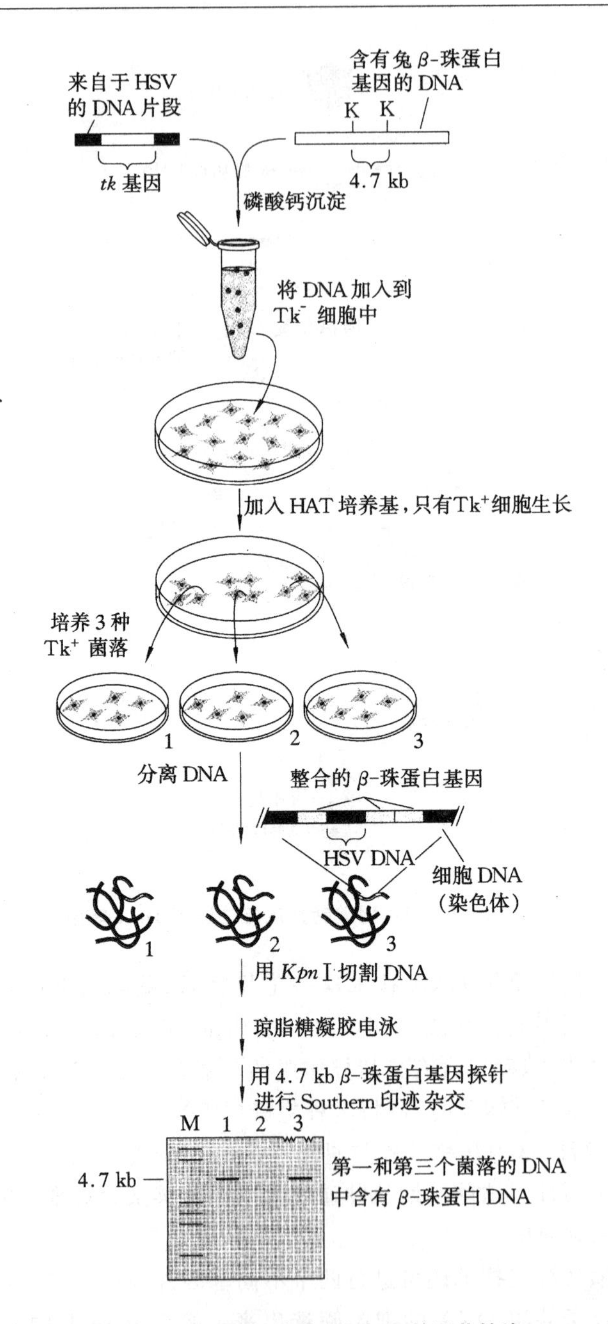

图 11-3　无选择性基因与标记基因共转染

DNA 片段加到小鼠 Tk^- 细胞表面。将细胞培养在 HAT 培养基中，只有 Tk^+ 的细胞能够生长。2～3 周后，Tk^+ 细胞群落在培养皿中形成，挑选这种群落继续培养，分离染色体 DNA，用限制性酶 *Kpn* Ⅰ消化（这种酶对 β-珠蛋白基因的切割部位在图中的 K 处），进行 Southern 印迹杂交，用放射性标记探针检测 *Kpn* Ⅰ片段的兔 β-珠蛋白序列。大多数 Tk^+ 群落同时获得了兔 β-珠蛋白基因。对这些群落转染的 DNA 的结构进行详细分析表明，通常在染色体的一个或少数几个位点整合进大量多拷贝的两种转染片段。图中 M 为相对分子质量大小标记。

以上试验表明，虽然培养的细胞中只有极少数细胞能够吸收外源 DNA，但这些细胞吸收的 DNA 量却较大（1 000 kb 或更多）。而且未经连接的 DNA 片段当其进入细胞内后便以共价键结合，这可能是通过细胞内 DNA 连接酶作用的结果。这些复合体似乎从一个或少数几个位点整合入染色体 DNA，而这些转染的大分子复合体通常含有每一片段的许多拷贝。因此，通过一个片段（如 *tk* 基因）选择的细胞几乎总是含有那些未进行选择的片段。此外，当检查由单个细胞所形成的细胞集落时，它们与细菌转化菌落形成的克隆一样，即集落中的所有细胞都在宿主细胞基因组的同一位点整合有同一转染的 DNA 片段，说明这些细胞是同一转染细胞的后代。因此，在细胞分裂时，转染的 DNA 一定是与细胞中的其他 DNA 一样，忠实地进行复制。从中可以得出的结论是，任何与 *tk* 基因混合的基因都能稳定地转移到哺乳动物细胞内，通过 Tk 标记，吸收了外源 DNA 的细胞可简单地被选择出来。在能够存活的细胞集落中，极有可能含有所希望检测到的其他基因。

2. 电穿孔

虽然磷酸钙沉淀法是将 DNA 引入哺乳动物细胞最广泛使用的方法，但对有些细胞这种方法却难以奏效。像淋巴细胞是生长在悬浮培养液中的，磷酸钙沉淀法对其根本不起作用。电穿孔法（图 11－4）是将细胞置于含有 DNA 的溶液中，并使其受到短暂电脉冲的作用以使细胞膜能产生瞬时穿孔。DNA 通过孔直接进入细胞质，而不需经过内吞作用，因为穿过内吞泡有时会使 DNA 遭到破坏。

3. 脂质转染法

DNA 还可与人造脂肪泡——脂质体结合，脂质体能与细胞膜融合，可将其内容物直接送入细胞质中（图11－5）。

4. 微注射注

微注射法是将 DNA 引入细胞最稳妥的方法，已发展到计算机辅助操作，可使一次试验注射细胞的数量提高 10 多倍。

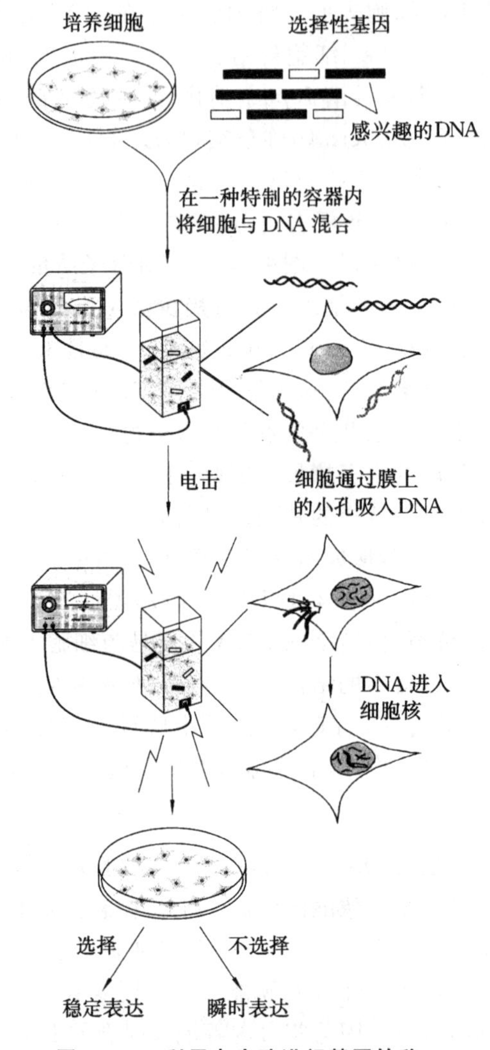

图 11－4　利用电穿孔进行基因转移

5. 基因枪法

还有一种直接进行基因转移的方法主要用于植物细胞和组织，它是将 DNA 吸收到钨弹的表面，然后用基因枪将这些含有 DNA 的钨弹直接发射到细胞里。

微注射、电穿孔、脂质体融合等方法也都可用来将蛋白质引入细胞，这些方法是研究蛋白质在活细胞中功能的非常有效的途径。可将纯化的蛋白质直接引入细胞中，以评价其在自然环境中的作用；亦可将某一蛋白质的抗体引入细胞中以阻碍

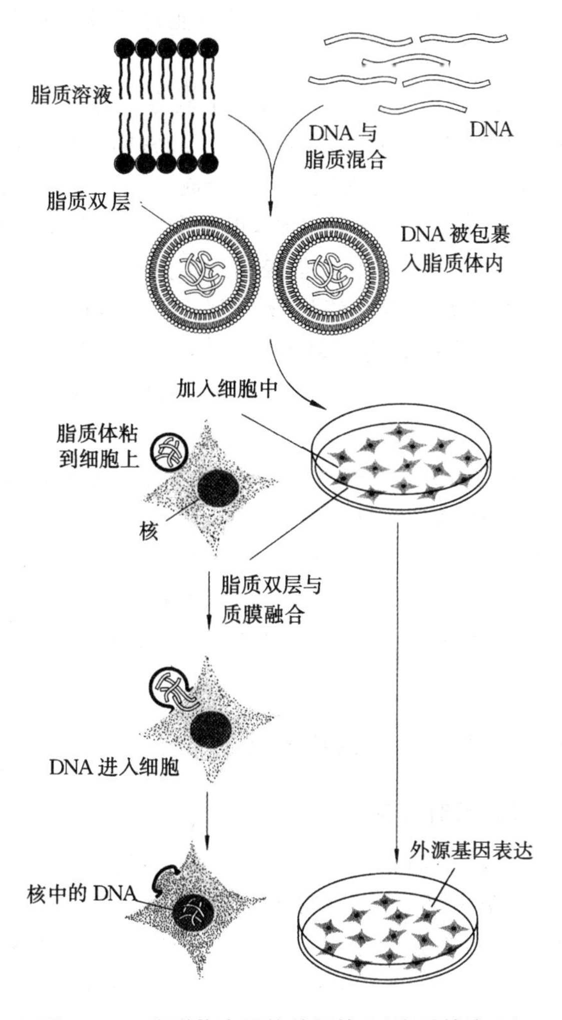

图 11－5　脂质体介导的基因转移(脂质转染法)

这种内源性蛋白质功能的发挥。

6. 病毒载体介导的基因转移

虽然通过转染将裸露 DNA 引入细胞可使半数的培养细胞瞬时表达,但通常情况下瞬时转染的细胞比例还是较低的。事实上,有些细胞用本章介绍的人工方法几乎不能转染。重组 DNA 技术的很多应用需要将外源基因引入那些难以接收 DNA 的细胞类型中。例如,极具潜力的基因治疗方案就需要采用有效的方式将基因转移到正常人体细胞中。在有些研究和生物技术的应用方面,如需要利用克隆的基因产生大量的蛋白质,最重要的就是要尽可能将这种克隆 DNA 转入更多的细胞中。

为了解决这些问题,研究人员将目光转向了病毒。病毒的生长是依赖于将自身的基因组转移入细胞的能力,为此,病毒具备了异常精致和有效的侵入细胞的方式。当它们进入细胞后,便会掠夺细胞的生物合成机器产生自己的 RNA、DNA 和蛋白质。病毒是功能强大的基因转移载体,正是 DNA 介导的基因转移才使得研究人员弄清了病毒基因组的结构,从而能控制病毒更有效地进行基因转移。

最早使用的病毒载体是猿猴肿瘤病毒 SV40,改造时仅用外源基因替代了有些病毒基因(图 11－6)。将要表达的基因(外源 DNA)克隆到病毒晚期启动子之后的 SV40 晚期基因处,用 *Bam*HⅠ限制性内切酶在图中 B 处将细菌的一段 DNA 序列切除,用 DNA 连接酶使其环化。将此环化的 DNA 与携带有功能的晚期基因但却缺失其他病毒基因组序列的缺失性 SV40 辅助病毒共转染细胞。辅助病毒之所以是缺失型的,是因为它缺少病毒早期基因。吸收了以上两种质粒的细胞开始产生病毒蛋白,使吸入到细胞中的两种 DNA 得到复制,并将其包装成感染性的病毒颗粒。细胞很快裂解,并释放出病毒。收获产生的病毒原种,可用它们感染新培养的猿猴细胞。在第二次感染的高峰期,被感染的细胞将产生大量的克隆基因的蛋白质。

11.1.4 转基因哺乳动物细胞基因的表达

11.1.4.1 基因的瞬时表达

运用基因转移方法将外源 DNA 稳定地转染入细胞的基因组是一种稀有事件,在一千到一万个细胞中仅一个细胞发生基因转移。许多细胞(几乎占一半)在转染中吸收了 DNA,但没有进行整合。在这些细胞中,外源 DNA 在细胞核中停留几天后消失(图 11－7)。然而在此期间,转染入的 DNA 具有调节活性,控制染色体中内源性基因的表达。在转染后的 48 小时内,50％的细胞吸收有转染的 DNA,这叫做瞬时期。在许多种实验中,专门利用这一时期的培养细胞。当细胞继续培养时,转染的 DNA 不停地丢失(其原因是由于非整合的 DNA 不能随着宿主细胞染色体一起复制,因而不停地降解和稀释)。培养皿中只有少数细胞转染的 DNA 稳定地整合入染色体中。分离这些细胞,且子代细胞需要用转染进的标记基因进行选择。这种选择技术能够剔除那些没有将转染进的 DNA 整合到染色体中的细胞,并使完成整合的细胞生长形成大的可分离的群落(克隆),以便于将来作进一步分析。

研究人员通过几种不同的途径来利用基因的瞬时表达。如瞬时表达被用来快

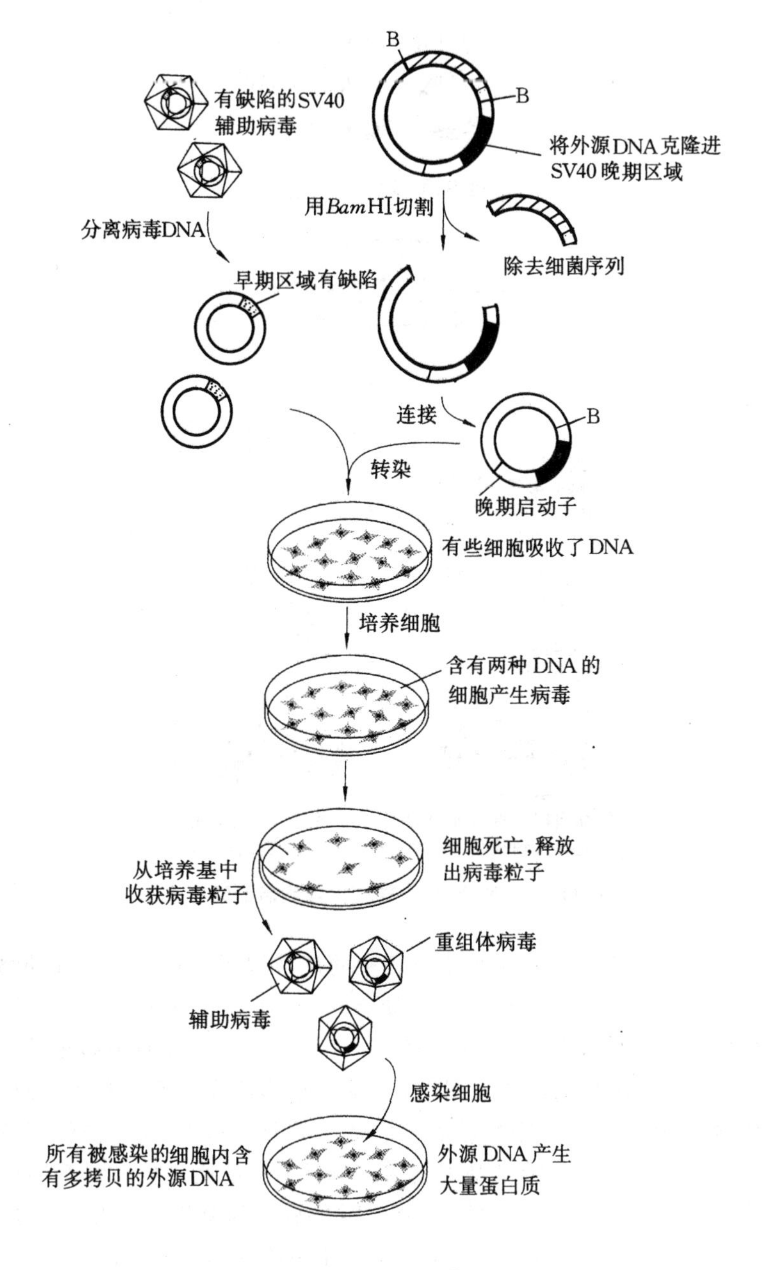
B
有缺陷的SV40
辅助病毒
B
将外源DNA克隆进
SV40晚期区域
用BamHI切割
分离病毒DNA
除去细菌序列
早期区域有缺陷
连接
B
转染
晚期启动子
有些细胞吸收了DNA
培养细胞
含有两种DNA的
细胞产生病毒
细胞死亡,释放
出病毒粒子
从培养基中
收获病毒粒子
重组体病毒
辅助病毒
感染细胞
所有被感染的细胞内含
有多拷贝的外源DNA
外源DNA产生
大量蛋白质

图 11－6　SV40 载体

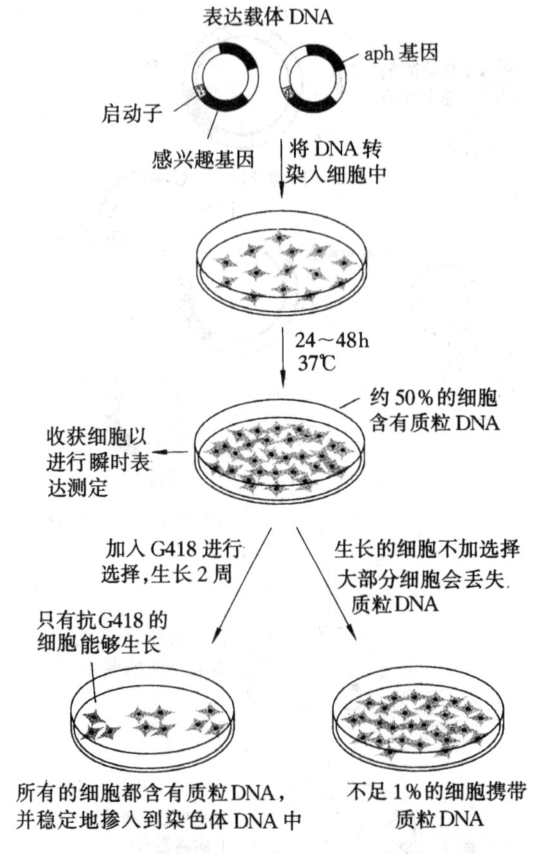

图11－7　外源DNA转染入细胞后的瞬时表达

速鉴定某一基因在RNA转录和加工过程中的调节因子。在研究哺乳动物细胞启动子和增强子活性的过程中,携带有克隆启动子(经常含有不同的序列缺失和突变)的质粒被转染进细胞中,细胞在培养48～72 h后收获,此时细胞正处于瞬时表达阶段。在此期间,活性启动子被识别,并被细胞的转录机器所利用,使质粒启动子的下游序列被转录。下游序列通常携带有一个报告基因,如细菌的氯霉素乙酰转移酶(CAT)基因,或者从转染基因转录的RNA的量通过放射性基因探针的杂交可直接测定出来。瞬时表达的另一个应用是从克隆基因中产生大量蛋白质和RNA。从一个瞬时表达的转染基因中产生的蛋白质和RNA的量非常大。

从对病毒和细胞基因的研究中,研究人员已经知道了许多使这些基因取得高水平表达的方法。现代表达载体的设计就是基于已经掌握的知识与强的病毒或细胞启动子和有效的翻译起始信号的结合。此外,绝大多数载体还结合了一个内含子,通常对其进行剪切，因为剪切有助于 mRNA 从细胞核中输出和翻译的效率。可通过基因工程构建出这样的载体，它的蛋白质编码序列能直接将表达的蛋白质产生于细胞内的特定位置（如分泌泡），或使蛋白质带有另外的多肽序列标记，以便于用来纯化。这种载体的一个例子见图11－8。现代的表达载体由一些明显的功能单位连接而成，这些单位提供功能性基因的不同组合。这里所展示的载体携带一个巨细胞病毒启动子、一个珠蛋白内含子以及 SV40 病毒的 poly（A）额外序列。这种质粒通常含有几个限制性酶切位点（称为多位点接头）以便插入要表达的外源基因。质粒主链部分含有通常的复制序列（ColE1 起点）以及大肠杆菌的抗药性（Amp^r）标记、M13

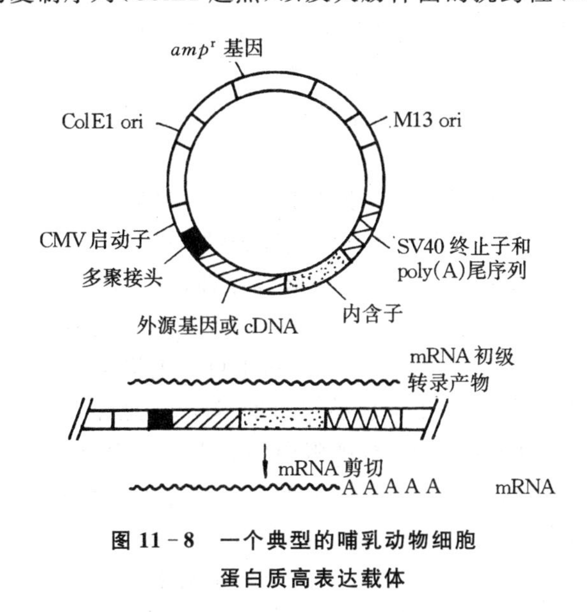

图 11－8　一个典型的哺乳动物细胞蛋白质高表达载体

复制起点，使得该载体在细菌细胞中诱变成单链噬菌体时容易得到。

11.1.4.2　基因的长期稳定表达

反转录病毒是一种 RNA 病毒，它的生活周期与裂解性病毒完全不同。当其感染细胞时，它的 RNA 基因组转变成 DNA 形式（这是通过反转录酶来完成的，反转录酶现成为基因克隆的关键试剂）。这种 DNA 能有效地整合到宿主基因组中，长久地在宿主基因组中寄宿，并在每次细胞分裂时，随宿主 DNA 一起复制。这种整合的原病毒（provirus）依靠基因组末端的强启动子（称为长末端重复 LTR 的序列）稳定地产生病毒 RNA。此病毒 RNA 既作为产生病毒蛋白质的 mRNA，又作为产生新病毒的基因组 RNA。病毒在细胞质内组装，从细胞膜以出芽方式排出，但对细胞的健康几乎无不良影响。因此，反转录病毒基因组可作为宿主细胞基因组的永久性成分,任何位于反转录病毒上的外源基因都应该能在细胞中无限期地表达。

由此看出,反转录病毒由于能在细胞中永久性表达外源基因,从而成为引人注目的载体。此外,它能感染几乎所有类型的哺乳动物细胞,使这些细胞发挥多种功能。反转录病毒还广泛地用于研究外源基因在细胞中的作用。能引起癌症的癌基因以及与其对应的延缓细胞生长的抗癌基因都经常被放置于反转录病毒载体上进行研究。携带癌基因的反转录病毒还用来感染直接从动物体得到的特殊细胞,以建立永久性细胞系并进行详细研究。携带编码半乳糖苷酶的大肠杆菌 *lac2* 基因的反转录病毒可用来标记活体动物的单个细胞,使这些细胞及其子代细胞在随后的发育过程中能被定位。用能被 β-半乳糖苷酶变蓝色的 X gal 分子处理,被感染细胞的子代在组织中的分布能容易地被确定。由于反转录病毒的多功能性,它还被选作基因治疗的载体。

反转录病毒的设计和用途总结于图 11 - 9。这种载体通常含有一个选择性标记以及要表达的外源基因。由于病毒的大部分结构基因已被去除,因此这种载体不像病毒那样能够自我复制。为了获得病毒原种,将克隆的原病毒 DNA 转染进包装细胞(packaging cell)中。这种细胞通常含有整合进的原病毒及其全部基因,但缺乏包装部件的识别序列,因此,包装原病毒可产生将病毒 RNA 包装成感染性病毒粒子的所有蛋白质,但却不能包装自身的 RNA。这样,从转染的载体中转录的 RNA 包装成感染性病毒粒子,从细胞中释放出来。所产生的病毒原种被称作辅助自由(helper free)病毒,因为它缺少野生型病毒所具有的复制功能。这种病毒原种可用来感染培养的靶细胞,从而能有效地诱导出重组体基因组,即反转录出 DNA(这是通过包装细胞沉积在病毒上的反转录酶来完成的),并插入基因组中。因此,细胞能够表达通过病毒介导的新基因,但不能产生任何病毒,因为重组体病毒基因组缺少所必需的病毒基因。

11.1.4.3 基因的高效表达

1. 利用基因扩增使蛋白质高效表达

基因扩增是稳定转染的一个特殊应用,被用来获得转染基因的极高水平表达。当培养细胞用二氢叶酸还原酶(DHFR)的抑制剂甲氨蝶呤(Mtx)处理时,大多数细胞死亡,但最终有些抗甲氨蝶呤细胞可继续生长。当检测时,发现这些抗性细胞扩增了自己的 *dhfr* 基因,即它们能够极大地增加 *dhfr* 基因的数目,从而导致酶表达水平的升高,使细胞反过来逃脱这种药物的抑制。对扩增过程的研究表明,被扩增的 DNA 序列远远大于 *dhfr* 基因本身,其结果使邻近的 DNA 也得到了扩增。

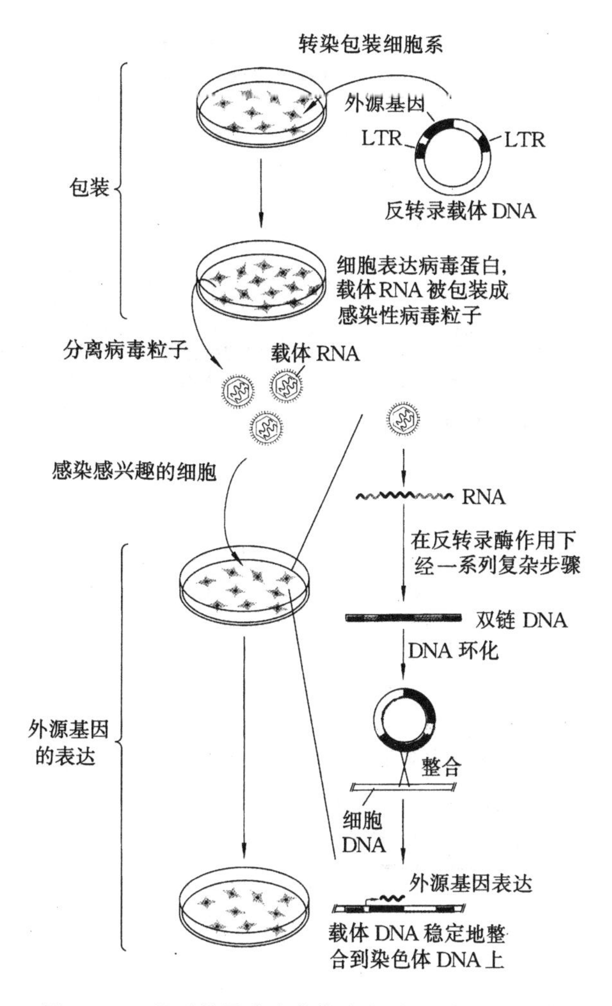

图 11－9　用反转录病毒载体稳定、长期表达外源基因

这一发现的应用见图 11－10。将欲表达的基因与 *dhfr* 基因一起转染入缺乏内源性 DHFR 酶活性的细胞系中。把细胞培养在一种特殊的不含核苷的培养基中,使其只有在获得 *dhfr* 基因时才能生长。细胞集落选择出后,让其生长,并转移入含有 0.05 μmol/L 甲氨蝶呤(Mtx)的培养基中培养。许多细胞在这种浓度的 Mtx 培养基中不能生长,但有少数细胞将通过扩增 *dhfr* 基因,使其产生足够的酶以逃脱 Mtx 的限制。几周后,扩增了 *dhfr* 基因的细胞大量繁殖,在培养基中占绝对优势。这时,提高 Mtx 的浓度,新一轮循环开始,逐渐提高 Mtx 的浓度直至5 μmol/L,在这种浓度里生长的细胞其 *dhfr* 基因以及相连锁的外源基因已经扩增了几百倍。

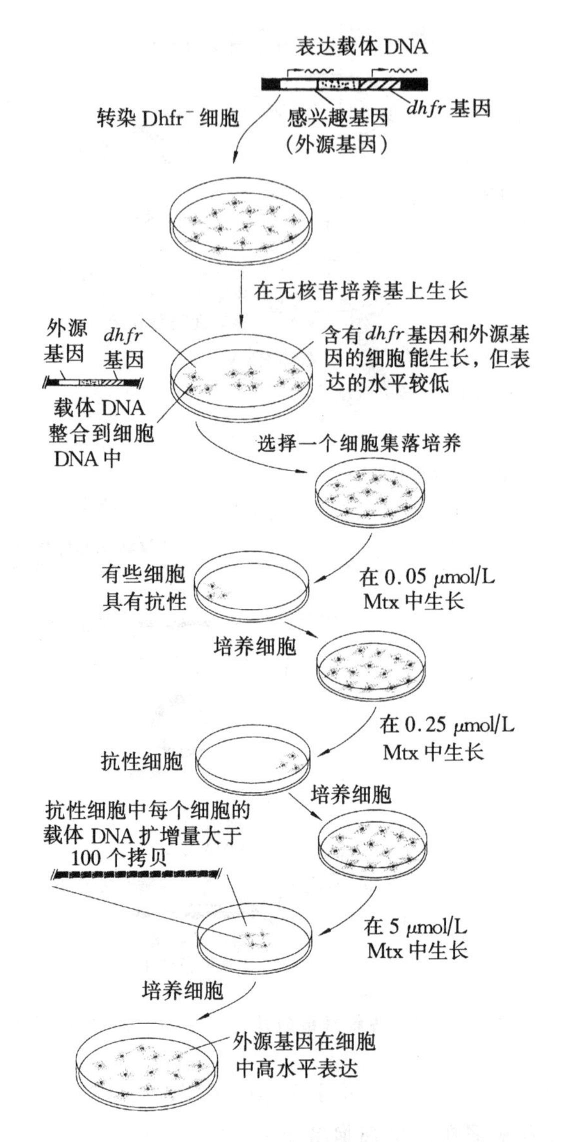

图 11－10　通过与 *dhfr* 基因的共放大获得高表达

2. 利用 COS 细胞使蛋白质高效表达

利用转染将 DNA 引入细胞，进入细胞后病毒蛋白复制的杂交法是目前普遍应用的高水平表达克隆基因的方法。这一过程要用到 COS 细胞系，即携带有稳定整合的 SV40 基因组片段的细胞系(图 11－11)。将欲表达基因克隆于携带一小段

SV40 病毒 DNA 且包括病毒复制起点的质粒上。用此质粒转染一种叫做 COS 细胞的特殊细胞系。这种细胞系含有整合进的能表达病毒 T 抗原的缺陷型 SV40 基因组,而 T 抗原是病毒 DNA 复制所需要的。由于含有病毒复制起点,质粒能被 T 抗原所识别,所以被大量复制,每个细胞中含有多于 100 000 个质粒。在感染细胞死亡之前的几天里,质粒上基因表达的蛋白质累积到较高水平。

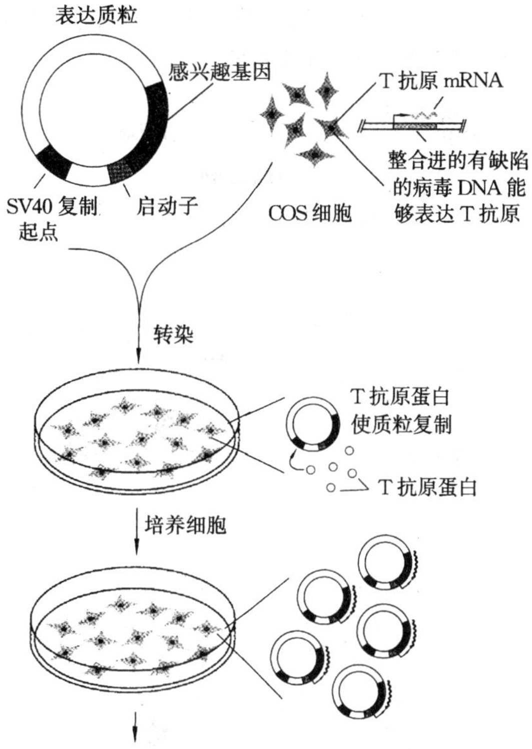

图 11 - 11　利用 COS 细胞高水平表达蛋白质

3. 牛痘病毒用于蛋白质的高效表达

运用 SV40 病毒载体有以下几方面的限制:它只能感染猴子细胞、要求被插入的外源基因较小、基因组经常重排或删除。现在,普遍使用其他病毒载体,因为这些载体感染细胞的范围较广,或者因为它们接受外源基因的范围较大。

牛痘病毒是一个能完全在细胞质中复制的较大的 DNA 病毒。早期的牛痘病毒载体是将外源基因直接接合到病毒基因组的非重要区域,而重组体病毒则是将外源基因插入到病毒的启动子附近。由于病毒基因组很大(185 000 bp),通过标准的 DNA 重组方法不能将外源基因插入其中,而必须在细胞内进行重组,这是一个复杂且冗长的过程。图 11－12 显示了一个多用途牛痘病毒表达系统用来表达噬菌体 RNA 多聚酶的过程。所要表达的基因简单地克隆到含有噬菌体启动子的质粒上,细胞先用表达 RNA 聚合酶的牛痘病毒感染,随后再用上述质粒转染。在噬菌体 RNA 多聚酶的作用下,质粒上的基因顺利转录,其量可达细胞中 RNA 总量的 30%。牛痘病毒感染的特点是病毒能关闭宿主细胞的蛋白质合成,从而使病毒 mRNA(以及质粒 mRNA)优先翻译成蛋白质。

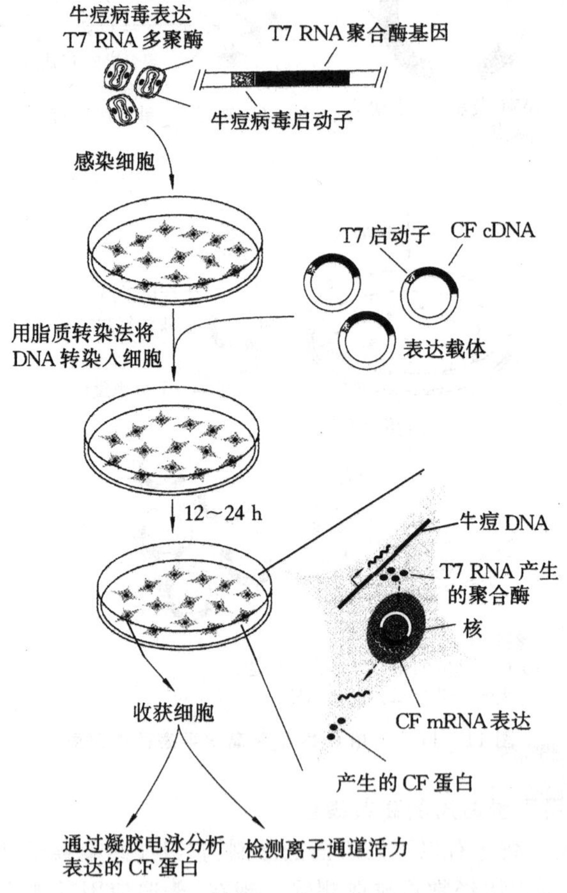

图 11－12　用牛痘病毒载体表达囊性纤维基因(CF)

4. 杆状病毒用于蛋白质的高效表达

另一种广泛用来生产蛋白质的病毒是一种昆虫病毒,即杆状病毒。它之所以能引起研究人员的注意,是因为当其感染时能产生很高水平的一种自身结构蛋白(即外壳蛋白)。如果用外源基因取代这个病毒基因,外源基因的表达水平应该很高。像牛痘病毒一样,杆状病毒也非常大,因此,必须通过重组才能使外源基因进入病毒基因组中(图 11 - 13)。杆状病毒是能够感染昆虫细胞的非常大的 DNA 病毒(基因组大约 150 kb)。为了在杆状病毒中表达外源基因,必须将外源基因克隆

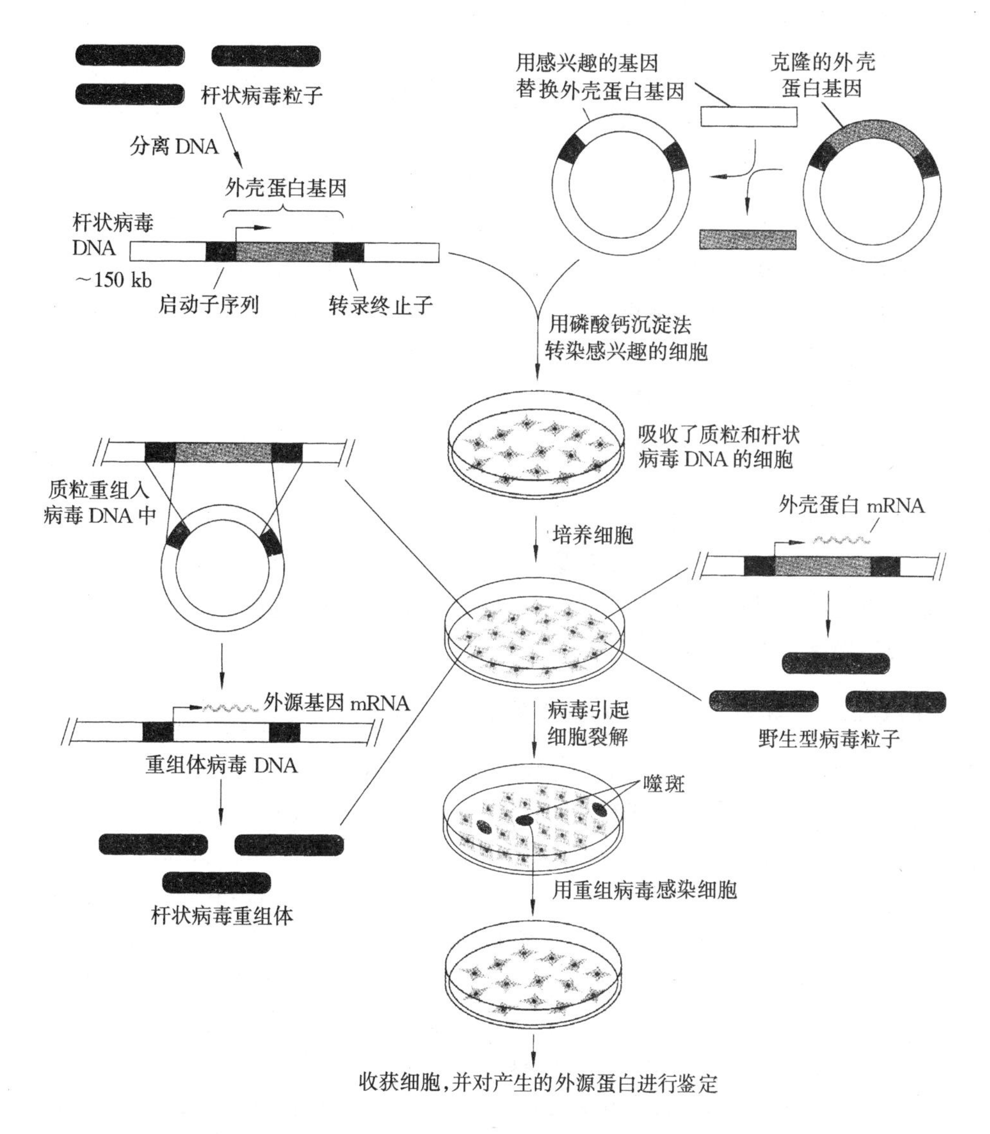

图 11 - 13　用杆状病毒进行蛋白质的高表达

在携带一小部分病毒基因组、且位于病毒外壳蛋白基因位置的质粒上。用重组质粒与野生型杆状病毒DNA一起共转染昆虫细胞,质粒和病毒DNA以较低的频率通过同源序列重组,将外源基因插入到病毒基因组中。病毒噬菌斑形成,在病毒噬菌斑中含有的重组病毒与原病毒看起来不一样,因为前者不能产生外壳蛋白。将重组病毒的噬菌斑挑出、放大。用这种病毒原种感染新培养的昆虫细胞,可使外源基因得到高表达。

11.2 转基因小鼠

在前面的章节中已经介绍了把基因引入酵母细胞或组织培养的哺乳类细胞中以研究真核细胞基因是如何表达的。但如果要研究高等生物发育中的遗传控制将怎么办呢？要知道在高等生物体内细胞间的相互作用起着极其重要的作用。近年来科学的发展为研究人员提供了以小鼠为模型进行研究的一整套工具。而这些研究过去只能用低等生物来进行。科学家现在能用发育中的胚胎进行基因操作或将基因引入胚胎中。当这些基因整合进受体胚胎的基因组后,可对发育后的胚胎或成年动物进行分析以确定基因表达的模式和引入基因的表型效应。这不但给研究人员提供了分析组织特异性表达的基因效应的机会,而且提供了分析一个基因或几个基因协同作用的定向表达的表型效应。研究人员可以设计试验,通过细胞切除研究胚胎生成,或研究细胞核转移以及进行在发育中有重要作用的基因组序列标记。转基因小鼠还能给研究人员提供模型系统,此类系统可用来拓宽研究人员对人类疾病条件的理解,包括发育缺陷和癌症。

11.2.1 转基因小鼠的微注射途径

在重组DNA技术出现之前,大量的纯化基因的唯一来源是病毒。在早期设计的将DNA转移入小鼠胚胎的试验中,纯化的SV40 DNA微注射入胚泡期小鼠胚胎的囊胚腔中,当此胚泡重新植入代孕母鼠的子宫里并让其发育时,大约40%的后裔在它们的细胞里含有SV40 DNA。这些小鼠是嵌合体:在某些组织里,有些细胞的染色体含有SV40 DNA,有些细胞则没有。这表明注射入早期胚胎中的外源DNA可以整合入有些胚胎细胞的染色体中,并随这些细胞一起增殖和分化,一直保持在成年组织中。用莫洛尼鼠类白血病病毒(Moloney murine leukemia virus)进行类似的试验表明原病毒可以整合进生殖细胞中。

当得到克隆的基因后,就可通过微注射使其进入小鼠的早期胚胎中。已经证明,最好是将克隆的基因注射入受精卵中。受精卵含有两个原核,一个来自精子,一个来自卵子，最后形成单细胞胚胎。2 pL 溶液含几百个拷贝的外源 DNA 可直接注射入两个原核中的一个内，然后将此胚胎转移入代孕母鼠的输卵管中，胚胎后来在子宫中着床，许多胚胎可发育到出生（图11-14）。经过转基因操作能成活的卵子和能发育到出生的胚胎的百分比差异很大，但一般在 10%～30%之间。在存活下来的小鼠中，能将外源 DNA 整合入自身染色体的个体从百分之几到百分之四十。被引入的 DNA 似乎是以随机方式整合的，并非对某一特定的染色体位置有偏爱，通常是许多拷贝以串联形式整合在某一单个位点上。外源 DNA 称为转基因，而携带外源基因的小鼠称为转基因小鼠。

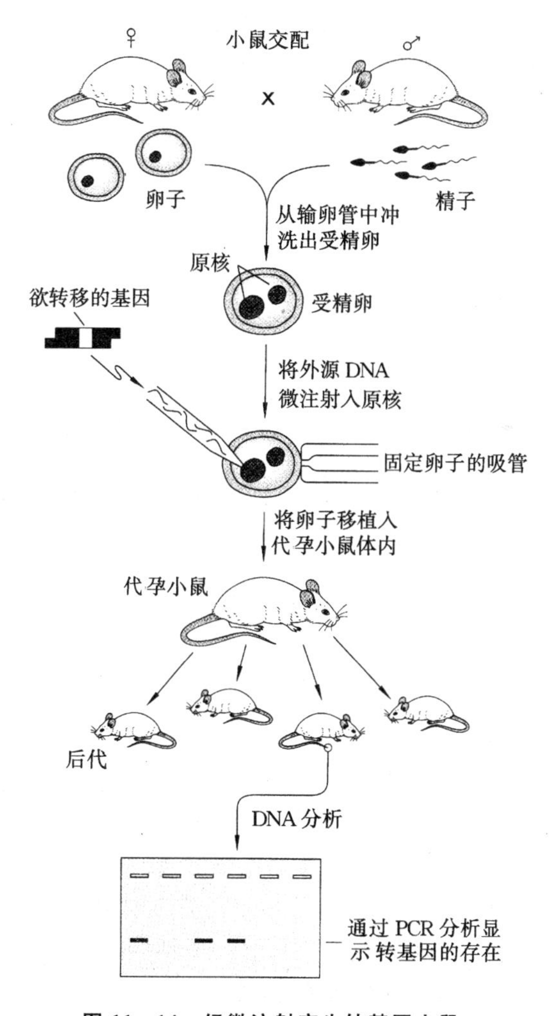

图 11-14　经微注射产生转基因小鼠

过去的研究表明,通过微注射将DNA转移入单细胞胚胎中,DNA可稳定地整合入体细胞和生殖细胞中。源于注入人的克隆干扰素DNA或兔β-球蛋白DNA的胚胎发育成的小鼠能像自身基因一样以孟德尔性状方式将这些基因传递给自己的后代(图11-15)。确定被转移的基因是否整合到转基因小鼠的体细胞中及生殖细胞中是非常重要的,因为若外源基因整合入小鼠的生殖细胞中就可用来建立转基因小鼠系。为此,使转基因小鼠与正常小鼠交配,确定转基因小鼠及转移基因的遗传方式。此例中,与金属硫蛋白基因启动子相连锁的携带单一疱疹病毒胸腺嘧啶激酶基因的雌性转基因小鼠与正常雄鼠交配,每代大约一半后代携带有被转移的基因,这与所期望的转基因小鼠在生殖细胞中整合的比率相同。来源于一个单个建立者小鼠的所有后代形成一个小鼠系,在此系中的每个成员在自己基因组的同一位置含有一个转基因。这种传递模式意味着整合事件发生在胚胎发育的很早时期,即在合子的第一次细胞分裂之前,或者肯定在原始体细胞分化成卵子和精子的生殖细胞群体之前。当引入胚胎的外源基因在成年小鼠的体细胞和生殖细胞里稳定整合得到确证后,必须确定这些基因是否得到表达;如果已经表达,那么这种表达是否通过正常调节。

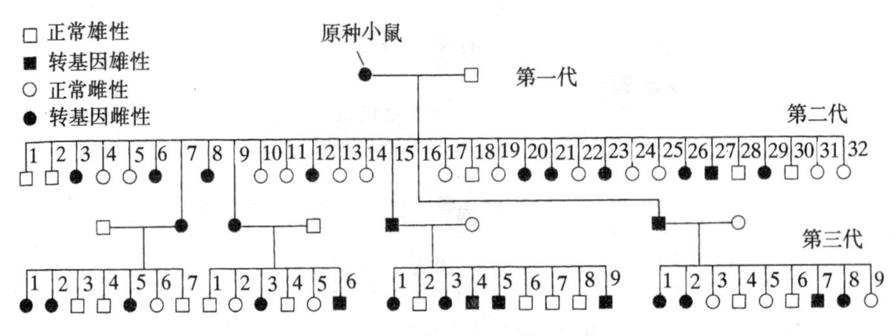

图11-15　微注射的外源DNA可像正常的孟德尔基因一样通过生殖系传递

11.2.2　转基因小鼠的胚胎干细胞途径

将DNA直接注射入小鼠受精卵的原核中是产生转基因小鼠的有效途径,但不能操作或控制DNA的整合。然而,通过将DNA引入特殊细胞(如胚胎干细胞,即ES细胞)内,再将转化后的细胞注射入胚胎可完成这种控制。

小鼠交配后第三天分离胚泡,在培养皿上培养,这时细胞铺展在培养皿的表面,当形成内层细胞团时,将其移出。用胰蛋白酶将细胞团分离成单个细胞。如果将ES细胞平铺在培养皿表面,细胞将分化成不同的组织。若将ES细胞培养在成纤维细胞的滋养层上,细胞将继续增殖,且能重复培养(滋养层是一种单层细胞,这种细胞经过处理,不能继续分裂,但能持续代谢,可创造像培养基一样的条件,使其他细胞能在其表面存活和生长)。ES 细胞可通过微注射进入囊胚中,然后同化进内胚层细胞团中,参与嵌合鼠许多组织的形成。通常可将 ES 细胞注入具有不同毛色的小鼠胚泡中,通过观察外表毛色就可得知 ES 细胞是否融入后代嵌合鼠中。

ES 细胞可通过培养小鼠胚泡的内层细胞获得(图 11－16)。ES 细胞可像其

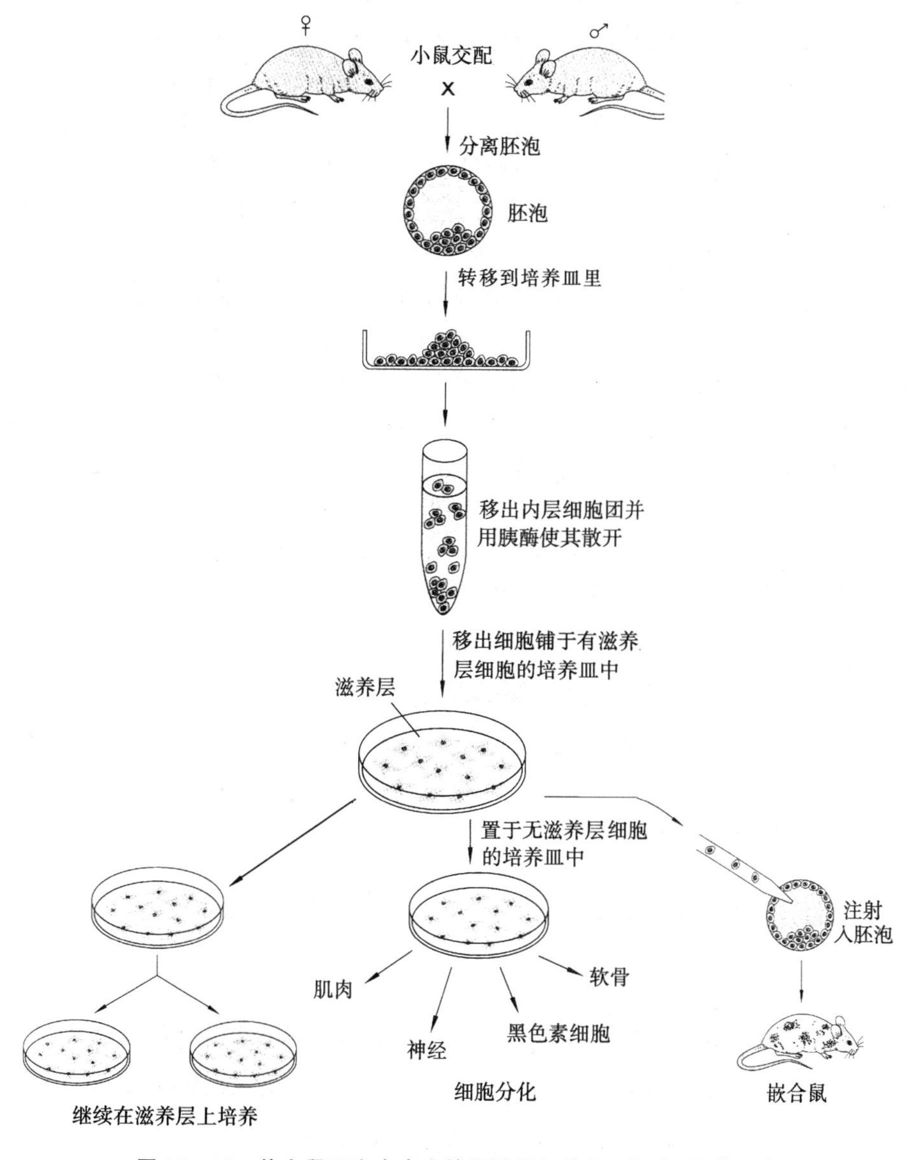

图 11－16　从小鼠胚泡中产生的胚胎干细胞(ES 细胞)及其用途

他细胞一样在组织培养液中生长，但唯一不同的是要让其在成纤维细胞的滋养层上生长或在培养基中加入白血病抑制因子(LIF)以防分化。在上述条件下，ES 细胞可生长许多周，但仍然保持高度的分化能力，如从这些 ES 细胞可得到心肌细胞、血管细胞、成肌细胞、软骨细胞和神经细胞。这些杰出的 ES 细胞就像单细胞小鼠一样，当把它们注射入小鼠胚胎中，它们可以参与所有组织的形成。

通过转染、反转录病毒感染或电穿孔方法将 DNA 引入到 ES 细胞。通过 ES 细胞将基因转移入小鼠最大的优点在于携带转基因的细胞在注射入胚泡之前可进行选择，其方法可采用正/负基因选择系统。如图 11－17 所示，正选择基因（多为 *neo* 基因）在随机整合与同源重组中均可正常表达，负选择基因在靶基因的同源区外位于载体 3′末端（常用 HSV-*tk*）。因为大多数随机整合是外源 DNA 在染色体 DNA 末端的整合，因此整合后保留 3′末端基因。载体 DNA 在与染色体 DNA 发生同源重组以后，载体末端的 HSV-*tk* 在同源区外，不参与整合而被丢失。通过 *neo* 基因产物对 G418 的抗性选择出含 *neo* 的阳性克隆，*tk* 基因表达的胸苷激酶，可使丙氧鸟苷(ganciclovir，GCV)转变为毒性氨基酸，从而使含有该基因的转染细胞死亡，排除随机整合细胞株。用 G418 作正选择，筛选出含有 *neo* 基因的细胞株，再用丙氧鸟苷作负选择淘汰含 *tk* 基因的细胞株，保留不含 *tk* 基因的同源重组细胞株。如果这种基因敲除发生在小鼠的胚胎干细胞，就可得到剔除某一基因的个体，这种鼠被称为基因敲除鼠(knock out mouse)。2007 年英国科学家 M. Evans、美国科学家 M. Capecchi 和 O. Smithies三人因这项基因靶向技术分享当年的生理学或医学诺贝尔奖。

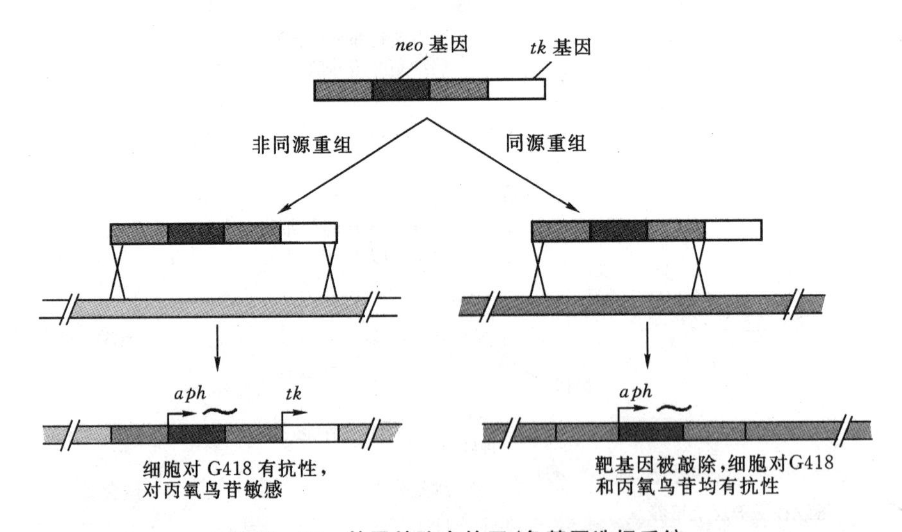

图 11－17 基因敲除中的正/负基因选择系统

11.2.3　转基因的组织特异性表达

虽然被转移的基因在染色体上整合的位置与它的内源性同类所在的位置不同，但它与内源性基因的表达方式却非常相似。为了确定转基因的表达模式，对各个组织中转基因编码的 DNA 和蛋白质进行了分析。不同种的动物也用来分析被转移基因的产物与其内源性基因产物的差异。如分析人胰岛素基因编码的 RNA 与小鼠胰岛素基因转录的 RNA 的差异。

胰岛素是一种多肽类激素，参与糖代谢的调节。这种蛋白由 β 细胞产生，β 细胞是一种分散的内分泌细胞簇，存在于胰脏中的胰岛内。当分析含有人胰岛素基因的转基因小鼠时，发现人胰岛素 RNA 只出现在胰脏内，而不是出现在其他组织中。诱导被转移的人胰岛素基因的转录信号与小鼠内源性胰岛素基因的诱导转录信号完全相同。因此，外源性被转移的基因不但能在正确的组织中表达，而且它与内源性基因一样，具有相同的调节信号控制。用通过 ES 细胞产生的转基因小鼠的其他很多基因也可得出类似的结果。

如果某一负责组织特异性调节的基因序列已经清楚，那么就可以用它来定向表达原本不在某一组织中的基因产物。例如，胰脏的胰岛由 4 种细胞类型组成：α、β、δ 和 PP。它们分别产生 4 种激素：胰高血糖素、胰岛素、促生长素抑制激素和胰多肽。胰岛素基因控制区的增强子-启动子用来在胰岛的 β 细胞里定向表达一种病毒癌基因——SV40 的大 T 抗原。由小鼠胰岛素基因 5′端 660 bp 的 DNA 与 SV40 基因组中大 T 抗原的编码区域组成重组 DNA 分子(图 11－18)。携带此重组基因的小鼠在 9～12 周龄时死亡。病理分析表明胰岛中有增生(细胞的非正常增殖)和肿瘤产生。除胰岛外，转基因小鼠的其他组织均正常，表明在胰岛内产生组织特异性表达。虽然每个小鼠中胰岛只有一小部分受影响，但所有携带这种转基因的小鼠都有胰腺肿瘤产生。对转基因小鼠的组织进行免疫组织化学分析表明，肿瘤细胞表达了大 T 抗原，而且这些肿瘤细胞全都是 β 细胞。也就是说，胰岛素基因控制区在合适的细胞类型里精确地直接表达了大 T 抗原。这些 β 肿瘤细胞与人自然产生的胰岛肿瘤细胞非常相似。

11.2.4　转基因小鼠的应用

转基因小鼠在研究基因功能和建立某些疾病的动物模型方面有广泛的应用。以下是转基因小鼠应用的几个例子。

1. 转基因可用于杀死特异性类型细胞

把基因定向转移入某特异性细胞也是一种研究小鼠发育的有力措施。在另一

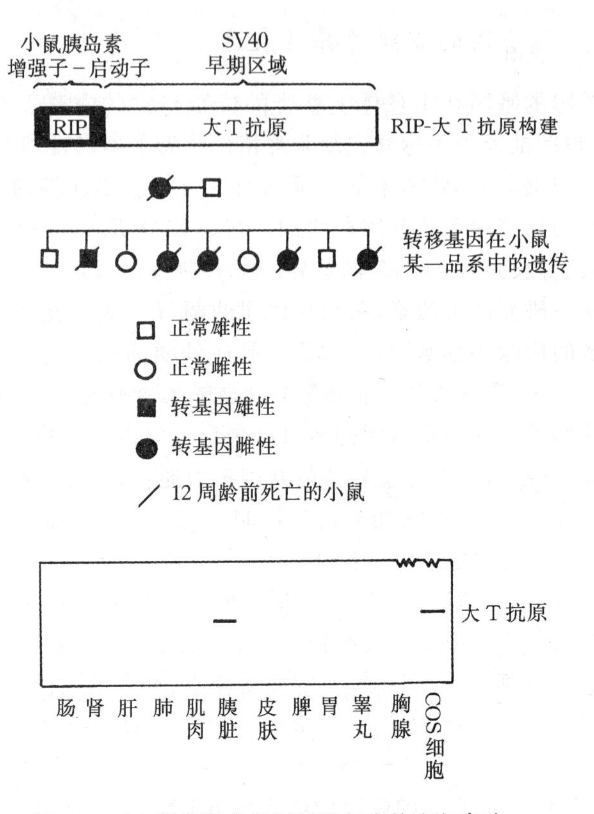

图11－18　转基因在特异性组织中的定向表达

类型试验中,一种特异性类型的分化细胞的基因表达控制区被用来在此细胞中表达一种毒素基因。在这种试验中,只有一种类型细胞被杀死,缺乏这种类型细胞后对小鼠发育的影响可随之被观察到。例如,弹性蛋白酶1基因表达胰腺外分泌蛋白,用它的调节区域直接表达一种蛋白毒素——白喉毒素A链。在24个转基因小鼠中,有7只缺少正常小鼠所具有的胰腺。显微观察表明,有些小鼠具有原始的胰腺,但外激素的分泌非常不正常。运用其他特异性细胞的增强子-启动子序列进行了类似的细胞去除试验。如用晶体蛋白基因在发育中的眼晶体细胞中表达白喉毒素A链和凝集素蓖麻毒蛋白。

这种方法的一个困难在于当细胞内源基因打开时,毒素基因就立即启动。如果这种情况出现在发育的早期,那么某些细胞系的缺乏将对小鼠随后的发育是致命的。为此,将疱疹病毒的胸苷激酶基因(*tk*)连接到特异细胞的增强子-启动子序列上,构成一个选择性杀死细胞的可诱导系统。当合成的核苷酸注射入小鼠体内后，含有转基因的细胞就会死亡。并非核苷酸有毒性，而是疱疹病毒胸苷激酶通过核苷酸代谢产生杀死细胞的物质。

这种技术用来研究垂体前叶与细胞的关系。合成催乳素的细胞被认为由合成生长激素(GH)的前体细胞分化而来。垂体前叶的生长激素和催乳素合成细胞作为小鼠转基因的靶细胞，分别用来与 *tk* 基因一起构建生长激素或催乳素启动子。随后注射合成的胸腺嘧啶核苷，拥有生长激素-*tk* 基因启动子的转基因小鼠长大为矮小型，缺乏生长激素和催乳素合成细胞；但携带有催乳素-*tk* 转基因的小鼠却完全正常。这一研究得出的第一个结论是合成催乳素的细胞并不分裂，要不然，它就会被核苷酸的代谢产物所杀死。第二个结论是生长激素合成细胞是上述两类细胞的前体，因为实验中小鼠的生长激素合成细胞被杀死之后，小鼠的催乳素合成细胞也随之失去。

2. 用反转录病毒追踪细胞来源

可用将标记基因引入新生鼠来进行细胞来源的研究。反转录病毒是将外源基因引入细胞的有效载体，重组的莫洛尼鼠类白血病病毒是用大肠杆菌的 *lacZ* 基因取代了病毒的 *gag*、*env* 和 *pol* 基因。*lacZ* 基因编码 β-半乳糖苷酶，它可将 X gal 变成蓝色。在自己的 DNA 中整合入这种重组病毒的细胞在组织中因呈蓝色而能被显微观察区分出来。这种试验的目的是将这种标记病毒输送到胚胎或幼龄动物的特定部位，以使一小部分细胞感染。每个感染的细胞裂解为含有这种整合标记病毒的细胞克隆。一个克隆中着色细胞的分布和类型可提供原始细胞来源的有关信息。这一方法对研究视网膜的发育特别有效。将标记病毒注射入出生后 1 天、2 天、4 天、7 天的小鼠视网膜和色素上皮之间，视网膜组织培养 4～6 周后用 X gal 着色。注射的病毒量要少些，使得每一簇蓝色细胞只由单个感染的细胞分化而成，形成由此细胞分裂成的克隆。令人惊奇的是，许多克隆含有一种以上细胞类型，表明单个前体细胞可裂解成杆细胞、双极细胞、放射状胶质细胞。这种技术也有一些问题，例如，携带标记病毒的有些细胞并不表达 β-半乳糖苷酶，病毒有时不能定位于某种特殊细胞。可用其他方法代替，如直接将标记物(像荧光葡聚糖)直接注射入细胞，这种方法曾用于非洲爪蟾，但要用于哺乳动物胚胎则很困难。

3. 转基因可扰乱内源性基因的功能

在少数情况下，转基因的插入可扰乱有些内源性基因的功能，而这些内源基因的产物又是正常胚胎发育所必需的，结果所产生的异常能提供被扰乱基因发育途径的线索。利用重组 DNA 技术产生了一种包含鼠乳癌病毒(MMTV)长末端重复序列(LTR)和鼠 *c-myc* 基因的转基因小鼠品系(S)。当杂合子小鼠相互杂交时，有些后代出现前肢和后肢畸形,包括在桡骨和尺骨处、胫骨和腓骨处出现单个骨头,且缺失趾。交配试验表明 MMTV-*myc* 整合位点与突变表型相互分离,证明转入基因的整合破坏了内源性细胞基因。

纯合子小鼠的表型与已知的 *ld* 基因位点的"肢畸形"突变相类似。所进行的试验表明,称作 ld^{Hd} 的转基因新突变是 *ld* 的一个等位基因。首先,ld^{Hd} 插入的染色体部位已经确定,并与 *ld* 位点在染色体上的位置作了比较。整合进的 MMTV-*myc* DNA 作为标记物用来克隆 ld^{Hd} 插入区域的小鼠 DNA。将这种 DNA 作为探针与含有不同小鼠染色体的一组小鼠——仓鼠杂种细胞杂交。能与 ld^{Hd} DNA 杂交的 DNA 来自小鼠的 2 号染色体,此染色体携带 *ld* 位点。第二,*ld* 和 ld^{Hd} 鼠的交配试验表明 ld/ld^{Hd} 型后代与 ld^{Hd}/ld^{Hd} 型小鼠完全一样,表现肢体畸形,即这两个位点互为等位。已知的小鼠突变——梨状神经元细胞退化的等位插入突变试验,也得出了类似的结果。

因此,插入突变不仅可鉴定出在发育上重要的基因,而且可将这些基因克隆。

4. 通过同源重组进行基因敲除能说明基因系统的复杂性

通过插入突变使基因表达关闭,从而产生功能丧失突变,然而,这种方法不能控制哪个基因受影响,因为质粒或反转录病毒没有一个倾向性整合位点。同源重组使遗传学家能利用此工具对小鼠基因组的特异基因进行遗传操作。

小鼠主要相溶性组织复合体(MHC)的Ⅰ类分子位于细胞表面,它们是参与免疫细胞识别的最重要的分子。MHCⅠ类分子还有非常重要的非免疫功能。分析其免疫和其他功能的方法之一是产生缺乏这种表面分子的小鼠。通过阻碍组成 MHCⅠ类分子两种组分之一的 β_2 -微珠蛋白的基因表达,可达到这一目的。通过电穿孔将一载体定向导入 ES 细胞内,此载体含有 10 kb 的小鼠 β_2 -微珠蛋白基因,包括前 3 个外显子,在第二个外显子处插入一个新霉素基因。载体的10 kb β_2 -微珠蛋白基因片段提供了与内源性基因进行同源重组的序列。利用 G418 选择含有载体的细胞,通过 PCR 确定哪些细胞中的载体与内源性 β_2 -微珠蛋白基因发生了同源重组。将这些细胞注射入小鼠的胚胎,就可产生出 β_2 -微珠蛋白基因表达受到阻碍并可将这种突变传递给子代的嵌合小鼠。通过交配产生突变纯合子小鼠。它们除了完全缺失 β_2 -微珠蛋白和细胞表面 MHCⅠ类分子外,其他方面与野生型小鼠没有区别。其结果是将 MHCⅠ类分子在发育中的重要作用完全敲除。随后的研究将测定 MHCⅠ类分子的免疫作用。小鼠缺乏杀伤感染细胞的 $CD4^-8^+$ 细胞毒素免疫细胞。小鼠本该能够抵抗病毒感染,但失去 MHCⅠ类分子后,抗感染和恢复能力很差。

上述 β_2 -微珠蛋白位点的定向敲除导致了无义突变，使得其根本无蛋白产生。然而，若管家基因（这些基因维持细胞的基本功能）发生无义突变，其结果将是致命的。现在，可利用所谓的一触即发（hit and run）方式插入基因，产生一种变异蛋白的微小突变。通过同源重组使一完整载体插入到内源基因中，此载体携带定向突变基因，新霉素基因和 *tk* 基因，细胞可用 G418 选择。由于整合产生目标序列的复制，结果发生染色体内同源重组，复制序列丢失。若丢失的是内源性基因序列，那么结果便是用含有人工突变的载体序列取而代之。此外，质粒和选择性标记序列也丢失，因此这些细胞可用鸟嘌呤加以选择，这种技术的优点在于突变只发生在细胞 DNA 上。精确突变使得基因定向成为对复杂过程进行遗传分析的极有价值的工具。

11.3 转基因家畜

将外源基因引入家畜的基因组中，使家畜获得新的遗传性状，由此产生的家畜称为转基因家畜。

11.3.1 重组牛生长激素促进动物泌乳和改善饲料利用率

重组 DNA 技术在动物上的应用之一是通过大肠杆菌的表达来生产重组牛生长激素（rbGH）。几十年前农民就发现给奶牛注射牛垂体的提取物可提高奶牛产奶量。后来发现这种活性成分是生长激素，也叫促生长素。用生长激素促进乳汁生产的商业应用只有在 rbGH 能够在细菌体内大量生产之后才变得具有商业应用价值。rbGH 的生产途径与人的 GH 一样。用纯的 rbGH 实验证明其作用与脑垂体中不纯的提取物效果一样，即最少可使产奶量提高 14%，使生产每公升奶的饲料用量降低。

与所有用于动物的药物一样，美国食品医药局（FAD）要求制造商要能证明处理过的动物所提供的食品对人类消费是安全的。此外，还能证明对动物安全，符合最初的目的要求，且对环境安全。因此，在用生长激素处理过的牛奶和牛肉向公众出售之前，必须进行实验测试，测试结果要经 FAD 评议。根据对 rbGH 10 年研究的数据分析，FAD 得出结论，经过 rbGH 处理的奶牛所产的牛奶对人类消费是安全的。

11.3.2 转基因家畜

当获得转基因小鼠的方法确定之后,科学家对应用同类方法获得转基因家畜产生了兴趣。最初的试验选择兔、猪和绵羊。目前,将 DNA 引入小鼠生殖细胞最有效的方法是通过微注射使 DNA 进入卵子的细胞核。对家畜也选择受精卵进行 DNA 移植。用一种特殊的技术(即微分干涉相差(DIG)显微镜)可看到卵子的核。虽然兔子和羊的卵子的核可用这种技术观察到,但猪和牛的卵子是不透明的,核在 DIG 显微镜下难以看清。这个问题可通过将卵子在离心机中短暂离心加以解决。这样可使细胞质中的色素向卵子的一边集中,使核的可见度达到微注射的要求。

这方面的第一个试验是转移含有人的生长激素基因,使此基因在可被金属诱导的金属硫蛋白(MT)启动子的转录控制下表达。这些研究与早期进行的转基因小鼠的研究相类似。之所以选择人生长激素(hGH)是因为已具有灵敏的方法可用来探测转基因动物中 hGH mRNA 的表达和 hGH 蛋白质的产生。此外,当时还认为 hGH 在这些动物体内的表达可像转基因小鼠一样用大量的动物来进行试验。对兔、猪、绵羊的研究结果显示,所注射的 DNA 都整合进了 3 种动物的基因组里,且从转基因猪和转基因兔的血清里可检测到 hGH 的存在。然而,注射过的卵子产生转基因动物的比例很低。在 200 个被注射卵子中只有一个可产生转基因动物。这个数字比典型的用小鼠试验的结果要低 10 至 15 倍。

在早先对小鼠的试验中条件是经过优化的,现在,为提高转基因家畜成功的比例,其试验方法也有了改进。目前,大多数试验选用猪进行,这是因为获得转基因猪的比例要比绵羊和牛高,且猪产仔多,妊娠期短。最近,通过将 DNA 微注射入受精的胚胎,已产生出了转基因牛。将胚胎在体外培养到桑椹胚或囊胚期,然后再转移到受体母牛体内。在大约 1 000 个被注射入 DNA 的合子中,有 129 个发育成胚胎,并转移入母牛体内,有 19 个牛犊产生,其中两个将注射入的 DNA 整合到自己的基因组中。研究人员用 PCR 技术对囊胚细胞进行了鉴定,证明细胞将外源 DNA 整合进了细胞的基因组中。

将外源基因转移入家畜体内已进入实用阶段。若转基因奶牛能自然表达大量生长激素,就不需要像现在这样使用注射的方法。先前的试验表明,用重组 GH 处理过的猪生长快,能产生在商业上有重要价值的较多的瘦肉。能表达生长激素的转基因猪同样能表现上述特性,与非转基因猪相比,有较高的饲料利用率。然而,这种转基因猪在发育中会出现虚弱的生理问题,可能是由于在猪的整个一生中都一直表达生长激素造成的。正常情况下,生长激素的产生只持续两个月的时间。

可利用锌使 MT 启动子开放或关闭达到使 GH 基因只在这段时间表达,但在这种转基因猪中 GH 基因的表达似乎是组成型的。在饲料中添加锌诱导 MT 启动子只能使 GH 表达的量增加一倍。选择其他调节启动子的试验正在进行中,以使转基因的表达能被控制。

11.3.3 用转基因动物生产药物蛋白

从前面章节中已经知道有些药物蛋白的生产只能通过哺乳类细胞培养获得,因为只有在哺乳类细胞里这些蛋白质才能正确折叠和加工。那么通过转基因生产这种在技术上要求复杂的药物也许是一种可供选择的方法。正在试验的一种方法是使转基因只在乳腺细胞中表达。转基因蛋白的生产是在启动子的严密调控下起作用的。特异性乳汁蛋白基因的调控序列已被克隆,并用来控制转基因动物异源基因的表达(图 11 - 19)。感兴趣的基因(*YFG*)编码一种有重要临床价值的蛋白质,如组织纤溶酶原激活物,它可以溶解人血液中的凝块。将此基因置于 β-乳球蛋白启动子的控制之下,使其只能在乳房组织中显示活性。通过微注射将含此基因的表达载体注射进绵羊卵子的细胞核中,再将注射后的卵子移植入代孕母亲子宫内。转基因后代羊此基因的表达通过 PCR 扩增染色体 DNA 加以确定。PCR 的引物来自 *YFG* 的序列。YFG 的表达仅限于转基因绵羊的乳房组织里,并将 YFG 蛋白高水平地分泌到乳汁中,可从乳汁中将其纯化。也许有一天转基因动物会作为生物反应器,连续地将人类所需的蛋白质大量分泌到乳汁中。通过简单的挤奶收获蛋白,然后利用标准层析程序纯化蛋白。

通过这种途径生产药物活性蛋白的例子包括凝血因子Ⅳ、白细胞介素-2、组织纤维酶原激活物(tPA)和尿激酶。虽然转基因小鼠乳汁中蛋白质的含量可高达 25 g/L,但转基因家畜乳汁中的蛋白质浓度却很低,以致于失去商业应用的价值。已有报道利用绵羊乳球蛋白基因的启动子,使转基因绵羊表达的人 α_1-抗胰蛋白酶的量高达 35 g/L。如果能发现其他增强启动子活力的基因组序列,这种酶表达的水平还可提高。但也有可能人基因中的序列会降低绵羊乳汁特异性启动子的转录,因为对任一转基因试验来讲,整合位点可影响转录活性。

这种技术也可用来改善转基因奶牛乳汁中的蛋白质含量。例如,提高酪蛋白的含量可使每升奶中奶酪的产量提高。另一种正在试验的想法是将蛋白质分泌到动物的血液中。这种方法的一个令人激动的应用是用转基因猪表达人的血液中的珠蛋白。珠蛋白可从猪的血液红细胞中提取和纯化。一只猪一年可提供约 11 L 的血液,且不损害自身的健康,因此可产生 500～1 000 g 纯化的人珠蛋白。将重组珠蛋白制成人造血液的研究已进入实用阶段。

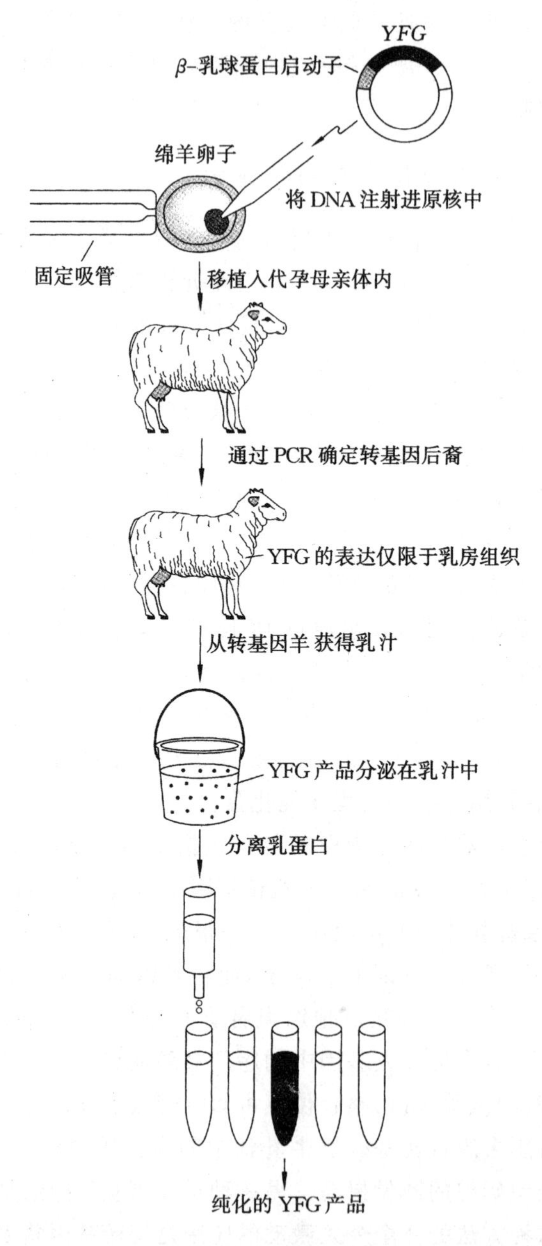

图 11-19　通过转基因绵羊生产有重要药用价值的蛋白质

11.3.4 通过转基因表达病毒外壳蛋白以保护家畜免受病毒感染

家畜感染细菌或病毒是非常严重的问题,这是因为家畜通常是集中饲养,因而病原微生物传播速度特别快。一种与植物抗病相似的方法是通过转基因表达病毒的外壳蛋白。已经研究出表达 *env* 基因的转基因鸡。*env* 基因编码禽类白血病病毒(ALV)的外膜糖蛋白。鸡卵的核难以注射入 DNA,这是因为一方面核非常小,另一方面由于卵黄的原因变得非常昏暗,难以看清楚细胞核。替代的方法是用重组的反转录病毒感染受精卵,从而将外源 DNA 引入细胞。当小鸡孵化出来后,用放射性标记的 ALV cDNA 作为杂交探针检测原病毒 DNA 的整合情况。共得到 23 只转基因鸡,每只鸡含有在基因组不同位置整合进的 ALV 原病毒 DNA。绝大多数转基因鸡表达了感染病毒,表现了 ALV 诱导的病理特征。一个品系的转基因鸡没有产生感染性病毒,这是因为在原病毒 DNA 上发生了突变。免疫测定表明这一品系的鸡只表达了病毒的包膜蛋白,当用 ALV 感染时,这类鸡能抗感染。这种抗性的机制可能是包膜蛋白结合到细胞的 ALV 受体上,因此阻碍了感染性病毒进入细胞。像这一试验所述的用复制病毒的方法可能不会用来产生具有商业价值的转基因鸡,但是,从这一试验可看到通过遗传操作可产生抗病毒的转基因鸡。

产生抗病家畜的其他一些方法也在试验中。β-干扰素是一种细胞因子,它可以刺激细胞抵抗病毒的侵袭。表达 β-干扰素的转基因牛可对付引起牛腹泻的病毒。通过表达抗体对付某种特殊的病原体的转基因动物是防病的另一途径。通过育种所产生的对某种疾病有较强抵抗能力的动物表明其含有内源性抗病基因。例如,小鼠 *Mx1* 基因座位的一些等位基因能编码一种干扰流感病毒复制的蛋白质。将 *Mx1* 基因引入到对流感病毒敏感的小鼠体内可使这些小鼠产生对病毒的抵抗能力。正常情况下,当病毒感染动物时,引起被感染部位干扰素水平升高。将 *Mx1* 基因置于干扰素诱导启动子下,那么 *Mx1* 基因就可仅在被感染部位打开,因而可阻止病毒的进一步繁殖。这些结果激发人们寻找能够抗病的其他内源性基因。

思考题

1. 哺乳动物细胞基因转移的选择性标记有哪些?各自的选择原理是什么?
2. 哺乳动物细胞的基因转移有哪些主要途径?
3. 如何做到哺乳动物细胞转基因的高效表达?
4. 构建转基因小鼠的途径有哪些?转基因小鼠有何具体应用?
5. 举例说明构建转基因家畜的方式和应用。

第 12 章

基因工程与药物蛋白生产

内容提要：药物蛋白生产是基因工程最具潜力的应用。利用基因工程技术生产人胰岛素和生长激素已经成为成熟的药物蛋白生产方式。乙肝疫苗是基因工程在亚单位疫苗生产方面最经典的例子。利用基因工程技术生产复杂蛋白(如 tPA 和凝血因子Ⅷ)也颇具潜力。以生产抗体为目的的基因工程技术研究正走向深入。

自从 1973 年基因克隆成功被报道之后，这种神奇技术的应用研究随之产生。科学家、医生、商人都看到了利用基因工程技术生产大量人的蛋白质的潜力。1976 年，DNA 克隆、寡聚核苷酸合成、基因表达在同一试验中获得成功，首次通过重组 DNA 技术表达出了人的蛋白质，使生物技术(biotechnology)成为现实。该试验所表达出的是一个由 14 个氨基酸组成的多肽神经递质——促生长素抑制素(somatostatin)。编码这种促生长素抑制素的基因并非应用它的天然基因，而是利用化学方法人工合成的。研究人员将该基因克隆在大肠杆菌的质粒载体上表达。随后又迅速表达了治疗糖尿病的人胰岛素这一第一个生物技术产业的商业用产品。现在胰岛素不再从猪和牛的胰脏中提取，糖尿病患者可得到与人体产生的完全一样的胰岛素。

这种成就的取得依赖于分子生物学的各个方面，包括寡聚核苷酸合成、切割酶和连接酶的分离、细菌质粒的改造以及基因表达的知识。当然，这些方法使生物学和医学研究发生了革命性变化，但同样重要的是，它们产生了一个全新的行业，使医学与工业结合在一起能够克隆和生产出重要蛋白质。现在，通过重组 DNA 技术，已能生产出治疗多种疾病的蛋白质类药物，如治疗癌症、过敏反应、自身免疫病、神经失调、心脏病、感染、创伤、遗传性疾病的药物；以及日常生活用品，如用于洗涤剂和食品生产中的添加剂。此外，科学家已能对天然蛋白质进行修饰以使其发生某些微妙的变化和功能上的改进，从重组 DNA 技术中分化出了药物设计的

注：本章插图引自 J. D. Watson 等人所著 *Recombinant DNA*。

新途径。

12.1　利用基因工程技术生产胰岛素和生长激素

利用基因工程技术在大肠杆菌细胞中生产胰岛素和生长激素是基因工程最成功的例子。

12.1.1　生产重组蛋白的表达系统

编码某一特定蛋白质的基因或 cDNA 克隆是医药工业中生产重组蛋白质许多步骤中的第一步。下一步是将此基因引入生产这种蛋白的宿主细胞。表达系统不论是在工业生产上还是在学术实验室里都是非常重要的研究领域。最常用的表达系统包括大肠杆菌、枯草杆菌、酵母、培养的昆虫细胞和哺乳动物细胞。在前面章节里已经介绍了这些宿主的载体和 DNA 转移方法,在此将讨论与蛋白质药物生产有关的因素。

选择哪种细胞依赖于项目的目的和所要生产的蛋白质的特性。

(1) 细菌　细菌细胞结构简单、繁殖周期短、成本低、产物量大。特别是枯草杆菌细胞,通过诱导可将蛋白质分泌于培养液中,因而大大简化了纯化的工作量。但是,蛋白质在原核细胞中表达也有一些缺点:①虽然有些蛋白质表达水平很高(高出细菌总蛋白质 10%),但这些蛋白质经常不能正常折叠,因而形成不可溶的包含体(inclusion bodies)。从这些包含体分离出的蛋白质通常没有生物学活性。小分子蛋白质有时可以重新折叠成自己的活性形态,但大的蛋白质分子不能。②外源蛋白质有时对细菌有毒性,因此细胞培养液中所产蛋白质难以达到很高的密度。这个问题可以通过添加一个可诱导启动子得到解决。当培养细菌充分生长之后,再使此启动子打开,开始外源蛋白基因的转录。③细菌细胞缺乏真核细胞所具有的酶,这些酶起蛋白质翻译后修饰的作用,如磷酸化和糖基化,这些修饰是蛋白质的正常功能所必需的。研究人员是这样解决这一问题的,把真核细胞中具有这种修饰作用的酶纯化,并将其加入到需要进行修饰的细菌表达蛋白中。

(2) 酵母　酵母菌用于酿酒和面包业已几百年,现在它也应用于生物技术中。酵母是简单的真核细胞生物,在很多方面与哺乳动物细胞相像,但又与细菌的生长快、成本低相类似。酵母能像哺乳动物细胞那样进行许多翻译后修饰,且能通过诱导将所产蛋白质分泌到培养液中以供收获。酵母的缺点是细胞内含有能降解外源蛋白质的有活性的蛋白酶,因此可降低蛋白质的生产量。然而,研究人员可通过构建蛋白酶基因缺失的品系解决这一问题。

(3) 昆虫细胞　在昆虫细胞中利用杆状病毒载体表达异源蛋白是一种相当新的途径。其主要优点是蛋白质表达水平高,能正确折叠,翻译后修饰与哺乳动物细胞相似。一种对付艾滋病的疫苗试图通过这一系统产生一种 HIV 糖蛋白。虽然目前培养昆虫细胞的成本大于培养细菌和酵母,但低于培养哺乳动物细胞的成本。

(4) 哺乳动物细胞　虽然通过异源宿主细胞生产人体蛋白有突出的优点,但在某种情况下,生产哺乳类蛋白质的最佳场所还是哺乳动物细胞。启动子、载体、转移方法以及宿主细胞系统近年来有了很大的改进。哺乳动物细胞的瞬时表达(transient expression)经常用来检查新克隆基因的功能,也作为评价基因工程蛋白质功能的一种快速方法。细胞表面受体的胞外域通过基因工程技术在跨膜域序列基因的前端引入一个终止密码子以研究细胞的分泌。这种可溶性受体(soluble receptor)是体外研究配位结合以及受体激动剂和拮抗剂分泌的重要成分。瞬时表达系统为实验室试验产生了足够的蛋白质,而哺乳动物细胞中稳定的整合放大基因被用来研究大规模蛋白质生产,如纤维酶原激活物的生产。

12.1.2　重组人胰岛素的生产

通过基因工程产生的第一个获准生产和应用的药物是人胰岛素。胰岛素是一种调节糖代谢的重要激素,由胰脏中的 β 细胞产生并分泌到血液中。胰岛素缺乏导致糖尿病,但若每日注射胰岛素则可使糖代谢功能恢复或者至少减轻糖尿病产生的恶果。在能够生产重组人体胰岛素之前,治疗糖尿病的这种药物从猪和牛的胰脏中提取。虽然获得的胰岛素在人体内有生物学活性,但动物胰岛素的氨基酸组成与人体内的并不完全相同,因此,有些患者会产生对所注射胰岛素的抗体,有时会产生严重的免疫反应。而通过重组 DNA 技术产生的胰岛素与人体产生的胰岛素完全相同,不会产生免疫反应的问题。

在哺乳类动物,胰岛素表达为一种单链的前激素原(prepro-hormone)通过质膜分泌出去。前激素原中含有成熟激素中所没有的额外的氨基酸。氨基末端氨基酸形成前导序列,引导表达蛋白质的分泌。原序列是位于激素序列中部的一串氨基酸,它对多肽链折叠成正确的结构是非常重要的。在分泌过程中,这些额外的氨基酸被细胞蛋白酶从前激素原中切割下来,所释放出的成熟胰岛素分子含有 A 和 B 两个短的多肽链,通过二硫键相连。在生产重组胰岛素中遇到的主要问题是将胰岛素组装成这种成熟形式。最初的方法是用寡聚核苷酸分别合成编码 A 链和 B 链的基因,然后将它们各自插入到大肠杆菌编码 β-半乳糖苷酶的基因中,因此,细菌能产生在半乳糖苷酶后面连接有胰岛素的大分子融合蛋白(图 12-1)。这些大蛋白分子从细菌提取液中纯化,并用溴化氰(CNBr)处理,将胰岛素链分离出来。

溴化氰能在蛋氨酸残基处切开多肽链。由于在融合蛋白的 β-半乳糖苷酶和胰岛素链连接处插入了一个蛋氨酸密码，通过溴化氰处理，可使完整的胰岛素链从融合蛋白中切割下来。将 A 链、B 链胰岛素分子纯化、混合，重组成具有活性的胰岛素分子。这种方式已经有了改进，即构建一个单一的 β-半乳糖苷酶-胰岛素融合蛋白，通过一步切割即可产生成熟的胰岛素。一种相似的方法现在已用于重组胰岛素的商业生产。

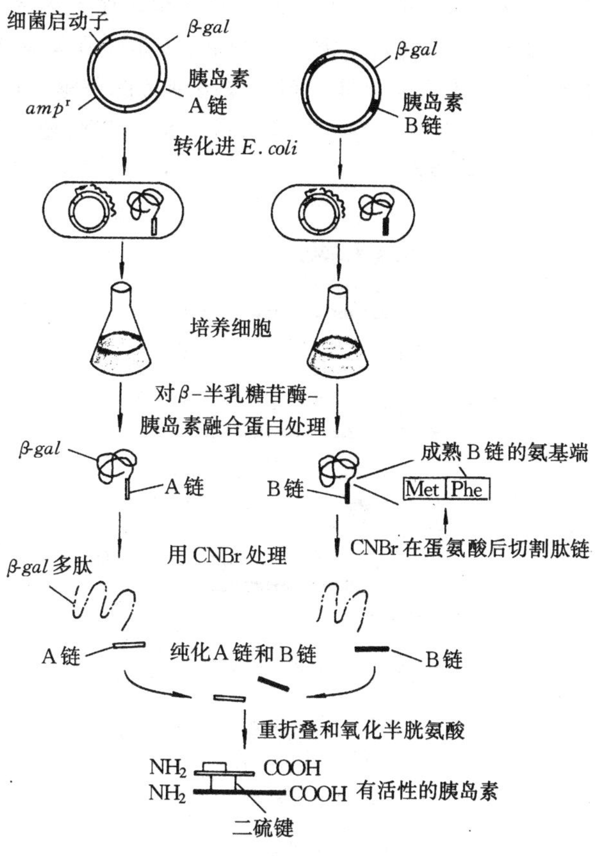

图 12-1　人胰岛素在大肠杆菌中的表达

12.1.3　重组人生长激素的生产

生长激素是由脑垂体腺体产生的调节生长发育的 191 个氨基酸组成的激素。儿童若患先天性生长激素缺乏——垂体侏儒症，将再也无法长成正常身材。定时注射生长激素,将会刺激患该病症的儿童生长,使其能接近正常的身高。与胰岛素情形不同的是,从动物身上得到的生长激素对人是无效的,只有从人体中得到的生长激素才能起作用,因此,许多年来,人生长激素只能从死人的脑垂体中提取。人们没有预料到的不幸的结果是许多儿童用生长激素治疗时,受到了来自死人身上的致命病毒的感染。人生长激素(hGH)重组体的生产则为这种药物提供了安全、可靠和丰富的来源。

最初 hGH 的生产是通过构建天然 hGH 的 cDNA 和人工合成这种成熟蛋白质的氨基末端的杂合基因取得的(图 12-2)。将此编码序列连接到位于细菌启动子附近的质粒上。像胰岛素一样,正常产生的 hGH 是一在氨基末端含有信号序列的较大的前体蛋白。由于人的信号序列不能被细菌的分泌部件所识别,所以对 cDNA 的 5′端加以改造,添加了一段人工合成的 DNA 序列,使细菌能够产出几乎正常的、成熟的人生长激素蛋白。

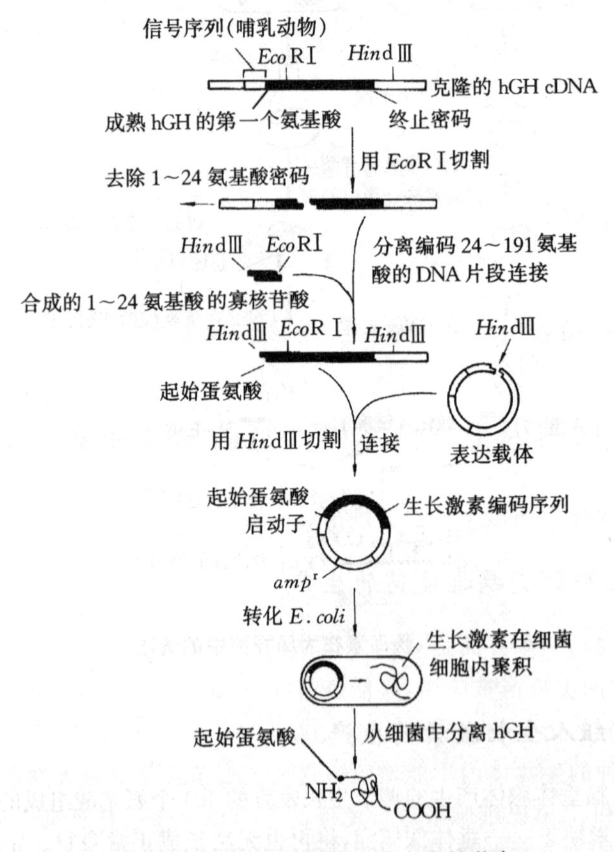

图 12-2　用细菌生产人生长激素

最初的 hGH 表达载体将这种蛋白质直接产于细菌细胞内。要将 hGH 从数以千计的细菌细胞内蛋白中纯化出来需要许多步骤。在细菌中生产这种蛋白质的另一方法是通过一定的基因工程操作,使其成为分泌蛋白。这一设想可以通过将所需蛋白的编码序列连接到细菌分泌蛋白的信号序列上,使其产生的激素成为前激素(pre-hormone)(图 12-3)。由细菌生产人的生长激素,分泌时,细菌蛋白酶将信号肽随之除去。生长激素分泌到周质中,此处所含蛋白要比细胞内少得多,使纯化更加简单。分泌型 hGH 与细胞内产生的 hGH 的唯一不同点在于细胞内表达的分子在氨基末端有一蛋氨酸。由于分泌型 hGH 缺少这一氨基酸,因而被称为无蛋氨酸 hGH。成千上万的生长激素缺乏症儿童采用了细菌表达的 hGH,他们从这种重组药物中受益匪浅。

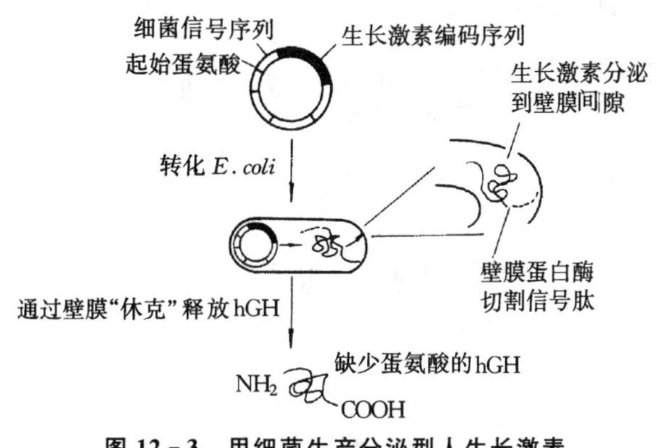

图 12-3 用细菌生产分泌型人生长激素

12.2 利用基因工程技术生产疫苗和其他复杂蛋白质

利用基因工程技术还可生产乙肝疫苗和一些复杂的药物蛋白。

12.2.1 乙型肝炎病毒疫苗的生产

现代医学成功的一个方面是对付传染病的疫苗的发现与应用。在重组 DNA 技术出现之前,有两类疫苗被应用:灭活疫苗(inactivated vaccine)是利用化学方法杀死实际感染成分的衍生物;弱毒疫苗(attenuated vaccine)是改变过的活病毒或细菌使其在所接种的生物体内不能增殖。这两类疫苗都是通过表面蛋白(抗原)作用于 B 淋巴细胞和 T 淋巴细胞来进行免疫的。当病原微生物感染人体时,B 淋巴细胞和 T 淋巴细胞就会迅速作出反应,在病原微生物产生破坏之前将其消灭。然而,这两类疫苗潜藏着危险,因为它们能被传染性病菌所污染。例如,每年总有一小部分儿童因接种脊髓灰质炎疫苗而感染此病。因此,重组 DNA 技术最有前途的应用之一就是生产单纯由表面蛋白组成能引起免疫系统反应的亚单位疫苗(subunit vaccine)。拥有亚单位疫苗就能避免感染的危险。

第一个成功的亚单位疫苗是乙型肝炎病毒(HBV)疫苗。HBV 攻击肝脏,造成肝脏损伤,在某些情况下甚至引起肝癌。病毒粒子被表面抗原(HBsAg)包裹,感染者的血液里聚集有大量的表面蛋白。早先的试验表明,这种聚集蛋白有制成疫苗的潜在价值,但怎样才能生产出足够的数量使众多人口能够接种以对付 HBV 呢?随着 HBV 基因组的克隆,使亚单位疫苗的开发成为可能。最初是在大肠杆菌中表达 HBsAg 蛋白,但失败了,因此研究人员把目标转向了酵母菌。将HBsAg基因插入到酵母多拷贝表达载体上(图 12-4),经过改造,使其编码的蛋白不能分泌。乙肝病毒(HBV)由 3.2 kb 的小

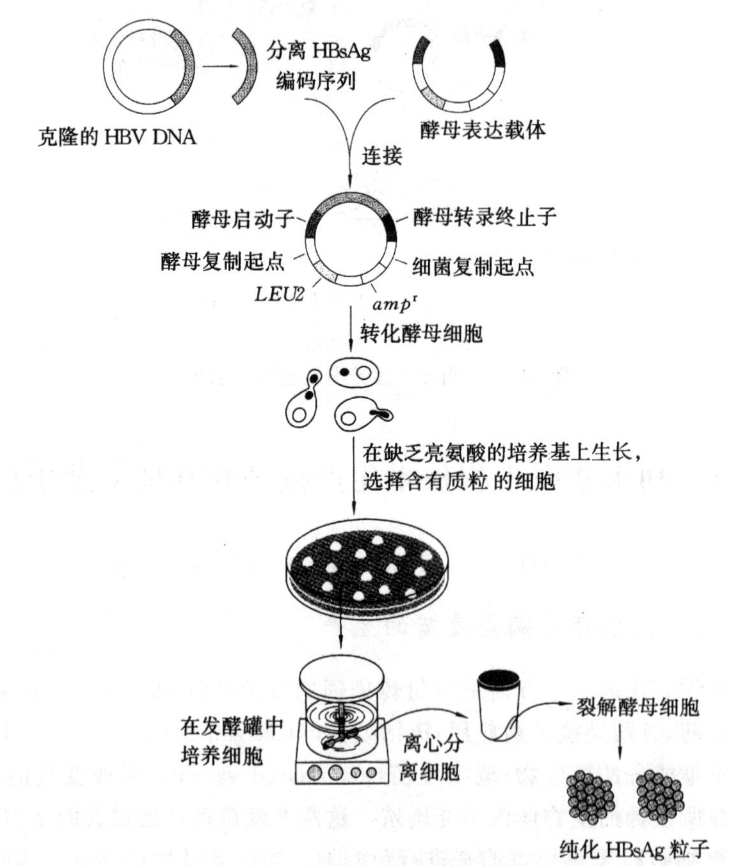

图 12-4　用酵母菌生产亚单位疫苗

基因组编码，此基因组已被克隆和测序。在感染者的血液里可发现全病毒和表面抗原（HBsAg）。为了生产对付 HBV 的疫苗（HBV 很难在培养基中繁殖），将 HBsAg 基因克隆到酵母菌的表达载体上，置于编码乙醇脱氢酶Ⅰ基因的强启动子下转录。在下游放置一转录终止子。载体含有细菌和酵母二者的复制起点和标记性状。用此质粒转化的酵母可在发酵罐中大量生长，使大量 HBsAg 蛋白在酵母细胞内聚积，且可聚合成直径约为 20 nm 的粒子。这种粒子与 HBV 感染者血液内的粒子相似。用这种质粒转化的酵母菌生产出大量的病毒蛋白（大约占总酵母蛋白的 1%～2%）。将这种酵母置于大型发酵罐中生长，每 1 L 培养物可生产 50～100 mg 蛋白质。这种酵母蛋白现在已投放市场，用来接种免疫以对付 HBV 感染。

对付人和动物病原体的疫苗现在处在不同的研究阶段。重组 DNA 技术为人们提供了一种用病毒的非感染部分进行免疫接种的安全途径。

12.2.2　用哺乳动物细胞大规模生产人的复杂蛋白质

本章已讨论过的绝大多数重组蛋白在结构上和功能上都小而简单。而在医药上感兴趣的其他蛋白质不论是结构上还是功能上都相当复杂。事实证明，具有生物学活性的很多蛋白质是难以通过细菌和酵母生产的。虽然哺乳动物细胞非常娇气，培养成本昂贵，但可依赖它生产正确修饰的、有完全活性的蛋白质。因此，人们在生物工程产业中对建立哺乳动物细胞的大规模培养发酵系统投入了巨大的努力。

第一个通过哺乳动物细胞培养投入商业生产的药物是组织纤溶酶原激活因子（tPA），这是一种治疗心脏病的药物。tPA 是一种能切割其他蛋白质的蛋白酶，可将无活性的前体蛋白——纤维酶原切断，形成纤维酶。纤维酶可降解在血液中形成血栓的纤维蛋白。心脏病突发后，迅速服用组织纤溶酶原激活因子，它可将危及患者生命的血栓溶解掉。这种血栓可导致心肌的不可逆损伤。组织纤溶酶原激活因子的生产来自于一个哺乳动物细胞系，此细胞系携带有稳定整合的、高度放大的表达载体（图 12－5）。把克隆的人 tPA cDNA 连接到含有强启动子和终止子的表达载体上，并稳定转染哺乳动物细胞系。最初的转化子虽能将 tPA 分泌到培养液中，但表达水平非常低。用甲氨蝶呤处理，可获得 tPA 高水平表达的细胞系，所选出的细胞是位于载体上与 tPA 表达盒相连锁的扩增过的 *dhfr* 基因的细胞。高表达细胞系在大发酵罐中生长，重组 tPA 从培养基中纯化、分离。

另一种通过培养细胞生产的蛋白质是凝血因子Ⅷ，这是一种血液正常凝固所必需的蛋白质。凝血因子Ⅷ的遗传缺陷导致血友病的发生。许多年来，治疗血友病所需的凝血因子Ⅷ是从人的血液中提取的。然而，由于供给的血液受到艾滋病病毒和肝炎病毒的污染，成千上万的血友病患者被感染。对来源安全可靠的凝血

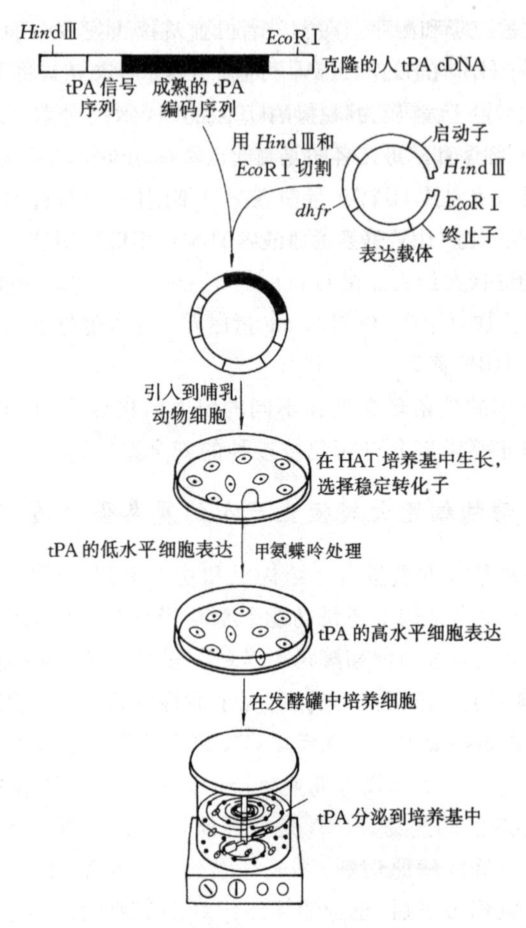

图 12-5　利用哺乳动物细胞培养生产组织纤溶酶原激活因子

因子Ⅷ的需求也加速了的这种蛋白质的生产。像 tPA 一样,凝血因子Ⅷ也是一种大分子复杂蛋白,只能通过哺乳动物细胞培养才能有效地生产。重组蛋白的生产使下一代血友病患者免除了遭受因血源污染而感染疾病的灾难。

12.3　利用基因工程技术生产抗体

12.3.1　单克隆抗体

抗体是具有极高选择性的蛋白质,它在上百万个结合位点中只选择单一的靶位点。长久以来,研究人员梦寐以求的是选择具有不同用途的专一性抗体,使其作为药物和其他治疗手段对体内特定的靶位点起作用。正是这种将抗体作为定向装置的思想导致了“魔术子弹(magic bullet)”概念的产生，即制造一种能有效寻找到并就地杀死癌细胞或其他感染源的抗体。抗体作为临床应用的主要局限在于如何能够生产出足够的量。最初研究人员选择能分泌抗体的骨髓瘤(myelomas)来产生有用的抗体。但研究人员缺乏使骨髓瘤产生特异性抗体的途径。随着单克隆抗体的研究进展，这种情形发生了根本的变化。生产单克隆抗体(MAb)的程序如图 12－6 所示。

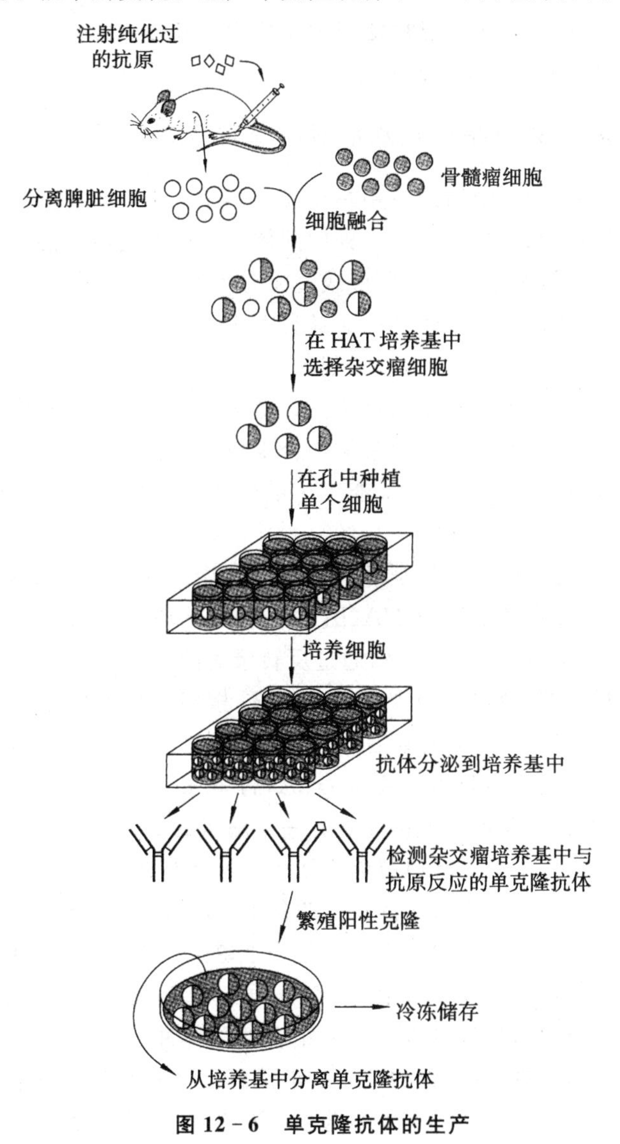

图 12－6　单克隆抗体的生产

首先,给小鼠或大鼠注射所需抗体的抗原。当鼠体产生对此抗原的免疫反应之后,将鼠的装载抗体生产细胞(淋巴细胞)的脾脏取出。脾脏细胞与不能产生自身抗体的专门化骨髓瘤细胞系融合,最终产生的融合细胞(即杂交瘤)具有双亲的特性:它们能像骨髓瘤细胞一样在培养时不停地快速生长,同时还能产出免疫动物淋巴细胞的特异性抗体。一次单个融合试验可产生出成百上千个杂交瘤,通过系统筛选,挑选出能大量生产某种抗体的杂交瘤。杂交瘤一经确定,所生产的这种抗体的量是无限的。单克隆抗体已广泛应用于传染病和肿瘤的诊断及肿瘤放射治疗的成像,它还可以直接应用于治疗癌症。

12.3.2 对识别特异性抗原的抗体直接克隆和选择

单克隆抗体技术的一个新的应用是产生抗体酶,即抗体像酶那样催化化学反应。酶是通过将底物和产物稳定成一种中间体——称作过渡态的化学结构起催化反应的。因此,如果能使单克隆抗体形成过渡态类似物(与化学反应的过渡态相类似的分子),那么有些单克隆抗体就可能具有催化活性。能生产专门设计的催化剂是非常有价值的,特别是对化学工业和制药工业尤为如此。

最初试图生产具有催化功能的抗体的试验表明,这类抗体极其稀少。用传统的单克隆抗体技术产生的杂交瘤中常常一个也找不到。一次出色的细胞融合仅能产生几百个不同的抗体,而免疫系统能产生的抗体数目可能多达 1 亿。如何充分利用这种全部组分来生产抗体酶?

具有广阔前景的一种方法是绕过杂交瘤生产中的无效融合步骤,从免疫过的小鼠淋巴细胞中直接克隆抗体 cDNA(图 12-7)。从免疫过的小鼠分离淋巴细胞或脾脏细胞。从细胞中获得 mRNA,通过反转录酶的作用合成 cDNA。用 PCR 分别扩增重链(H 链)和轻链(L 链)基因,并将其连接到 λ 克隆载体上。这样可产生两种不同的文库,一种含有 H 链基因,另一种含有 L 链基因(为了简化,此步在图中被省略)。从每种文库中分离噬菌体 DNA,将 H 链和 L 链序列连接起来,包装形成组合文库。那么现在每种噬菌体含有一对随机的 H 链和 L 链 cDNA,因此当其感染大肠杆菌时,在感染细胞里就能直接表达两条抗体链。由于 H 链序列仅含可变区和第一恒定区,因而所形成的抗体叫作 Fab,即抗原结合片段。它与抗原的结合非常像完整的抗体,但它缺乏效应区。为了鉴定识别抗原的抗体,将噬菌体文库铺平板,并把噬菌斑中出现的抗体(Fab)分子转移到滤膜上。将滤膜与放射性标记过的抗原一起孵育,然后将多余的未结合的配体冲洗掉。放射自显影图上出现的斑点可确定含有与抗原结合的抗体的噬菌斑。这种方法类似于从表达文库中克隆 cDNA。在 100 万个噬菌斑中,筛选出 200 个与抗原结合的抗体克隆。利用

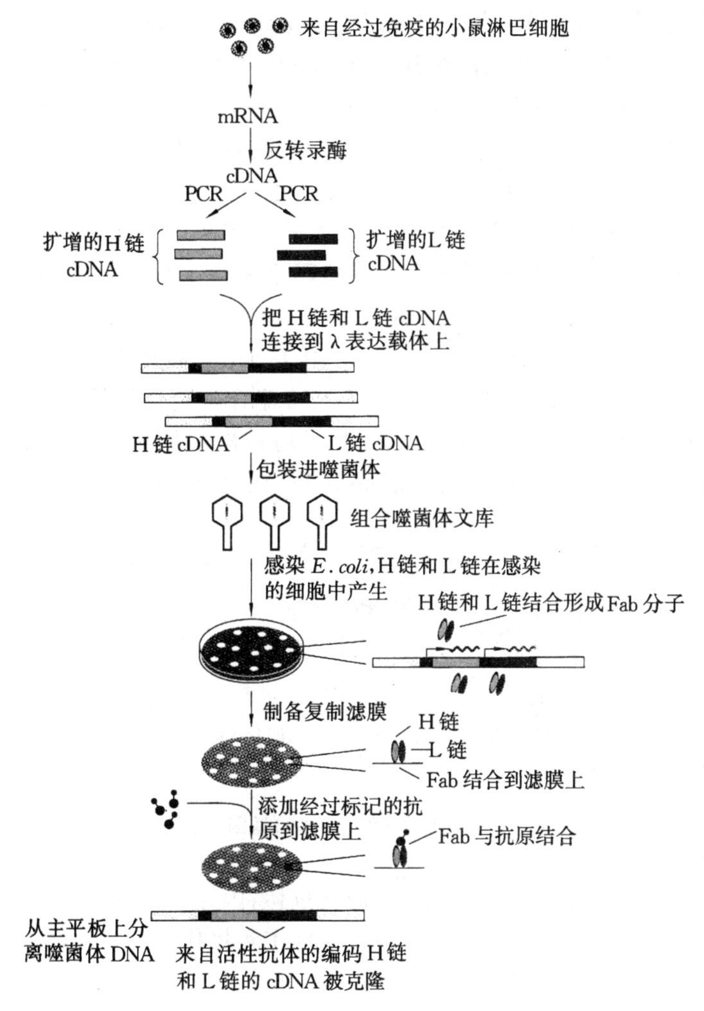

图 12－7　创建组合抗体文库在大肠杆菌中表达

这种方法,研究者可挑选出 100 万个抗体——这个数字至少是传统单克隆技术筛选法的 1 000 倍。

12.3.3　单克隆抗体的人源化

单克隆抗体的临床应用因存在这样一个问题而受到限制:通常单克隆抗体是一种小鼠蛋白,它与人的抗体并不完全一样,因此当此类抗体给患者注射后,将被马上识别为外源蛋白,并经血液循环被清除。

抗体分子的两个链可分为可变区和恒定区。一个抗体和另一抗体的可变区序列不同,而同类抗体的恒定区则都一样。一种降低小鼠单克隆抗体免疫原性的方法是简单地组建嵌合基因(chimeric gene)。嵌合基因表达的蛋白质是小鼠抗体的可变区与人抗体的恒定区二者的融合蛋白。嵌合抗体(图 12-8)保持了结合的特异性但更加接近于人的天然抗体。小鼠单克隆抗体(MAb)的基本结构与人的抗体相似,但二者抗体的氨基酸序列有很大的不同。这些序列的不同是小鼠 MAb 在人体内产生免疫原性的原因。连接编码小鼠 V_L、V_H 区和编码人抗体 C 区的 cDNA 片段,构建嵌合型 MAb。由于 C 区不参与与抗原结合,因而嵌合抗体保持了原始小鼠 MAb 的抗原特异性,但在序列上与人的抗体接近。由于嵌合 MAb 仍然含有一些小鼠的氨基酸序列,因而仍然可能存在免疫原性。类似人的 MAb 仅含有小鼠识别抗原所必需的氨基酸,即所构建出的抗体仅含有小鼠互补决定区(complementarity determining regions,CDR)的氨基酸。

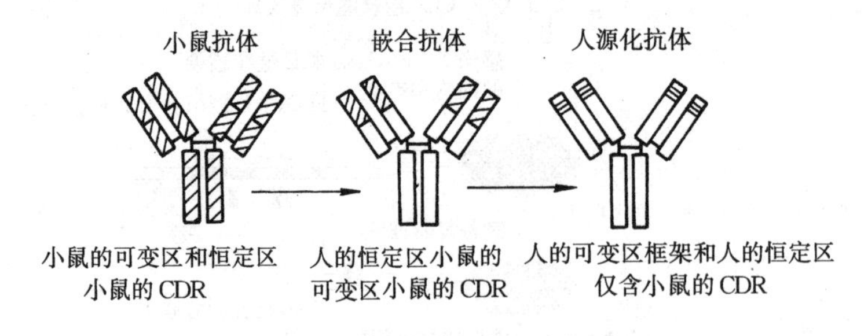

图 12-8　抗体的基因工程

然而,这种抗体并不是完全的人源化抗体,因为它具有来源于小鼠蛋白质的氨基酸序列。因此,科学家已经着手进行基因工程操作,以产生与天然抗体难以区分的完全人源化单克隆抗体。对抗体分子的详细三维结构分析表明,一个抗体可变区的一百多个氨基酸中仅有少数氨基酸确实与抗原相接触,相接触的区域称作互补决定区(CDR)。在与抗原结合的轻链和重链上各有 3 个对应的 CDR。互补决定区的其他部分作为将 CDR 固定在正确位置的支架结构。对许多抗体分子的序列比较也清楚地显示互补决定区的氨基酸分为具有识别功能和作为结构功能的氨基酸。在 CDR 区域的氨基酸是多变的,而在结构区域(即框架区域)的氨基酸则变化很小。因此,要产生完全人源化抗体,就必须应用体外诱变技术,将小鼠 MAb 的 CDR 氨基酸序列转移到人的天然抗体上(图 12-8)。这种方法用来使识别人淋巴细胞表面抗原的抗体人源化。人源化 MAb 作为免疫抑制剂和治疗淋巴肿瘤的药物已进行临床试验。

MAb 另一个潜在的应用价值在于发现它能大量结合于乳腺肿瘤细胞表面的生长因子受体上。实验室研究表明，这种抗体能够阻碍乳腺肿瘤细胞的生长，还能引起接种于小鼠体内的肿瘤退化。遗憾的是首批制造出的这类人源化抗体虽能与乳腺癌细胞的蛋白质受体结合，但却不能阻止癌细胞的生长。研究人员怀疑问题出在框架区域的氨基酸身上。他们用计算机模拟设计氨基酸替换，以加强抗原-抗体的相互作用。产生出了一些新的抗体，并对其进行试验，发现有一抗体与受体的结合程度比原先的抗体高出 250 倍，能成功地阻断培养癌细胞的生长。现在已大量生产这种抗体以进行临床试验。

12.3.4　双特异性抗性

人源单克隆抗体是蛋白质工程的一个例子，即利用重组 DNA 技术改变天然蛋白质的结构以改进或改变蛋白质的功能。抗体是蛋白质工程中特别有吸引力的对象，因为对抗体的结构了解得很深入，还因为抗体在医学上有巨大的潜在应用价值。对抗体进行改造的一种方式是改变抗体的效应区域(effector domain)，即重链上使抗体具有特异性功能的区域。以此方式可使单克隆抗体的作用重新编排。一种有希望的方法是用一编码毒素的序列完全取代效应区域。所形成的抗体-毒素融合蛋白将毒素特异地传递到承接目标抗原的细胞上。这种产品对癌症和病毒性疾病(如艾滋病)的治疗特别有用。图 12－9 显示抗体工程被用于构建双特异性抗体(bispecific antibodies)。这些抗体的每个臂各识别一个不同的抗原，因而使得一个抗体桥接两个抗原。例如，一个双特异性抗体的一个臂识别肿瘤细胞蛋白，另一个臂识别杀伤 T 细胞的表面蛋白，从而使杀伤细胞直接面对肿瘤细胞。

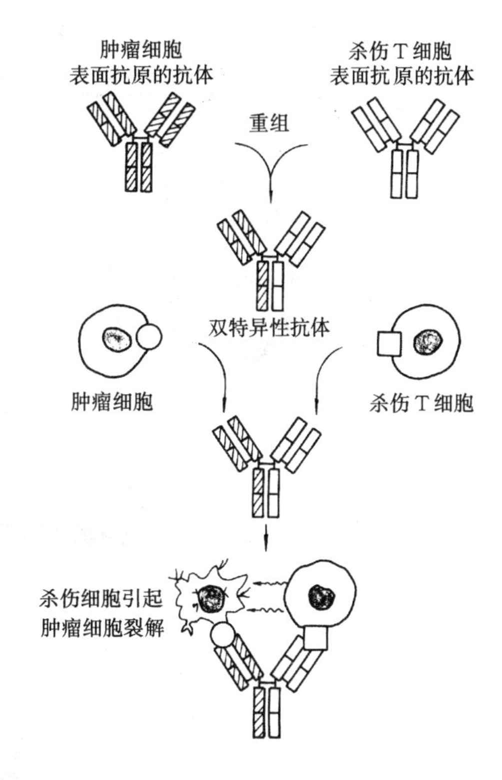

图 12－9　双特异性抗体

12.3.5 小分子抗体

能与抗原结合的抗体小分子 Fv 片段称为小分子抗体,包括 Fab、Fv 及单链抗体(ScFv)、单区抗体(H 链 V 区单链)等。

1. Fab 抗体

Fab 片段是由 H 链 Fd 段和完整 L 链通过二硫键形成的异二聚体,仅含一个抗原结合位点。用木瓜水解酶消化抗体可获得 2 个 Fab 片段。在 Fab 基因表达时,5′端带上细菌蛋白信号肽基因的 Fd 基因和 L 链基因,可在大肠杆菌细胞壁的周质腔内分泌型表达,形成完整的立体折叠和链内、链间二硫键,保持 Fab 片段的功能。Fd 基因片段和 L 链基因可以分别构建在 2 个载体上,然后共转染细胞,也可以构建在一个载体上转染细胞进行表达(图 12-10)。

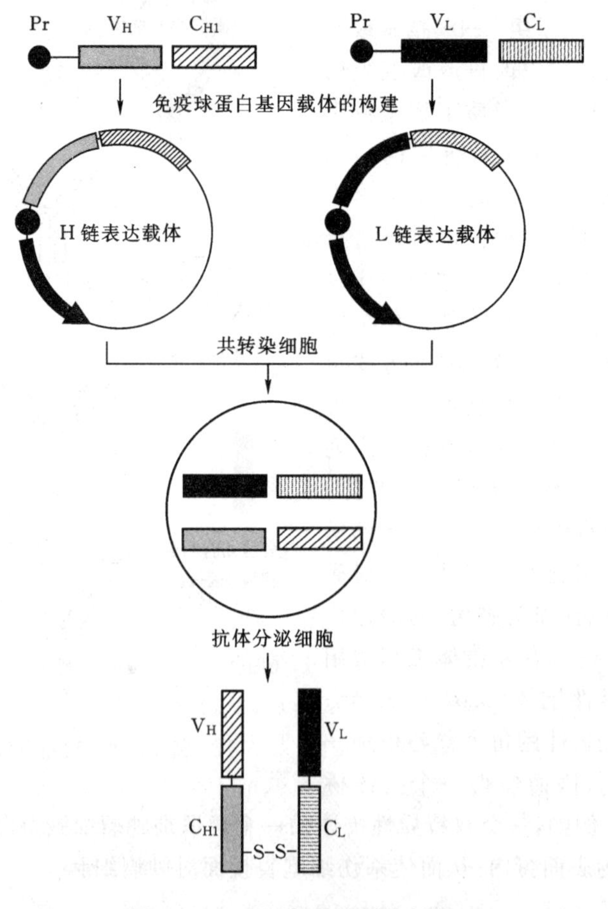

图 12-10 Fab 抗体分子的制备

2. Fv 抗体

Fv 是由 L 链和 H 链 V 区组成的单价小分子，是与抗原结合的最小功能片段。在 Fv 的基因工程技术中，可以分别构建含 V_H 和 V_L 基因的载体，共转染细胞，使之各自表达后组装成功能性 Fv 分子；或者载体中的 V_H 和 V_L 之间设置终止码，分别表达 2 个小分子片段(图 12 - 11)。H 链和 L 链的 V 区可由非共价键结合在一起形成 Fv，并能保持特异结合抗原的能力。

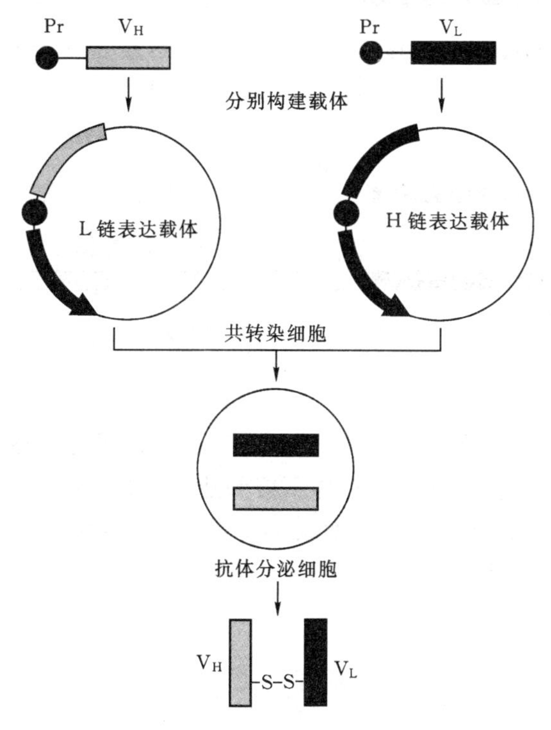

图 12 - 11　Fv 小分子抗体的制备

3. 单链抗体

用适当的寡核苷酸接头将 L 链和 H 链的 V 区连接起来，使之形成单一的多肽链，称为单链抗体(single chain Fv, ScFv)。多肽链能自发折叠成天然构象，保持 Fv 的特异性和亲和力，它的稳定性大大提高了。ScFv 中连接 DNA(linker DNA)的设计原则是 DNA 接头编码的氨基酸不干扰 V_H 和 V_L 的立体构象和妨碍抗原结合部位，其氨基酸组成应当为亲水性和侧链少，便于折叠和减少抗原性。一般由丝氨酸组成(Gly4Ser)n，它的长度至少含 10 个氨基酸残基，通常是 14 或 15 个氨基酸残基(如图 12 - 12)。ScFv 的优点是相对分子质量小，免疫原性弱、渗透力强,并可用于药物导向,具有中和毒素等功能。缺点是无抗体 C 区,不能介导抗体的其他生物学效应。

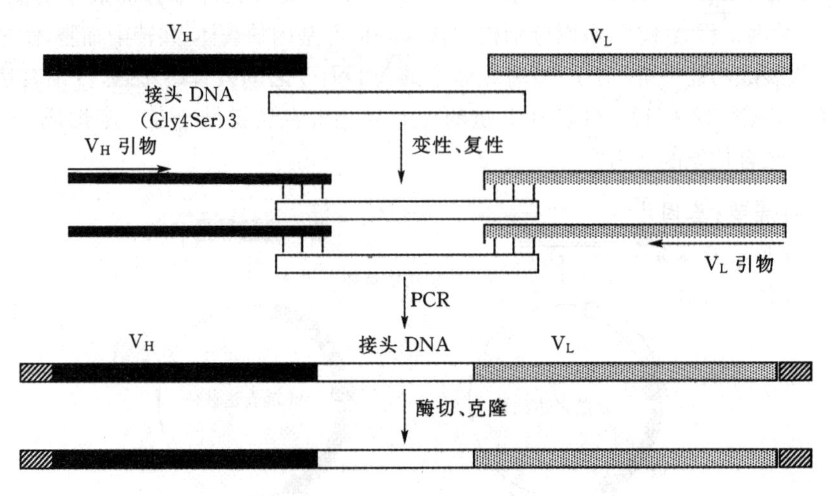

图 12 - 12　ScFv 的构建

4. 单区抗体

单区抗体仅由单个 V_H 或单个 V_L 组成。优点是分子比完整抗体小得多,分子灵活,组织穿透力强,能到达一般抗体不能到达的部位。缺点是与抗原亲和力很低,过多暴露了抗体的疏水性表面,使它们变得很"黏",影响了抗体功能的发挥,需经较大改造才具有实用价值。

思考题

1. 以大肠杆菌为宿主细胞生产人胰岛素的原理是什么?
2. 用细菌生产人生长激素需注意哪些问题?
3. 利用基因工程技术生产乙肝疫苗的原理是什么?
4. 如何利用基因工程技术生产单克隆抗体?
5. 小分子抗体的种类有哪些? 各有何特点?

第 13 章

基因诊断与基因治疗

内容提要：基因诊断可尽早探测由基因突变导致的遗传缺陷，为遗传病的预防和治疗奠定基础。基因治疗是从根本上纠正遗传病的有效手段，但目前仅停留在研究阶段，离实际的临床应用还有相当大的距离。除重组 DNA 技术应用于基因治疗外，反义技术、RNA 干扰技术、核酶等手段为基因治疗提供了新的途径。

基因突变可导致遗传性疾病的产生，对人类健康构成极大的威胁。基因诊断可在人体发育早期对染色体病、单基因遗传病等先天性遗传病的基因状态、易感性作出诊断和预测。基因治疗则为遗传缺陷的根本性纠正提供了可能。

13.1 基因诊断

基因诊断是指对疾病相关的核酸片段(DNA 或 RNA)的确定及核苷酸序列测定。广义的基因诊断还包括对致病相关的基因的表达产物(mRNA 和蛋白质)的确定和序列测定。

13.1.1 基因诊断的特点和对象

基因诊断有四个特点：①由于基因诊断是以探测基因为目标，属于病因诊断，因而针对性强；②绝大多数基因诊断以分子杂交技术为基本原理，所以特异性高；③基因探针带有十分敏感的检测标记，只需微量样品，检测的灵敏性高；④基因探针可对任何来源、任何种类的序列进行探测，因而适应性强。

基因诊断主要适用于以下对象。

(1) 侵入的病原生物　一般侵入人体内的病原生物可通过显微镜检查以及免疫学方法进行诊断。但是在病原生物不易培养或无法得到商业化抗体时，基因诊

注：本章部分插图引自 D. P. Snustad 等人所著 *Principles of Genetics*。

断就成为检测病原微生物感染(尤其是病毒感染)的唯一手段。直接检测病原生物的遗传物质可以大大提高诊断的敏感性。此外,基于DNA碱基配对原理的基因诊断特异性也大为提高。目前,基因诊断已在病毒性肝炎、艾滋病等传染病的诊断中发挥了不可替代的作用。

(2) 先天遗传性疾病　已有多种传统的遗传性疾病的发病原因被确定为特定基因的突变。例如,苯丙氨酸羟化酶基因突变可引起苯丙酮尿症;腺苷脱氨酶基因突变可引起严重复合免疫缺陷综合征(SCID);而淋巴细胞表面分子CD40或其配体(CD40L)基因突变可引起无丙种球蛋白血症。这类疾病的诊断除了仔细分析临床症状及生化检查结果外,从病因角度作出诊断则需要用基因诊断的方法检测其基因突变的发生。此外,有些病因尚不清楚的疾病,如高血压、自身免疫性疾病等,都可能与某个或某些遗传位点的持有或改变有关。用基因诊断的方法检测这些位点的改变,不仅对临床诊断,而且对疾病的病因和发病机理的研究都具有重要的意义。

(3) 后天基因突变引起的疾病　这方面最典型的例子为肿瘤。虽然肿瘤的发病机理尚未完全明了,但可以初步认为肿瘤的发生是由于个别细胞基因突变而引起的细胞无限增殖。无论是癌基因还是抑癌基因发生突变,如果要确定突变的发生,都必须进行基因诊断。

(4) 其他方面　如DNA指纹分析、个体识别、亲子关系鉴定、法医学物证等也需用到基因诊断技术。

13.1.2　基因诊断技术

基因诊断中常用的技术包括探针杂交技术、基因扩增技术、限制性核酸内切酶技术等。有时需要几种技术联合使用。

1. 探针杂交技术

根据标记方法不同,探针可分为放射性探针和非放射性探针两大类。探针又可根据核酸的性质和来源分为DNA探针、cDNA探针、RNA探针和寡聚核苷酸探针等几类。

(1)DNA探针　DNA探针是最常用的核酸探针,长度一般为几百个碱基对。现已获得的DNA探针种类很多,包括细菌、病毒、原虫、真菌、动物或人类细胞DNA探针。这类探针多为某一基因的全部或部分序列,或某一非编码序列。作为探针的DNA序列必须具有特异性,如细菌的毒力因子基因探针和人类*Alu*探针,这些DNA探针的获得有赖于克隆技术的发展和应用。

DNA探针(包括cDNA探针)有三大优点:第一,这类探针多克隆在质粒载体中,可以繁殖,取之不尽,制作方法简便;第二,DNA探针不易降解,一般能有效抑制DNA酶活性；第三，DNA探针的标记方法较成熟，有多种方法可供选择，如缺口平移法、随机引物法、PCR法等，能用于同位素和非同位素标记。

(2) cDNA探针　cDNA探针是指互补于mRNA的DNA分子。cDNA是由反转录酶催化产生的。从反转录病毒中提取的反转录酶已商品化。利用真核生物mRNA 3′端存在的多聚腺苷酸尾(poly A tail)，可以合成一段寡聚胸苷酸作为引物，在反转录酶催化下合成互补于mRNA的cDNA链，然后用RNA聚合酶H将mRNA消化掉，再加入大肠杆菌DNA聚合酶Ⅰ催化合成另一条DNA链，即完成了从mRNA到双链DNA的反转录过程。

所得到的双链DNA分子经S_1核酸酶切成平齐末端后连接一个含有限制性酶切位点的接头分子，再经特定限制性酶消化后产生黏性末端，即可与含相同黏性末端的载体分子连接。应用λ噬菌体载体可得到10^5以上转化子文库，再用特定的筛选方法筛选基因克隆。用这种技术获得的DNA探针不含内含子序列，尤其适用于基因表达的检测。

(3) RNA探针　RNA探针是一类很有用的核酸探针。由于RNA是单链分子，所以它与靶序列的杂交反应效率极高。早期采用的RNA探针为细胞mRNA探针和病毒RNA探针，随着体外反转录技术不断完善，已成功地建立了单向和双向体外转录系统。该系统主要基于新型载体pSP和pGEM，它们的多克隆位点两侧分别带有启动子，在SP6 RNA聚合酶和T7 RNA聚合酶作用下可进行RNA转录。如果在多克隆位点接头中插入外源DNA片段，则可以DNA两条链中的一条为模板转录生成RNA。这种体外转录的反应效率很高，在1小时内可以完成10μg RNA产物的合成。只要在底物中加入适量的放射性或生物素标记的dUTP，则所合成的RNA可得到高效标记。此方法可有效地控制探针的长度，并可提高标记分子的利用率。

RNA探针和cDNA探针具有DNA探针所不能比拟的高杂交效率，但RNA探针也存在易于降解和标记方法复杂等缺点。

(4) 寡聚核苷酸探针　寡聚核苷酸探针为化学合成的DNA或RNA探针，具有如下特点：①由于所含碱基较少，链相对较短，其序列复杂度低，所以与等量靶位点完全杂交的时间比克隆探针短；②寡聚核苷酸探针可识别靶序列内单个碱基的变化，因为短探针中碱基错配能大幅度降低杂交体的Tm值；③一次可合成大量寡聚核苷酸探针，使得这种探针价格低廉。与克隆探针一样，寡聚核苷酸探针可用酶学或化学方法修饰以进行非放射性标记物的标记。最常用的寡聚核苷酸探针长18～40个碱基，目前的合成方法可有效地合成这类探针。

对于合成的寡聚核苷酸探针有以下要求：①长度以18～50个碱基为宜，较长探针杂交的时间较长,合成量也低,与短探针相比特异性也较差;②碱基成分中 G+C含量应为 40%～60%,超出此范围则会增加寡聚核苷酸探针非特异性杂交;③探针分子内不应存在互补区,否则会出现抑制探针杂交的发卡式结构;④避免单一碱基的重复出现;⑤一旦选择的某一序列符合上述要求,最好将该序列与核酸库中的序列进行比较,探针序列应与靶序列核酸杂交,而与非靶区域的同源性不应超过 70%或有连续 8 个碱基的同源,否则,该探针不能使用。

2. 核酸分子杂交方法

随着基因工程技术的发展,新的核酸分子杂交技术不断出现。核酸分子杂交可按作用环境大致分为固相杂交和液相杂交两种类型。固相杂交是将参加反应的一条核酸链固定在固体支持物上,另一条核酸链游离在溶液中。液相杂交是所参加反应的两条核酸链都游离在溶液中。下面具体介绍固相杂交方法和液相杂交方法。

(1) 固相核酸分子杂交　固相核酸分子杂交中的固体支持物一般为硝酸纤维素膜或尼龙膜。核酸分子杂交过程包括下述几个步骤。①DNA 变性。DNA 受酸、碱、热等处理均能发生变性,但强酸会使核酸降解,因而一般使用碱变性或加热变性。②变性 DNA 在膜上的固定。DNA 样品转移至硝酸纤维素膜上后先经室温干燥,然后经 80℃真空干燥后 DNA 可牢固地固定在膜上。③预杂交。此过程主要使滤膜与预杂交液充分接触,以保证滤膜表面浸透预杂交液。④杂交。将经过预杂交的滤膜浸入含核酸探针的杂交液中,核酸探针上的碱基会与滤膜上互补的碱基结合。⑤洗膜。此过程可将多余的探针冲洗掉。⑥显示结果。通过放射自显影或液体闪烁计数等方法显示杂交结果。

(2) 液相核酸分子杂交　液相核酸分子杂交的过程与固相核酸分子杂交基本相同,但不需要将一条核酸链固定在固体支持物上。

3. 基因扩增技术

聚合酶链式反应(PCR)是基因扩增技术的一次重大革新,它可在几小时内将微量的靶 DNA 序列扩增上百万倍,从而大大提高对 DNA 分子的分析和检测能力。由于 PCR 技术具有敏感性高、特异性强、快速、简便等优点,因而在基因诊断中显示出巨大的应用价值和广阔的发展前景。在基因诊断中 PCR 技术通常与以下方法联合使用,以进行扩增产物的精确分析。

(1) 凝胶电泳　PCR 产物可通过琼脂糖凝胶电泳或聚丙烯酰胺凝胶电泳检测,以前者最为常用。通过凝胶电泳可判断扩增片段的大小,还可用来纯化扩增产物。

(2) 点杂交　当扩增产物为多条带时,可用点杂交加以区分。其基本过程是,先将扩增的 DNA 固定在硝酸纤维素膜或尼龙膜上,再用放射性或非放射性标记的探针杂交。点杂交有助于检测突变 DNA 的突变类型，可用于人类遗传病的诊断和某些基因的分型。

(3) 微孔板夹心杂交　此方法是通过一固定在微孔板的捕获探针与 PCR 产物的某一区域特异杂交使产物间接地固定于微孔板上。然后再用一生物素等非放射性标记探针与产物的另一区域杂交，漂洗后显色即可判断结果。这种方法需要两个杂交过程来检测一个 PCR 产物，因此敏感性和特异性均较强。

(4) PCR-ELISA 法　PCR 与酶联免疫吸附试验(ELISA)联合使用避免了电泳和杂交的步骤，可用 ELISA 记数仪检测，简便易行，灵敏度也较高。由于 DNA 5′端修饰后仍可进行常规 PCR 扩增特异靶序列，因此可通过对引物 5′端的修饰使其携带便于 PCR 产物固定的功能基因，而通过另一引物 5′端的修饰使产物便于检测。

4. 限制性核酸内切酶技术

限制性核酸内切酶在基因诊断中的用途包括：①不管 DNA 的来源如何，用同一种限制性核酸内切酶切割后产生的黏性末端很容易重新连接，因此将人和细菌或人和质粒的两个 DNA 片段重组。②人类的基因组很大，不切割无法分析其中的基因。限制性核酸内切酶能把基因组 DNA 在特异性位点切开，得到一组长度各异的 DNA 片段，可用电泳分离后加以研究。③由于限制性核酸内切酶的特异性，如果识别位点的碱基序列发生了改变，限制性核酸内切酶不再能够切开 DNA；同样，碱基的改变也可导致新的酶切位点产生。在人类基因组中，这两种情形都十分常见。而酶切位点的消失或出现将影响获得的 DNA 片段的长度，即产生限制性片段长度多态性(RFLP)，这在基因连锁诊断中具有极其重要的意义。

RFLP 反映了个体间可遗传的变异，按照孟德尔方式遗传，可用 Southern 印迹法检测。

13.1.3　基因诊断的应用示例

1. 镰状细胞贫血

红细胞中的血红蛋白是由两个 α 链和两个 β 链组成的四聚体复合蛋白，若编码 β 链的第 6 个密码子发生碱基突变，使所编码的谷氨酸变为缬氨酸，将会产生镰状细胞贫血(Hb^s)。Hb^s 的产生仅为单个碱基的突变(图 13－1)，它使原先存在的一个 *Mst* Ⅱ 限制性酶切位点消失。因此 Hb^s 的检测可利用 PCR 将包含突变碱基在内的一段 β 球蛋白基因链扩增，然后用 *Mst* Ⅱ 切割扩增片段，酶切片段经琼脂糖凝胶电泳分离后再用一跨越 *Mst* Ⅱ 突变位点的探针进行 Southern 印迹杂交。如

图13－1所示,杂交结果显示一个大片段的是 Hb^s 纯合体,显示两个小片段的是正常的纯合体,而显示一个大片段和两个小段片的是杂合体。

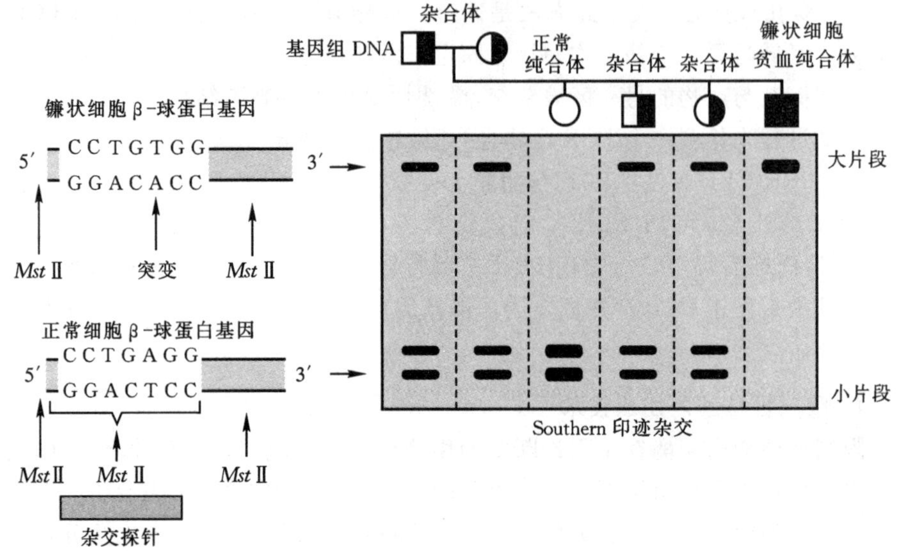

图 13－1　镰状细胞贫血的基因诊断

2. 囊性纤维化病

囊性纤维化病(CF)是一种隐性遗传性疾病,70%的患病个体是由于 CF 基因中决定第 508 个氨基酸的密码子缺失(简写为 CFΔF508)所致。野生型 CF 基因的部分碱基序列为:5′-AAA GAA AAT ATC AT C TT T GGT GTT-3′,其中所标示的 3 个碱基 CTT 为 CFΔ508 个体所缺失的密码子。上述碱基序列编码的相应氨基酸序列为 NH_2-Leu-Glu-Asn-Ile-Ile-Phe-Gly-Val-COOH,所标示的 Phe 为 CFΔF508 个体所缺失的氨基酸。根据正常个体与基因突变个体核苷酸组成上的主要差异,L. C. Tsui 等人设计了 3′-CTTTTATAGTAGAAACCAC-5′ 和 3′TTCTTTTATAGTAACCACAA-5′两个寡聚核苷酸探针,前者只能与正常个体的 CF 基因片段杂交,后者只能与 CFΔF508 个体的基因片段杂交,特异性非常强。图 13－2 为 L. C. Tsui 的部分实验结果,其中家系 G 和家系 H 之间的加水样品为空白对照。利用这种位点特异性寡聚核苷酸探针可以检测出正常的综合个体、杂合个体及 CFΔF508 纯合个体。

3. Huntington 病

Huntington 病(HD)是一种显性遗传病,发病率为万分之一左右,发病年龄在

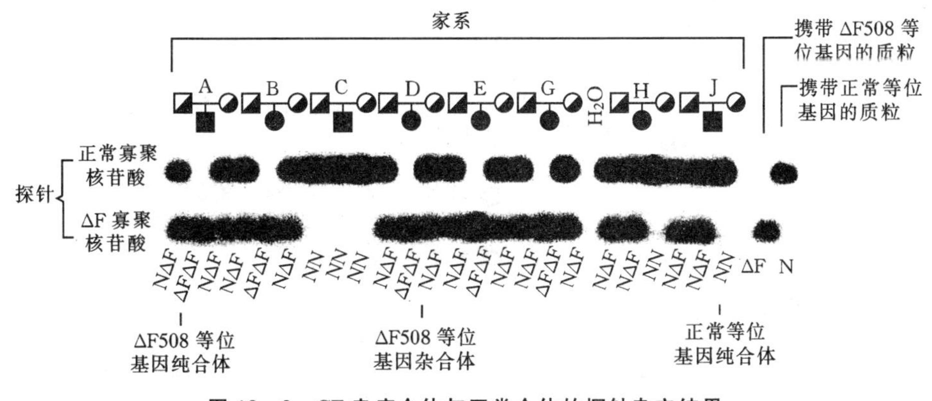

图 13-2　CF 患病个体与正常个体的探针杂交结果

30～50 岁之间，是一种严重的中枢神经系统退化性疾病，目前没有有效的治愈方法。该病的基因已定位于人的 4 号染色体上，发病原因是 huntingtin 基因内 CAG 碱基序列的异常重复。正常个体 CAG 重复序列数为 11～34 个，而患病个体该重复序列的数目可达 40～100 个或更多。对 HD 的基因诊断非常简单，只需在 CAG 重复序列的两端设计一对引物，然后直接对基因组 DNA 进行 PCR 就可对个体的基因型作出判断(图 13-3)。只在 18 个 CAG 处出现条带的为正常个体，只在 48 个、CAG 处出现条带的个体为 HD 纯合个体，而同时在 18 个 CAG 和 48 个 CAG 处出现条带的个体为杂合体。由于 HD 属显性遗传，所以杂合个体将来也会患病。

13.2　基因治疗

基因治疗是近年来随着分子生物学的发展而兴起的一项新技术，其基本原理是利用转基因技术，将某种特定的目的基因转移到人体内，使其在体内表达基因产物并发挥生物学活性，以纠正或改善某种基因异常所致的疾患。基因治疗现已成为近年来生物医学发展较快的领域，在目的基因的选择和构建、表达载体、转基因受体细胞、动物模型等方面的研究已取得了一系列令人振奋的成果。有些项目已进行临床试验，并表现出巨大的潜在应用价值。同时，反义核酸技术、RNA 干扰技术和核酶技术也正在拓展着基因治疗的研究空间。

13.2.1　基因治疗的发展过程及基本策略

1967 年，M. Nirenberg 首先提出基因工程可用于人类疾病治疗的设想。1980 年，T. Cline 首次将外源基因转导于小鼠获得成功，次年对两名重症 β-地中海贫

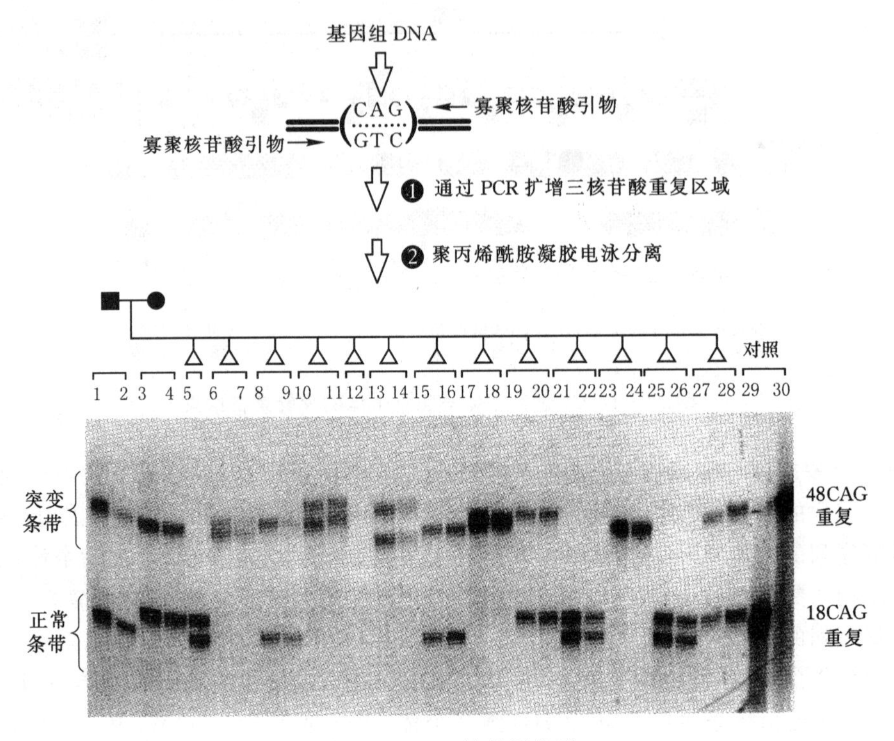

图 13-3　HD的基因分型

血患者进行了基因治疗,但未成功。1985年,美联邦国家卫生研究院(NIH)成立了基因治疗委员会,并拟定了三项规定:①应明确区分生殖细胞和体细胞基因治疗,只允许进行后者;②应取得NIH批准;③应签订协议书。1989年,NIH首先批准了W. F. Anderson等将抗新霉素基因导入黑色素瘤患者的肿瘤浸润淋巴细胞(TIL)作为标记基因的计划。1990年,美国批准了人类第一个对遗传病进行体细胞基因治疗的方案,即将腺苷脱氨酶(ADA)导入一个4岁患有严重复合免疫缺陷综合征(SCID)的女孩(图13-4)。采用的是反转录病毒介导的间接法,即用含有正常人腺苷脱氨酶基因的反转录病毒载体(图13-5)培养患儿的白细胞,并用白细胞介素-2(IL-2)刺激其增殖,经10天左右再将表达*ADA*转基因的白细胞经静脉输入患儿。大约1～2月治疗一次,8个月后,患儿体内ADA水平达到正常值的25%,未见明显副作用。此后又进行第2例治疗获得类似的效果。1991年,NIH连续批准了11项人类基因治疗试验方案。如将肿瘤坏死因子(TNF)基因、白介素-2基因、人类白细胞抗原B7基因或药物敏感基因导入TIL、肿瘤细胞等。同年C. Szczylik将人工合成ber/abl融合基因的反义寡核苷酸体外导入小鼠慢性

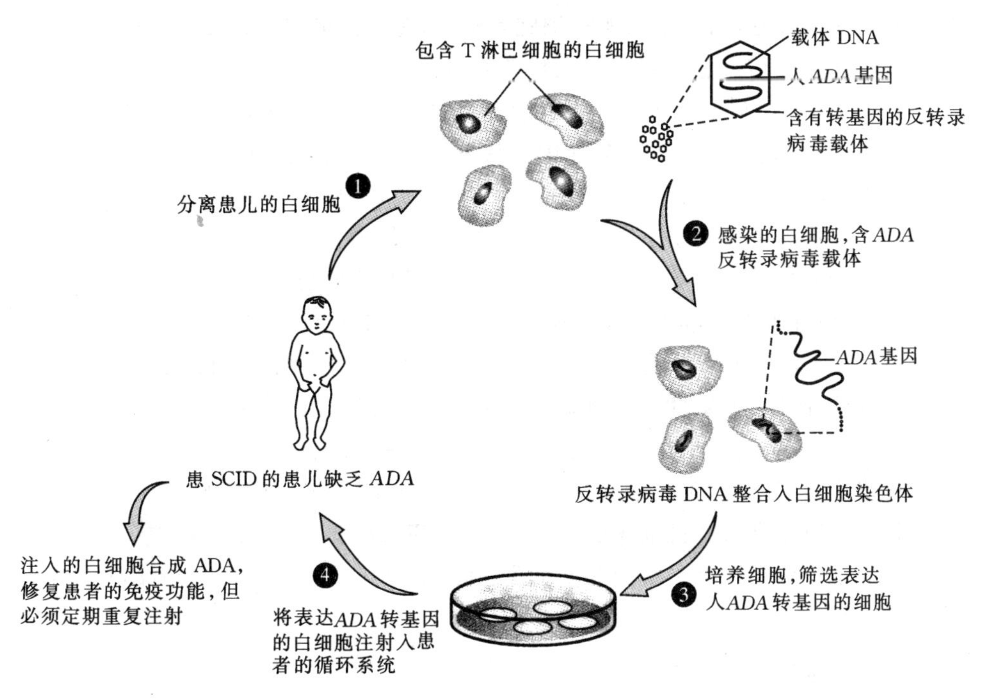

图 13－4　ADA⁻ SCID 的基因治疗

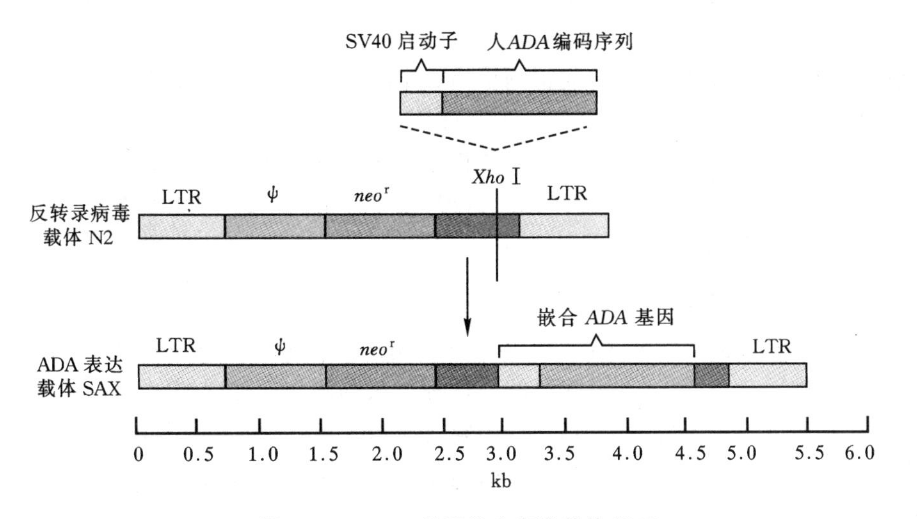

图 13－5　*ADA* 基因治疗表达载体 SAX

粒细胞白血病细胞,阻断了白血病细胞增殖,而对正常祖细胞无影响。1991～1992年,英国、法国、荷兰、意大利等国也开展了ADA缺乏症的基因治疗。

1991年,我国科学家进行了世界上首例血友病B的基因治疗临床试验,研究人员在兔模型的基础上,将人凝血因子Ⅸ基因通过重组质粒(pCMVIX)或重组反转录病毒(N2CMVIX)导入自体皮肤成纤维细胞,获得了可喜的阶段性成果。已有4名血友病患者接受了基因治疗,治疗后体内Ⅸ因子浓度上升,出血症状减轻,取得了安全有效的治疗效果。随后,我国科学家利用胸腺激酶基因治疗恶性脑胶质瘤,基因治疗方案获准进入Ⅰ期临床试验。初步的观察表明,生存期超过1年以上者占55%,其中1例已超过三年半,仍未见肿瘤复发。此外,采用血管内皮生长因子基因治疗外周梗塞性下肢血管病的基因治疗方案也已获准进入临床试验。目前,我国已有6个基因治疗方案进入或即将进入临床试验。总的来看,我国基因治疗产业仍比美国落后,正处于成长阶段,绝大部分还处于实验室研究阶段,仅有5个项目通过审批进入特批临床试验或Ⅰ、Ⅱ期临床试验。

基因治疗的靶细胞主要分为两大类:体细胞和生殖细胞,目前开展的基因治疗只限于体细胞。

1. 生殖细胞基因治疗

生殖细胞基因治疗(germ cell gene therapy)是将正常基因转移到患者的生殖细胞和组织(精细胞、卵细胞、中早期胚胎)使其发育成正常个体,显然,这是理想的方法。因为生殖细胞基因治疗不仅可使遗传疾病在当代得到治疗,而且还能将新基因传给患者的后代,使遗传病得到根治。实际上,这种靶细胞的遗传修饰至今尚无实质性进展。基因的这种转移一般只能用显微注射,然而效率不高,并且只适用于排卵周期短而次数多的动物,这难适用于人类。而在人类实行基因转移到生殖细胞,并世代遗传,又涉及伦理学问题。因此,就人类而言,多不考虑生殖细胞的基因治疗途径。

2. 体细胞基因治疗

体细胞基因治疗(somatic cell gene therapy)是指将正常基因转移到体细胞,使之表达基因产物,以达到治疗目的。这种方法的理想措施是将外源正常基因导入靶体细胞内染色体特定基因座位,用健康的基因确切地替换异常的基因,使其发挥治疗作用,同时还须减少随机插入引起新的基因突变的可能性。对特定座位基因转移,还有很大困难。

体细胞应该是在体内能保持相当长的寿命或者具有分裂能力的细胞,这样才能使被转入的基因能有效地、长期地发挥"治疗"作用。因此干细胞、前体细胞都是理想的转基因治疗靶细胞。以目前的观点看，骨髓细胞是唯一满足以上标准的靶细胞，而骨髓的抽取，体外培养、再植入等所涉及的技术都已成熟；另一方面，骨髓细胞还构成了许多组织细胞(如单核巨噬细胞)的前体。因此，不仅一些涉及血液系统的疾病(ADA 缺乏症、珠蛋白生成障碍性贫血、镰状细胞贫血、慢性肉芽肿(CGD)等)以骨髓细胞作为靶细胞，而且一些非血液系统疾病(苯丙酮尿症、溶酶体储积病等)也都以骨髓细胞作为靶细胞。除了骨髓以外，肝细胞、神经细胞、内皮细胞、肌细胞等也可作为靶细胞来研究或实施转基因治疗。

体细胞基因治疗采用将基因转移到基因组上非特定座位，即随机整合。只要该基因能有效地表达出其产物，便可达到治疗的目的。这不是修复基因结构异常而是补偿异常基因的功能缺陷，这种策略易于获得成功。基因治疗中作为受体细胞的体细胞，多采取离体的体细胞，先在体外接受导入的外源基因，在有效表达后，再输回到体内，这也就是间接基因治疗法。

体细胞基因治疗不必矫正所有的体细胞，因为每个体细胞都具有相同的染色体。有些基因只在一种类型的体细胞中表达，因此，治疗只需集中到这类细胞上。其次，某些疾病，只需少量基因产物即可改善症状，不需全部有关体细胞都充分表达。

为进行遗传修饰，需基因转移程序，是通过载体与特定基因相结合的基因送递系统来完成的。病毒和脂质体常被用作载体，但选作载体的病毒必须是在宿主细胞内不能复制或复制有缺陷的。一般有两种技术路线：一是活体内基因治疗，是将基因送递系统直接引入患者体细胞(靶细胞)；二是离体基因治疗，是将拟作遗传修饰的体细胞由患者体内取出，在实验室完成操作，然后再回输给该患者，如骨髓干细胞就可采用后一种技术。

3. 基因治疗的策略

根据所采用的方法不同，基因治疗的策略大致可分为以下几种。

(1) 基因置换(gene replacement)　基因置换就是用正常的基因原位替换病变细胞内的致病基因，使细胞内的 DNA 完全恢复正常状态。这种治疗方法最为理想，但目前由于技术原因尚难达到。

(2) 基因修复(gene correction)　基因修复是指将致病基因的突变碱基序列纠正，而正常部分予以保留。这种基因治疗方式最后也能使致病基因得到完全恢复，操作上要求高，实践中有一定难度。

(3) 基因修饰(gene augmentation)　基因修饰又称基因增补，将目的基因导入病变细胞或其他细胞，目的基因的表达产物能修饰缺陷细胞的功能或使原有的某些功能得以加强。在这种治疗方法中，缺陷基因仍然存在于细胞内，目前基因治疗多采用这种方式。如将组织型纤溶酶原激活因子的基因导入血管内皮细胞并得以表达后,防止经皮冠状动脉成形术诱发的血栓形成。

(4) 基因失活(gene inactivation) 利用反义核酸技术、RNA 干扰技术和核酶技术能特异地封闭基因表达特性,抑制一些有害基因的表达,以达到治疗疾病的目的。

13.2.2 反义核酸技术与基因治疗

按照碱基配对的原理,能够与靶 RNA 相结合的 DNA 或 RNA 小分子称为反义 DNA 或反义 RNA。反义核酸技术是继基因克隆和重组 DNA 技术后分子生物学领域兴起的一种全新技术,包括下述三种。

(1) 反义寡聚核苷酸 即直接应用一段人工合成的寡聚核苷酸,通过碱基配对与细胞内核酸结合,特异地调控基因表达。

(2) 反义 RNA 利用重组 DNA 技术构建表达载体,在体内或体外表达反义 RNA,控制相应的基因表达。

(3) 核酶 核酶是一种可自我催化的特殊的反义 RNA,能与靶序列结合并使之裂解。其内容将在 13.2.4 中详细介绍。

在反义核酸中研究最深入、应用最广泛的当为反义 RNA。反义 RNA 能够与靶 RNA 特异性结合,形成双链结构,抑制靶 RNA 的功能,从而阻止其有效的翻译,使其成为 RNase H 等的底物而被消化分解,以此作为破坏病毒核酸的手段,达到抗病毒治疗的目的。

反义 RNA 过去一直被认为只存在于原核生物中,但近年的研究表明,真核生物中也存在反义 RNA。这一发现拓展了 DNA 信息传递的范围,也为反义 RNA 的体内研究和应用研究提出了新的课题。

1. 反义 RNA 的作用特点

反义 RNA 具有以下作用特点。

(1) 作用区域的特异性 对大部分基因来说,互补于 RNA 5′端的反义 RNA 作用最有效,但也有实验表明,5′端、中部编码区以及 3′端的反义 RNA 均有抑制作用,甚至 3′端反义 RNA 的抑制效果更显著。由此可见,RNA 区域特异性的差异可能与其存在的状态有关。

(2) 作用的普遍性 反义 RNA 对外源性基因和细胞内源性基因的表达均有抑制作用。

(3) 种属特异性 反义 RNA 的抑制作用具有种属特异性,如鸡的 *tk* 基因的反义 RNA 只能抑制鸡的 *tk* 基因,但不能抑制病毒 *tk* 基因的表达。

2. 反义 RNA 的分类与功能

反义 RNA 按其作用机制可分为三类：Ⅰ类反义 RNA 可直接作用于靶mRNA 的 S-D 序列和编码区，引起翻译的直接抑制，或与靶 mRNA 结合后引起该双链 RNA 分子对 RNA 酶的敏感性增强，使其降解；Ⅱ类反义 RNA 能与 mRNA S-D 序列的上游区域结合，从而抑制 mRNA 的翻译功能，Ⅱ类反义 RNA 的作用机制尚不清楚，可能是反义 RNA 与靶 mRNA 上游序列结合后引起核糖体结合位点区域的二级结构发生改变，从而阻止了核糖体的结合；Ⅲ类反义 RNA 可直接抑制靶 mRNA的转录。

原核生物中的反义 RNA 具有以下功能。

(1) 调控细菌基因的表达　micF RNA 可以调控 *ompF* 基因的表达。OmpF 蛋白是大肠杆菌外膜蛋白的主要成分，和 ompF mRNA 的 5′端有 70%的序列互补，因此在体外 micF RNA 可以抑制 ompF mRNA 的翻译。这种抑制作用在体内是否重要尚有疑问，因为缺失 *micF* 基因的菌株其 OmpF 蛋白的表达只受到轻微的影响。

(2) 参与噬菌体溶菌、溶原性的控制　反义 RNA 参与λ噬菌体和 P22 噬菌体的溶菌、溶原状态的控制。P22 噬菌体编码一种抗阻遏蛋白 Ant，它可以抑制许多λ样噬菌体的阻遏蛋白与 DNA 的结合。这对于刚感染细菌的 P22 噬菌体建立λ样原噬菌体是有益的。但 Ant 蛋白的表达量必须在严格的控制之下，过量表达必将阻止溶原状态的建立，使之成为菌体性噬菌体。Ant 蛋白表达的控制是利用反义 RNA(sarRNA)完成的，它能与 ant mRNA 的翻译起始区互补结合，从而抑制 ant mRNA 翻译成 Ant 蛋白。

(3) IS10 对转位作用的抑制　outRNA 是一种反义 RNA，可以与 IS10 编码的转位酶基因的 mRNA 5′端结合，从而抑制其翻译。当细胞内只有一个拷贝 IS10 时，只能生成很少量的 outRNA，故转位酶仍能生成。但当 IS10 的拷贝数增多时，outRNA 的量也增多，其控制作用明显增强，出现多拷贝抑制现象。其结果可以防止 IS10 的过量堆积而引起细胞损害。

3. 反义 RNA 的作用机制

反义 RNA 对靶 mRNA 翻译抑制的机制尚不完全清楚，根据目前的研究结果，可能的作用机制包括以下方面。

(1) 在复制水平上的作用　反义 RNA 与 DNA 复制过程中的引物互补结合，抑制 DNA 复制，从而控制 DNA 复制效率。

(2) 在转录后水平上的作用　反义 RNA 与 mRNA 5′端互补，阻碍 mRNA 5′

端加工过程中帽结构的形成;或结合于 mRNA 3′端多聚腺苷酸尾形成位点,阻碍 mRNA 的加工、成熟及向胞浆的转运。

(3) 在翻译水平上的作用　反义 RNA 可互补于 mRNA 上的翻译起始位点 AUG 区域,阻止 mRNA 与核糖体的结合;或互补于编码区,阻止核糖体的移动;或直接降解 mRNA。

重组的反义 RNA 载体上含有启动子和终止子,转染细胞后重组体能自动表达反义 RNA。重组体也可整合到宿主细胞的基因组 DNA 中,或作为附加体长期存在。

4. 反义 RNA 与基因治疗

由于反义 RNA 能封闭基因表达,具有特异性强、操作简单的特点,可用来治疗由基因突变或基因过量表达导致的疾病和严重感染性疾病,如恶性肿瘤、病毒感染性疾病等。

(1) 恶性肿瘤　肿瘤的发生和发展可涉及原癌基因的激活、抑癌基因及细胞凋亡相关基因的失活过程。有些生长因子及其受体、部分关键酶的过量表达也与细胞癌变有密切关系。因此,可针对性地选择在细胞癌变过程中发挥重要作用的原癌基因、抑癌基因、细胞凋亡相关基因、生长因子、生长因子受体以及部分关键酶的基因作为作用对象,通过反义 RNA 技术进行封闭结合,以达到治疗恶性肿瘤的目的。

用反义 K-ras 封闭胰腺癌、肺癌的 K-ras 基因,对癌细胞具有明显的抑制作用。用反义 RNA 封闭慢性粒细胞白血病的 bcr/abl 融合基因的表达,能抑制肿瘤细胞的增长。通过反义 RNA 抑制程序化细胞死亡的拮抗基因 *bcl*-2 可提高化疗药物对 T 淋巴细胞白血病细胞的杀伤作用。反义 *bcl*-2 亦可阻碍非霍奇金淋巴瘤的生长。

(2) 病毒感染性疾病　HIV 的反式激活蛋白反应顺序 TAR 与 TAT 蛋白结合可促使 HIV 转录。若用反义 TAR 封闭 TAR 蛋白,可有效终止 HIV 的转录,现已取得体外抗 HIV 的效果。反义 RNA 对麻疹病毒也有显著的拮抗作用。

S. Agrawal 研究小组用 25 nt 硫代寡聚核苷酸(GEM91)体外抑制了艾滋病病毒的复制。GEM91 具有良好的耐受性和生物利用率,而且其血浆半衰期大于 35 小时。现在 GEM91 已进入Ⅰ期临床试验。D. A. Miller 等人将与 HIV 基因组某区域互补的反义核酸克隆入有复制缺陷的逆转录病毒载体。这种运载体的结构中还含有新霉素耐药基因,使转导细胞(能表达反义核酸的细胞)能在含有新霉素类物质 G418(Geneticin)的培养基中选择。经过转导的 CEM T_4 细胞的 G418 耐药株显示,HIV-1 的复制受到抑制,而病毒的细胞毒性作用则减轻。研究者发现,采用此方法表达的反义 *gag* 对 CEM T_4 细胞感染的 HIV 发挥抑制作用，而且反义 *gag* 对 HIV-1 复制的抑制效应可维持 6 个月。另外，使用富含 CD4 细胞的外周血 T 细胞进行实验，发现这种反义结构对 HIV-1 的复制仍然具有相似的抑制强度。

13.2.3　RNA 干扰与基因治疗

近年来的研究表明，一些小的双链 RNA 可以高效、特异地阻断体内特定基因的表达，促使 mRNA 降解，诱发细胞表现出特定基因缺失现象，称为 RNA 干扰（RNA interference，RNAi）。RNAi 是细胞本身固有的对抗外源基因侵害的一种自我保护现象，是双链 RNA(dsRNA)分子在 mRNA 水平关闭相应基因序列的表达，使其沉默的过程。RNAi 导致的基因沉默是一种转录后基因沉默(post transcriptional gene silencing, PTGS)。RNAi 技术的应用领域已经从基因组学研究逐步扩展到临床领域，并成为基因治疗的手段。RNAi 不仅提供了一种经济、快捷和高效的基因表达抑制技术手段，而且在功能基因组研究和基因治疗等方面开辟了一条新思路。

1. RNAi 的发现

2006 年，C. Mello 和 A. Fire 因 RNA 干扰机制的发现获诺贝尔生理学或医学奖。诺贝尔奖评审委员会在评价他们的研究成果时提到，“他们的发现能解释许多令人困惑、相互矛盾的实验结果，并揭示了控制遗传信息流动的自然机制。这开启了一个全新的研究领域，未来这种技术可用于直接从源头上使致病基因沉默，为有效地治疗癌症甚至艾滋病以及在农业上都将大有可为。”

1995 年，S. Guo 等人在对线虫的研究中试图用反义 RNA 去阻断 *par*21 基因的表达，以探讨该基因的功能，并同时在对照实验中给线虫注射正义 RNA，以期观察到基因表达的增强。但得到的结果却大相径庭，二者都能阻断 *par*21 基因表达的途径。这与传统上对反义 RNA 技术的解释正好相反。该研究小组一直未能对这个意外发现给予合理解释。1998 年，A. Fire 等人首次将 dsRNA 正义链和反义链的混合物注入线虫。他们发现S. Guo等人遇到的正义 RNA 抑制基因表达的现象，以及过去的反义 RNA 技术对基因表达的阻断，都是由于体外转录所得 RNA 中污染了微量双链 RNA 而引起。经过纯化的双链 RNA 能够高效特异性阻断相应基因的表达，其抑制基因表达的效率比纯化后的反义 RNA 至少高两个数量级。该小组将这一现象称为 RNAi。随后的研究发现 RNAi 现象广泛存在于从植物、真菌、线虫、昆虫、蛙类、鸟类、大鼠、小鼠到猴，乃至人类等几乎所有的真核生物细胞中。

2. RNAi 的机制

RNAi 在哺乳动物中导致基因沉默的机制基本上与果蝇和其他低等生物中 RNAi 的作用机制相似。注入的 dsRNA 如何导致基因沉默,虽然细节还不完全清楚,但较为公认的模式包括以下两个阶段。

(1) 起始阶段　dsRNA 被切割为 21～23 个核苷酸长的小分子干扰 RNA (siRNA)片段。RNA 酶Ⅲ家族中的酶 Dicer 可特异性识别 dsRNA,它以 ATP 依赖的方式逐步切割由外源导入或由转基因、病毒感染等各种方式引入的 dsRNA,并将 dsRNA 降解为 19～21 个碱基的双链 RNA(dsRNA),每个片段的 3′端都有 2 个碱基突出。

(2) 效应阶段　siRNA 双链与一种核酶结合,从而形成所谓的 RNA 诱导沉默复合体(RISC)。RISC 的激活需要 ATP 依赖的 siRNA 解双链的过程。RISC 激活后通过碱基互补作用将 siRNA 反义链定位到特异 mRNA 上,并在距离 siRNA 3′端 12 个核苷酸处切割 mRNA。每个 RISC 包含一个 siRNA 和一个不同于 Dicer 的 RNA 酶,siRNA 作为 RNAi 的效应分子发挥作用。由于 RNAi 在一些生物体内具有强大的潜力,有人提出 RNAi 可能存在放大效应,推测注入 dsRNA 复制后经 Dicer 酶切割,可生成更多的 siRNA,或 siRNA 自身复制,都可引起放大效应。此外,RISC 的重复周转也可引起放大效应。

3. RNAi 的应用前景

RNAi 现象的发现及其在生物中存在的普遍性,以及 RNAi 作用机制和生物学功能的初步阐明,为 RNAi 的应用提供了理论基础。近年来,RNAi 在生物学研究中得到了广泛的应用,特别对哺乳动物细胞 RNAi 的研究取得了令人瞩目的进展。目前,RNAi 已经在功能基因组学研究、微生物学研究、基因治疗等多个领域表现出广阔的应用前景。在功能基因组学方面,由于 RNAi 具有高度的序列专一性和有效的干扰活力,可以特异地使特定基因沉默获得功能丧失或降低突变,因此可以作为功能基因组学的一种强有力的研究工具。有的研究表明,RNAi 能够在哺乳动物中抑制特定基因的表达,产生多种表型,而且抑制基因表达的时间可以控制在发育的任何阶段,产生类似基因敲除的效应。在病毒性疾病的治疗方面,RNAi 技术已经被尝试用于阻止艾滋病病毒进入人体细胞。RNAi 还可应用于其他病毒感染(如脊髓灰质炎病毒等)。已证实 siRNA 可介导人类细胞的细胞间抗病毒免疫。在肿瘤的治疗方面,RNAi 可以利用同一基因家庭的多个基因具有一段同源性很高的保守序列这一特性,设计针对这一区段序列的 dsRNA 分子,只注射一种 dsRNA 即可以产生多个基因同时敲除,也可以同时注射多种 dsRNA 而将多个序列不相关的基因同时敲除。虽然目前 RNAi 的作用机制还有很多疑问，但它必将引起生命科学领域革命性的变化，相信随着对 RNAi 现象的深入了解，RNAi 必将从体外细胞培养模式走进更具实用意义的体内实验中去，也必将为人类研究基因功能以及对肿瘤等疾病进行基因治疗提供强大的武器。

13.2.4　核酶与基因治疗

核酶(ribozyme，Rz)是美国科学家 S. Altman(1980)和 T. R. Cech(1982)发现的具有酶的特异性催化功能的一类 RNA，这一发现突破了蛋白质酶类的传统生物催化剂的概念，使酶从蛋白质扩展到核酸。这是分子生物学领域的又一重大发现。核酶是分子结构简单、相对分子质量小、具有催化活性的 RNA 分子。它能特异性结合并切割病毒 RNA，而又不影响宿主细胞 RNA，因此在抗病毒的基因治疗中具有潜在的应用价值。

至今已发现 6 种类型的天然核酶，分别为第 1 组内含子、第 2 组内含子、锤头状核酶、发夹状核酶、斧头状核酶和 RNaseP。目前研究较多的是锤头状核酶和发夹状核酶。

1987 年，R. H. Symons 等人在研究 RNA 催化切割反应活性区域的核苷酸序列以后，首先提出了锤头状核酶的二级结构模型。该结构长约 30 个核苷酸，由 3 个茎区和 13 个保守核苷酸组成，茎区间以 Watson Crick 碱基对组成双链结构，中间是一单链形式存在的 13 个保守核苷酸和螺旋Ⅱ组成的催化中心，两侧的螺旋Ⅰ/Ⅲ为可变序列。许多实验证明只要能满足锤头状的二级结构和 13 个核苷酸的保守序列，剪切反应就会在锤头结构的右上方 GUN 三联体序列的 3′端自动发生。核苷酸 N 可以是 A、C 或是 U，但不能是 G。转化成分子间催化的锤头结构由两部分组成，一个是催化部分，一个是底物部分，只有含剪切结构域的 RNA 序列(GUN 或 N*n*UXN*n*，其中 X 为 C、A 或是 U)才能成为合适的底物。

1989 年美国的 A. Hample 依据烟草环斑病毒卫星 RNA(Strsv)负链中催化区域的研究，提出了发夹状核酶的结构模型。发夹状核酶切割活性所需最小长度为 50 个核苷酸，其中 15 个是必需的。核酶由 4 个螺旋区和数个环状区组成，螺旋Ⅰ、Ⅱ的主要功能是与靶序列结合，决定核酶切割部位的特异性，螺旋Ⅲ配对碱基及 3′末端配对碱基均为切割碱基所必需。识别序列 GUC 高度保守，而且 G 是必需的。发夹状核酶的剪切反应发生在底物识别序列的 5′端，这一点与锤头状结构不同。在二价金属离子如 Mg^{2+} 存在时，锤头状核酶和发夹状核酶便可在特定位点自我剪接，产生 5′羟基和 2′,3′环化磷酸二酯末端。

近年来对Ⅰ型内含子的自我剪接反应研究得比较多。Ⅰ型内含子广泛存在于噬菌体、细菌和各种真核生物的 mRNA、rRNA 和 tRNA 基因中。Ⅰ型内含子的自我剪接反应实质上是两步连续的转磷酸酯反应。据此Ⅰ型内含子序列中的核酶能与野生型 RNA 的 3′端相连,可以修复 RNA 的突变区。

与其他反义技术相比,核酶有许多优点:①兼有结合和切割作用;②催化效率很高,一分子的核酶可切割多分子的靶 RNA,而其本身不会被消耗掉,可以重复利用;③核酶具有稳定的空间结构,不易被核酸酶降解;④不编码蛋白质,无免疫原性。这些优点使其在基因治疗中备受青睐,被称为"分子剪刀"和"分子外科",在抗 HIV、抗病毒和治疗白血病及肿瘤方面得到广泛的研究。针对 HIV 5′端引导序列的发夹状核酶用于临床试验计划已获美国国立卫生研究院批准。

1. 锤头状核酶在白血病基因治疗中的作用

白血病是造血系统的恶性肿瘤,其发生和发展的重要机制之一是表达了与正常细胞不同的畸形或错误 mRNA 分子,而核酶的发现为白血病的基因治疗带来了新的希望。这一领域的研究已取得了很大的进展。

(1) 抗慢性粒细胞白血病(CML)　95%的 CML 患者 Ph 染色体呈(+),它形成一个长约 8.5 kb 的 bcr/abl 融合基因,该基因编码具有异常酪氨酸激酶活性的 P210 和 P190 蛋白,是导致 CML 发生的主要原因。如果在体外能有效地净化自身骨髓,建立 Ph^- 的正常造血机能,就可使绝大多数的患者得以实施自身骨髓移植。P. Wright 等人在 *bcr/abl* 融合位点的上游第 296 bp~1 bp 及下游 15 bp 处分别设计了 3 个相邻的锤头状核酶基因及侧翼序列,用于核酶的相互连接。结果显示,以上 3 个核酸均可特异性地结合于融合蛋白 mRNA 的相应位点,且经多步基因重组后,3 个核酸按相应顺序定向克隆到 pDES 载体中,成功构建的单核酶 pDES-RZ1、双核酶 pDES-RZ12 及三核酶 pDES-RZ123 联合作用后可明显提高核酶的切割效率,抑制融合蛋白的激酶活性。P. Wright 等人设计了一种锤头状核酶,其切割位点位于 *bcr* 部分的距接头处 3nt 的 GUC 序列。结果发现,该核酶在体外对 K562 细胞的 bcr/abl 具有较高的剪接活性。L. H. Leopold 等人设计了针对 *bcr/abl* 的多元锤头状核酶,体外实验证实,无论切割效率或是特异性都较单靶位核酶或双靶位核酶为高。用逆转录病毒将多元核酶导入 32D 细胞(表达 *bcr/abl*)内,发现细胞的 *bcr/abl* 与对照组比较下降了 3 个指数级。这说明多靶位的锤头状核酶在提高剪接效率方面具有独特的优势。

(2) 抗急性早幼粒细胞白血病(APL)　APL 患者产生了一个融合基因——*PML/RAR*,而 *PML/RAR* 的表达与白血病基因的复制及全反式维甲酸的作用密切相关。B. K. Nason 等人针对 PML/RAR mRNA 设计合成了锤头状核酶 APL1.1(51nt),将其用逆转录病毒载体导入 APL 细胞株 NB4 中,发现虽然细胞成熟受阻仍然存在，但融合蛋白的表达明显下降，细胞的生长受到抑制，凋亡增加。不仅如此，利用核酶也可逆转 APL 对全反式维甲酸的耐药性。

2. 核酶对 Ⅰ 型人免疫缺陷病毒(HIV-1)的治疗

HIV 是一种逆转录病毒，由单股 RNA 链组成。其复制过程中需要形成 RNA 中间体，因而可以同时针对 HIV 基因组 RNA 和 RNA 中间体设计核酶分子。早在 1986 年，核酶的发现者 T. R. Cech 就设想利用核酶治疗艾滋病，因为核酶可以通过失活病毒，减少机体内的病毒负荷，进而使机体的免疫功能得到恢复。

HIV 为 RNA 病毒，目前主要采用化疗，但效果不佳，故核酶很早即用于抗 HIV。有学者将针对 HIV*gag* 基因的核酶导入细胞，成功地抵制了 HIV 的复制。此后不断有针对 HIV 5′非翻译区(RAP)、包装信号区、*Tatpol* 组抗原、*nef* 等的锤头状核酶在细胞中抑制 HIV 复制或稳定转录的报告。L. Q. Sun 等人合成的针对 HIV *tat* 编码区的锤头状核酶在感染 12 天的人末梢血淋巴细胞中抑制 HIV 的复制达 70%；有人发现 *env* 编码区 1 个和 9 个高度保守位点的单体核酶(monomeric)和多体核酶(multimeric)在体外均有切割靶 RNA 的活性；而多体核酶的活性更高。在导入来源于 CD^{+} 淋巴细胞系的 MT4 细胞系后，HIV 的复制几乎被完全抑制(感染达 60 天的细胞内及培养上清液中检测不到病毒 RNA 或病毒蛋白)。发现抗 HIV-1 核酶导入 HIV 感染者的 $CD34^{+}$ 细胞，能强烈地抑制来自 $CD34^{+}$ 祖细胞的单核细胞中的 HIV-1 的复制。随着分子生物学的发展，基因治疗方法的成熟，核酶基因疗法将会用于临床 HIV 感染的治疗。

3. 核酶对肝炎病毒的治疗

(1) 抗乙型肝炎病毒(HBV)　乙型肝炎是一种对人体有较大危害的病毒性疾病，它的致病因子 HBV 是部分双链 DNA 病毒。HBV 基因组有四个开放阅读框(ORF)，分别编码病毒表面蛋白(S)、核心蛋白(C)、多聚菌(P)和 X 蛋白，其中 HBx 与多聚酶有部分重叠。HBV 基因组 DNA 在复制过程中首先转录成前基因组 RNA(pregenomic RNA, pg RNA)，然后再以 pg RNA 为模板逆转录成 DNA，因此，可以设计出能同时切割 mRNA 和 pg RNA 的核酶。

HBV 为 DNA 病毒。目前具有抑制乙型肝炎病毒复制作用的药物主要是干扰素，但是其效率仅为 30%左右。HBV 进入宿主细胞后，以负链为模板合成全长的正链 RNA，称为前基因组 RNA。J. Beck 等人设计了靶序列为 HBV 包装信号 ε 的锤头状核酶，在体外观察到了有效的切割反应。J. Ruiz 等人在核酶催化核心的两侧放置两个来自于 HBV 核心的靶序列，克隆至体外表达载体。不带有载体序列的核酸通过高效的自我切割作用释放出来，比传统的克隆方法转录的核酶有更高的切割活性。

(2) 抗丙型肝炎病毒(HCV) HCV 是正链 RNA 病毒。它是慢性肝炎的主要致病原因。目前既没有疫苗可以用来防止 HCV 感染,也缺少治疗慢性丙型肝炎的有效药物。和 HIV 一样,HCV 能高度变异,因此研制抗 HCV 感染的药物面临着极大的挑战。正在研制中的一些有潜力的抗 HCV 的药物(如蛋白酶抑制剂)存在一个致命的缺陷,即病毒对药物产生耐药性。为了避免病毒突变产生的耐药性,P. J. Welch 等人针对多个保守的 HCV 正链 RNA 和负链 RNA 序列设计了多种抗 HCV 核酶,将它们置于腺病毒载体或腺病毒相关载体上同时复制。体外实验表明,核酶能降解正链 RNA 和负链 RNA。用病毒载体转染培养细胞,发现核酶抑制了 HCV 基因的表达。A. Lieber 等人则利用核酶随机文库筛选了 6 种针对 HCV 基因组正链 RNA 或负链 RNA 的核酶,用重组腺病毒表达载体转移到慢性丙型肝炎患者的原代培养的肝细胞中,结果也抑制了 HCV 基因的表达。

HCV 亦为 RNA 病毒,且感染细胞后不整合至宿主基因组的 DNA,非常有利于核酶的切割。H. Sskamoto 等人设计了 4 个核酶,分别针对 HCV 5′NCR 的 2 个位点和核心区域的 2 个位点,在无细胞体系中均具有切割靶病毒 RNA 的能力。导入细胞之后其中的 2 个核酶有活性(一个靶位点在 5′NCR,另一个在核心区域)。

(3) 抗丁型肝炎病毒(HDV) HDV 是一种亚病毒,其基因组是一单股负链环状 RNA。HDV 的自然感染需要 HBV 协同,其生活周期涉及正链 RNA 多聚体的合成。该多聚体实际上是一种天然的核酶,即锤头状或假结节(pseudoknot)核酶。这种核酶能自我剪切和自我连接生成正链 RNA 单体,用氨基酸糖苷能抑制这一过程。因此,利用 HDV 的复制特点,寻找抑制锤头状核酶活性的途径,是抗 HDV 研究的一个重要方面。

4. 核酶抗肿瘤增殖

ras 基因家族有 H-*ras*、K-*ras* 和 N-*ras*,已经证实 *ras* 基因家族在细胞发育和肿瘤发生中起重要作用。大约 90%的人类腺病毒可使 *ras* 基因的第 12 密码子发生点突变,导致 p21ras 癌蛋白的表达。突变型 Ras 蛋白是 GTP 及 GDP 超家族成员,参与信号传导途径。突变型 Ras 蛋白仍然保持活性,但水解 GTP 的能力降低,以此使细胞无限增值和转化。抑制突变型 *ras* 基因是抗肿瘤基因治疗的一个重要内容。

H. Kijima 等人设计了针对 K-*ras* 基因密码子 12 突变点(GUU→GTT)的锤头状核酶。将其转染人胰腺癌细胞株 CApan 1,结果证实核酶可以明显降低细胞内 K-ras mRNA 水平,抑制肿瘤细胞的增殖。

(1) 肺癌　研究证实,在美国接近 30%的人非小细胞肺癌存在 K-*ras* 基因突变,而且绝大部分在密码子 12 突变点(GUU-GTT)。据此,B. Zhang 等人设计了针对突变型 K-*ras* 基因的锤头状核酶,构建其真核表达质粒载体,利用腺病毒(KRbz adenoviral)将其转染肺癌细胞,并进行裸鼠体内致瘤实验,结果证明该核酶可以明显抑制肿瘤细胞生长。

(2) 黑色素瘤　K. Yukinori 等人将合成的抗 Hra 核酶基因定向克隆于逆转录病毒载体,使该基因分别在 CMV 启动子和酪氨酸酶启动子调节下表达。用电穿孔法转染入黑色素瘤细胞佅 FEM,用 RT-PCR 检测核酶的表达情况。结果提示酪氨酸酶作为组织特异性启动子可高效表达核酶,切割突变型 H-*ras* 基因,逆转黑色素瘤细胞的恶性表型。

(3) 膀胱癌　R. F. Irie 等人给裸鼠体内注射含 H-*ras* 基因的 EJ 人膀胱癌细胞,建立鼠膀胱癌模型。合成拮抗突变型 H-*ras* 基因的核酶构建其腺病毒载体。将 rAd H-*ras* 基因注射到动物模型内,结果 rAd H-*ras* 可明显抑制肿瘤细胞的生长,并呈剂量依赖关系,而且有些模型内肿瘤完全消退,在 50 天观察期内无复发,而腺病毒载体、表达无活性的抗 H-*ras*Rz 或表达抗 H-*ras* 反义核苷酸的腺病毒载体则无此作用。

(4) 宫颈癌　宫颈癌是常见的人类生殖道肿瘤之一,研究表明接近 90%的宫颈癌均有人类乳头瘤病毒(HPV)E6 或 E7 基因的高水平表达。HPV E6 或 E7 蛋白可通过其 N 端 38 个氨基酸与肿瘤抑癌基因产物 Rb 蛋白结合,使其功能失活,导致细胞周期调控的紊乱和细胞染色体的不稳定。E6 基因能与癌基因 *p53* 产物及细胞内的 E6 相关蛋白(E6 AP)结合而导致 *p53* 基因降解失活。因此 HPV E6 或 E7 基因在宫颈癌的发生中起重要作用。抑制 HPV E6 或 E7 基因的高水平表达是宫颈癌基因治疗的重要内容。C. Alvarez 等人设计合成抗 HPV E6 或 E7 基因的发夹状核酶 Rz343 和 Rz523,体外切割试验表明两种核酶均可有效抑制 E6 或 E7 基因的转录。构建其真核表达载体,应用 RSV LTR 启动子,采用磷酸钙共沉淀法将核酶导入宫颈癌细胞株 CV1 中,斑点印迹杂交法显示该核酶可高效表达,特异性切割 E7 RNA 片段,抑制 E7 基因的表达,抑制肿瘤细胞的增殖。

(5) 甲状腺癌　RET 基因的突变可引起遗传性髓样甲状腺癌。S. Parthasarathy 等人设计了针对 RET mRNA 密码子 634 突变位点(TGC-TAC Cys634Tyr)的锤头状核酶,体外切割试验表明核酶可选择性切割 RET mRNA 的 Cys634Tyr,而不是 Cys634Arg 或者其他正常序列,将其转染 NIH/3T3 细胞系,可明显抑制肿瘤细胞的增殖。

基因治疗的目标是将基因治疗药物导入靶细胞,在起到治疗作用的同时,对非靶器官或组织则无毒性,核酶恰好符合这一要求。由于核酶具有切割 RNA 的能力,使其成为调控与疾病相关基因的信使 RNA 的理想药物。病毒性疾病或者遗传基因损害引起的疾病,只要获取疾病的遗传信息,都可以作为核酶治疗的目标。因此,除艾滋病、白血病、肿瘤和病毒性肝炎以外,核酶还被广泛应用于其他疾病的治疗研究,如视网膜病变、中枢神经系统病变、血管增生性疾病和遗传性疾病等。

虽然核酶基因治疗的研究已经取得了很大的进展,但离真正应用于人类疾病的防治还有一段距离。核酶的稳定性、活力及转染效率都需要进一步探索,很多机制还有待于研究。相信随着研究的深入,核酶在基因治疗方面将迈入实际应用阶段。

思考题

1. 镰状细胞贫血、囊性纤维化病、Huntington 病基因诊断的原理是什么?
2. 利用重组 DNA 技术进行基因治疗有哪些主要进展?存在的主要问题是什么?
3. 反义 RNA 技术、RNA 干扰技术、核酶技术应用于基因治疗的原理是什么?

第 14 章

基因工程与社会伦理道德

内容提要:20 世纪 70 年代初诞生的基因工程经过四十多年的发展取得了丰硕的成果,它极大地促进了科学的发展和人类社会的进步,但同时也向业已建立的社会伦理道德提出了严峻的挑战。基因工程与宗教信仰和民间社会团体的冲突,基因工程在医学领域遇到的尴尬,基因工程技术本身存在的隐患等都是基因工程在发展过程中人们需面对和解决的问题。

基因工程是在体外对基因进行操作的技术,它开创了人类按照自己的意愿对遗传的基本物质 DNA 进行重组的可能性。从它诞生的那一天起,围绕基因工程技术本身和它所带来的社会影响以及伦理道德方面的争论就没有停止过。就像核物理带动原子弹的发明一样,一方面核物理科学的发展促进了人类社会的进步,但另一方面也给人类社会的发展带来威胁和隐患。基因工程的出现也是这样,基因工程本身虽然是中性的,但科学家不是中性的,应用基因工程技术的人不是中性的。如何在充分享受基因工程给人类带来的福音的同时,防止它给人类社会发展带来危害甚至误入歧途,社会的价值观以及伦理道德对基因工程的制约无疑会有重要作用。本章将重点介绍基因工程给社会伦理道德所带来的影响及其二者之间的相互制约关系。

14.1 基因工程与宗教信仰和非政府组织的冲突

基因工程诞生之后,基因操作曾受到宗教界人士的强烈反对。正如 A. Borem 等人在 *Understanding Biotechnology* 一书中所提到的那样,基督教的教义认为世界上的万事万物都是由上帝创造的,人也是上帝创造的。基因工程要对上帝创造的生灵进行遗传操作,这在基督教教徒眼中是对上帝的最大不敬,因为它破坏了上帝所创造的这种生灵的完整性,因而也是最不道德的。基因操作技术不仅受到虔诚的基督教教徒的强烈反对,即使普通的宗教信徒也感到难以接受。

基因工程还受到一些国家的非政府组织(non-governmental organization, NGO)的反对。用动物作为模型进行各种基因操作在动物保护者眼中是对动物生存权的极大损害。通过基因工程生产的牛生长激素用于刺激奶牛泌乳也遭到了非政府组织的反对,认为这种方式对奶牛的健康有害,是一种残忍对待动物的行为。虽然使用牛生长激素刺激奶牛泌乳对奶牛健康的损害和对饮用这种牛奶的人的副作用目前还没有科学根据,但非政府组织认为激素对人类健康的危害通过较短的动物实验难以检测出来,只有通过长期饮用激素处理过的牛奶才能给出更加科学的评价。况且这种利用激素最大限度地提高产奶量,把有生命的动物当成简单的无生命的机器是不道德的。

由于缺乏反对使用牛生长激素的有力证据,同时由于牛生长激素在不同国家的广泛使用,近年来非政府组织也调整了自己的战略,不再坚持禁止使用激素的要求,而是建议对使用生长激素处理过的牛奶进行标示。目前,这一建议已被不同国家广泛采纳,包括被生长激素处理过的牛奶在内的所有转基因食品都需进行标示,使消费者有知情权,自己决定是否食用转基因食品。

14.2 基因工程在医学领域的伦理道德问题

干细胞治疗为一些不治之症如帕金森病、老年痴呆症患者的治疗带来了希望,同时也引起了人们关于伦理道德方面激烈的争论,争论的焦点来自是否对生命的尊重和是否应该为了治疗一个生命而去毁坏另一个生命。

A. Borem 等人还写到,在对人的生命开始时间的界定上也存在相当大的分歧。

有人认为基因组是人的本质。基因组里包含着一个人发育的全部遗传信息,它含有30亿个核苷酸,约有3万多个基因。人的生命的开始是精卵结合的那一刻,即合子的形成。卵子具有23条染色体,与卵子结合的精子也具有23条染色体。受精的结果是形成人的生命第一阶段的合子,在合子里人的完整的染色体数目得到恢复($2n=46$)。

也有人认为,人生命的开始应是形态结构的形成,当人的胚胎完全形成时才具有人的本质。根据这一概念,生命开始于受精后的第14天,这时开始形成大脑。另一些人则根据胚胎的发育认为男孩脑的发育应在40天,女孩脑的发育应在90天,这时才能算作具有人的形态结构。而有些人则坚持只有当胎儿出生时才能算作一个人。

A. Borem 等人曾提到,按照宗教的观点,当一个人的形态结构完全形成时,这个生命就诞生了,它就享有作为一个人的权利。对于生命的任何遗传操作,包括对胚胎干细胞(ES 细胞)的基因转化,都是不道德的。

A. Borem 等人在讨论干细胞治疗时提到，用于治疗的胚胎干细胞来自于受精 4 天后的胚胎。对有些人来说，生命最初阶段的胚胎只不过是一团杂乱无章的细胞，在人类疾病的基因治疗研究方面根本不需要考虑任何障碍。而另一些人则认为，从精卵结合受精开始形成胚胎就确立了人的地位，就应该受到社会伦理道德和法律的保护。从生物学的观点来看，合子、多细胞胚胎及胎儿是人的生命的最基本形式，胚胎在子宫内生长发育，最后成为一个婴儿。在这里伦理道德上的问题是人类胚胎的价值是什么？它是等同于一个生命还是一团杂乱无章的细胞而已？要知道每个生命的开始都是一团杂乱无章的细胞团。成千上万遭受疾病困扰的人的利益和一个尚未发育的胚胎的利益二者之间有可能保持平衡吗？

应用遗传检测可以预知很多由于基因突变导致的疾病，如镰状细胞贫血、Down 综合征、Huntington 病、肌肉萎缩症、囊性纤维化病、Tay-Sachs 病、结肠癌、乳腺癌、老年痴呆症和多发性硬化症等。遗传检测对于有些疾病的早期诊断无疑是有好处的，可以通过改变自己的生活方式来防止疾病的发生。如乳腺癌的发生与 *BRCA1* 和 *BRCA2* 基因有关，早期检测以及少饮酒、定期做乳房造影检查可防止乳腺癌的出现。但遗传检测对于另一些疾病，如 Huntington 病，则会使情况变得很复杂，甚至引起严重的歧视，这里涉及个人隐私的保护等问题。

Huntington 病是一种退化性神经系统疾病，患者通常在 45～50 岁时发病，是一种常染色体显性遗传疾病，目前还没有有效的治疗方法。Huntington 病的早期诊断会对个人的生活产生严重影响。如保险公司可能会以某人存在先天性遗传缺陷为由拒绝投保申请或支付医疗费用；公司招收员工时也可能以某人将来会患 Huntington 病为由拒绝录用；社会成员或许因某人将来会表现 Huntington 病的症状而对其产生歧视，个人和家庭成员也会因将来患病而背上沉重的心理包袱。

这里涉及到的另一个问题是个人隐私的保护问题。基因诊断使人们能够对将来可能出现的遗传性疾病尽早采取预防措施，但有关个人遗传缺陷的信息究竟是应该由个人、家庭保管，还是应该由医生保管？当参加保险、应聘时是否应该如实填写个人的遗传缺陷？若如实填写，是否会出现诸如歧视、排斥等不公正待遇，如刻意隐瞒，是否又有欺骗社会之嫌呢？

14.3　基因工程技术本身的社会伦理道德问题

以基因工程技术为基础的转基因动物、转基因植物和克隆技术已经产生了丰硕的成果，但随之而来的问题是人们对转基因食品的安全性和克隆技术也产生了深深的忧虑。以下将讨论转基因食品安全、环境安全和克隆技术安全等问题。

14.3.1 转基因食品的安全问题

1. 转基因食品在国外

自20世纪80年代出现转基因食品后,各种各样的转基因植物已在美国、加拿大、墨西哥、澳大利亚、法国、西班牙、阿根延、乌拉圭等国家种植。其中与食品生产相关的转基因植物包括转基因玉米、大豆、油菜、西红柿等。转基因动物与食品生产相关的例子主要有牛生长激素刺激奶牛的泌乳和转基因大马哈鱼。

尽管在转基因食品投放市场之前必须进行食品安全性评价,以消除公众对食品安全性的担忧,但部分公众对转基因食品始终存在不信任感。虽然迄今为止还没有发现转基因食品对人体健康有不利影响的报道,但正如非政府组织所指出的那样,用短时间的模拟人肠道的消化试验和动物试验并不能保证转基因食品对人体永远无害。况且,转基因作物也曾出现过对人体有潜在危害的事实。例如,对一种叫做 Starlink 的玉米进行体外消化试验时发现,该玉米含有一种人体不能消化的蛋白质,表明该种蛋白质可能是一种潜在的过敏原。后来 Startink 玉米虽获准生产上市,但只能用作动物饲料。

2. 转基因食品在中国

在我国,国家科委于1993年颁布了"基因工程安全管理办法",用于指导全国的基因工程研究和开发工作。2000年由国家环保总局牵头,8个相关部门参与,共同制订了《中国国家生物安全框架》。2004年2月对美国开放了转抗除草剂基因大豆的中国市场,2004年3月对转抗除草剂基因玉米种植开了绿灯,但强调转基因玉米仅限用作动物饲料。2009年11月27日农业部批准了两种国产转基因水稻、一种转基因玉米的安全证书。

转基因食品是利用新技术创造的产品,是一种新生事物,人们自然会对转基因食品的安全性提出疑问。2010年3月致公党中央向全国政协十一届三次会议提交了《关于进一步加强转基因食品安全性认知》的提案。致公党中央认为,转基因食物自1993年出现后仅十余年,并未经过长期的安全性试验,还存在下述一些不确定因素:

- 基因技术采用耐抗生素基因来标识转基因化的农作物,在基因食物进入人体后可能会影响抗生素对人体的药效,作物中的突变基因可能会导致新的疾病;
- 转基因技术中的蛋白质转移可能会引起人体对原本不过敏的食物产生过

敏,分割重组后的新的蛋白质性状是否完全符合我们设想的需求有待考证;

- 基因的人工提炼和添加,有可能增加和积聚食物中原有的微量毒素、发生不可预见的生物突变,甚至会使原来的毒素水平提高或产生新的毒素;
- 对于生态系统而言,转基因食品是对特定物种进行干预,人为使之在生存环境中获得竞争优势,这必将使自然生存法则时效性破坏,引起生态平衡的变化,且基因化的生物、细菌、病毒等进入环境,保存或恢复是不可能的,其较化学或核污染严重,危害更是不可逆转。

根据以上问题,致公党中央提出了 3 条建议:

(1)完善转基因食品安全性的政策、法规建设　目前各国政府对生物安全的管理主要分为两大类:一类是以产品为基础的管理模式,以美国、加拿大等国为代表,其管理原则是,以基因工程为代表的现代生物技术与传统生物技术没有本质差别,管理应针对生物技术产品,而不是其生物技术本身;另一类是欧盟等以技术为基础的管理模式,认为重组 DNA 技术本身具有潜在的危险性,因此,只要与重组 DNA 相关的活动都应进行安全性评价并接受管理。虽然中国政府非常关注生物技术食品的安全,但是,就生物安全性的整个立法要求而言,还不能满足生物安全管理的需要。为此,建议加强对转基因食品安全性的政策、法规建设,制定具有可操作性的国际间生物技术食品安全管理准则。

(2)控制或限制转基因动物或植物的种养植区域　利用各种媒体宣传转基因食品的知识,尤其是由于现代社会时空的变小,充分认识我国天然地理屏障过去对中华民族的保护作用减小,注意有预见性地保护好天然动物或植物。在没有充分的证据表明转基因动物或植物将来的绝对无害和安全以前,控制或限制转基因动物或植物的种养植区域,防止天然动物或植物基因受到入侵。

(3)保障食品安全,提高消费者的知情权和选择权　作为消费者,有权知道转基因食品的优点或可能存在的安全性问题,有权选择是否食用转基因食品,这就要求每一种转基因食品(无论有无潜在危险性)都必须贴上标签以与天然食品加以区别,使消费者自主加以选择。欧盟的标签管理法规已充分尊重了消费者的知情权,并保证了消费者的自主选择权,我国也应推行相应的强制性标签管理方式。建议每一种转基因食品在上市时都应同时附上一份详细的资料,标注包括该食品的构成、标记基因、特点及可能的危险性等方面的内容。

对于致公党中央的提案,与会部委相关负责人表示,将给予高度重视,并将在充分调研的基础上,结合部门职能加以深入研究,确保建议得到有效落实。

14.3.2　转基因的环境安全问题

基因流动指不同个体间或不同物种间遗传信息的交换。转基因植物的基因流动会造成基因逃逸,从而产生对环境的威胁。例如,转基因抗性植物自身变成一种杂草,产生抗除草剂或抗虫的“超级杂草”。转基因抗性植物也可能与其野生近缘种发生杂交,使所携带的外源基因发生基因转移。

美国科学家认为,美国的转基因大豆和玉米不具备基因逃逸和转变成杂草的自然条件。玉米是异花授粉植物,通过风传播花粉。由于玉米花粉的密度较低,只能传播较短的距离。一般来说玉米田块之间相隔较远,制种玉米相隔距离都在 200 米左右。因此,大多数科学家认为,在美国转基因玉米将基因流向野生近缘种的风险很小,而在别的国家,这种风险则很大。

墨西哥是玉米起源的中心,有许多野生玉米近缘种存在,甚至有专门种植的野生玉米。科学家发现在野生玉米近缘种体内有转基因玉米的外源基因存在。在墨西哥发生从种植玉米到野生玉米基因流动的风险很大。事实上,在墨西哥四十多年前就有种植玉米与野生玉米间基因流动的报道。很显然,科学家对转基因玉米向野生近缘种基因流动的担忧是不无道理的。

转基因抗虫作物被赋予对害虫的抗性,因为这种作物叶内会产生对害虫有毒性的蛋白质,但此蛋白对人类无害。抗虫作物是否会对益虫有害,是人们对转基因抗虫作物的另一个担忧。例如,人们曾对抗虫作物对蜜蜂、瓢虫和蝴蝶的安全性提出过质疑。后来的科学实验表明,这些益虫所需的半数致死量远远高于它们在田间所能接触到的转基因植物毒素蛋白的量。

14.3.3　克隆技术的安全问题

克隆是指通过无性繁殖所获得的一个或多个后代,亦即亲本个体的精确复制。克隆包括基因克隆和细胞克隆。前者是指单个基因的复制,而后者是通过整个基因组的移植(核移植)来获得植物或动物个体。植物细胞因具有全能性,通过叶片、茎或根组织均能完成单个植株的克隆。相对于植物,动物细胞因绝大多数不具备全能性,只能通过核移植完成克隆,因而要困难得多。人类第一次对蟾蜍的克隆发生于 1952 年,时隔 40 多年后,即 1997 年由苏格兰罗斯林研究所 Ian Wilmut 博士率领的研究小组完成了对哺乳动物的体细胞克隆,成功地克隆出绵羊多莉。此后围绕克隆技术产生了激烈的争论。

由于绵羊多莉的成功克隆,哺乳动物克隆的技术障碍已经打破。2001 年发表

于美国 *Scientific American* 杂志上的一篇论文以“第一个克隆的人类胚胎”为题，揭示了治疗克隆技术已拉开序幕。美国马萨诸塞州的 ACT 生物技术公司是第一个完成人类细胞克隆，并将其作为治疗用途的公司。该公司声称人类细胞克隆完全是以治疗疾病为目的，并非为了人的生殖或人的克隆，尽管如此，人类细胞克隆还是引起了公众的强烈反应。

拥护干细胞克隆的人希望干细胞能为治愈人类遗传缺陷带来光明的前景，希望利用干细胞克隆技术治愈人类遗传病患者的疾病，改善患者的生活质量。而反对者则认为人的生命始于受孕，治疗一个人的疾病不能以牺牲另一个生命为代价。因为胚胎干细胞治疗克隆研究中采集胚胎干细胞的结果是最终毁掉了这些胚胎。因此，对那些利用胚胎干细胞克隆使自己获得新生的人来说意味着对生命的拯救，而对那些反对使用干细胞克隆技术的人来说则意味着一个生命的终结。这似乎是一个不容易得出答案的争论。2002 年美国政府对利用干细胞克隆的研究进行了非常严格的限制。

而更加令人担心的是对“克隆人”的研究，这种担心似乎不是杞人忧天。因为自从有了克隆羊多莉的经验后，克隆人无论是从理论上还是从技术上都成为可能。2000 年以色列体外受精专家 P. Zavos 博士和意大利生殖生理专家 S. Antinori 博士都声称他们有意进行人的克隆。

克隆人将会对人类的伦理道德观念和法律提出极大的挑战。例如，假设克隆人成为现实，他将会面临一个母亲和五个不同的父母亲的场面。前者所出现的情形是一个妇女既是卵子提供者，又是体细胞提供者，还是代孕母亲，三位一体。后者出现的情形是体细胞提供者为克隆人的生物学父亲，卵子提供者为克隆人的生物学母亲，一对夫妇充当领养者，分别成为他的社会学父亲和母亲，此外，还应该有一位代孕母亲。

从科学意义上讲，克隆人技术不是一个安全的过程。现有的研究结果表明，哺乳动物克隆成功率非常低，且克隆动物胎儿的畸形率很高，出生时的死亡率也很高。美国国家生物道德咨询委员会曾经提出，“目前利用克隆技术产生一个小孩是一种不成熟的实验，会使发育中的胎儿和出生后的小孩置于人们难以接受的危险境地。”美国国会在 2001 年底立法宣布任何企图克隆人的实验均为非法。其他各国政府也都纷纷表态，坚决反对对人的克隆。

14.3.4　基因工程的其他社会和伦理道德问题

随着人类基因组计划的飞速发展，很多有识之士担心种族主义可能会死灰复燃。第二次世界大战期间，希特勒以纯化亚利安人为借口，发动侵略战争和推行强制绝育,以保持他们所谓的“最优秀的亚利安人种”。若基因诊断成为日常的操作技术,人们担心一个新的绝育和流产热潮将会出现。基因组计划对人类遗传物质的深刻揭示会成为某些狂人推行种族歧视新的借口吗?人们有理由提出怀疑。1996 年科学家从白种人的基因组中分离得到了一种具有抗 HIV 感染功能的蛋白质编码序列,而这一基因的同源序列至今尚未在其他人种中发现。有的种族主义者曾利用这一发现鼓吹白种人优越论。很多有良知的社会学家、科学家都对这一问题保持高度警惕,时刻防止基因操作或遗传检测沦为那些别有用心的人推行种族歧视的工具。

既然基因工程的出现使人们可以在体外对遗传物质进行重组,因而就有科学家担心有些科学疯子为了某种利益而制造出新型病毒。假如这种情形成为事实,基因工程就会成为生物恐怖的罪魁祸首。

人类社会总是向前发展的,随着科学的进步,人类的社会伦理和道德观念也会随之发生新的变化。过去和现在人们怀疑和不能接受的观念,也许在将来会成为司空见惯的、被认可的行为准则。基因工程的发展离不开社会伦理道德的制约。利用基因工程为人类造福,使其沿着健康的道路持续发展,是人们所永远期待的。

思考题

1. 举例说明基因工程的社会伦理道德问题。
2. 你认为应该如何面对基因工程所面临的社会伦理道德问题?

参考文献

第1章

[1] 卢圣栋．现代分子生物学实验技术[M]．北京:高等教育出版社,1993.

[2] 贾士荣．农业生物技术进展与展望[M]．合肥:中国科学技术大学出版社,1993.

[3] 阮力,汪垣,强伯勤．新型疫苗研究的现状与展望[M]．北京:学苑出版社,1992.

[4] 吴冠云,方福德．基因诊断技术及应用[M]．北京:北京医科大学　中国协和医科大学联合出版社,1992

[5] Hockemeyer D, Wang Haoyi, Kiani S, et al. Genetic engineering of human pluripotent cells using TALE nucleases[J]. Nat Biotechnol, 2011,29(8):731-734.

[6] Kienle E, Senís E, Börner K J,et al. Engineering and evolution of synthetic adeno-associated virus (AAV) gene therapy vectors via DNA family shuffling[J]. Vis Exp,2012,2(62):3819.

[7] 本杰明·卢因. 基因Ⅷ[M]. 余龙,江松敏,赵寿元,译. 北京:科学出版社,2005.

[8] Andreadis S T, Geer D J. Biomimetic approaches to protein and gene delivery for tissue regeneration[J]. Trends Biotech, 2006,24(7):331-337.

[9] Wildenhain J, Crampin E J. Reconstructing gene regulatory networks: from random to scale-free connectivity[J]. IEE Proc Sys Biol, 2006,153(4):247-256.

[10] Endy D. Foundations for engineering biology[J]. Nature(London), 2005, 438(7067): 449-453.

第2章

[1] Zhou Zhongbo, Meng Fangang, Chae S R, et al. Microbial transformation of biomacromolecules in a membrane bioreactor: implications for membrane fouling investigation[J]. PLoS One,2012,7(8):42270.

[2] 贺淹才. 简明基因工程原理[M]. 北京:科学出版社,1998.

[3] 杨岐生. 分子生物学基础[M]. 杭州:浙江大学出版社,1994.

[4] 阎隆飞,张玉麟. 分子生物学[M]. 北京:中国农业大学出版社,1997.

[5] 朱玉贤,李毅. 现代分子生物学[M]. 北京:高等教育出版社,1997.

[6] 李忠义. 简明基础生物化学[M]. 大连:大连理工大学出版社,1993.

[7] Malacinski G M. Essentials of molecular biology[M]. Boston:Jones and Bartlett Publishers, 2003.

[8] Blais A, Dynlacht B D. Constructing transcriptional regulatory networks[J]. Gen & Dev, 2005,19(13):1499-1511.

[9] Holbrook S R. RNA structure: the long and the short of it[J]. Curr Opin Biol, 2005, 15(3):302-308.

[10] Nicholl D S T. An introduction to genetic engineering[M]. 2nd ed. Cambridge: Cambridge University Press, 2002.

第3章

[1] 吴乃虎.基因工程原理(上册)[M].2版.北京:科学出版社,1998.

[2] 邱泽生.基因工程[M].北京:首都师范大学出版社,1992.

[3] Koito A, Ikeda T. Intrinsic restriction activity by AID/APOBEC family of enzymes against the mobility of retroelements[J]. Mob Genet Elements,2011,1(3):197-202.

[4] Howes T R, Tomkinson A E. DNA ligase Ⅰ, the replicative DNA ligase[J]. Subcell Biochem,2012,62:327-341.

[5] Galanty Y, Belotserkovskaya R, Coates J, et al. RNF4, a SUMO-targeted ubiquitin E3 ligase, promotes DNA double-strand break repair[J]. Genes Dev, 2012,26(11):1179-1195.

[6] Nicholl D S T. An introduction to genetic engineering[M]. 2nd ed. Cambridge: Cambridge University Press, 2002.

[7] Mortusewicz O, Rothbauer U, Cardoso M C, et al. Differential recruitment of DNA ligase Ⅰ and Ⅲ to DNA repair sites[J]. Nucl Acid Res, 2006,34(12):3523-3532.

[8] Samuelson J C, Morgan R D, Benner J S, et al. Engineering a rare-cutting restriction enzyme: genetic screening and selection of NotI variants[J]. Nucl Acid Res, 2006,34(3):796-805.

第4章

[1] Kotorashvili A, Ramnauth A, Liu C, et al. Effective DNA/RNA co-extraction for analysis of microRNAs, mRNAs, and genomic DNA from formalin-fixed paraffin-embedded specimens[J]. PLoS One,2012,7(4):34683.

[2] Lõoke M, Kristjuhan K, Kristjuhan A. Extraction of genomic DNA from yeasts for PCR-based applications[J]. Biotechniques,2011,50(5):325-328.

[3] Wang T Y, Wang L, Zhang J H, et al. A simplified universal genomic DNA extraction protocol suitable for PCR[J]. Genet Mol Res,2011,10(1):519-525.

[4] Chacon-Cortes D, Haupt L M, Lea R A, et al. Comparison of genomic DNA extraction techniques from whole blood samples: a time, cost and quality evaluation study[J]. Mol Biol Rep,2012,39(5):5961-5966.

[5] Wu G, Wolf J B, Ibrahim A F, et al. Simplified gene synthesis: A one-step approach to PCR-based gene construction[J]. J Biotech, 2006, 124(3): 496-503.

[6] Iwai S. Chemical synthesis of oligonucleotides containing damaged bases for biological studies[J]. Nucleotides & Nucl Acids, 2006, 25(4-6): 561-582.

[7] Santella R M. Approaches to DNA/RNA extraction and whole genome amplification[J].

Can Epid Biomarkers & Pre, 2006,15(9):1585-1587.
[8] Nicholl D S T. An introduction to genetic engineering[M]. 2nd ed. Cambridge: Cambridge University Press, 2002.

第5章

[1] 伍新尧,罗超权,杨英浩.基因诊断原理与临床[M].广州:中山大学出版社,1995,30-57.
[2] 姜军平.实用PCR基因诊断技术[M].北京:世界图书出版公司,1996.
[3] 徐湘民.PCR固相分析法[J].国外医学·分子生物学分册,1992,14:129-132.
[4] 丁振若,苏明权.临床PCR基因诊断技术[M].北京:世界图书出版公司,1998.
[5] 刘建伟,徐湘民.长片段PCR技术[J].生命的化学,1996,16(4):37-38.
[6] 吴乃虎.基因工程原理(上册)[M].2版.北京:科学出版社,1998.
[7] Sano T, Smith C L, Cantor C R. Immune-PCR: very sensitive antigen detection by means of specific antibody-DNA congugates[J]. Science, 1992,258:120-122.
[8] Viktor R, Winfried M, Andreas R, et al. Immune-PCR: with a commercially available avidin system[J]. Science, 1993,260:698-699.
[9] 翟俊辉.免疫PCR:一种新的抗原检测系统[J].国外医学·分子生物学分册,1994,16:228-231.
[10] 苏伟,索振河.原位PCR技术[J].国外医学·遗传学分册,1996,19:64-66.
[11] Williams R, Peisajovich S G, Miller O J, et al. Amplification of complex gene libraries by emulsion PCR[J]. Nature Met, 2006,3(7):545-550.
[12] Zhang C, Xu J, Ma W, et al. PCR microfluidic devices for DNA amplification[J]. Biotech Adv, 2006, 24(3):243-284.
[13] Nicholl D S T. An introduction to genetic engineering[M]. 2nd ed. Cambridge: Cambridge University Press,2002.

第6章

[1] 吴乃虎.基因工程原理(上册)[M].2版.北京:科学出版社,1998.
[2] 邱泽生.基因工程[M].北京:首都师范大学出版社,1992.
[3] Lee H C, Butler M, Wu S C. Using recombinant DNA technology for the development of live-attenuated dengue vaccines[J]. Enzyme Microb Technol,2012,51(2):67-72.
[4] Zhou Haigu, Min Juan, Zhao Qunli, et al. Protective immune response against *Toxoplasma gondii* elicited by a recombinant DNA vaccine with a novel genetic adjuvant[J]. Vaccine, 2012,30(10):1800-1806.
[5] Oliveira M T, Kaguni L S. Reduced stimulation of recombinant DNA polymerase γ and mitochondrial DNA (mtDNA) helicase by variants of mitochondrial single-stranded DNA-binding protein (mtSSB) correlates with defects in mtDNA replication in animal cells[J]. J Biol Chem, 2011,286(47):40649-40658.
[6] Zhou Yajing, Chen Huiqing, Li Xiao, et al. Production of recombinant human DNA poly-

merase delta in a Bombyx mori bioreactor[J]. PLoS One,2011,6(7): 22224.

[7] Bridge S H, Sharpe S A, Dennis M J,et al. Heterologous prime-boost-boost immunisation of Chinese cynomolgus macaques using DNA and recombinant poxvirus vectors expressing HIV-1 virus-like particles[J]. Virol J,2011,8:429.

[8] Nicholl D S T. An introduction to genetic engineering[M]. 2nd ed. Cambridge: Cambridge: University Press,2002.

[9] Radhamony R N, Prasad A M, Srinivasan R. T-DNA insertional mutagenesis in Arabidopsis: a tool for functional genomics[J]. Ele J Biotech, 2005,8(1):82-106.

[10] Tan R, Li C, Jiang S, et al. A novel and simple method for construction of recombinant adenoviruses[J]. Nucl Acid Res, 2006,34(12):105-110.

第 7 章

[1] Li B H, Kim S M, Yoo S B, et al. Recombinant human nerve growth factor (rhNGF-β) gene transfer promotes regeneration of crush-injured mental nerve in rats[J]. Oral Surg Oral Med Oral Pathol Oral Radiol,2012,113(3): 26-34.

[2] Nathwani A C, Tuddenham E G, Rangarajan S, et al. Adenovirus-associated virus vector-mediated gene transfer in hemophilia B[J]. N Engl J Med,2011,365(25):2357-2365.

[3] Provasi E, Genovese P, Lombardo A, et al. Editing T cell specificity towards leukemia by zinc finger nucleases and lentiviral gene transfer[J]. Nat Med,2012,18(5):807-815.

[4] Louch W E, Sheehan K A, Wolska B M. Methods in cardiomyocyte isolation, culture, and gene transfer[J]. J Mol Cell Cardiol,2011,51(3):288-298.

[5] Stecher B, Denzler R, Maier L, et al. Gut inflammation can boost horizontal gene transfer between pathogenic and commensal Enterobacteriaceae[J]. Proc Natl Acad Sci USA,2012, 109(4):1269-1274.

[6] Lombardo A, Cesana D, Genovese P, et al. Site-specific integration and tailoring of cassette design for sustainable gene transfer[J]. Nat Methods,2011,8(10):861-869.

[7] Al-Khami A A, Mehrotra S, Nishimura M I. Adoptive immunotherapy of cancer: Gene transfer of T cell specificity[J]. Self Nonself,2011,2(2):80-84.

[8] Tzfira T, Citovsky V. *Agrobacterium*-mediated genetic transformation of plants: biology and biotechnology[J]. Curr Opin Biotech, 2006,17(2):147-154.

[9] Lacroix B, Li J, Tzfira T, et al. Will you let me use your nucleus? How *Agrobacterium* gets its T-DNA expressed in the host plant cell[J]. Can J Phy and Pharm, 2006,84(3-4):333-345.

[10] Nicholl D S T. An introduction to genetic engineering[M]. 2nd ed. Cambridge: Cambridge University Press,2002.

第 8 章

[1] Watson J D, Gilman M,Witkowski J,et al. Recombinant DNA[M]. 2nd ed. New York:

Scientific American Books (W H Freeman and Company),1992.
[2] Trapnell C, Roberts A, Goff L,et al. Differential gene and transcript expression analysis of RNA-seq experiments with TopHat and Cufflinks[J]. Nat Protoc,2012,7(3):562-578.
[3] Sapone A, Lammers K M, Casolaro V, et al. Divergence of gut permeability and mucosal immune gene expression in two gluten-associated conditions: celiac disease and gluten sensitivity[J]. BMC Med, 2011,9:23.
[4] Reis-Filho J S, Pusztai L. Gene expression profiling in breast cancer:classification, prognostication, and prediction[J]. Lancet,2011,378(9805):1812-1823.
[5] Schwanhäusser B, Busse D, Li N, et al. Global quantification of mammalian gene expression control[J]. Nature,2011,473(7347):337-342.
[6] Wang K C, Yang Yawen, Liu Bo, et al. A long noncoding RNA maintains active chromatin to coordinate homeotic gene expression[J]. Nature,2011,472(7341):120-124.
[7] Wesolowski R, Ramaswamy B. Gene expression profiling: changing face of breast cancer classification and management[J]. Gene Expr,2011,15(3):105-115.
[8] Konsavage W M Jr, Kyler S L, Rennoll S A, et al. Wnt/β-catenin signaling regulates Yes-associated protein (YAP) gene expression in colorectal carcinoma cells[J]. J Biol Chem, 2012,287(15):11730-11739.
[9] Dunlap W C, Jaspars M, Hranueli D, et al. New methods for medicinal chemistry universal gene cloning and expression systems for production of marine bioactive metabolites[J]. Curr Med Chem, 2006,13(6):697-710.
[10] Fernandez L A. Prokaryotic expression of antibodies and affibodies[J]. Curr Opin Biotech, 2004,15(4):364-373.
[11] Aricescu A R, Assenberg R, Bill R M, et al. Eukaryotic expression: developments for structural proteomics[J]. Acta Cryst Sec Biol Cry, 2006,62(Part 10):1114-1124.
[12] 吴乃虎.基因工程原理(上册)[M].2版.北京:科学出版社,1998.
[13] 伍新尧.分子遗传学与基因工程[M].郑州:河南医科大学出版社,1997.
[14] 陈章良.现代生物技术导论[M].北京:高等教育出版社,1998.
[15] Wang E R.核酸探针的合成、标记及应用[M].夏令伟,译.北京:科学出版社,1998.
[16] 奥斯伯·F.精编分子生物学实验指南[M].颜子颖,王海林,译.北京:科学出版社,1998.
[17] 杨岐生.分子生物学基础[M].杭州:浙江大学出版社,1994.
[18] 贺淹才.简明基因工程原理[M].北京:科学出版社,1998.

第9章

[1] Schorsch C, Köhler T, Andrea H, et al. High-level production of tetraacetyl phytosphingosine (TAPS) by combined genetic engineering of sphingoid base biosynthesis and L-serine availability in the non-conventional yeast Pichia ciferrii[J]. Metab Eng, 2012,14(2):172-184.
[2] Kato M, Iefuji H. Breeding of a new wastewater treatment yeast by genetic engineering

[J]. AMB Express,2011,1(1):7.

[3] Peelle B R, Krauland E M, Wittrup K D, et al. Probing the interface between biomolecules and inorganic materials using yeast surface display and genetic engineering[J]. Acta Biomater,2005,1(2):145-154.

[4] Fukunaga J, Yokogawa T, Ohno S, et al. Misacylation of yeast amber suppressor tRNA (Tyr) by *E. coli* lysyl-tRNA synthetase and its effective repression by genetic engineering of the tRNA sequence[J]. J Biochem,2006,139(4):689-696.

[5] Wang Jinjing, Wang Zhaoyue, He Xiaoping, et al. Integrated expression of the α-amylase, dextranase and glutathione gene in an industrial brewer's yeast strain[J]. World J Microbiol Biotechnol,2012,28(1):223-231.

[6] Shaffer H A, Rood M K, Kashlan B, et al. BAPJ69-4A: A yeast two-hybrid strain for both positive and negative genetic selection[J]. J Microbiol Methods,2012,91(1):22-29.

[7] Jang I T, Kang M G, Na K C, et al. Growth characteristics and physiological functionality of yeasts in pear marc extracts[J]. Mycobiology,2011,39(3):170-173.

[8] Watson J D, Gilman M, Witkowski J, et al. Recombinant DNA[M]. 2nd ed. New York: Scientific American Books,1992.

[9] Jeffries T W. Engineering yeasts for xylose metabolism[J]. Curr Opin Biotech, 2006, 17(3):320-326.

[10] Porro D, Sauer M, Branduardi P, et al. Recombinant protein production in yeasts[J]. Mol Biotech, 2005,31(3):245-259.

[11] Kondo-Okamoto N, Ohkuni K, Kitagawa K, et al. The nover F-box protein Mfb1p regulates mitochondrial connectivity and exhibits asymmetric localization in yeast[J]. Mol Biol Cell, 2006,17(9):3756-3767.

第 10 章

[1] Sticklen M B. Plant genetic engineering for biofuel production: towards affordable cellulosic ethanol[J]. Nat Rev Genet,2008,9(6):433-443.

[2] Sheludko Y V. Recent advances in plant biotechnology and genetic engineering for production of secondary metabolites[J]. Tsitol Genet, 2010,44(1):65-75.

[3] Datta T, Pal B C. The effect of human interference on the nesting of openbill stork anastomus oscitans at the raiganj wildlife sanctuary, India[J]. Biological Conservation,1993,64(3):149-154.

[4] Sticklen M. Plant genetic engineering to improve biomass characteristics for biofuels[J]. Curr Opin Biotechnol,2006,17(3):315-319.

[5] Scheurer S, Sonnewald S. Genetic engineering of plant food with reduced allergenicity[J]. Front Biosci,2009,14:59-71.

[6] Ferradini N, Nicolia A, Capomaccio S, et al. A point mutation in the Medicago sativa GSA gene provides a novel, efficient, selectable marker for plant genetic engineering[J]. J

Biotechnol,2011,156(2):147-152.

[7] Granlund J T, Stemmer C, Lichota J, et al. Functionality of the beta/six site-specific recombination system in tobacco and *Arabidopsis*: a novel tool for genetic engineering of plant genomes[J]. Plant Mol Biol,2007,63(4):545-556.

[8] Groβkinsky D K, van der Graaff E, Roitsch T. Phytoalexin transgenics in crop protection-fairy tale with a happy end[J]. Plant Sci,2012,195:54-70.

[9] Chen Yichun, Wang Yangdong, Cui Qinqin, et al. FAD2-DGAT2 genes coexpressed in endophytic aspergillus fumigatus derived from tung oilseeds[J]. Scientific World Journal, 2012,2012:390672.

[10] Kurdrid P, Phuengcharoen P, Yutthanasirikul R, et al. Identification of regulatory regions and regulatory protein complexes of the Spirulina desD gene under temperature stress conditions: Role of thioredoxin as an inactivator of a transcriptional repressor GntR under low-temperature stress[J]. Biochem Cell Biol,2012,90(5):621-635.

[11] Bhardwaj D, Lakhanpaul S, Tuteja N. Wide range of interacting partners of pea G β subunit of G-proteins suggests its multiple functions in cell signalling[J]. Plant Physiol Biochem,2012,58:1-5.

[12] Singh J, Reddy G M, Agarwal A, et al. Molecular and structural analysis of C4-specific PEPC isoform from *Pennisetum glaucum* plays a role in stress adaptation[J]. Gene, 2012,500(2):224-231.

[13] Kumar R, Mustafiz A, Sahoo K K, et al. Functional screening of cDNA library from a salt tolerant rice genotype Pokkali identifies mannose-1-phosphate guanyl transferase gene (OsMPG1) as a key member of salinity stress response[J]. Plant Mol Biol,2012,79(6):555-568.

[14] Loyola-Vargas V M, Ochoa-Alejo N. An introduction to plant cell culture: the future ahead[J]. Methods Mol Biol,2012,877:1-8.

[15] Bhalla P L. Genetic engineering of wheat-current challenges and opportunities[J]. Trends Biotech, 2006,24(7):305-311.

[16] Watson J D, Gilman M, Witkowski J, et al. Recombinant DNA[M]. 2nd ed. New York: Scientific American Books,1992.

第11章

[1] Ormandy E H, Dale J, Griffin G. Genetic engineering of animals: ethical issues, including welfare concerns[J]. Can Vet J,2011,52(5):544-550.

[2] Rémy S, Tesson L, Ménoret S, et al. Zinc-finger nucleases: a powerful tool for genetic engineering of animals[J]. Transgenic Res,2010,19(3):363-371.

[3] de Vries R. Ethical concepts regarding the genetic engineering of laboratory animals: A confrontation with moral beliefs from the practice of biomedical research[J]. Med Health Care Philos,2006,9(2):211-225.

[4] Kuwahara H, Yokota T. Delivery of siRNA into the blood-brain barrier: recent advances and future perspective[J]. Ther Deliv,2012,3(4):417-420.

[5] Sgroi A, Morel P, Bühler L. Xenotransplantation: recent developments and futur clinical applications[J]. Rev Med Suisse,2012,8(346):1342-1345.

[6] Ermakova O, Salimova E, Piszczek L, et al. Construction and phenotypic analysis of mice carrying a duplication of the major histocompatibility class Ⅰ (MHC-Ⅰ) locus [J]. Mamm Genome,2012,23(7-8):443-453.

[7] Maxmen A. Model pigs face messy path[J]. Nature,2012,486(7404):453.

[8] Russell C A, Fonville J M, Brown A E, et al. The potential for respiratory droplet-transmissible A/H5N1 influenza virus to evolve in a mammalian host[J]. Science,2012,336(6088):1541-1547.

[9] Weintraub H M. Antisense RNA and DNA[J]. Sci Amer,1990,262:40-46.

[10] Murakami T, Kobayashi E. GFP-transgenic animals for in vivo imaging: rats, rabbits, and pigs[J]. Methods Mol Biol,2012,872:177-189.

[11] Donya S M, Farghaly A A, Abo-Zeid M A, et al. Malachite green induces genotoxic effect and biochemical disturbances in mice[J]. Eur Rev Med Pharmacol Sci,2012,16(4):469-482.

[12] Lorenzo N, Barberá A, Domínguez M C, et al. Therapeutic effect of an altered peptide ligand derived from heat-shock protein 60 by suppressing of inflammatory cytokines secretion in two animal models of rheumatoid arthritis[J]. Autoimmunity,2012,45(6):449-459.

[13] Beytía M L, Vry J, Kirschner J. Drug treatment of Duchenne muscular dystrophy: available evidence and perspectives[J]. Acta Myol,2012,31(1):4-8.

[14] Kaul V, Van Kaer L, Das G, et al. Prostanoid receptor 2 signaling protects T helper 2 cells from BALB/c mice against activation-induced cell death[J]. J Biol Chem,2012,287(30):25434-25439.

[15] Doetschman T, Azhar M. Cardiac-specific inducible and conditional gene targeting in mice [J]. Circ Res,2012,110(11):1498-1512.

[16] Quijada P, Toko H, Fischer K M, et al. Preservation of myocardial structure is enhanced by pim-1 engineering of bone marrow cells[J]. Circ Res,2012,111(1):77-86.

[17] Glick B R, Paternak J J. Molecular biotechnology: principles and applications of recombinant DNA[M]. 2nd ed. Washington: ASM Press, Co. , 1998.

[18] Gordon J W. Transgenic technology and its impact on laboratory animal science[J]. Scandinavian J Lab Ani Sci,1996,23:235-249.

[19] Malphettes L, Fussenegger M. Improved transgene expression fine-tuning in mammalian cells using a novel transcription-translation network[J]. J Biotech, 2006,124(4):732-746.

[20] Collares T, Bongalhardo D C, Deschamps J C, et al. Transgenic animals: the melding of molecular biology and animal reproduction[J]. Ani Rep, 2005,2(1):11-27.

[21] Aravindhan V, Narayanan S, Gautham N, et al. The immunity and CD3(+) CD45RB (low)-activated T cells in mice immunized with recombinant bacillus Calmette-Guerin expressing HIV-1 principal neutralizing determinant epitope[J]. FEMS Imm Med Mic, 2006,47(1): 45-55.

[22] Watson J D, Gilman M, Witkowski J, et al. Recombinant DNA[M]. 2nd ed. New York: Scientific American Books, 1992.

第 12 章

[1] Paillard F. Engineering cells for glucose-sensitive production of insulin: toward genetic reconstruction[J]. Hum Gene Ther,2000,11(3):375-377.

[2] Fujiyoshi T, Hood L, Yoo T J. Restoration of brain stem auditory-evoked potentials by gene transfer in shiverer mice[J]. Ann Otol Rhinol Laryngol,1994,103:449-456.

[3] Lütken H, Clarke J L, Müller R. Genetic engineering and sustainable production of ornamentals: current status and future directions[J]. Plant Cell Rep,2012,31(7):1141-1157.

[4] Li C,Friedman J M. Leptin receptor activation of SH2 domain containing protein tyrosine phosphatase 2 modulates Ob receptor signal transduction[J]. Proc Natl Acad Sci USA, 1999,96: 9677-9682.

[5] Beachy R N. Mechanisms and applications of pathogen derived resistance in transgenic plants[J]. Curr Opin Biotech, 1997,8:215-220.

[6] Zatloukal K, Schneeberger A, Berger M, et al. Elicitation of a systemic and protective anti-melanoma immune response by an IL-2-based vaccine[J]. J Immunol, 1995,154: 3406-3419.

[7] Wright G L Jr, Haley C, Beckett M L,et al. Expression of prostate-specific membrane antigen in normal, benign, and malignant prostate tissues[J]. Urol Oncol,1995,1:18-28.

[8] Chan V S W. Use of genetically modified viruses and genetically engineered virus-vector vaccines: environmental effects[J]. J Tox Env Health, 2006,69(21):1971-1977.

[9] Buelow R. Expression of a humanized antibody repertoire in transgenic rabbits[C]//Transgenic Animal Research Conference V. Tahoe City:[s. n.], 2006.

[10] Sunstad D P, Simmons M J. Principles of genetics[M]. 2nd ed. New York: John Wiley & Sons, 2000.

[11] Nicholl D S T. An introduction to genetic engineering[M]. 2nd ed. Cambridge: Cambridge University Press, 2002.

[12] Watson J D, Gilman M, Witkowski J, et al. Recombinant DNA[M]. 2nd ed. New York: Scientific American Books, 1992.

第 13 章

[1] Navajas M, Fenton B. The application of molecular markers in the study of diversity in acarology: a review[J]. Exp App Aca, 2000,24:751-774.

[2] 张维铭. 现代分子生物学实验手册[M]. 北京:科学出版社,2003:303-304.

[3] de Bruin A, Ibelings B W, Donk E V. Molecular techniques in phytoplankton research: from allozyme electrophoresis to genomics[J]. Hydrobiologia, 2003, 491:47-63.

[4] Vaish N K, Kore A R, Eckstein F. Recent development in the hammerhead ribozyme field [J]. Nucl Acid Res, 1998,26(23):5237-5242.

[5] Walter N G, Burke J M. The hairpin ribozyme: structure, as sembly and catalysis[J]. Curr Opin Chem Biol, 1998,2(1):24-30.

[6] Hangen M, Cech T R. Self splicing of the Tetrahy mena intron from mRNA in mammalian cells[J]. EMBO J, 1999,18(22):6491-6500.

[7] Lan N, Rooney B L, Lee S W, et al. Enhancing RNA repair efficiency by combining trans-splicing ribozyme that recognize different accessible site on a target RNA[J]. Mol Ther, 2000, 2(3):245-255.

[8] Nicholl D S T. An introduction to genetic engineering[M]. 2nd ed. Cambridge: Cambridge University Press, 2002.

[9] Snustad D P, Simmons M J. Principles of genetics[M]. 2nd ed. New York: John Wiley & Sons, 2000.

[10] Borem A, Santos F R, Bowen D E. Understanding biotechnology[M]. New Jersey: Prentice Hall, 2003.

第 14 章

[1] Nicholl D S T. An introduction to genetic engineering[M]. 2nd ed. Cambridge:Cambridge University Press, 2002.

[2] Snustad D P, Simmons M J. Principles of genetics[M]. 2nd ed. New York: John Wiley & Sons, 2000.

[3] Borem A, Santos F R, Bowen D E. Understanding biotechnology[M]. New Jersey: Prentice Hall,2003.

[4] 瞿礼嘉,顾红雅,胡苹,等. 现代生物技术[M]. 北京:高等教育出版社,2004.

[5] Goldstein D A, Tinland B, Gilbertson L A, et al. Human safety and genetically modified plants: a review of antibiotic resistance markers and future transformation selection technologies[J]. J App Mic, 2005,99(1):7-23.

[6] Small B H, Fisher M W. Measuring biotechnology employees' ethical attitudes towards a controversial transgenic cattle project: the ethical valence matrix[J]. J Agr Env Ethics, 2005,18(5):495-508.